EL LIBRO DE LA BIOLOGÍA

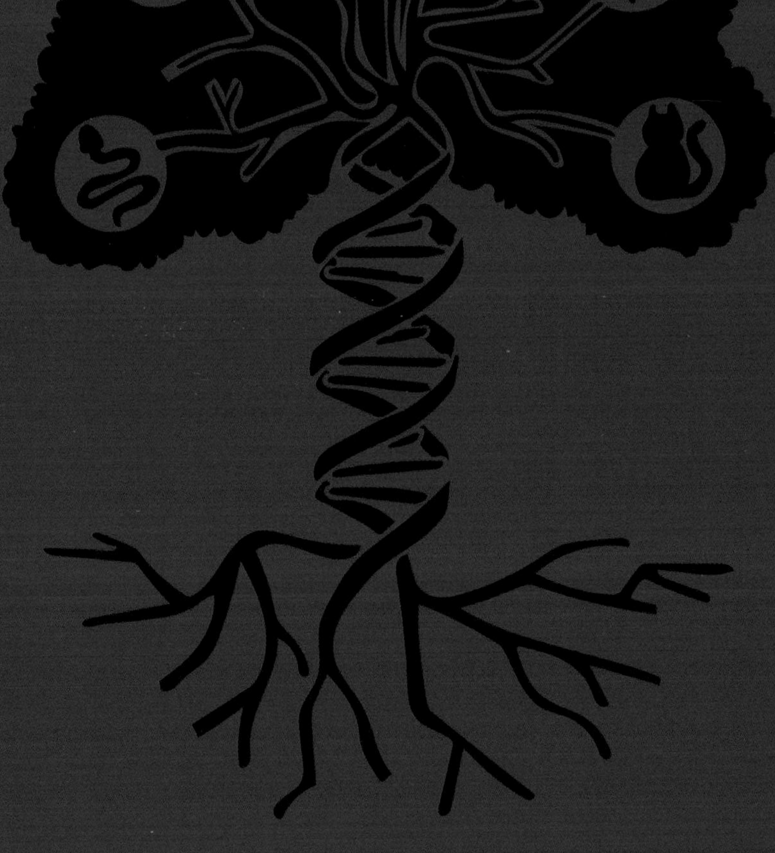

EL LIBRO DE LA
BIOLOGIA

akal

DK

DK LONDON

EDICIÓN DE ARTE SÉNIOR
Duncan Turner

EDICIÓN SÉNIOR
Helen Fewster y Camilla Hallinan

EDICIÓN
Alethea Doran, Annelise Evans, Joy Evatt, Lydia Halliday, Tim Harris y Jess Unwin

ILUSTRACIONES
James Graham

TEXTOS ADICIONALES
Tom Le Bas y Marcus Weeks

ASESORÍA ADICIONAL
Kim Bryan y Fred D. Singer

DESARROLLO DE DISEÑO DE CUBIERTA
Sophia MTT

DISEÑO DE CUBIERTA
Stephanie Cheng Hui Tan

PRODUCCIÓN EDITORIAL
Gillian Reid

COORDINACIÓN DE PRODUCCIÓN
Meskerem Berhane

COORDINACIÓN EDITORIAL DE ARTE
Michael Duffy

COORDINACIÓN EDITORIAL
Angeles Gavira Guerrero

COORDINACIÓN DE PUBLICACIONES
Liz Wheeler

DIRECCIÓN DE ARTE
Karen Self

DIRECCIÓN DE DISEÑO
Phil Ormerod

DIRECCIÓN DE PUBLICACIONES
Jonathan Metcalf

DK DELHI

EDICIÓN DE ARTE SÉNIOR
Pooja Pipil

EDICIÓN DE ARTE
Nobina Chakravorty

ASISTENCIA EDITORIAL DE ARTE
Arshti Narang y George Thomas

COORDINACIÓN EDITORIAL
Rohan Sinha

DIRECCIÓN EDITORIAL DE ARTE
Sudakshina Basu

MAQUETACIÓN
Mrinmoy Mazumdar, Nityanand Kumar y Rakesh Kumar

ASISTENCIA EN LA ICONOGRAFÍA
Sneha Murchavade

COORDINACIÓN DE ICONOGRAFÍA
Taiyaba Khatoon

COORDINACIÓN DE PREPRODUCCIÓN
Balwant Singh

COORDINACIÓN DE PRODUCCIÓN
Pankaj Sharma

DIRECCIÓN EDITORIAL
Glenda Fernandes

DIRECCIÓN DE DISEÑO
Malavika Talukder

SANDS PUBLISHING SOLUTIONS

EDICIÓN
David y Sylvia Tombesi-Walton

DISEÑO
Simon Murrell

Estilismo
STUDIO 8

EDICIÓN DE LA VERSIÓN ESPAÑOLA

COORDINACIÓN EDITORIAL
Cristina Sánchez Bustamante

ASISTENCIA EDITORIAL Y PRODUCCIÓN
Malwina Zagawa

Publicado originalmente en Gran Bretaña en 2021 por Dorling Kindersley Limited
DK, One Embassy Gardens, 8 Viaduct Gardens, London, SW11 7BW

Parte de Penguin Random House

Título original: *The Biology Book*
Primera edición 2022

Servicios editoriales: deleatur, s.l.
Traducción: Antón Corriente Basús

Edición exclusiva para España,
Ediciones Akal, S. A., 2022, 2026
Sector Foresta, 1
28760 Tres Cantos
Madrid - España
Tel.: 918 061 996
atencion.cliente@akal.com
www.akal.com

ISBN: 978-84-460-5156-5
Depósito Legal: M-29.102-2021
Impreso en China

Para mentes curiosas www.dkespañol.com

COLABORADORES

MARY ARGENT-KATWALA (ASESORA)

Es doctora en biología molecular y celular por el Institute of Cancer Research de la Universidad de Londres (Reino Unido) y máster en ciencias naturales biológicas por la Universidad de Cambridge. Es una estratega sanitaria con experiencia en los sectores público y privado.

MICHAEL BRIGHT

Es licenciado por la Universidad de Londres, biólogo de empresa y miembro de la Royal Society of Biology. Ha trabajado en la Unidad de Historia Natural de la BBC en Bristol (Reino Unido), y hoy día es autor y redactor *freelance*.

ROBERT DINWIDDIE

Estudió ciencias naturales en la Universidad de Cambridge, y ha escrito o colaborado en más de cincuenta libros educativos sobre ciencia, entre ellos *Bocados de ciencia* y los títulos de DK *Ciencia*, *Humano* y *Curso básico de astronomía*.

JOHN FARNDON

Seleccionado en cinco ocasiones para el Young People's Science Book Prize de la Royal Society, ha escrito unos mil libros sobre temas diversos, como *Atlas de la vida silvestre*, *How the Earth works*, *The complete book of the brain* y *Project body*.

TIM HARRIS

Ex asistente editorial de la revista *Birdwatch*, ha colaborado en muchas obras de referencia sobre ciencia y naturaleza. Estudió los glaciares noruegos en la universidad, y ha viajado por todo el mundo en busca de vida salvaje fuera de lo común.

GRETEL GUEST (ASESORA)

Doctora en biología vegetal por la Universidad de Georgia (EE UU), enseña biología en el Durham Technical Community College, en Carolina del Norte. Es autora de capítulos y creadora de contenido en línea de libros de texto de biología, y ha colaborado en ediciones recientes de *Biology*, de Sylvia Mader.

DEREK HARVEY

Naturalista con un interés especial en la biología evolutiva, estudió zoología en la Universidad de Liverpool. Maestro de una generación de biólogos, ha dirigido expediciones en Costa Rica, Madagascar y Australasia.

TOM JACKSON

Estudió zoología en la Universidad de Bristol (Reino Unido). Trabajó en zoológicos y como conservacionista antes de escribir sobre historia natural y temas científicos para el público adulto e infantil.

STEVE PARKER

Miembro sénior de la Sociedad Zoológica de Londres, tiene una diplomatura de ciencias en zoología, y ha escrito o asesorado en más de cien libros y páginas web sobre ciencias de la vida. Sus especialidades como autor y conferenciante son el comportamiento animal, la ecología y el conservacionismo.

ROBERT SNEDDEN

Lleva más de cuarenta años en el ámbito de la edición, investigando y escribiendo libros de ciencia y tecnología sobre temas diversos, como ética médica, biología celular exploración espacial, informática o internet.

CONTENIDO

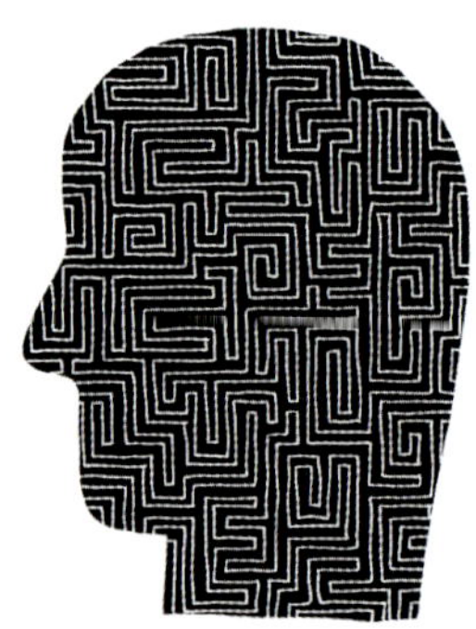

EL CEREBRO Y EL COMPORTAMIENTO

SALUD Y ENFERMEDAD

CRECIMIENTO Y REPRODUCCIÓN

LA HERENCIA

DIVERSIDAD DE LA VIDA Y EVOLUCIÓN

ECOLOGÍA

INTRODU

CCION

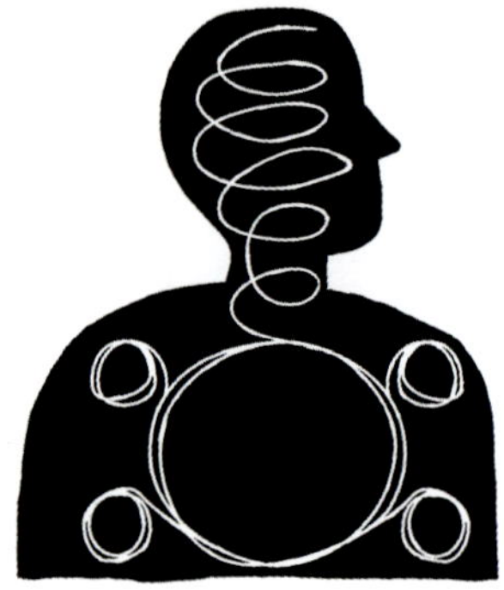

La biología, en lo esencial, puede definirse como el estudio de toda la vida y los seres vivos. Junto con la física, la química, las ciencias de la Tierra y la astronomía, es una de las llamadas ciencias naturales, todas las cuales surgieron de la curiosidad humana por cómo está hecho y funciona el mundo que nos rodea, y de un deseo profundamente arraigado de hallar explicaciones racionales para los fenómenos naturales.

Como las demás ciencias naturales, la biología tiene sus orígenes en las civilizaciones antiguas, y probablemente incluso antes, al comenzar los seres humanos a acumular conocimientos sobre el medio para sobrevivir, como qué plantas son comestibles –o tóxicas– y cuál es el comportamiento de los animales, con el fin de cazarlos o evitarlos, según el caso. La observación fue conformando la base de estudios más detallados a medida que las sociedades se desarrollaban y se sofisticaban; y fue en las civilizaciones antiguas de China, Egipto y, sobre todo, Grecia donde surgieron enfoques metódicos para estudiar el mundo natural.

> Me gusta definir la biología como la historia de la Tierra y toda la vida en ella, pasada, presente y futura.
> **Rachel Carson**

El mundo que nos rodea

En Grecia, en el siglo IV a. C., el filósofo Aristóteles inició el estudio sistemático del mundo de los seres vivos, describiéndolos y clasificándolos. El médico Hipócrates estableció algunos principios básicos de la medicina a partir de sus estudios del cuerpo humano. Aunque más descriptivos que analíticos –y a menudo considerados hoy erróneos–, sus descubrimientos y las teorías inferidas de sus estudios proporcionaron las bases para el estudio de toda la vida durante casi dos mil años.

En la Baja Edad Media (1250–1500), los estudiosos islámicos que conservaron y desarrollaron los conocimientos de los pensadores de la Antigüedad aplicaron un enfoque científico a sus estudios. Este nuevo método inspiró la revolución científica del Renacimiento y la Ilustración en Europa, y fue entonces cuando surgieron las ciencias tal como hoy las conocemos, con la biología como un campo definido.

Ramas de la biología

Lo que distinguía al enfoque científico moderno del estudio de los seres vivos es que, en lugar de limitarse a lo descriptivo, se investigaba activamente el modo en que estos funcionan. En la biología, esto supuso pasar de estudios centrados en la anatomía –la estructura física de los organismos– a la fisiología, más orientada a explicar el funcionamiento y el proceso de la propia vida. Dada la abundancia y diversidad de la vida en nuestro planeta, no es de extrañar que comenzaran a surgir diversas ramas biológicas.

La división más evidente tiene que ver con qué seres vivos en particular son objeto de estudio, de lo cual resultan tres ramas definidas: la zoología, el estudio de los animales; la botánica, el de las plantas; y la microbiología, que se ocupa de los organismos microscópicos. Varias subdivisiones, como la bioquímica, la biología celular y la genética, se han convertido en estudios por derecho propio a medida que el saber avanzaba y se especializaba. Son innumerables las aplicaciones

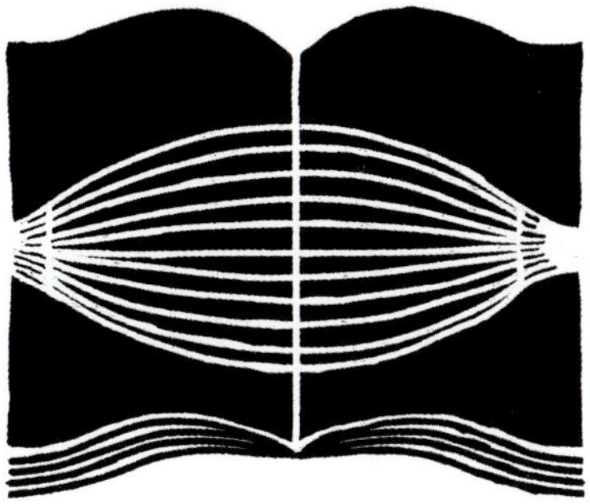

prácticas de las ciencias biológicas en medicina, sanidad, agricultura y producción de alimentos, y, más recientemente –y con urgencia creciente– , para comprender y mitigar los daños causados por la actividad humana al medio ambiente.

Principios fundamentales

Hoy pueden identificarse cuatro vertientes de pensamiento que subyacen a la biología moderna y que permiten comprender mejor los principios básicos de sus campos de estudio: la teoría celular (el principio de que todos los seres vivos están compuestos por unidades fundamentales, las células); la evolución (el principio de que todos los seres vivos cambian para sobrevivir); la genética (el principio de que el ácido desoxirribonucleico, o ADN, codifica la estructura celular y se transmite a la generación siguiente de todos los seres vivos); y la homeostasis (el principio de que los seres vivos regulan su medio interno para mantener el equilibrio).

Por supuesto, tales áreas se solapan en alguna medida, y, a su vez, contienen subdivisiones. Para los fines de este libro, sin embargo, estas cuatro divisiones de la biología se subdividen en nueve capítulos, cada uno de los cuales se ocupa de un aspecto de la biología, un principio subyacente o una rama específica. Esto ayuda a componer una imagen de las ideas principales y su importancia, y también a situarlas en su contexto histórico, para mostrar cómo se fueron desarrollando a lo largo del tiempo.

> “Cuanto más aprendemos sobre los seres vivos, especialmente sobre nosotros mismos, más extraña resulta la vida.
> **Lewis Thomas**”

Al leer este libro, conviene recordar que muchos de los descubrimientos y conocimientos más importantes de la biología se debieron a aficionados, sobre todo durante su infancia como ciencia. En la actualidad, el mundo especializado de la biología suele verse como un ámbito intelectual y de expertos con bata blanca, más allá de la comprensión de los legos en la materia. Las grandes ideas de la biología, sin embargo, como las de muchas otras disciplinas, quedan a menudo oscurecidas por la jerga técnica o la falta de conocimiento de sus principios básicos. Este libro se propone presentar estas ideas en un lenguaje claro y accesible para satisfacer el deseo de la mayoría de comprender mejor; y quizá así incluso se estimule el afán de adquirir conocimientos nuevos.

La fascinación por el mundo de los seres vivos es un rasgo humano desde la prehistoria, reflejado hoy en la popularidad de películas y series de televisión que documentan la enorme variedad de la vida en nuestro planeta. Como parte del mundo que somos, a menudo el misterio de la propia vida nos sobrecoge, y nos preguntamos por nuestro lugar en el orden natural.

La biología es el resultado de nuestro empeño en explorar este mundo y explicar sus procesos, y, además de la satisfacción de conocer, ofrece soluciones prácticas a algunos de los problemas a los que nos enfrentamos como especie: alimentar a una población en constante crecimiento, combatir el azote de enfermedades virulentas y hasta prevenir daños ambientales catastróficos. La esperanza es que este libro aporte algún conocimiento de las ideas que han dado forma a nuestra comprensión de un tema de tan vital importancia. ■

LA VIDA

C. 160 D.C.

Además de realizar **disecciones anatómicas**, el médico Galeno abre partes del cuerpo de **animales vivos** para estudiar cómo funcionan.

1543

Andrés Vesalio publica *De humani corporis fabrica*, con **ilustraciones detalladas** de su estudio de la **anatomía humana**.

1637

En *Discurso del método*, René Descartes describe a los **animales como máquinas**, carentes de la inteligencia y las emociones de los humanos.

1828

El químico Friedrich Wöhler **sintetiza** una sustancia **orgánica**, la urea, **a partir de otras inorgánicas**.

1839

El médico y fisiólogo Theodor Schwann muestra que **todos los seres vivos**, y no solo las plantas, **se componen de células**.

Dado que la biología, en un sentido amplio, es la ciencia de todo lo vivo, uno de sus campos destacados de estudio es el que explora en qué consiste la vida, o qué distingue a los organismos vivos de las sustancias no orgánicas. Para ello son fundamentales las dos disciplinas relacionadas de la anatomía (el estudio de la estructura de los organismos) y la fisiología (el estudio de cómo funcionan y se comportan dichas estructuras).

Examen metódico

Históricamente, la anatomía y la fisiología humanas evolucionaron junto con la ciencia médica, pero uno de los primeros en realizar un estudio metódico de plantas y animales fue el filósofo Aristóteles, en el siglo IV a.C. La anatomía detallada era escasa en hallazgos, y estos eran meramente descriptivos. No fue hasta *c.* 160 d.C., al experimentar el médico Galeno con los órganos de animales vivos, cuando se aprendió algo sobre su funcionamiento. El trabajo de Galeno puso los cimientos de la biología experimental y la fisiología, y sus hallazgos fueron aceptados hasta el Renacimiento, cuando médicos y cirujanos descubrieron y corrigieron errores debidos a la extrapolación de los hallazgos de disecciones de animales. La anatomía, especialmente la humana, fue una ciencia popular en esa época, y fueron muy influyentes publicaciones como *De humani corporis fabrica*, de Andrés Vesalio, y los dibujos anatómicos de Leonardo da Vinci.

La Ilustración

La atención a la anatomía y la fisiología humanas continuó durante la Ilustración, el llamado Siglo de las Luces, y produjo una distinción errónea entre vida animal y humana. El universo y la vida de las plantas y animales se concebía en términos mecanicistas, como sujetos a las recién formuladas leyes de la física. Algunos científicos y filósofos, como René Descartes, mantuvieron que los animales son incapaces de razonar o sentir, siendo en efecto meras máquinas, concepción que se mantuvo vigente hasta el siglo XIX, cuando Darwin mostró en sus escritos que los humanos no son distintos de los demás animales. Sin embargo, permanecía la noción de que los organismos vivos no se podían explicar del todo de una manera mecanicista y de que existe una misteriosa «fuerza vital» en la materia orgánica. La postura predominante era que la materia orgánica solo la podían pro-

1850

La teoría de la **reproducción celular por división** de Rudolf Virchow **refuta** la noción de la **generación espontánea** de las células.

1952

Stanley Miller y Harold Urey replican en **experimentos** las condiciones que crearon las **primeras moléculas orgánicas** de la Tierra a partir de sustancias inorgánicas.

1967

Lynn Margulis desarrolla la teoría de la **endosimbiosis** para la evolución de las **células eucariotas complejas**.

1972

Seymour Singer y Garth Nicholson proponen el **modelo de mosaico fluido** de la **estructura de la membrana celular**.

2010

El biotecnólogo Craig Venter dirige el equipo que produce la primera **forma de vida sintética**, la bacteria *Mycoplasma laboratorium* (o **Synthia 1.0**).

ducir seres vivos, idea cuya falsedad demostró Friedrich Wöhler al producir una sustancia orgánica a partir de ingredientes inorgánicos.

En el siglo XVII, el desarrollo del microscopio favoreció el estudio de la estructura de los organismos, y ayudó a que Robert Hooke descubriera en 1665 lo que llamó *cells* («celdas»), o células, en las plantas, las cuales observaron también Antoni van Leeuwenhoek y otros después. Esto condujo a la idea de las células como componentes básicos y unidades más pequeñas de los seres vivos. Matthias Schleiden y Theodor Schwann concluyeron independientemente que todos los seres vivos, y no solo las plantas, están compuestos por células, y que pueden ser unicelulares o multicelulares. Tras otras investigaciones sobre la estructura y el comportamiento de las células, en 1850, Rudolf Virchow concluyó que estas se reproducen por división y que las células nuevas solo surgen naturalmente a partir de las ya existentes, desacreditando con ello la idea largo tiempo admitida de la generación espontánea.

Estructuras celulares

Partiendo de los descubrimientos sobre la naturaleza celular de los organismos, los científicos descubrieron que hay multitud de formas celulares distintas, desde organismos unicelulares hasta animales y plantas multicelulares, y que las propias células pueden ser simples o complejas. Según la teoría desarrollada por Lynn Margulis, estas células eucariotas complejas evolucionaron hace miles de millones de años a partir de la incorporación de células procariotas más simples en otras, que absorbieron algunas de sus características y desarrollaron una estructura más compleja. En la década de 1970, los estudios de biólogos como Seymour Singer y Garth Nicholson sobre la estructura de las células, y en particular de la membrana que las rodea, llevaron a la teoría de que es la membrana la que controla la entrada y salida de sustancias en las células.

El mayor conocimiento de las estructuras celulares planteó la idea de poder crear materia viva a partir de sustancias no vivas, para así comprender mejor cómo pudo surgir la vida a partir de materia no viva hace miles de millones de años. Stanley Miller y Harold Urey realizaron los primeros experimentos en este campo en 1952, y la primera forma de vida sintética, una bacteria, fue creada por un equipo de biotecnólogos en 2010. ■

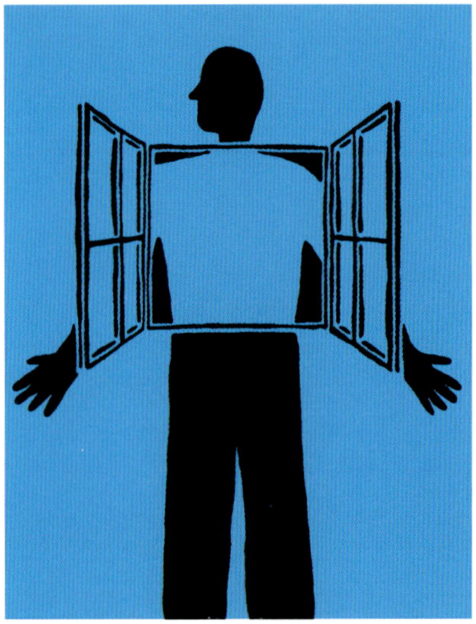

UNA VENTANA AL CUERPO

FISIOLOGÍA EXPERIMENTAL

EN CONTEXTO

FIGURA CLAVE
Galeno de Pérgamo
(129–*c.* 216 d. C.)

ANTES

***C.* 500 a. C.** El médico y vivisecciónista Alcmeón de Crotona descubre que el nervio óptico es esencial para la visión.

***C.* 350 a. C.** Aristóteles practica disecciones para estudiar la conexión de las partes en animales.

***C.* 300–260 a. C.** Los médicos Herófilo y Erasístrato diseccionan cadáveres humanos y practican vivisecciones a criminales.

DESPUÉS

***C.* 1530–1564** Las disecciones de cadáveres de Andrés Vesalio cuestionan ciertas ideas de Galeno.

1628 El médico inglés William Harvey publica su descripción de la circulación de la sangre, en la que desacredita muchas ideas de Galeno.

Cortar los **nervios laríngeos** a un cerdo vivo le **impide chillar**.

↓

Inhabilitar otros nervios conectados al cerebro del cerdo **no tiene el mismo efecto**.

↓

Inhabilitar partes del cuerpo en experimentos revela la función de estas.

Algunos de los primeros avances de la biología se dieron en los campos hoy conocidos como anatomía (el estudio de la estructura de los seres vivos) y fisiología (el estudio de las funciones y mecanismos de los órganos y tejidos). En el área mediterránea, los médicos y filósofos naturales griegos comenzaron a investigar estos campos alrededor de 500 a. C., con disecciones de cadáveres humanos y de animales y vivisecciones de animales. Durante un tiempo limitado, se practicaron también algunas vivisecciones en humanos, pero las doctrinas y los tabúes religiosos pusieron fin a todos los experimentos con humanos, vivos o muertos, a partir de 250 a. C. aproximadamente.

Los experimentos de Galeno

Si bien los griegos lograron algunos progresos en la comprensión de la anatomía y la fisiología con las disecciones y vivisecciones, los avances médicos más importantes en la Antigüedad clásica se dieron durante el siglo II d. C., gracias a los experimentos realizados por Galeno

Véase también: Anatomía 20–25 ▪ La circulación de la sangre 76–79 ▪ Los riñones y la excreción 98–99 ▪ El cerebro controla el comportamiento 109 ▪ El habla y el cerebro 114–115

de Pérgamo, médico del emperador romano Marco Aurelio.

A diferencia de los experimentos de sus predecesores, los de Galeno emplearon únicamente animales –principalmente monos, pero también cerdos, cabras, perros, bueyes e incluso un elefante–, aunque también trató a personas con heridas profundas, lo cual le enseñó mucho sobre anatomía humana.

Uno de los modos en que Galeno trató de determinar aspectos del funcionamiento del cuerpo fue cortar o inhabilitar partes del cuerpo de los animales y observar los efectos. En una de sus vivisecciones, practicada a un cerdo atado que chillaba, cortó dos de los nervios laríngeos que llevan señales del cerebro a la laringe. El cerdo siguió forcejeando, pero en silencio. Cortar otros nervios procedentes del cerebro no tenía el mismo efecto, y esto demostró la función de los nervios laríngeos. El experimento mostraba que el cerebro emplea los nervios para controlar los músculos responsables del habla, lo cual validaba la opinión de Galeno de que el cerebro es el asiento de la acción voluntaria, incluida la elección de palabra en los humanos, además de las vocalizaciones de los animales.

> ¿Cuántas cosas se han aceptado por seguir la palabra de Galeno?
>
> **Andrés Vesalio**
> **Anatomista flamenco (1514–1564)**

Galeno procedió a mostrar que cortar los nervios laríngeos en otros animales eliminaba también la vocalización. En otras vivisecciones ató los uréteres, los conductos que comunican los riñones y la vejiga. Los resultados demostraron que la orina se forma en los riñones –no en la vejiga, como se creía hasta entonces–, y que después es transportada a la vejiga por los uréteres. Entre otros avances, Galeno fue el primero en comprobar que la sangre viaja por los vasos sanguíneos, aunque no comprendiera plenamente cómo funcionaba el sistema circulatorio.

La obra de Galeno puesta en cuestión

Galeno es reconocido como el anatomista y fisiólogo experimental más destacado de la época clásica, y sus ideas en materia de biología y medicina fueron la referencia en Europa durante más de 1400 años. Sin embargo, muchas de sus observaciones basadas en disecciones de animales se aplicaron erróneamente a los humanos. Su descripción de la disposición de los vasos sanguíneos en el cerebro humano (basada exclusivamente en la disección de cerebros de buey), por ejemplo, fue desacreditada por el médico y estudioso árabe Ibn al Nafis en 1242. Con todo, las creencias de Galeno siguieron vigentes durante generaciones de médicos en Europa, lo cual obstaculizó el progreso de la medicina hasta el siglo XVI, cuando el anatomista flamenco Andrés Vesalio las cuestionó. ■

Galeno

Claudio Galeno nació en 129 d.C. en Pérgamo, en el oeste de la actual Turquía. Al principio estudió filosofía, y a los 16 años optó por la medicina. Primero asistió a una escuela médica en Pérgamo, y luego en Alejandría (Egipto). A los 28 años volvió a Pérgamo, y fue cirujano jefe de una compañía de gladiadores, acumulando así gran experiencia en el tratamiento de heridas. En 161 se trasladó a Roma, donde adquirió renombre como médico excepcional. Alrededor de 168, Galeno fue nombrado médico personal del emperador Marco Aurelio, y en esta época escribió muchos tratados sobre asuntos diversos, entre ellos, filosofía, fisiología y anatomía, de los que se ha conservado menos de la tercera parte en forma de traducciones y comentarios de autores islámicos.

Según algunas fuentes, Galeno murió en Roma en 199; según otras, en Sicilia hacia 216.

Obras principales

Del uso de las partes.
Sobre las facultades naturales.
Sobre el uso de los pulsos.

CUAN POCO SE HAN ESFORZADO LOS HOMBRES EN EL CAMPO DE LA ANATOMIA DESDE LOS TIEMPOS DE GALENO

ANATOMÍA

EN CONTEXTO

FIGURA CLAVE
Andrés Vesalio
(1514–1564)

ANTES

***C.* 1600 a. C.** El papiro egipcio de Edwin Smith identifica muchos órganos del cuerpo humano.

Siglo II Galeno pone los cimientos de la anatomía con disecciones detalladas de animales.

DESPUÉS

1817 El naturalista francés Georges Cuvier agrupa a los animales según la estructura corporal.

Década de 1970 Las invenciones de la imagen por resonancia magnética (IRM) y la tomografía axial computarizada (TAC) permiten análisis anatómicos detallados y no invasivos de humanos y animales vivos.

Los rasgos básicos del cuerpo humano y de los animales se conocen probablemente desde la prehistoria, y muchos médicos de las antiguas Grecia y Roma sabían que el conocimiento de la anatomía humana podía ser decisivo para un tratamiento eficaz. Sin embargo, hasta el siglo XVI no quedó establecido que el único modo de conocer la anatomía humana en detalle era estudiar el cuerpo humano mismo.

Esto parece obvio hoy, pero fue algo revolucionario cuando el médico flamenco Andrés Vesalio aplicó este enfoque en el siglo XVI y diseccionó cadáveres humanos. Los médicos de la época no practicaban disecciones, y creían que casi todo lo que tenían que saber podían obtenerlo de las obras del antiguo médico romano Galeno. Vesalio, gracias a su insistencia en confiar solo en observaciones de primera mano, transformó por completo nuestro conocimiento del cuerpo humano.

La detallada obra de Vesalio comenzó también a determinar en qué difieren y qué comparten la anatomía humana y la animal. La atención a los detalles de las variaciones en la anatomía entre especies condujo al desarrollo de la anatomía comparada, que permitió clasificar a los animales en grupos de especies emparentadas, lo cual, con el tiempo, aportaría el fundamento de la teoría de la evolución del naturalista británico Charles Darwin.

> En nuestra época, nada ha sido tan degradado y después tan completamente restaurado como la anatomía.
> **Andrés Vesalio**

El tabú de la disección

Para los primeros anatomistas era un problema que la disección de cadáveres humanos se considerara tabú. El anatomista griego del siglo V a. C. Alcmeón trató de sortear este obstáculo con la disección de animales. En el siglo siguiente, la ciudad de Alejandría fue una ex-

Andrés Vesalio

Andries van Wesel (castellanizado Vesalio) nació en 1514, en Bruselas, entonces parte del Sacro Imperio Romano Germánico. Nieto del médico de Maximiliano I, estudió artes en Lovaina (en la actual Bélgica) y medicina en París (Francia) y Padua (Italia). El mismo día en que se licenció, en 1537, ocupó la cátedra de cirugía y anatomía en la Universidad de Padua, con solo 23 años de edad. Sus brillantes lecciones le dieron renombre, y un juez local le suministró regularmente cuerpos de reos ahorcados. Vesalio trabajó con algunos de los mejores artistas de Italia para publicar *De humani corporis fabrica* en 1543, obra en siete volúmenes que acabó con muchos mitos. Poco después dejó la enseñanza al ser nombrado médico del emperador Carlos V, y luego del hijo de este, el rey de España Felipe II. Murió en la isla griega de Zante en 1564, de regreso de un viaje a Tierra Santa.

Obra principal

1543 *De humani corporis fabrica*

Véase también: Fisiología experimental 18–19 ▪ La naturaleza celular de la vida 28–31 ▪ La circulación de la sangre 76–79 ▪ Nombrar y clasificar la vida 250–253 ▪ Especies extintas 254–255 ▪ La selección natural 258–263

cepción, pues allí los anatomistas tuvieron permitido diseccionar cadáveres humanos. Esto facilitó muchas observaciones acertadas de Herófilo, como afirmar que el cerebro es el asiento de la inteligencia humana, y no el corazón, e identificar la función de los nervios. Sin embargo, Herófilo fue demasiado lejos hasta para los alejandrinos cuando practicó disecciones a criminales vivos.

Saberes heredados

Los muy influyentes tratados de Galeno *Procedimientos anatómicos* y *Del uso de las partes* deben mucho a la obra de Herófilo, y se basan también en los resultados de las disecciones y vivisecciones de animales del propio Galeno. Uno de sus descubrimientos más relevantes fue que las arterias contienen sangre que fluye, y no aire, como se creía hasta entonces. También aprendió mucho como médico de gladiadores, ocupación que le permitía observar de primera mano heridas de combate espantosas.

La obra de Galeno era tan detallada y amplia que su prestigio fue indiscutible durante los siguientes 1400 años. En la época de Vesalio, los profesores leían los textos de Galeno a los alumnos para instruirles, mientras un barbero-cirujano diseccionaba cuerpos de criminales ejecutados y un ayudante señalaba lo que iba describiendo el profesor. Se daba siempre por sentado que Galeno estaba en lo cierto, aunque el texto no pareciera cuadrar con lo que los alumnos estaban viendo en el cadáver.

> [...] las criaturas más perfectamente construidas de todas.
> **Andrés Vesalio**

Vesalio cuestionó a Galeno desde el principio de su carrera. Estudió medicina en París, con maestros anatomistas que confiaban plenamente en Galeno, y la falta de clases prácticas de anatomía le frustraba. Completó la carrera en Padua, donde empezó a diseccionar cadáveres humanos para aprender anatomía de primera mano, en lugar de depender de los textos de Galeno. Tenía buen ojo para el detalle, e hizo dibujos anatómicos muy precisos de los sistemas sanguíneo y nervioso. Su folleto de 1539 que mostraba el sistema sanguíneo en detalle fue de inmediata utilidad práctica para los médicos, que necesitaban saber de dónde extraer sangre, ya que las sangrías eran fundamentales en la medicina de »

Grabado del siglo XVI que representa a Vesalio diseccionando el cuerpo de una mujer en la Universidad de Padua. Sus disecciones solían atraer a multitud de estudiantes y otros espectadores.

la época. Esto dio a Vesalio un gran prestigio, y fue nombrado profesor de cirugía y anatomía al licenciarse. Un juez de Padua le garantizó un suministro regular de cadáveres, los de los reos ahorcados, lo cual permitió a Vesalio realizar repetidas disecciones para investigar e instruir a los alumnos.

Vesalio encontró más de doscientos errores en total en los textos de Galeno, para gran indignación de quienes los tenían por incuestionables. Descubrió, por ejemplo, que el esternón humano tiene tres segmentos, y no siete, como había afirmado Galeno; mostró que la tibia y el peroné eran ambos más largos que el húmero (hueso del brazo), que Galeno había descrito como el segundo más largo del cuerpo después del fémur; y demostró también que la mandíbula o maxilar inferior es un único hueso, y no dos, como mantuvo Galeno. Los errores de Galeno no se debían a la falta de atención, sino al hecho de que entonces no se permitía la disección del cuerpo humano. Se había visto obligado a depender de disecciones de animales, como bueyes y macacos, y esto explica la mayoría de sus errores: por ejemplo, el húmero sí es el segundo hueso más largo en los macacos. Vesalio, decidido a hacer ver a sus alumnos la diferencia, exhibía un esqueleto humano y uno de macaco en sus clases para que la vieran ellos mismos.

De humani corporis fabrica

En 1542, Vesalio reunió sus descubrimientos en una guía completa y detallada de la anatomía humana. A veces diseccionando en casa, y a veces en el estudio de un artista, trabajó durante un año para crear xilografías de cada parte de la anatomía humana. Sus disecciones eran detalladas y precisas, y quería que las ilustraciones también lo fueran. Realizaba los cortes de modo que se pudieran apreciar claramente los rasgos que deseaba mostrar, lo cual suponía en ocasiones atar los cadáveres para mantenerlos en el ángulo idóneo para dibujar.

No se conoce la identidad del ilustrador o ilustradores, pero su trabajo es excelente. Algunos de los esbozos pudieron ser obra del propio Vesalio, que tenía talento para el dibujo. Los historiadores los atribuyeron al italiano de origen alemán Jan Stephan van Calcar, pero este probablemente solo ilustró el primer folleto de Vesalio, *Tabulae anatomica* (1538). Verdaderas obras maestras del arte renacentista, cada figura anatómica posa de modo elegante como una estatua clásica en un paisaje, como si estuviera viva. Vesalio presentaba la anatomía no como carnicería cruenta, sino como una ciencia noble. Quien mirara estas disecciones no vería algo sangriento y salvaje, sino la belleza intrincada de la estructura del cuerpo.

> De la disección de un animal vivo [podemos] aprender la función de cada parte, o al menos obtener información que conduzca a deducir dicha función.
> **Andrés Vesalio**

A partir de los dibujos, un equipo de diestros artesanos talló imágenes en relieve sobre planchas de peral, usadas para imprimir el libro. Vesalio cruzó los Alpes en su viaje de Venecia a Basilea con estas planchas en 1543, mientras se preparaba para la imprenta su gran obra *De humani corporis fabrica* («De la estructura del cuerpo humano»).

De humani corporis fabrica inició una revolución científica al proporcionar por primera vez a los médicos una imagen detallada, y en gran medida precisa, de la anatomía humana. La obra situó en el primer plano de la ciencia la observación directa, en lugar del saber erudito de los libros y el pensamiento abstracto, y, además, puso los cimientos para que la medicina se convirtiera en una ciencia, más que en una mera habilidad técnica u oficio.

Las técnicas de Vesalio y el detalle de sus observaciones mostraron a las generaciones posteriores de anatomistas un modo nuevo de averiguar cómo funciona el cuerpo de los humanos y los animales, y contribuyeron, por ejemplo, al descubrimiento del sistema circulatorio por el médico inglés William Harvey 80 años después. Harvey estudió en Padua, y no solo le inspiraron las imágenes de vasos sanguíneos de Vesalio, sino también la idea de experimentar con cuerpos reales. Harvey conoció también la descripción realizada por el médico veterinario italiano Carlo Ruini de las válvulas de un solo sentido del corazón del caballo, publicada en 1598 en *Anatomia del cavallo*, un hito de la anatomía veterinaria.

Nuevos modos de ver

A lo largo de los siglos se fueron descubriendo nuevos detalles anatómicos, sobre todo gracias a la invención del microscopio, que revelaba los más minúsculos. En 1661, el biólogo italiano Marcello Malpighi vio capilares, y, alrededor de la misma época, el médico danés Thomas Bartholin descubrió el sistema linfático. Más recientemente, el desarrollo de las técnicas de escaneado que permiten observar por dentro a personas vivas ha comportado nuevos avances.

Los avances tecnológicos hicieron gradualmente del cuerpo humano un territorio que puede cartografiarse con el mismo afán que empleaban los exploradores llegados a tierras inexploradas. ■

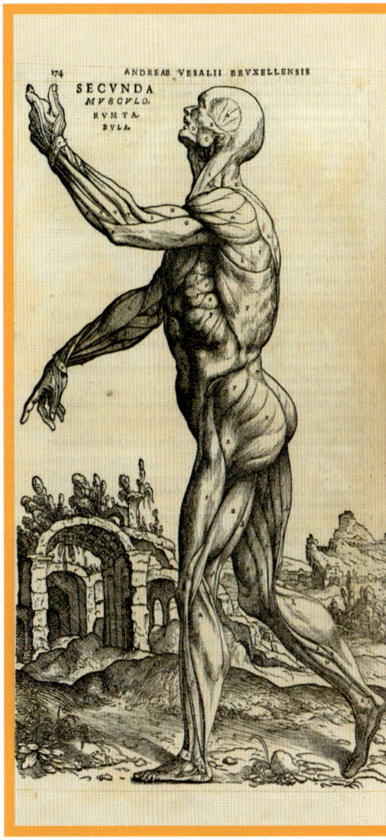

Esta ilustración de la obra de Vesalio *De humani corporis fabrica* representa los principales grupos musculares externos del cuerpo humano. Solo la disección de cadáveres hacía posible tanto detalle.

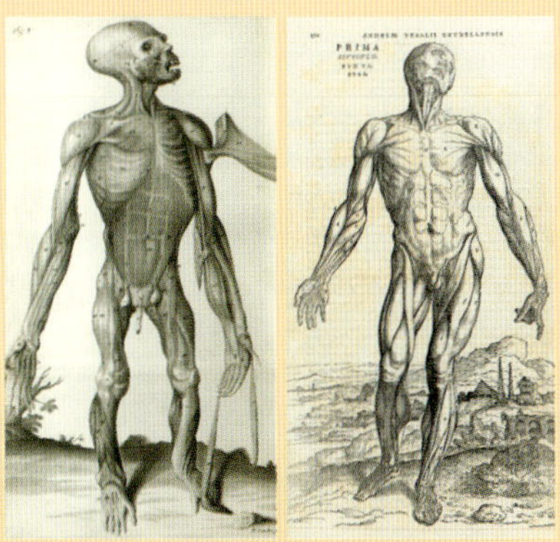

Estos dibujos anatómicos de un orangután (izda.) y un hombre muestran proporciones similares en dos especies emparentadas.

Anatomía comparada

La observación por Vesalio de las diferencias y semejanzas entre la anatomía humana y animal condujo a la anatomía comparada, que revelaría relaciones insospechadas entre diferentes especies. El médico inglés Edward Tyson (1651–1708), generalmente considerado el fundador de la anatomía comparada, mostró que es más lo que comparten anatómicamente los humanos con los simios superiores que con los monos.

La anatomía comparada sirvió para clasificar a los animales en los grupos que hoy conocemos. En 1817, Georges Cuvier dividió a los animales en vertebrados, moluscos, articulados y radiados, según la estructura corporal que tuvieran. Cuatro décadas más tarde, Darwin mostró cómo las variaciones anatómicas revelaban el proceso de cambio gradual que explica la teoría de la evolución por selección natural. Esto confirmaba que la humanidad es solo una parte más de un gran espectro de anatomía animal que fue evolucionando con el tiempo.

LOS ANIMALES SON MAQUINAS

LOS ANIMALES NO SON COMO LOS HUMANOS

EN CONTEXTO

FIGURA CLAVE
René Descartes (1596–1650)

ANTES
***C.* 350 A. C.** En *Historia de los animales*, Aristóteles afirma que los embriones surgen de una especie de contagio.

DESPUÉS
1739 Según el filósofo escocés David Hume, los animales están dotados de pensamiento y razón.

1802 El clérigo británico William Paley defiende la existencia de Dios afirmando que el mecanismo intrincado de los animales, como el de un reloj, requiere un «relojero».

1962 Los estudios aportan pruebas de la memoria procedimental (de largo plazo), usada al realizar tareas inconscientemente.

1984 Donald Davidson, filósofo estadounidense, insiste en que, sin habla ni creencias, los animales no pueden tener pensamiento.

En el siglo XVIII, entre la aristocracia francesa hacían furor los autómatas, ingeniosos juguetes mecánicos capaces de hacer movimientos o cantar. Ya antes, el filósofo francés René Descartes afirmó que los animales eran también un tipo de autómatas. Según la idea filosófica clave de Descartes, el llamado dualismo cartesiano, el cuerpo humano es una mera máquina que dirige la mente; y, para Descartes, los humanos tenían mente, y los animales, no. En su tratado de 1637 *Discurso del método* –célebre sobre todo por el «pienso, luego existo»–, Descartes mantuvo que todo en la naturaleza, salvo la mente humana, se podía explicar por la mecánica y las matemáticas. Los animales no serían más que máquinas con partes y movimientos físicos; y, dado que los animales no hablan, según Descartes, tampoco tienen alma.

> Nada hay que aleje más a las mentes débiles del camino recto de la virtud que imaginar que las almas de las bestias sean de la misma naturaleza que la nuestra.
> **René Descartes**

Conciencia animal

La noción de una diferencia fundamental entre los humanos y los demás animales ya no soporta el peso abrumador de la evidencia científica. El uso de herramientas se tuvo en su día por exclusivamente humano, pero hace ya tiempo que ese uso se ha observado en animales, como en chimpancés o cuervos. También se creía que reconocerse en un espejo o no demostraba o descartaba la conciencia; la mayoría de las especies, pero no todas, fallan la prueba. Hoy se reconocen muchas otras maneras en que los animales pueden tener conciencia de sí. ■

Véase también: El cerebro controla el comportamiento 109 ▪ Comportamiento innato y aprendido 118–123 ▪ Animales y herramientas 136–137

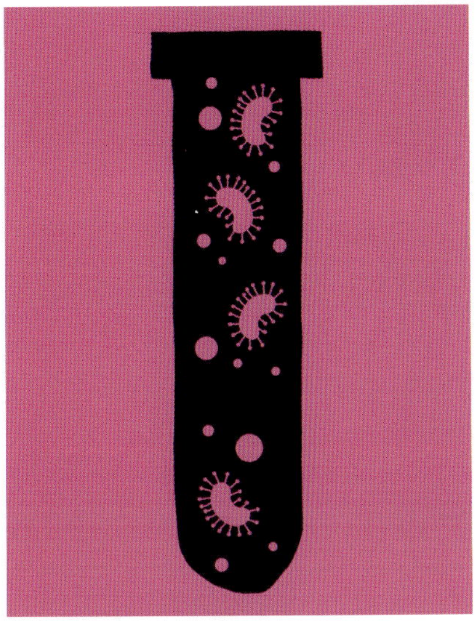

PUEDO FABRICAR UREA SIN RIÑONES

LAS SUSTANCIAS BIOQUÍMICAS SE PUEDEN FABRICAR

EN CONTEXTO

FIGURA CLAVE
Friedrich Wöhler (1800–1882)

ANTES
***C.* 200 D. C.** Galeno atribuye la vida a una materia sutil del aire, el pneuma.

1807 El sueco Jöns Jacob Berzelius propone una diferencia fundamental entre sustancias químicas orgánicas e inorgánicas.

DESPUÉS
1858 El alemán Friedrich Kekulé propone la teoría de la estructura química al plantear que los átomos de carbono tienen cuatro enlaces y forman cadenas.

1877 El alemán Felix Hoppe-Seyler establece la bioquímica como disciplina académica con su *Physiologische Chemie*.

1903 El finlandés Gustaf Komppa fabrica alcanfor, la primera síntesis totalmente industrial de un producto orgánico.

En el siglo III a. C., filósofos griegos como Aristóteles creían que plantas y animales estaban imbuidos de una «fuerza vital», un componente imperceptible que confería la vida. La teoría vitalista fue desacreditada de un plumazo con un descubrimiento accidental del químico alemán Friedrich Wöhler.

Síntesis artificial

En 1828, tratando de fabricar cianato de amonio en el laboratorio, Wöhler sintetizó accidentalmente la urea, una sustancia conocida presente en la orina. Según la teoría vitalista imperante, solo los seres vivos podían elaborar compuestos orgánicos como la urea, gracias a la «fuerza vital», pero Wöhler la había creado a partir de materia inorgánica, en lo que hoy se llama síntesis de Wöhler.

Fue un descubrimiento importante, ya que refutaba el vitalismo y ponía los cimientos de la química orgánica moderna. Hasta principios del siglo XIX, la química orgánica se definía como el estudio de los compuestos de origen biológico, por oposición a la inorgánica, que se ocupaba de los compuestos inorgánicos. Actualmente, la química orgánica se ocupa de todos los compuestos basados en el carbono, incluidos los de origen no biológico, mientras que el estudio de los procesos que tienen lugar en los seres vivos corresponde al campo de la bioquímica. ■

Friedrich Wöhler, al lograr la primera síntesis artificial de una molécula biológica creando urea, anunció que era capaz de «fabricar urea sin necesidad de riñones».

Véase también: El metabolismo 48–49 ▪ Los fármacos y la enfermedad 143

EL VERDADERO ATOMO BIOLOGICO

LA NATURALEZA CELULAR DE LA VIDA

EN CONTEXTO

FIGURA CLAVE
Theodor Schwann
(1810–1882)

ANTES
1665 Robert Hooke acuña el término *cell* para los compartimentos del corcho que observa al microscopio.

1832 El botánico belga Barthélemy Dumortier registra la división celular en plantas, y la llama fisión binaria.

DESPUÉS
1852 Robert Remak, fisiólogo polaco-alemán, publica pruebas de que las células proceden de otras células por división.

1876 El botánico polaco-alemán Eduard Strasburger propone que los núcleos solo surgen de la división de núcleos existentes, basándose en sus estudios sobre células de plantas con flores.

Cuando el científico, arquitecto y microscopista pionero inglés Robert Hooke acuñó el término *cell* en 1665, estaba observando la estructura muy aumentada, pero vacía y muerta, de una muestra de corcho. Al ver algo semejante a un panal bajo la lente del instrumento, le llamó la atención la uniformidad de los componentes repetidos, como la de las celdas *(cellulae)* de los monjes en un monasterio.

Otros usuarios de microscopios comenzaron a observar unidades semejantes a cajas en todo tipo de muestras vivas, desde hojas y tallos de plantas hasta agua de estanques y sangre de animales. Destaca el

Véase también: Cómo se producen las células 32–33 ▪ Crear vida 34–37 ▪ Células complejas 38–41 ▪ Membranas celulares 42–43 ▪ La teoría microbiana 144–151 ▪ La epigénesis 184–185 ▪ La mitosis 188–189

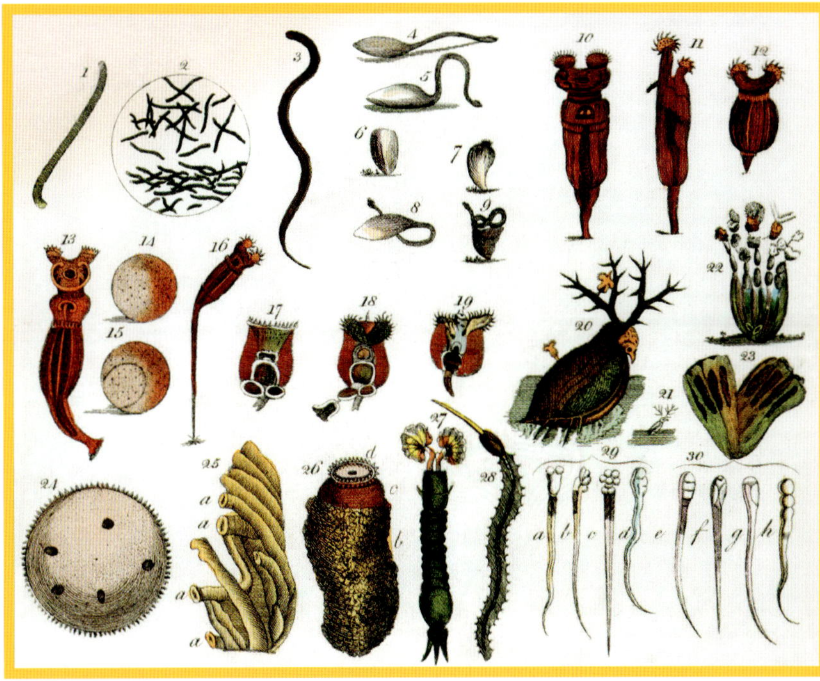

La observación de «animálculos» de Leeuwenhoek fue recibida con escepticismo cuando escribió sobre sus hallazgos a la Royal Society de Londres en 1673.

hallazgo de células en la saliva –algunas de ellas bacterias–, sangre humana y semen, descrito en las décadas de 1670 y 1680 por el científico neerlandés Antoni van Leeuwenhoek, quien luego observó que el agua de los estanques estaba repleta de pequeñas formas de vida móviles, a las que llamó «animálculos». Leeuwenhoek fue el primero en observar organismos unicelulares al microscopio, pero ni él ni Hooke ni sus contemporáneos del siglo XVII comprendieron la importancia de estos minúsculos componentes de la vida.

Un mundo microscópico

A finales de la década de 1790, el botánico alemán Johann Heinrich Friedrich Link quedó fascinado por las hierbas que prosperaban en tierra seca durante un viaje a Portugal. Al observar la microestructura de las hierbas, notó que cada célula tenía una pared propia, que en condiciones secas se apartaba de las paredes de las células contiguas.

Dibujo de células de corcho de Hooke, de *Micrographia*, de 1665, su obra de referencia. El libro contenía ilustraciones de la vida microscópica de un detalle sin precedentes.

Hasta entonces, se suponía que las células tenían paredes comunes. En las décadas de 1820 y 1830, el fisiólogo francés Henri Dutrochet estudió al microscopio muchas muestras tomadas de la naturaleza, algunas de la maleza y los estanques de su propio jardín. Concluyó que, tanto en plantas como animales, la célula es la unidad definitiva, tanto anatómica o estructural como fisiológicamente, y escribió que «todo en último término deriva de la célula».

A principios del siglo XIX, al biólogo y médico alemán Theodore Schwann, profesor universitario y experto en construir equipo experimental, le intrigaba el descubrimiento de células en tantos seres vivos. A la vez, otro científico en la misma universidad de Schwann, en Berlín, Matthias Schleiden, estudiaba las células vegetales. Schleiden enseñaba botánica y, al igual que Schwann, era un investigador serio y capaz. Ambos compartieron sus observaciones, y Schleiden le habló a Schwann de un llamativo cuerpo esférico oscuro, o núcleo, que había visto en la mayoría de sus muestras de células de plantas.

Schwann no había dado aún con pruebas claras de núcleos ni de una estructura celular generalizada siquiera en sus estudios de tejidos animales, cosa comprensible: el núcleo destaca en las células vegetales, y la pared exterior es semirrígida, a menudo de una forma geométrica que salta a la vista al microscopio. Esto es lo que había visto Robert Hooke cuando puso nombre a las células. El núcleo de las células animales no es tan obvio, y estas »

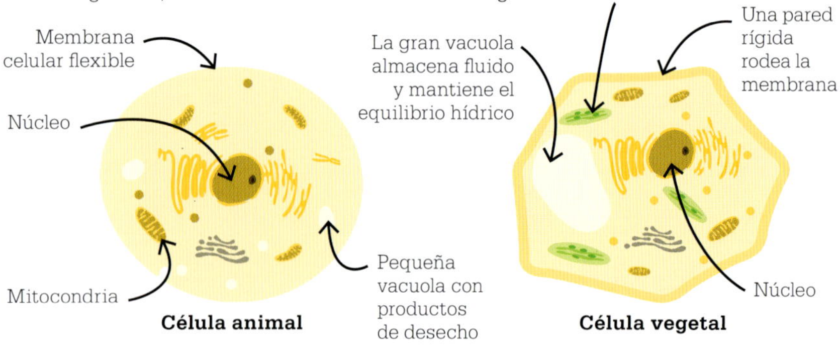

Tanto las células animales como vegetales tienen membrana, pero rodeada por paredes celulares rígidas en las vegetales, lo cual da a la célula una forma regular.

carecen de paredes celulares gruesas, en cuyo lugar tienen una membrana delgada y flexible. Esta permite formas más amorfas y cambiantes, las cuales son más difíciles de reconocer al microscopio.

El núcleo de la célula suele ser el más destacado de los orgánulos –las diversas estructuras internas especializadas encargadas de funciones particulares en la célula. En 1833, el botánico escocés Robert Brown ofreció una descripción completa del núcleo y le puso nombre, pero Schleiden fue uno de los primeros en reconocer la importancia del papel del núcleo en el funcionamiento celular. Según su teoría, las células nuevas se crean a partir del núcleo de células existentes, lo cual dedujo en parte al haber visto las pequeñas –y, como se descubriría después, en rápida división– células del endospermo, la reserva almidonosa de nutrientes en las semillas de las plantas. Schleiden propuso que el núcleo generaba más núcleos, como una planta nuevos capullos, y que luego se formaba una célula alrededor de cada uno por alguna clase de cristalización o generación espontánea.

En 1838, Schleiden publicó sus ideas en un artículo, «Beiträge zur Phytogenesis» («Contribuciones al conocimiento de la fitogénesis»), siendo la fitogénesis el estudio del origen y desarrollo de las plantas. Describió cómo cada parte de la planta está compuesta por células, y propuso que las primeras fases en la vida de un ser vivo, así como su posterior desarrollo, se basan en células.

Durante una comida con Schleiden en 1838, mientras ambos hablaban del papel del núcleo celular en la producción de nuevas células, a Schwann le llamó la atención la semejanza de animales y plantas. En sus experimentos con animales, como larvas de sapo y embriones de cerdo, recordaba haber visto objetos semejantes a los núcleos celulares en la notocorda, una estructura de formación temprana en el embrión de los vertebrados que acabará convertida en la columna.

Schwann desarrolló modos de distinguir membranas y núcleos celulares animales al microscopio, y comenzó a estudiar tejidos animales en su desarrollo incipiente, entre ellos, el hígado, los riñones y el páncreas. Llegó a la conclusión de que las células son las unidades básicas de la vida, tanto en los animales como en las plantas. También advirtió que, durante el crecimiento del animal, las células se van diversificando en tipos especializados en

James Smith construyó este microscopio en 1826, limitando los efectos de las aberraciones ópticas con la lente acromática de Lister.

Mejora del microscopio

Fabricantes de lentes neerlandeses desarrollaron el primer microscopio compuesto a inicios del siglo XVII. Entrado el siglo, Robert Hooke construyó su propio microscopio, y en 1665 publicó ilustraciones de lo observado en su libro *Micrographia*.

A finales de la década de 1820, frustrado por la calidad de las imágenes microscópicas, el óptico y naturalista británico Joseph Jackson Lister (padre de Joseph Lister, pionero de la cirugía antiséptica) recurrió a James Smith, de la empresa fabricante de instrumentos ópticos William Tulley. Combinando lentes de distintos tipos de vidrio, como flint y crown, Lister y Smith reducían mucho las aberraciones ópticas (distorsión y mala definición). En 1830, Lister comenzó a pulir sus propias lentes y a enseñar sus técnicas a otros fabricantes de instrumentos. Sus nuevos microscopios mejorados trajeron rápidos progresos al estudio de la vida microscópica.

> La causa de la nutrición y el crecimiento no reside en el organismo como un todo, sino en partes elementales separadas: las células.
> **Theodor Schwann**

diversas funciones, en un proceso llamado diferenciación.

Teoría celular

En 1839, Schwann formuló sus teorías sobre células animales y vegetales en *Investigaciones microscópicas sobre la similitud en la estructura y el crecimiento de animales y plantas*. Sin escatimar crédito alguno a Schleiden, Schwann proponía que todos los seres vivos están compuestos por células, y que la célula es la unidad fundamental de la vida, los principios básicos de la teoría celular. Schwann fue reconocido también por clasificar los tejidos animales adultos en cinco categorías, describiendo las estructuras celulares de cada una: células separadas independientes (como en la sangre); compactado de células independientes (como en las uñas, la piel o las plumas); células cuyas paredes se han unido (como las de los huesos, los dientes y el cartílago); células alargadas hasta formar fibras (como el tejido fibroso y los ligamentos); y células formadas por la fusión de paredes y cavidades (músculos, tendones y nervios).

Un tercer principio

La idea de las células como unidades estructurales y funcionales básicas de todo lo vivo fue aceptada rápidamente por otros científicos. En 1858, el físico y político alemán Rudolf Virchow postuló un tercer principio de la teoría celular, al afirmar que «todas las células vivas surgen de células vivas preexistentes». Rechazaba la opinión prevaleciente de que nuevas células y materia viva pudieran formarse espontáneamente por procesos como la germinación o la cristalización. Al microscopio, Virchow había observado células dividiéndose para formar otras nuevas, en el proceso hoy llamado división celular. ■

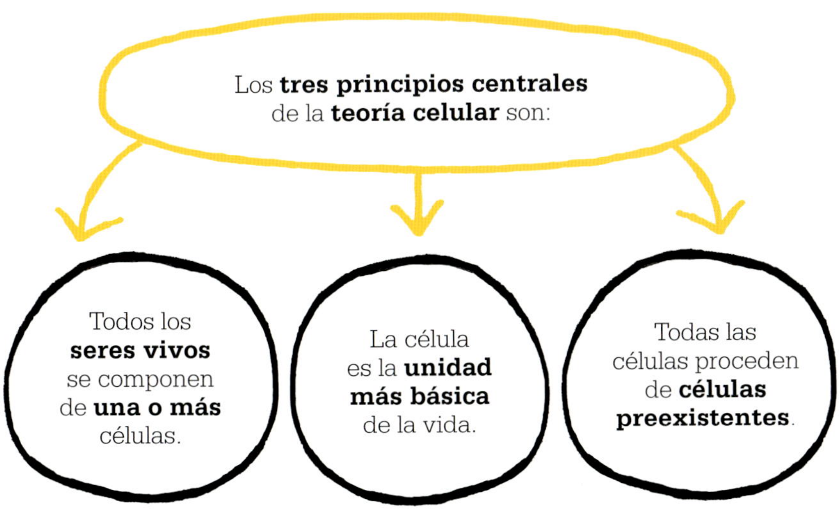

Theodor Schwann

Theodor Schwann nació en Neuss (Prusia) en 1810, cuarto hijo del orfebre e impresor Leonard Schwann. Licenciado como médico en 1834, prefirió ser asistente de investigación de su maestro, el renombrado fisiólogo Johannes Müller.

Con la ayuda de los avances más recientes de la microscopía, Schwann observó el papel de la levadura en la fermentación, contribuyendo a la teoría microbiana de la enfermedad que desarrolló Pasteur. Entre otros muchos temas, Schwann estudió el funcionamiento de las enzimas en la digestión y las funciones muscular y nerviosa, y definió las bases de la embriología. A los 30 años de edad había completado sus logros más importantes, y siguió siendo un inventor experimental y un apreciado profesor, celebrado en sus años finales por lo concienzudo de sus métodos científicos. Murió en Colonia (Alemania) en 1882.

Obra principal

1839 *Investigaciones microscópicas sobre la similitud en la estructura y el crecimiento de animales y plantas.*

TODAS LAS CELULAS PROCEDEN DE CELULAS

CÓMO SE PRODUCEN LAS CÉLULAS

EN CONTEXTO

FIGURA CLAVE
Rudolf Virchow (1821–1902)

ANTES
1665 Robert Hooke llama células a las celdillas microscópicas que ve en el corcho.

1838–1839 Según Matthias Schleiden y Theodor Schwann, las células son los componentes básicos de plantas y animales.

1852 Robert Remak cuestiona la teoría de que las células proceden del blastema.

DESPUÉS
1858 En una serie de clases, Rudolf Virchow defiende el origen celular de todas las enfermedades.

1882 Walther Flemming usa el término «mitosis» para describir la división celular y descubre los cromosomas.

1911 El estadounidense Thomas Morgan demuestra que los cromosomas portan genes.

En 1855, el fisiólogo prusiano Rudolf Virchow desafió la teoría imperante de la generación espontánea, según la cual podía surgir vida de materia no viva. Como expresó Virchow con un epigrama latino, *omnis cellula e cellula* (todas las células surgen de células preexistentes). El aserto se demostró correcto, y acabó como tercer precepto de la teoría celular, revolucionando el conocimiento de cómo funciona el cuerpo y del origen de las enfermedades.

Entre los logros de Rudolf Virchow se cuentan la primera descripción de muchas enfermedades y el primer método sistemático de autopsia.

Hoy se sabe que la reproducción celular tiene lugar en todos los organismos eucariotas, es decir, animales, plantas y hongos. La mayoría de las células se dividen por mitosis, en la que una célula progenitora se divide en dos células hijas. Así aumenta el número total de células para que un organismo pueda crecer, sustituir células perdidas de forma natural (como los glóbulos rojos de la sangre) y crear las células nuevas necesarias para reparar daños.

Los científicos tardaron mucho en comprender la verdadera importancia de las células para todos los seres vivos, debido en parte al lento desarrollo de la tecnología microscópica. Como los límites entre células vegetales son más fácilmente observables que en las animales, los tres principios de la teoría celular (los seres vivos están formados por células, la célula es la unidad básica de la vida y todas las células proceden de células preexistentes) se propusieron primero en relación con las plantas. En 1835, el botánico alemán Hugo von Mohl observó la formación de células nuevas por división celular en algas verdes. Esto lo generalizó a todas las plantas el fisiólogo alemán Matthias Schlei-

Véase también: La naturaleza celular de la vida 28–31 ▪ Células complejas 38–41 ▪ La teoría microbiana 144–151 ▪ La metástasis del cáncer 154–155 ▪ El descubrimiento de los gametos 176–177 ▪ La mitosis 188–189 ▪ Cromosomas 216–219

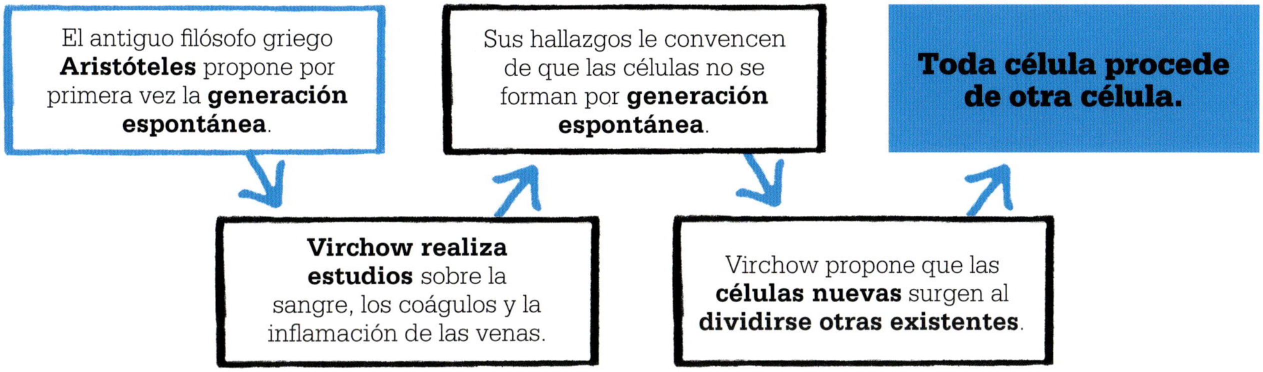

den tres años después, y su compatriota Theodor Schwann lo extendió a los animales en 1839.

Génesis celular

Schwann reconoció la importancia de las células para los seres vivos, pero su explicación de cómo se creaban era errónea. Propuso que se cristalizaban a partir de una «sustancia básica amorfa», el blastema. En efecto, eso era una forma de generación espontánea, en la que nacerían nuevas células en un fluido nutritivo. Partiendo de ello, el patólogo austriaco Karl Rokitansky propuso que el blastema podía generar células anormales debido a desequilibrios químicos de la sangre, y que esto causaba las enfermedades.

A partir de 1844, Virchow realizó estudios microscópicos de la sangre, los coágulos y la flebitis (inflamación de las paredes venosas) en el hospital Charité de Berlín. Sus observaciones le convencieron de que las células nuevas no cristalizaban del modo descrito por Schwann. En 1852, un colega de Virchow que trabajaba en su laboratorio, el polaco-alemán Robert Remak, afirmó que las células nuevas surgían de la división de células preexistentes. Era una idea revolucionaria, y tres años más tarde el propio Virchow la presentó en un ensayo, siendo acusado de plagio por ello, pues no citó a Remak.

Enfermedad y estructuras celulares

Virchow mantenía que todas las enfermedades se remontan a las células, es decir, que son determinadas células las que enferman, y no el organismo entero, y que distintas enfermedades afectan a distintas células. También fue el primero en atribuir el cáncer a la activación de células hasta entonces durmientes, y advirtió la relación de una enfermedad de la sangre a la que llamó leucemia con un aumento anormal en el número de leucocitos. Sus estudios y teorías le han valido el título informal de padre de la patología moderna.

El trabajo de Virchow, así como los avances de la microscopía que permitieron descubrir que los núcleos celulares contienen estructuras filamentosas hoy identificados como cromosomas, allanaron el camino para que los científicos trataran de comprender el ADN, en una sucesión de acontecimientos que tuvo un impacto profundo en la biología, la genética y la medicina actuales. ■

El límite de Hayflick

El anatomista estadounidense Leonard Hayflick mostró en 1962 que las células normales son mortales, y se dividen 40–60 veces antes de envejecer y, luego, morir. Utilizando células animales y humanas, demostró la falsedad de la creencia en la inmortalidad celular, propuesta primero por el biólogo francés Alexis Carrel en 1912.

El número de divisiones celulares posibles, el llamado límite de Hayflick, lo determina la longitud de los telómeros en cada extremo de los cromosomas que protegen al impedir que se fusionen. En una célula normal, en cada replicación del ADN dejan de copiarse y se pierden pequeñas secciones de los telómeros. Tras un cierto número de replicaciones, la célula ya no puede dividirse con éxito. La mayoría de las células cancerosas, sin embargo, son una excepción: contienen la enzima telomerasa, que impide que los telómeros se acorten. Se está intentando desarrollar inhibidores de telomerasa, que podrían limitar la vida de las células cancerosas.

LA VIDA NO ES UN MILAGRO

CREAR VIDA

EN CONTEXTO

FIGURAS CLAVE
Stanley Miller (1930–2007), **Harold Urey** (1893–1981)

ANTES
1828 Friedrich Wöhler fabrica urea, y supone la primera síntesis de una sustancia orgánica.

1859 Louis Pasteur demuestra que la vida no se genera de manera espontánea a partir del aire o de materia no viva.

1924, 1929 Aleksandr Oparin y J. B. S. Haldane defienden por separado la abiogénesis.

DESPUÉS
1968 Leslie Orgel propone que la vida comenzó con el ARN.

1993 Michael Russell propone que la vida comenzó por el metabolismo en chimeneas hidrotermales.

2010 El equipo de Craig Venter crea un organismo sintético.

La vida es el mayor milagro de la Tierra, y quizá del universo. Hasta donde se puede saber, toda la vida de la Tierra procede de una combinación al azar de sustancias químicas complejas en los inicios de la historia de nuestro planeta, una unión que creó una estructura orgánica capaz no solo de crecer, sino también de reproducirse. Durante mucho tiempo, los científicos se han preguntado cómo se produjo tal accidente y si podría reproducirse en el laboratorio, creando vida de cero.

En la década de 1920, algunos científicos cuestionaron la refutación de la generación espontánea hecha por Pasteur. El bioquímico soviético Aleksandr Oparin y el genetista británico J. B. S. Haldane propusieron

Véase también: Las sustancias bioquímicas se pueden fabricar 27 ▪ La naturaleza celular de la vida 28–31 ▪ El Proyecto Genoma Humano 242–243

¿Pudo surgir la **vida** en la Tierra **espontáneamente** a partir de **materiales inorgánicos**?

↓

Hay **amoniaco, metano e hidrógeno** en la atmósfera de Júpiter, y probablemente **abundaban** en la **Tierra primitiva**.

↓

En su experimento, Miller y Urey **crearon aminoácidos** con **descargas eléctricas** en una mezcla de **amoniaco, metano e hidrógeno**.

↓

Por tanto, al menos pueden crearse espontáneamente **sustancias orgánicas a partir de inorgánicas**.

por separado la abiogénesis, la idea de que la vida se originó a partir de materia no viva en un entorno inorgánico. Una cuestión fundamental era la de si las sustancias orgánicas complejas en las que se basa la vida podían formarse por sí mismas.

Crear materia orgánica

En 1953, los estadounidenses Stanley Miller y Harold Urey pusieron a prueba la teoría de Oparin-Haldane, tratando de emular la «sopa primigenia» que se creía fue la atmósfera en la infancia de la Tierra, y comprobando si, como había supuesto Oparin, los rayos pudieron proporcionar la energía suficiente para reunir las moléculas necesarias. Miller y Urey sellaron un recipiente de vidrio con los gases que se creía formaban la atmósfera primitiva de la Tierra –amoniaco, metano e hidrógeno–, añadieron vapor de agua y sometieron la mezcla a descargas eléctricas repetidas.

Pasado un día, el agua del recipiente se volvió rosa. Pasada una semana era un caldo espeso de un rojo intenso, en el que, tras analizarlo, Miller identificó cinco aminoácidos, o componentes de las proteínas basados en el carbono, el fundamento de todos los seres vivos conocidos. En 2007, nuevos análisis del equipo del experimento original revelaron que en realidad Miller había formado al menos trece aminoácidos.

Miller y Urey habían demostrado que pueden crearse sustancias orgánicas a partir de materia inorgánica. En experimentos similares se crearon hidratos de carbono, y se demostró que pueden formarse incluso proteínas a partir de reacciones químicas simples.

Por tanto, la creación de las sustancias químicas básicas para la vida no es algo en modo alguno especial, y probablemente esté teniendo lugar ahora mismo en muchos lugares del »

Stanley Miller

Nació en Oakland (EE UU) en 1930, y se licenció en química por Berkeley en 1951. Ese mismo año asistió a una conferencia sobre el origen del sistema solar y cómo pudieron formarse sustancias orgánicas en la Tierra primitiva, del premio Nobel Harold Urey. Inspirado, convenció a este para realizar juntos el famoso experimento de 1953.

Miller enseñó química en el Instituto Tecnológico de California (Caltech), la Universidad de Columbia y, desde 1960, la Universidad de California en San Diego. Obtuvo 33 aminoácidos en una repetición de su experimento en 1973. Fue un pionero de la exobiología (el estudio de la biología en el espacio) y un instigador clave en la búsqueda de vida en Marte, que podrían confirmar teorías acerca del origen de la vida en la Tierra. Miller murió en 2007.

Obras principales

1953 «Producción de aminoácidos bajo las posibles condiciones de la Tierra primitiva».
1986 «Estado actual de la síntesis prebiótica de pequeñas moléculas».

En la teoría del mundo de ARN, el vínculo crucial entre sopa química primigenia y primeras células es el ARN, que es capaz de replicarse, contiene información genética y cataliza las reacciones químicas. Averiguar el origen de la membrana celular sería un avance clave.

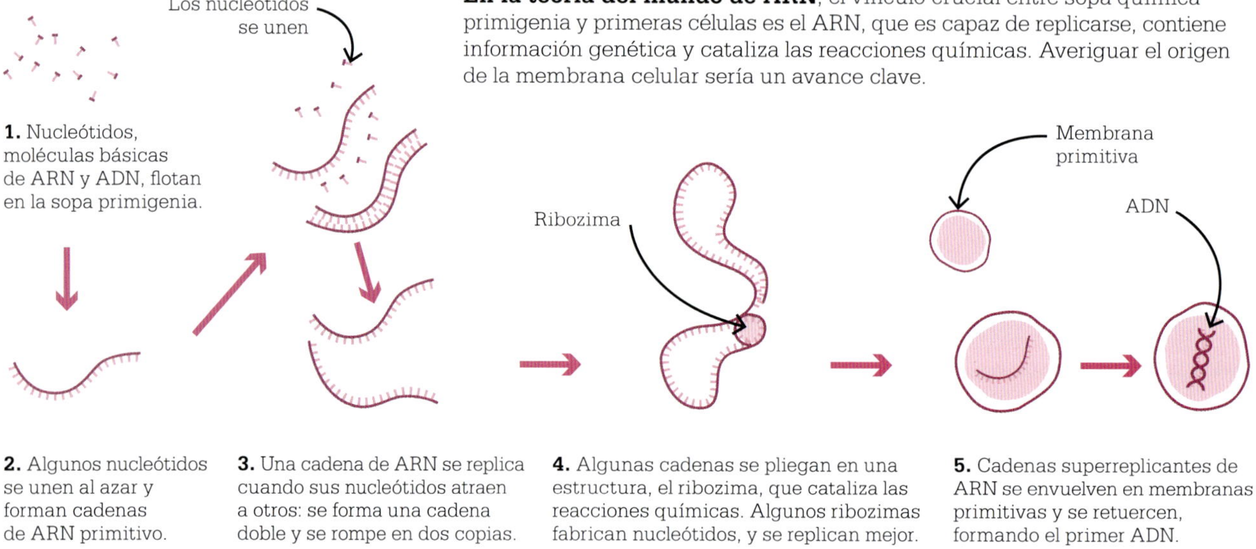

universo. Los científicos creen que los cometas trajeron millones de toneladas de sustancias orgánicas a la Tierra primitiva. Hay, sin embargo, un gran salto desde las proteínas a una sustancia química capaz de reproducirse, como lo hay hasta la primera célula viva, con sustancias químicas envueltas por una membrana en una unidad autosuficiente.

El ARN y la replicación

El ADN (ácido desoxirribonucleico) es la molécula química en las células que contiene el código genético de la vida. En 1953, el mismo año del experimento Miller-Urey, los biólogos James Watson (de EE UU) y Francis Crick (británico) descubrieron la estructura de doble hélice del ADN, y el código se fue desentrañando a lo largo de la década siguiente.

El ARN (ácido ribonucleico) es la versión de filamento único del ADN. Se rompe en pequeños segmentos copiados de un solo filamento de ADN para llevar instrucciones genéticas a uno de los ribosomas de la célula, que son fábricas de proteína a partir de aminoácidos.

En 1968, el químico británico Leslie Orgel propuso que la vida en la Tierra pudo comenzar con una molécula de ARN capaz de replicarse. Orgel trabajó con Crick en la idea, centrándose en las enzimas. Estas son proteínas esenciales que aceleran (catalizan) las reacciones bioquímicas en los seres vivos. Si el ARN podía producir enzimas, podía usarlas para estimular la formación de moléculas y construir nuevos filamentos de ARN. En 1982, el bioquímico estadounidense Thomas Cech halló unas enzimas del ARN, los ribozimas, que se desprenden del filamento de ARN para realizar sus tareas.

En 1986, el físico estadounidense Walter Gilbert acuñó la expresión «mundo de ARN» para describir el mundo primitivo en el que las moléculas de ARN, por el proceso de cortar y pegar, formaron secuencias cada vez más útiles. En 2000, el biólogo estadounidense Thomas Steitz confirmó que el ARN activa y controla los ribosomas. Esto parecía confirmar que la vida empezó con el ARN, pues el ribosoma es un componente antiguo de la célula, y resulta vital para fabricar proteínas. Pero seguía sin haber pruebas de que el ARN –o el ADN– pudieran reproducirse por sí solos, fuera de una célula viva.

Desde la década de 1980, los científicos trataron de crear ARN capaz de replicarse. Gradualmente lograron que las cadenas de ARN copiaran cadenas cada vez mayores. En 2011, el biólogo británico Philipp Holliger había obtenido una cadena capaz de

La nubes interestelares de gas y polvo, como estas de la nebulosa de Orión, pueden contener sustancias orgánicas, de las que se han encontrado varias en meteoritos llegados a la Tierra.

copiar el 48 % de su longitud total. No obstante, tras décadas de esfuerzo, el ARN autorreplicante se ve aún lejano. Se ha experimentado con la síntesis de ácidos nucleicos simples, por si fueran la clave del origen de la vida, pero tales sustancias no se han encontrado aún en la naturaleza.

Energía para crear la vida

Una escuela de pensamiento rival, a la que contribuyó el hallazgo de las fumarolas o chimeneas hidrotermales en 1977, defiende que el metabolismo, la capacidad de emplear energía, fue lo primero. Las chimeneas volcánicas del lecho marino expulsan minerales y abundante calor, propiciando un entorno quizá similar al volcánico de la Tierra primitiva. En 1993, el geólogo británico Michael Russell propuso que las primeras moléculas orgánicas complejas se formaron en estos puntos calientes, en pequeños embudos de pirita de hierro alrededor de las fumarolas.

Stanley Miller había señalado en 1988 que las chimeneas hidrotermales eran demasiado calientes para que sobrevivieran seres vivos, pero, en 2000, la oceanógrafa estadounidense Deborah Kelley descubrió un gran número de chimeneas más frías. La teoría es que la vida comenzó en lugares como estos, donde el calor y la energía pueden desencadenar la formación de moléculas orgánicas como el ARN en los poros de la roca. Con el tiempo, las moléculas desarrollarían membranas y escaparían de la roca porosa al mar abierto.

> El origen de la vida parece casi un milagro, al ser tantas las condiciones que tendrían que cumplirse para ponerla en marcha.
> **Francis Crick**

Las bacterias termófilas prosperan en aguas junto a chimeneas hidrotermales como la Gran Fuente Prismática, en Yellowstone (EE UU), y pudieron vivir en entornos similares de la Tierra primitiva.

Codificar un organismo

Mientras científicos de todo el mundo colaboraban en la década de 1990 en el proyecto de catalogar el código genético humano, o genoma, un equipo dirigido por el biotecnólogo estadounidense Craig Venter estudió la posibilidad de crear no solo sustancias orgánicas, sino seres vivos. La idea era emplear técnicas de ingeniería genética para despojar al ARN de todos los genes no vitales para la replicación.

Comenzaron recreando artificialmente el genoma de una bacteria, *Mycoplasma mycoides*. En 2010 lograron insertar el genoma en una bacteria emparentada en lugar de su propio material genético. Esta nueva bacteria se reprodujo, creando muchas copias, al igual que otras bacterias vivas. Se dijo que el equipo de Venter había creado la primera forma de vida sintética, llamada Synthia 1.0, con los nombres de los 46 miembros del equipo y tres citas famosas codificadas en su ARN, para garantizar que siempre pudiera identificarse como artificial.

En 2016, el equipo de Venter retiró aún más genes para crear Synthia 3.0, una bacteria con el menor genoma de todos los organismos de vida independiente. Con solo 473 genes, no solo sobrevivía, sino que se reproducía. Sin embargo, Synthia 3.0 no es una forma de vida verdaderamente sintética, pues su genoma se replicó recurriendo a bacterias vivas.

Con todo, el proyecto de Venter inició una revolución de la biología sintética, en la que los científicos buscan modos de crear organismos enteramente sintéticos –algunos, tratando de crear membranas artificiales, otros, diseñando genes a la medida– animados por la idea de crear organismos capaces de limpiar la contaminación o producir plásticos no agresivos con el medio ambiente. Queda aún un largo camino para comprender cómo comenzó la vida, por no hablar de crearla partiendo de cero. ■

CELULAS MENORES RESIDEN DENTRO DE LAS MAYORES

CÉLULAS COMPLEJAS

EN CONTEXTO

FIGURA CLAVE
Lynn Margulis (1938–2011)

ANTES
1665 Robert Hooke llama *cell* a las estructuras microscópicas que ve en el corcho.

1838 Matthias Schleiden y Theodor Schwann proponen que toda la vida consiste en células.

1937 El biólogo francés Edouard Chatton divide la vida en dos conjuntos de estructuras celulares: procariotas y eucariotas.

DESPUÉS
1977 Carl Woese y George Fox, biólogos estadounidenses, proponen un tercer dominio de los seres vivos: arqueas.

2015 Se hallan pruebas de que los antepasados de los eucariotas probablemente se desarrollaron a partir de las arqueas.

Incluso en sus formas más simples, la vida es extraordinariamente compleja, y tuvo que haber incontables pasos evolutivos desde las primeras células de la Tierra hasta dicha complejidad. Hace unos 4000 millones de años pudieron darse los primeros pasos hacia la vida, al unirse moléculas orgánicas simples para formar macromoléculas de cadena larga. Una característica esencial de la vida es la capacidad de reproducirse, lo cual habrían hecho estas primeras moléculas replicándose por una serie de reacciones químicas naturales. Las replicadoras más eficientes produjeron más copias de sí mismas y predominaron sobre los sistemas menos capaces. La evolu-

Véase también: La naturaleza celular de la vida 28–31 ▪ Cómo se producen las células 32–33 ▪ Membranas celulares 42–43 ▪ La respiración 68–69

Células típicas procariotas y eucariotas

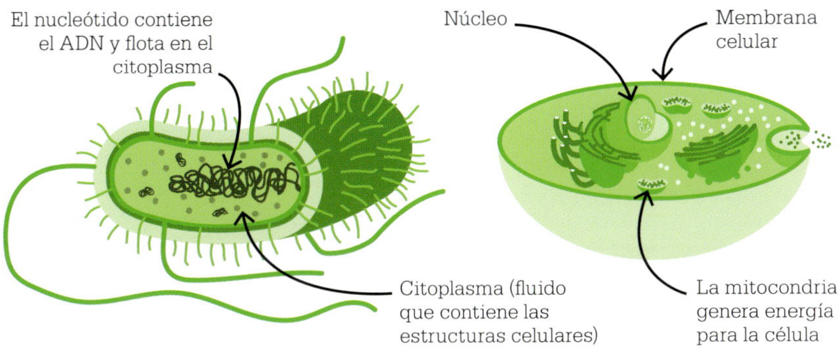

Los procariotas son seres vivos unicelulares minúsculos, como las bacterias. La célula carece de orgánulos con membranas y núcleo, y guarda el ADN en una región llamada nucleoide y que flota libre en el citoplasma.

Los eucariotas abarcan organismos como los animales, las plantas y los hongos. Sus células, mucho mayores que las procariotas, tienen orgánulos envueltos en membranas y un núcleo que contiene el ADN.

ción de una membrana protectora que envuelve el material genético habría conferido enormes ventajas y dado lugar a las primeras células procariotas (organismos unicelulares carentes de estructuras celulares u orgánulos con membrana), semejantes a las actuales bacterias.

La atmósfera terrestre contenía escaso oxígeno en esa época. Estos primeros organismos extremadamente simples se alimentaban de las abundantes moléculas orgánicas, y producían energía por medio de la fermentación, un proceso que no requiere oxígeno.

Los procariotas y el oxígeno

Las primeras células procariotas divergieron en dos linajes separados, eubacterias y arqueobacterias. Hace unos 3500 millones de años, algunas eubacterias desarrollaron la capacidad de convertir la luz solar en energía química. Fueron las antepasadas de las actuales cianobacterias, un grupo de bacterias fotosintéticas antes llamadas algas verdiazuladas. A lo largo de los siguientes mil millones de años aproximadamente, estas fotosintetizadoras alcanzaron un predominio creciente en el mundo vivo, mientras liberaban oxígeno como producto de desecho. La atmósfera terrestre y los poco profundos océanos primitivos experimentaron un gran aumento de los niveles de oxígeno, lo cual tuvo un efecto profundo. El oxígeno es altamente reactivo, y puede destruir estructuras biológicas delicadas. Varios procariotas evolucionaron y desarrollaron mecanismos para responder al problema, el más exitoso de los cuales fue la respiración: el proceso de producir energía mientras se convierte el oxígeno en moléculas de agua.

El origen de los eucariotas

La evolución de la respiración hace unos 2500 millones de años pudo desencadenar el desarrollo de las células eucariotas. Todas las formas de vida avanzadas contienen células »

El núcleo

La diferencia fundamental entre procariotas y eucariotas es que las células eucariotas tienen orgánulos envueltos en membranas, entre ellos el núcleo, y las procariotas no. De hecho, la presencia del núcleo –que contiene los genes de la célula codificados en moléculas de ADN– es el rasgo definitorio de las células eucariotas.

El origen del núcleo sigue siendo una cuestión debatida. Los biólogos no se ponen de acuerdo sobre qué hubo antes, si el núcleo o la mitocondria. Algunos científicos opinan que adquirir mitocondrias encargadas de generar energía habría sido esencial para la evolución de los eucariotas.

Lynn Margulis propuso que el núcleo en su forma actual evolucionó después de adquiridos los demás orgánulos. Otras teorías defienden que el núcleo evolucionó antes en los procariotas, y que esto permitió su unión con los antepasados bacterianos de las mitocondrias.

> La vida es bacteriana, y los organismos que no son bacterias evolucionaron de otros que sí lo eran.
> **Lynn Margulis**

> No considero polémicas mis ideas. Las considero correctas.
> **Lynn Margulis**

eucariotas, de estructura interna más compleja y con orgánulos envueltos por membranas. Estos orgánulos incluyen el núcleo (que contiene el material genético de la célula), la mitocondria (donde tiene lugar la respiración celular) y, en las células vegetales, los cloroplastos (donde tiene lugar la fotosíntesis). Explicar el origen de las células eucariotas es un gran reto para los biólogos. La complejidad de la célula eucariota excede con mucho la de la más sofisticada de las procariotas, y una célula eucariota típica tiene un volumen unas mil veces mayor.

La teoría endosimbiótica

In 1883, el botánico francés Andreas Schimper observó que los cloroplastos de las plantas verdes se dividen y reproducen de un modo muy semejante a la reproducción de las cianobacterias de vida libre, y propuso que las plantas habían evolucionado a partir de una relación estrecha, o simbiosis, entre dos organismos.

El biólogo ruso Konstantín Merezhkovski –uno de los primeros en advertir las semejanzas estructurales entre cloroplastos de las plantas y cianobacterias– conocía el trabajo de Schimper. Inspirado por sus estudios de la relación simbiótica entre los hongos y las algas en los líquenes, Merezhkovski desarrolló la idea de que los organismos complejos pudieron surgir de la asociación de organismos menos complejos. En 1905 publicó su propuesta de que los cloroplastos eran descendientes de cianobacterias atrapados por una célula anfitriona con la que habían establecido una relación simbiótica, y de que las plantas debían su capacidad para la fotosíntesis a las cianobacterias. Esta teoría, la de que los organismos complejos surgen de la asociación de otros menos complejos, se conoce como endosimbiosis.

En la década de 1920, el biólogo estadounidense Ivan Wallin propuso un origen endosimbiótico para las mitocondrias (los orgánulos encargados de generar energía), que habrían sido originalmente bacterias aerobias (que necesitan oxígeno para sobrevivir).

Estas teorías fueron objeto de un rechazo general durante las décadas siguientes, pero, en 1959, los botánicos estadounidenses Ralph Stocking y Ernest Gifford descubrieron que cloroplastos y mitocondrias tenían su propio ADN, distinto del que guarda el núcleo de la célula. Fue la primera prueba concreta de que los antepasados de estos orgánulos pudieron ser células de vida libre.

Ideas poco ortodoxas

El estudio del ADN era todavía un campo muy nuevo en la primera mitad de la década de 1960, y el hallazgo de ADN en los cloroplastos y mitocondrias fue puesto en duda. En 1965, la bióloga estadounidense Lynn Margulis se enfrentó a la cuestión para su disertación de doctorado, y demostró de manera convincente la presencia de ADN en los cloroplastos de un alga unicelular. Publicó un artículo en el *Journal of Theoretical Biology* en 1967, en el que planteó la idea de que algunos de los orgánulos fundamentales de las células eucariotas, como los cloroplastos y las mitocondrias, fueron en el pasado procariotas de vida libre. Margulis no solo había formulado una teoría del origen de los orgánulos celulares, sino también de la evolución de las eucariotas.

Cuando Margulis publicó su primer libro, *Origen de la célula eucariótica*, en 1970, la endosimbiosis estaba lejos de aceptarse, debido al supuesto

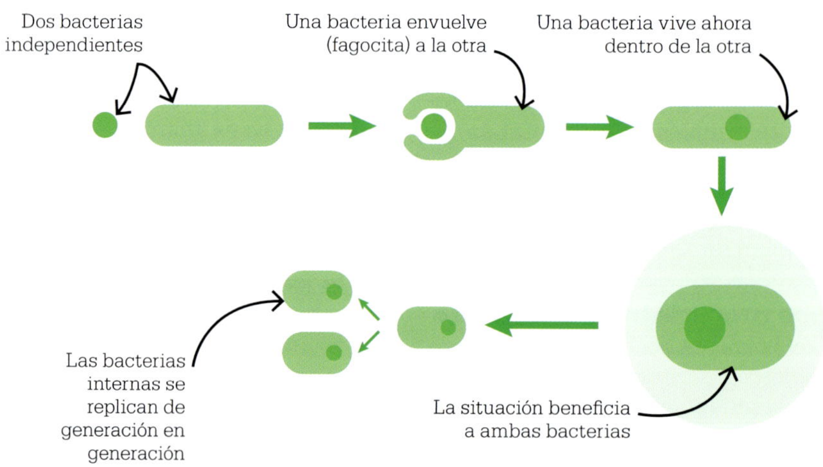

La teoría de la endosimbiosis propone que las células eucariotas evolucionaron al ser fagocitadas células procariotas por otras células y establecerse entre ellas una simbiosis. Las mitocondrias se formaron por la ingesta de bacterias aeróbicas, y los cloroplastos, por la ingesta de bacterias fotosintéticas.

Lynn Margulis presentó pruebas de la teoría endosimbiótica, descrita por el biólogo Richard Dawkins como «uno de los grandes logros de la biología evolutiva del siglo XX».

entonces imperante de que la evolución procedía en pasos pequeños, mientras que la endosimbiosis representaba un gran salto evolutivo. Había también muchos biólogos reacios a la idea de que pudiera haber ADN fuera del núcleo celular, la cual veían poco ortodoxa, aunque las pruebas a favor de la presencia de ADN en cloroplastos y mitocondrias fueran cada vez más sólidas.

Endosimbiosis seriada

La teoría de Margulis de la evolución de las células eucariotas suele llamarse teoría de la endosimbiosis seriada, o simbiogénesis, y propone que las células eucariotas fueron el resultado de la unión de varios tipos de células procariotas. Según Margulis, pequeñas bacterias capaces de respiración aeróbica parasitaron a células procariotas mayores anaerobias (no basadas en el oxígeno) atravesando su pared celular. En la mayoría de los casos, el resultado sería la muerte de la célula invadida, pero en suficientes casos ambas sobrevivían y coexistían. La célula parásita, con su capacidad para ocuparse del oxígeno, permitía a la anfitriona sobrevivir en entornos para ella antes inhabitables. La anfitriona aportaba el combustible para la respiración aeróbica y accedía a la capacidad productora de energía de la bacteria. Al crecer la dependencia entre ambas, los pequeños parásitos respiratorios evolucionaron hasta convertirse en mitocondrias, los primeros orgánulos eucariotas.

Mientras que la mayoría de las células eucariotas contienen mitocondrias, solo las de las plantas y algunos organismos unicelulares contienen cloroplastos, lo cual apunta a que evolucionaron después de que las mitocondrias se generalizaran. La hipótesis de Margulis es que algunas de las nuevas asociaciones mitocondriales consumían cianobacterias, pero algunas escaparon de ser digeridas y evolucionaron como cloroplastos.

Pruebas a favor

En 1967 se publicó un trabajo que apoyaba la teoría endosimbiótica de Margulis. En 1966, el microbiólogo coreano-estadounidense Kwang Jeon estaba estudiando una colonia de amebas unicelulares cuando una infección bacteriana mató a la mayoría. Varios meses después observó que las amebas supervivientes estaban sanas, y con las bacterias prosperando aún en su interior. Más sorprendente aún fue que, cuando usó antibióticos para matar a las bacterias, las amebas anfitrionas morían también: se habían vuelto dependientes del organismo invasor. Jeon descubrió que esto se debía a que las bacterias fabricaban una proteína que ahora necesitaba la ameba para sobrevivir. Las dos especies habían formado una relación simbiótica, y el resultado era una nueva especie de ameba. ■

Antepasados arqueas

Investigando sedimentos oceánicos de alta mar en el Atlántico, en 2015 se halló un nuevo filo de arqueas (o Archaea), antes llamadas arqueobacterias. Llamado *Lokiarchaeota* (abreviado, «Loki»), parecía el filo de parientes más próximos a los eucariotas –organismos complejos cuyas células tienen núcleos envueltos por una membrana– descubierto hasta la fecha. El genoma (material genético) de Loki contiene muchos genes de existencia antes conocida solo en los eucariotas, entre ellos algunos con un papel esencial en las funciones eucarióticas, como los vinculados al citoesqueleto, estructura que ayuda a la célula a mantener su forma.

Es un misterio la función de estos genes eucariotas en Loki, pero podría encajar con la controvertida teoría de que los eucariotas evolucionaron de un antepasado arquea. Algunos científicos han descrito a Loki como «eslabón perdido» entre eucariotas y antiguos procariotas.

Lokiarchaeota se descubrió en la dorsal mesoatlántica, cerca de un sistema de chimeneas hidrotermales, el Castillo de Loki.

UN MOSAICO FLEXIBLE DE PORTEROS

MEMBRANAS CELULARES

EN CONTEXTO

FIGURAS CLAVE
Seymour Singer (1924–2017), **Garth Nicolson** (n. en 1943)

ANTES
1839 Theodor Schwann y Matthias Schleiden proponen que todas las plantas y animales se componen de células.

1952 En Reino Unido, los fisiólogos británicos Alan Hodgkin, Andrew Huxley y Bernard Katz proponen que unas bombas en la membrana celular atraen iones de sodio al interior de la célula.

1959 El químico J.D. Robertson concluye que las membranas celulares consisten en una bicapa lipídica entre dos capas de proteína.

DESPUÉS
2007 El bioquímico Ken Jacobson explica que algunos fosfolípidos forman «balsas» que ayudan a transportar materiales a través de la membrana celular.

Las células están envueltas por una membrana que mantiene unido su contenido. Durante mucho tiempo se creyó que estas membranas eran resistentes a casi todas las sustancias, menos al agua.

El hallazgo de los lípidos

En la década de 1880, mientras lavaba la vajilla, la física autodidacta alemana Agnes Pockels observó cómo una película superficial, sobre todo de grasa, cubre la superficie del agua. Las películas grasas tienen un lado hidrófobo, expuesto al aire, y uno hidrófilo, que flota sobre el agua, más densa. En la década de 1890, el biólogo británico Ernest Overton estudió cómo la membrana celular impide que salga el contenido, a la vez que permite la entrada de nutrientes. Overton y el farmacólogo alemán Hans Meyer propusieron independientemente que la membrana celular era un envoltorio graso –hidrófilo por fuera e hidrófobo por dentro– llamado lípido. En 1925, los fisiólogos neerlandeses Evert Gorter y François Grendel revelaron que las membranas disueltas cubren un área dos veces más grande que las no disueltas, por lo que la membrana tenía que ser una doble capa de lípidos. Resultó ser como un sándwich de dos capas, cada una hidrófila por fuera e hidrófoba por dentro, que volvía impermeable la célula. Cada capa la forman fosfolípidos en forma de renacuajo, con cabeza hidrófila de fosfato y cola hidrófoba de lípido. En 1935, los ingleses Hugh Davson, fisiólogo, y James Danielli, bioquímico, comprobaron que había también proteínas en la membrana, pero supusieron que su función era meramente estructural.

> La célula es una estructura compleja, con membrana que la envuelve, núcleo y nucleolo.
> **Charles Darwin**

El modelo de mosaico fluido

La membrana es un contorno sofisticado y flexible que controla el paso de sustancias en función de las necesidades de la célula, como mostraron en 1972 el biólogo celular Seymour J. Singer y el bioquímico Garth L.

Véase también: La naturaleza celular de la vida 28–31 ▪ Crear vida 34–37 ▪ Células complejas 38–41 ▪ El metabolismo 48–49 ▪ La respiración 68–69 ▪ Reacciones fotosintéticas 70–71 ▪ La transpiración en las plantas 82–83

Nicolson, estadounidenses. Juntos, combinaron descubrimientos anteriores para proponer el modelo de mosaico fluido de la membrana celular. La doble capa de lípidos que protege y contiene la célula forma un fluido dinámico, salpicado de un mosaico móvil complejo de estructuras diversas. La fluidez permite a la membrana deformarse, desplazarse y adaptarse a condiciones cambiantes.

En la membrana, partículas de colesterol mantienen la fluidez impidiendo que los fosfolípidos se separen por efecto del calor o se peguen por el frío. En el modelo de Singer y Nicolson, cadenas de glucoproteína salen proyectadas de la membrana. Después, los investigadores comprendieron que estos son los marcadores de identidad de la célula, o antígenos. Hoy sabemos que las glucoproteínas se encuentran en complejos dentro de la membrana, y que no son unidades aisladas. Los lípidos con una cola de hidrato de carbono, llamados glucolípidos, estabilizan la membrana y sirven para que el sistema inmunitario del organismo identifique a la célula. Las proteínas integradas en la membrana controlan qué partículas pueden pasar. Las proteínas periféricas situadas a cada lado de la membrana intervienen en procesos como la respiración celular, en los que la célula emplea oxígeno para liberar energía.

La membrana celular es un fluido graso que se deforma y desplaza, con un mosaico de componentes activos en y sobre su superficie: algunos ayudan a transportar moléculas a través de la membrana; otros portan catalizadores y sensores que controlan procesos celulares.

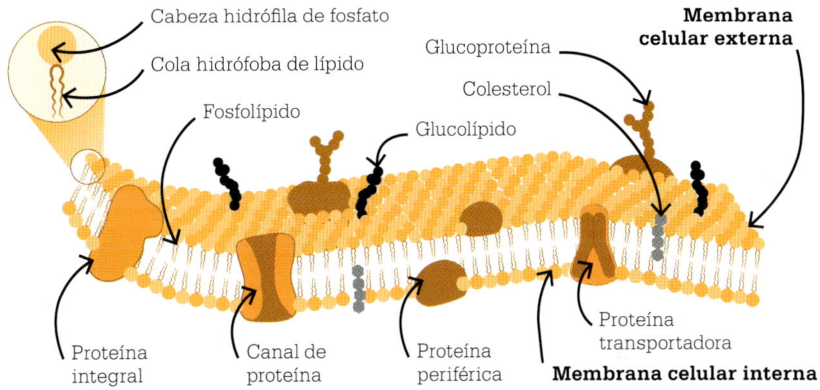

Métodos de transporte

Las moléculas de oxígeno y dióxido de carbono, necesarias en gran cantidad, atraviesan la membrana, pues son minúsculas y no tienen carga eléctrica. Algunas moléculas grandes y cargadas pasan por ósmosis por canales de proteínas (abajo). Las proteínas transportadoras bombean moléculas a través de la membrana contra el gradiente de concentración, con lo cual la célula gasta un poco de energía.

El modelo de Singer y Nicolson fue modificado, pero aún ofrece una imagen clara de la estructura y la función de la membrana celular. ▪

Las plantas dependen de la ósmosis para hidratar sus células hasta quedar rígidas. A diferencia de las células animales, las paredes no revientan si admiten demasiada agua, cuya falta marchita la planta.

La ósmosis

Para que sobreviva una célula deben entrar y salir materiales por la membrana celular. Esto sucede por difusión simple, por transporte activo mediante proteínas y por ósmosis.

La ósmosis es el movimiento de moléculas de agua a través de una membrana de una región con alta concentración de moléculas de agua a otra con una concentración menor. La membrana debe ser lo bastante permeable para dejar pasar el agua, pero bloquear las sustancias disueltas en ella. De este modo, solo pasa el agua. Una solución concentrada contiene menos moléculas de agua que una diluida, y el agua pasa siempre a las soluciones concentradas desde las diluidas, en un movimiento simple vital para las células.

Cuando la concentración es la misma dentro de la célula y en el fluido que la rodea, la solución se llama isotónica, y no hay movimiento. Si el fluido del exterior se diluye (es hipotónico), la célula admite agua y se hincha; si el fluido se concentra (hipertónico), la célula pierde agua y se encoge.

ALIMENT
Y ENERG

O

A

Década de 1580

El fisiólogo Santorio Santorio **registra su peso** y el de sus alimentos, bebidas y excreciones **a lo largo de unos treinta años**.

Década de 1600

Midiendo la **masa de un sauce** y de cantidades de suelo y agua, Jan van Helmont demuestra que las **plantas obtienen masa del agua**.

1747

James Lind observa que ciertos **alimentos contienen nutrientes** esenciales para la buena salud.

1783

Lazzaro Spallanzani explica que la **digestión** no es una mera operación mecánica, sino un **proceso químico**.

1827

William Prout **identifica** los **tres principales** grupos de **nutrientes** (hidratos de carbono, grasas y proteínas).

1840

El químico orgánico pionero Justus von Liebig muestra que los alimentos, como los **seres vivos**, se componen de **sustancias orgánicas que contienen carbono**.

Un foco de interés particular en el estudio de los seres vivos es el modo en que los nutrientes sustentan la vida, y cómo los organismos procesan estos nutrientes para obtener energía destinada a sus funciones.

Comprender estos procesos supone algo más que el mero estudio anatómico, y requiere un enfoque más experimental para estudiar su fisiología, o cómo funcionan. Un pionero de la biología experimental fue Santorio Santorio, quien en la década de 1580 inició un experimento que duró unos treinta años: se pesó meticulosamente a sí mismo, así como todo lo que comía y bebía y la orina y las heces excretadas, y observaba la diferencia entre las cantidades. Atribuyó la discrepancia a alguna «transpiración insensible». El experimento inspiró otros estudios sobre cómo los animales extraen energía de los alimentos, proceso que Antoine Lavoisier compararía más adelante con la quema de combustible en el aire.

Nutrición y crecimiento

A principios del siglo XVII, Jan van Helmont adoptó un enfoque metódico similar al estudio de los procesos de la nutrición y el crecimiento en las plantas, midiendo la masa de un sauce, la tierra y el agua de su emplazamiento, y observando cómo el árbol crecía absorbiendo agua. En las décadas de 1770 y 1780, los experimentos de Jean Sénébier mostraron que las plantas emplean también dióxido de carbono (CO_2) para crecer, y Jan Ingenhousz y Joseph Priestley revelaron que las plantas emiten oxígeno como producto de desecho. Más importante aún, Ingenhousz demostró que la luz solar es otro factor del proceso, aportando con ello la base para la idea de la fotosíntesis.

Grandes descubrimientos como estos se dieron durante los siglos XVII y XVIII, una época de avances científicos sin precedentes. En 1747, partiendo de lo que se conocía sobre los procesos de la nutrición y el crecimiento, James Lind procedió a demostrar que determinados nutrientes son esenciales para la vida y la salud, y que distintos componentes de los alimentos tienen funciones nutricionales específicas. Más adelante, William Prout identificó tres grupos de alimentos necesarios (grasas, hidratos de carbono y proteínas) clasificados según sus propiedades químicas. Justus von Liebig desarrolló este concepto para mostrar que todos los alimentos están compuestos por sustancias orgánicas, que se distinguen por su

Década de 1850

Louis Pasteur descubre que las **células de la levadura** causan la **fermentación** en ausencia de oxígeno.

1876

Wilhelm Kühne explica que las reacciones químicas del **metabolismo requieren catalizadores** producidos por el organismo, las **enzimas**.

1894

Emil Fischer describe la acción de **enzimas** específicas que desencadenan distintas **reacciones químicas**.

1937

Hans Krebs describe el camino químico y la **secuencia cíclica de reacciones** de las **reacciones metabólicas** en un organismo.

Década de 1960

Mervin Calvin muestra el ciclo de reacciones de la **fotosíntesis** en las plantas, en el que **toman dióxido carbono** del aire **para producir nutrientes**.

composición química, en concreto por una combinación de carbono e hidrógeno. Esta definición de las sustancias orgánicas marcó el inicio de la química orgánica.

El metabolismo

Las reacciones químicas se reconocieron como un factor importante en el proceso de extraer energía de los alimentos. La digestión, o descomposición de los alimentos para nutrir a las células, se consideró un proceso más que nada mecánico hasta finales del siglo XVIII. En 1783, Lazzaro Spallanzani mostró que el tracto digestivo de los animales no solo descompone los alimentos físicamente, sino que segrega jugos digestivos que los reducen químicamente a moléculas.

Los alimentos y bebidas atrajeron en particular la atención de los biólogos en el siglo XIX, y fueron problemas de la industria vinícola los que llevaron a Louis Pasteur a investigar el proceso de la fermentación. Pasteur descubrió que las células vivas de levadura producen nutrientes en un proceso de respiración anaerobia («vida sin oxígeno»), lo cual dio lugar a un debate con Liebig, quien mantenía que la fermentación es una reacción puramente química. Zanjó la cuestión unos años más tarde Eduard Buchner, al explicar que son las enzimas de la levadura –vivas o no– las que desencadenan el proceso de fermentación.

El término «enzima» lo había acuñado Wilhelm Friedrich Kühne, tras observar que las reacciones químicas en las células, el llamado metabolismo, solo se da en presencia de catalizadores, sustancias químicas que desencadenan el proceso pero permanecen ellas mismas inalteradas. Los organismos producen catalizadores particulares para acelerar reacciones específicas, y Kühne los llamó *Enzymen* («que tienen levadura»). Un estudio posterior de Emil Fischer sobre las enzimas explicó su actividad como un proceso de llave y cerradura, siendo las enzimas una suerte de cerraduras en las que encaja un sustrato específico.

En el siglo XX se profundizó más en el conocimiento del metabolismo. Hans Krebs desarrolló la teoría de que el metabolismo depende de la comunicación química entre células, que forma un ciclo de reacciones. Mervin Calvin estudió el proceso de la fotosíntesis, y descubrió una secuencia cíclica de reacciones en las células de las plantas para fabricar alimento. ■

LA VIDA ES UN PROCESO QUIMICO

EL METABOLISMO

EN CONTEXTO

FIGURA CLAVE
Santorio Santorio
(1561–1636)

ANTES
Siglo IV a. C. Aristóteles explica que los animales liberan calor al comer.

Siglo XIII Ibn al Nafis propone que el cuerpo está en un estado de energía y nutrición en cambio constante.

DESPUÉS
1784 Antoine Lavoisier muestra cuánto oxígeno y dióxido de carbono consume la respiración humana.

1837 El fisiólogo alemán Heinrich Magnus demuestra que la respiración tiene lugar en todo el cuerpo.

1937 El bioquímico germano-británico Hans Krebs descubre el ciclo metabólico del ácido cítrico (hoy llamado ciclo de Krebs).

El metabolismo, la química que mantiene vivos a los organismos, es tanto la suma total de las reacciones químicas en cada ser vivo como el modo en que este convierte el alimento en energía y materiales y elimina los desechos. El médico italiano Santorio Santorio puso los cimientos estadísticos para comprender el metabolismo a principios del siglo XVII.

Medición científica

Tanto Aristóteles como el médico árabe del siglo XIII Ibn al Nafis habían propuesto una relación entre ingesta de alimentos, energía y producción de calor, pero Santorio comprendió que, a falta de medición, no pasaba de ser una noción vaga. Por ello, en la década de 1580 comenzó un estudio que duraría más de treinta años. Construyó una silla en la que pesarse, y pesó también lo que comía, bebía y excretaba en forma de orina y heces. Santorio mantuvo un registro preciso de cada variación en su peso corporal, y comprobó que por cada ocho libras de alimento que ingería, excretaba solo tres. Atribuyó la diferencia a una «transpiración insensible», es decir, una pérdida de peso intangible, en forma de calor y humedad desde la superficie del cuerpo o la boca al respirar. Notó que esta variaba dependiendo de las condiciones del ambiente, así como de su salud y de qué comiera. Realizó pruebas similares con otras personas, y en 1614 resumió sus es-

La silla de pesar de Santorio estaba suspendida del brazo corto de una balanza romana, aparato con un brazo largo graduado por el que se desplaza una pesa.

Véase también: Fisiología experimental 18–19 ▪ La naturaleza celular de la vida 28–31 ▪ Nutrientes esenciales 56–57 ▪ La respiración 68–69

Santorio se pesaba inmediatamente antes y después de **comer**.

Se pesaba también antes y después de **excretar y orinar**.

El **peso de los alimentos** ingeridos **doblaba al de los desechos**.

La discrepancia del peso se debe a una «transpiración insensible» de la superficie del cuerpo y al aliento.

tudios en *De statica medicina* («De la medición médica»), donde insistía en la importancia para la salud del equilibrio entre ingesta y transpiración insensible. Fue el primer estudio del metabolismo.

Reacciones químicas

El químico francés Antoine Lavoisier estaba convencido de que los procesos químicos de la combustión y la respiración son, en esencia, el mismo. Sus experimentos y los de otros científicos mostraron que los animales consumen oxígeno y expulsan dióxido de carbono al respirar, como sucede, y él correctamente creía, cuando algo se quema. En 1784 creó un ingenio, el calorímetro de hielo, para un experimento. La cantidad de hielo fundido en el calorímetro revelaría la cantidad de calor producida durante la combustión y la respiración en una cámara sellada. Puso carbón al rojo en la cámara, y luego una cobaya viva. Tanto el carbón como la cobaya consumían oxígeno y producían calor. El carbón ardiendo desprendía calor rápidamente, y la cobaya, más lentamente; pero estaba claro que la combustión y la respiración generan calor del mismo modo.

Lavoisier se preguntaba si el consumo de oxígeno del cuerpo variaba, así que pidió a un asistente que llevara una máscara que controlaba el suministro de oxígeno, y midió la cantidad de gas inhalado. Halló que el cuerpo consumía más oxígeno durante el ejercicio que en reposo, y también al comer y en condiciones de frío.

En la actualidad sabemos que en el cuerpo de los animales se genera calor cuando inhalan oxígeno, debido a una forma de combustión llamada respiración celular, alimentada por lo que comen. El oxígeno llega a las células del organismo junto con la glucosa de los alimentos, las células queman la glucosa y liberan energía, el hidrógeno de la glucosa se combina con el oxígeno produciendo agua, y el carbono combinado con el oxígeno produce dióxido de carbono tóxico, que se expulsa al exhalar.

Las reacciones químicas interconectadas son el fundamento del metabolismo y del modo en que todos los seres vivos descomponen sustancias y las construyen para mantener la vida. Del metabolismo dependen la vida y la muerte mismas. ■

Santorio Santorio

Nacido en 1561, Santorio estudió medicina en la Universidad de Padua, la mejor escuela médica de la época. Después de licenciarse en 1582, ejerció la medicina durante varios años. En Venecia conoció a Galileo, con el que mantuvo correspondencia. Hombre de gran inventiva, Santorio creó un termómetro clínico primitivo y el *pulsilogium*, el primer cronómetro preciso para medir el pulso. También inventó un anemómetro y un ingenio para calcular la velocidad de las corrientes de agua.

Santorio es conocido sobre todo por sus estudios pioneros de fisiología experimental, en particular con la silla de pesar. Fue nombrado profesor de medicina teórica en Padua en 1611, pero renunció al puesto después de que sus alumnos se quejaran de que estaba demasiado absorto en la investigación. Regresó a la práctica médica en Venecia, donde fue nombrado presidente del Colegio Médico de Venecia. Murió en 1636.

Obra principal

1614 *De statica medicina*.

LAS PLANTAS TIENEN LA FACULTAD DE PURIFICAR EL AIRE

LA FOTOSÍNTESIS

EN CONTEXTO

FIGURA CLAVE
Jan Baptiste van Helmont (1580–1644)

ANTES
1450 Nicolás de Cusa afirma que pesar una planta en un tiesto a lo largo del tiempo mostraría que su masa procede solo del agua.

DESPUÉS
1754 El químico británico Joseph Black aísla el «aire fijo», o dióxido de carbono.

1884 El citólogo de plantas Eduard Strasburger llama cloroplastos a los cuerpos que fabrican clorofila en las hojas.

1893 El botánico Charles Barnes acuña el término «fotosíntesis».

1965 El egipcio Mabrouk El-Sharkawy y el estadounidense John Hesketh, fisiólogos vegetales, muestran que las diferencias anatómicas en las hojas afectan a la tasa de fotosíntesis.

Las plantas verdes, las algas y las cianobacterias consumen agua, energía solar y dióxido de carbono para crecer, en el proceso llamado fotosíntesis, término derivado del griego *fôs*, «luz», y *sýnthesis*, «composición». El producto de desecho de la fotosíntesis es el oxígeno, que las plantas liberan a la atmósfera.

Los organismos fotosintetizadores se llaman fotoautótrofos, por utilizar la energía de la luz para fabricar moléculas orgánicas a partir de materia inorgánica, principalmente dióxido de carbono y agua. Las moléculas orgánicas son azúcares, usados como alimento. Las plantas también toman nutrientes de la roca meteorizada (erosionada) y de los animales y plantas en descomposición del suelo.

Los fotoautótrofos constituyen la base de todas las cadenas tróficas, por las que fluye la energía a través de la alimentación de unos y otros organismos. Las plantas y otros fotoautótrofos alimentan a prácticamente todos los organismos no fotosintetizadores del planeta. Todos los organismos que se alimentan directamente de fotoautótrofos son herbívoros, y los animales que comen herbívoros, o sus depredadores inmediatos, consumen indirectamente fotoautótrofos. Sin plantas que hagan la fotosíntesis, la vida como la conocemos no existiría. Sin embargo, no fue hasta el siglo XVII cuando los científicos comenzaron a investigar cómo se las arreglaban las plantas para crecer.

> Decir que las plantas crean vida de la nada es más que una forma de hablar.
> **Michael Pollan**
> **Autor científico estadounidense**

Agua

A inicios de la década de 1600, el médico y químico de los Países Bajos Españoles (actual Bélgica) Jan Baptiste van Helmont se inspiró en el alemán Nicolás de Cusa para realizar un experimento con el que poner a prueba lo que se daba por entendido en la época: que las plantas crecen y obtienen masa de la tierra en

Jan Baptiste van Helmont

Van Helmont nació en los Países Bajos Españoles (actual Bélgica) en 1580. Doctorado en Medicina por la Universidad Católica de Lovaina en 1599, fue un médico aclamado.

Su matrimonio con una aristócrata le permitió dedicarse a la investigación química, y creía que la experimentación era crucial para comprender el mundo natural. Fue un defensor moderado de Paracelso, y rechazó la teoría de Aristóteles de los cuatro elementos, poniendo en su lugar dos: aire y agua. Documentó sus estudios en varios tratados científicos, pero no todos se publicaron hasta después de su muerte, en 1644; su hijo publicó sus obras completas en 1648. Algunos consideran a Van Helmont el padre de la química del aire, por sus estudios de las reacciones químicas en los gases.

Obras principales

1613 *De magnetica vulnerum curatione* («De la curación magnética de las heridas»).
1642 *Febrium doctrina inaudita* («Doctrina inaudita de la fiebre»).
1648 *Ortus medicinae* («Origen de la medicina»).

Véase también: Células complejas 38–41 ■ El metabolismo 48–49 ■ Nutrientes esenciales 56–57 ■ Los inicios de la química orgánica 61 ■ Reacciones fotosintéticas 70–71 ■ La transpiración en las plantas 82–83 ■ Cadenas tróficas 284–285

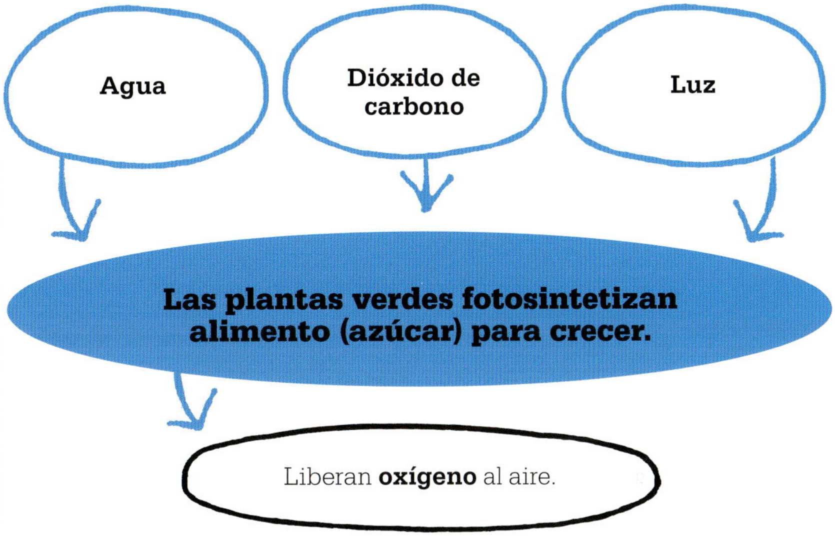

la que están plantadas. Van Helmont pesó y plantó un pequeño sauce de 2,2 kg en una maceta grande, que contenía 91 kg de tierra.

Tras regar el árbol durante cinco años, volvió a pesar el árbol y la tierra. El sauce había ganado 74 kg, y la tierra había perdido solo 57 g. Van Helmont concluyó que las plantas necesitan solo agua, y no tierra, para crecer y ganar masa, y que todo era producto del agua y nada más.

La conclusión de Van Helmont era correcta solo en parte: no era consciente del papel de la tierra en el aporte de nutrientes minerales para el crecimiento. Fue el primero en demostrar que las plantas necesitan agua para crecer, dando así con el primer reactivo de la fotosíntesis. También realizó muchos experimentos con vapores emitidos por reacciones químicas, y acuñó el término «gas». Un gas, al que llamó *gas sylvestre*, sería conocido posteriormente como «aire fijo», o dióxido de carbono.

Oxígeno

A finales del siglo XVIII, el naturalista, clérigo, químico y educador británico Joseph Priestley estudió los «aires», o gases. Suscribía la hipótesis de la época de que el aire podía ser contaminado por algo llamado flogisto, una sustancia nociva e invisible liberada en la combustión –la quema de material inflamable.

En uno de sus muchos experimentos, descrito en la década de 1770 en varios volúmenes bajo el título *Experimentos y observaciones con diferentes clases de aire*, Priestley comprobó que el aire no era una sustancia única, sino una mezcla de gases. Aisló varios gases, entre ellos, el «aire deflogistizado», en 1774, que llamó así porque parecía purificar el aire contaminado por flogisto, como el aire en un frasco gastado por una vela encendida.

También en 1774, Priestley observó que un ratón aislado bajo una campana sellada muere pronto, pero sobrevive si bajo la campana se añade una rama de menta. Priestley concluyó que la planta emitía aire puro y «restauraba» el aire «dañado» de la campana, permitiendo al ratón vivir. El hecho de que las plantas liberan oxígeno quedó establecido. Más tarde, el mismo año, el químico francés Antoine Lavoisier repitió el experimento de Priestley y aisló el mismo gas.

Antoine Lavoisier demostró en 1778 que la combustión consiste en reacciones con el oxígeno (al que puso nombre en 1779). Desacreditó la teoría del flogisto, pero no convenció a todos los científicos.

Luz y hojas verdes

En 1779, inspirado por el trabajo de Priestley, el químico neerlandés Jan Ingenhousz estudió qué necesitan las plantas para crecer, comprobando su producción de aire deflogistizado y el efecto de la luz sobre ellas.

Ingenhousz llevó a cabo más de quinientos experimentos, detallados en su libro *Experimentos sobre vegetales*, de 1779. Empleó una planta acuática, la espiga o pasto de agua, para observar fácilmente las burbujas de gas emitidas. A fin de demostrar que el gas de las burbujas era aire deflogistizado, lo recogía y empleaba para encender una llama, y »

En su experimento para demostrar que las plantas absorben dióxido de carbono (CO_2), Sénébier usó campanas de vidrio para controlar el contenido del aire en cada una. En la campana A (sin CO_2), la planta no crece; la planta de la campana B (con CO_2) sigue creciendo.

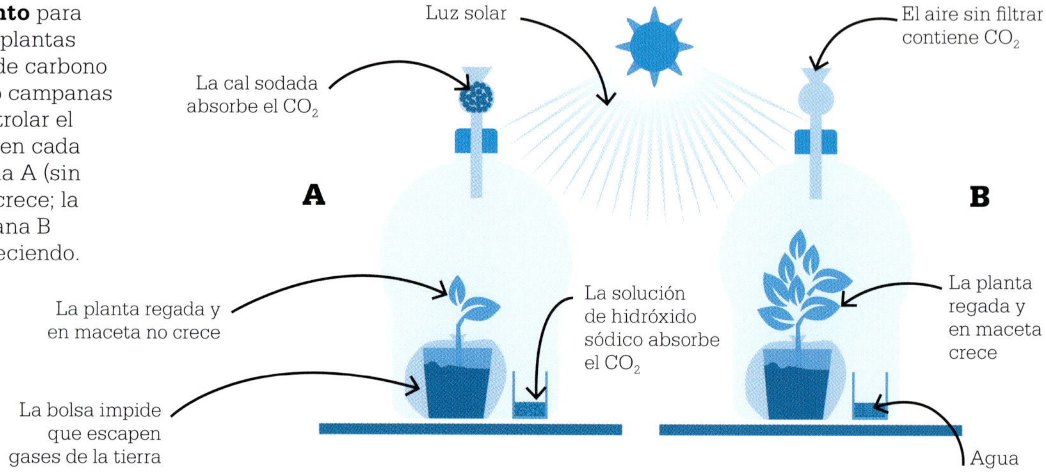

demostró también que las burbujas solo surgían cuando la planta estaba expuesta a la luz, no al calor. La necesidad de luz de la planta era la siguiente pista a seguir para comprender la fotosíntesis.

Ingenhousz describió cómo solo las hojas y tallos verdes emitían oxígeno, que emitían más con luz fuerte y que las plantas contaminan el aire de noche con «aire fijo» (dióxido de carbono).

Dióxido de carbono

El naturalista, botánico y pastor calvinista suizo Jean Sénébier puso fin a la idea de que las plantas tomaban aire viciado y absorbían el flogisto para liberar aire bueno (oxígeno). En 1782, Sénébier describió un experimento consistente en dos campanas, cada una con una planta, una fuente de agua y luz solar (arriba). Una de ellas estaba abierta al aire del entorno, y la otra fue sellada y vaciada de aire fijo (dióxido de carbono). Ambas campanas tenían un recipiente con la misma cantidad de agua, pero el agua de la campana sellada contenía hidróxido sódico, que absorbía todo el dióxido de carbono que hubiera en la campana. La planta con acceso al dióxido de carbono del aire siguió creciendo, mientras que la planta privada del mismo no creció más.

> Este es un mundo verde, con animales en comparación escasos, pequeños y dependientes de las hojas. Por las hojas vivimos.
>
> **Patrick Geddes**
> **Ecólogo escocés (1854–1932)**

La capacidad de las plantas para captar carbono en forma inorgánica como gas dióxido de carbono y transformar sus átomos en compuestos orgánicos se conoce como fijación del carbono.

Sénébier concluyó que las plantas verdes absorben dióxido de carbono cuando están expuestas al sol, y lo emplean como alimento para crecer. También confirmó que las hojas desprenden oxígeno, aunque supuso erróneamente que este aire puro era «el producto de la transformación del aire fijo».

En 1804, el químico suizo Nicolas-Théodore de Saussure mantuvo que el agua debe contribuir también al incremento de masa de las plantas, tras pesar y medir plantas en recipientes y el gas que contenían. Así comprobó que la cantidad de dióxido de carbono que absorbía una planta en crecimiento pesaba menos que el total de masa orgánica más el oxígeno que producía; por tanto, el agua explicaba la diferencia.

Granos verdes

Joseph-Bienaimé Caventou y Pierre-Joseph Pelletier, dos farmacéuticos franceses, extrajeron y estudiaron varios alcaloides de plantas, descubriendo compuestos interesantes, como la cafeína, la estricnina y la quinina. En 1817 aislaron el pigmento verde de las plantas, al que llamaron clorofila, del griego *chloros*, «verde», y *fýllon*, «hoja».

El botánico alemán Hugo von Mohl estudió las células verdes de plantas al microscopio, y en 1837 describió la clorofila como granos *(chlorophyllkörnern)*, pero desconocía su función.

Energía

A mediados del siglo XIX se habían determinado los ingredientes básicos y los productos del proceso de incremento de masa de las plantas.

El color del follaje otoñal se debe a que los cloroplastos dejan de elaborar clorofila, que enmascara otros pigmentos presentes en la hoja, como los carotenoides naranjas, amarillos y rojos.

Julius Robert von Mayer, médico y físico alemán, reconoció que se trataba de un proceso de conversión de energía, y fue uno de varios científicos cuyo trabajo contribuyó a la primera ley de la termodinámica, la de la conservación de la energía. Mayer formuló la ley en 1841, afirmando que la energía ni se crea ni se destruye.

En 1845, Mayer propuso que las plantas convierten la energía de la luz en energía química, o «diferencia química». En la fotosíntesis, la energía solar inicia una serie de reacciones químicas que captan átomos de carbono del aire y los convierte en moléculas de azúcar, que sirven a la planta como combustible.

El papel de la clorofila

El azúcar simple producido en la fotosíntesis es convertido por la planta en glucosa para sus necesidades energéticas inmediatas. Las moléculas de glucosa sobrantes se unen en grandes cadenas ramificadas para formar almidón, que es la molécula de reserva de la planta, y sirve como almacén de energía. Tanto la glucosa como el almidón son hidratos de carbono.

> La plantas toman una forma de energía, la luz, y producen otra energía, la «diferencia química».
> **Julius Robert von Mayer**

En 1862–1864, el botánico alemán Julius von Sachs tiñó los gránulos de almidón de unas hojas con yodo para demostrar que el almidón solo se forma cuando la planta está expuesta a la luz. En 1865, con la ayuda de microscopios más recientes, describió cómo el almidón se formaba solo en los granos de clorofila. Esto confirmaba que era en los corpúsculos de clorofila donde tenía lugar la fotosíntesis.

En 1882, con el experimento del fisiólogo alemán Théodor Engelmann también se demostró que eran los corpúsculos de clorofila de las células vegetales los que emitían el oxígeno. Engelmann usó un prisma para proyectar un espectro de luz sobre un filamento de alga verde al microscopio, y añadió bacterias aerobias al portaobjetos, que se concentraron en las partes del alga bajo luz azul o roja, lo cual indicaba que la clorofila absorbía la luz roja y azul para producir oxígeno. La clorofila no absorbe la longitud de onda verde, sino que la refleja, y por ello percibimos este color.

Para dar el paso siguiente, revelar las reacciones químicas de la fotosíntesis, habría que esperar a los avances de la química molecular del siglo XX. ■

Cianobacterias

Las cianobacterias unicelulares fotosintetizadoras viven en el agua y, al igual que las plantas, contienen clorofila y utilizan dióxido de carbono, agua y luz solar para producir oxígeno, glucosa y otras moléculas orgánicas.

Hace unos 3500 millones de años, la atmósfera primitiva de la Tierra contenía muy poco oxígeno, pero se conservan fósiles de cianobacterias de esa época. Se cree que estas emitían a la atmósfera el oxígeno –producto de desecho de la fotosíntesis– que cambió el curso de la trayectoria evolutiva en el planeta, pues los seres vivos lo emplearon para obtener más energía del alimento y proporcionar combustible para cuerpos multicelulares más grandes.

Las cianobacterias (antes llamadas algas verdiazuladas) también fijan el nitrógeno, que toman directamente del aire e incorporan a moléculas orgánicas como proteínas y ácidos nucleicos. Esto las convierte en fotoautótrofos altamente nutritivos en la base de la cadena trófica.

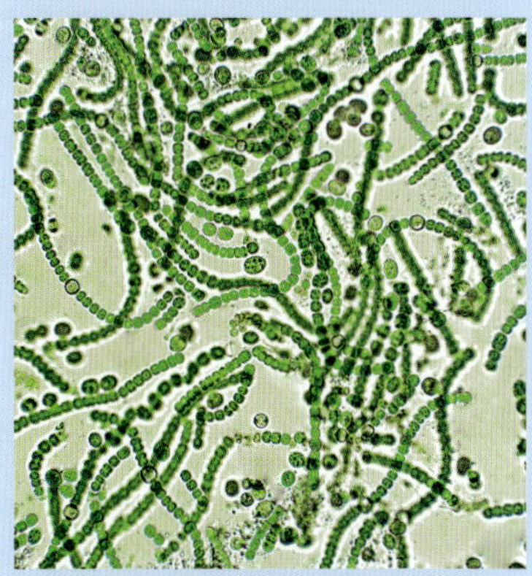

Las cianobacterias (del género *Nostoc* en la imagen), de células más grandes que otras bacterias, abundan en agua dulce y en el mar.

LAS VIRTUDES DE NARANJAS Y LIMONES

NUTRIENTES ESENCIALES

EN CONTEXTO

FIGURA CLAVE
James Lind (1716–1794)

ANTES
***C.* 3800 a. C.** El esqueleto de un niño con formación ósea anormal indica que se padecía el escorbuto en Egipto en esa época.

***C.* 1550 a. C.** El papiro egipcio de Ebers describe por primera vez el escorbuto.

1500 Naranjas y limones curan el escorbuto en algunos marineros del explorador portugués Pedro Cabral.

1614 El cirujano militar inglés John Woodall observa que comer cítricos puede curar el escorbuto.

DESPUÉS
1912 El bioquímico polaco Casimir Funk enumera cuatro vitaminas vitales para prevenir ciertas enfermedades.

1928 El bioquímico húngaro Albert Szent-Gyorgyi aísla el ácido ascórbico (vitamina C).

El consumo regular de **cítricos** elimina rápidamente los **síntomas** del **escorbuto** en los marineros afectados.

↓

Otros **supuestos remedios**, como el vinagre, no mejoran en nada el estado de los **marineros con escorbuto**.

↓

Una sustancia presente en los cítricos es necesaria para una función vital; sin ella, se desarrolla el escorbuto.

En la época de las cruzadas en Europa, entre los siglos XI y XIII, los médicos y militares al mando se familiarizaron con una enfermedad debilitante que parecía azotar a los ejércitos que emprendían viajes largos por tierra. La enfermedad fue llamada escorbuto, y se caracterizaba por la fatiga, encías sangrantes, huesos porosos y formación ósea anormal, y podía acabar en la muerte. Más tarde, entre los siglos XIV y XVIII, con el Renacimiento y la era de las exploraciones vino la expansión del comercio y el auge de grandes potencias marítimas, y el escorbuto fue la mayor causa de enfermedad y muerte entre los marineros en viajes largos que duraban meses o años.

Las causas del escorbuto

Aunque el fundamento científico del escorbuto se desconociera, diversos marinos y médicos comprendieron la relación con la dieta inadecuada de los marineros, limitada a las provisiones a bordo desde el inicio del viaje, como galleta y carne salada. La tripulación no tenía acceso a ali-

Véase también: Grupos alimenticios 60 ▪ Las enzimas como catalizadores biológicos 64–65 ▪ Cómo funcionan las enzimas 66–67 ▪ La respiración 68–69

En el siglo XVIII, puertos como Mo'orea, en la Polinesia Francesa, permitieron al explorador británico James Cook abastecerse de productos frescos, entre ellos cítricos, para combatir el escorbuto.

mentos frescos. Algunos sabían que el escorbuto se podía prevenir comiendo verdura y fruta fresca, sobre todo cítricos, pero las autoridades navales y médicas ignoraron el consejo, en parte porque muchos médicos tenían otras ideas, erróneas, al respecto. Una de tales teorías proponía que el escorbuto era un trastorno digestivo, y que se podía prevenir bebiendo laxantes.

Experimentos con el escorbuto

En 1747, el cirujano escocés James Lind realizó el primer estudio serio de las diversas curas propuestas para el escorbuto. Empleado en el buque de la armada británica *Salisbury*, Lind escogió a doce marineros con escorbuto, los dividió en seis pares, y dio a cada par una dosis diaria de uno de los supuestos remedios: sidra, ácido sulfúrico diluido, vinagre, agua de mar, dos naranjas y un limón y una pasta especiada laxante. A los pocos días, los marineros que habían tomado naranjas y limones habían mejorado, mientras que los demás seguían enfermos. Lind concluyó que una sustancia específica de los cítricos curaba el escorbuto, e incluso podía prevenirlo.

El experimento de Lind fue una de las primeras pruebas clínicas de la medicina moderna, y condujo al concepto de nutrientes esenciales. Estos son sustancias que el organismo no fabrica pero necesita para funcionar normalmente, y por tanto deben figurar en la dieta. Actualmente sabemos que el nutriente esencial que previene el escorbuto es la vitamina C, que varias enzimas metabólicas necesitan para funcionar normalmente. La vitamina C fue aislada como molécula específica en 1928, cuando se comprendía ya el vínculo entre otras enfermedades y la carencia de ciertos nutrientes. Estos trastornos se clasificarían luego como deficiencias o carencias nutricionales. Hoy se conocen 40 nutrientes esenciales, entre ellos 13 vitaminas (pequeñas moléculas orgánicas) y 16 minerales, como el calcio o el hierro.

Pese a que el experimento de Lind demostró que los cítricos curaban y prevenían el escorbuto, pasaron cuatro décadas antes de que la Marina Real británica siguiera su consejo. En 1795 se comenzó a administrar zumo de limón a la tripulación en los viajes largos con el fin de prevenirlo. ■

Deficiencias nutricionales

Además del escorbuto, dos carencias nutricionales clásicas son el beriberi, debido a la falta de tiamina (vitamina B_1), y el raquitismo, a menudo por la falta de vitamina D. La harina de trigo y el arroz contienen tiamina, pero esta se pierde durante la molienda y otros procesamientos. El beriberi es más común en las regiones del mundo donde el arroz blanco procesado es la base de la dieta. La deficiencia de vitamina D es un riesgo para cualquiera en cuya dieta falten alimentos como el pescado azul o la yema de huevo, sobre todo si la persona tiene una escasa exposición al sol: los rayos solares sobre la piel permiten al cuerpo fabricar alguna cantidad de vitamina D. Entre otras carencias conocidas está la anemia por deficiencia de vitamina B_{12} –un riesgo para los veganos, por encontrarse solo en productos animales–, y la deficiencia de yodo, que causa el agrandamiento de la tiroides entre otros trastornos.

CONVERTIR PROVISIONES EN VIRTUDES

LA DIGESTIÓN

EN CONTEXTO

FIGURA CLAVE
Lazzaro Spallanzani
(1729–1799)

ANTES
***C.* 180** A partir de disecciones de animales, Galeno concluye que el estómago asimila los alimentos y el hígado los convierte en sangre.

1543 Andrés Vesalio publica *De humani corporis fabrica*, con una anatomía detallada del tracto gastrointestinal.

1648 El médico flamenco Jan Baptiste van Helmont describe procesos químicos del organismo y sus funciones probables en la digestión.

DESPUÉS
1823 El químico británico William Prout halla ácido clorhídrico en los fluidos gástricos.

1836 El médico alemán Theodor Schwann aísla y da nombre a la enzima digestiva pepsina.

El proceso de la digestión, por el que los alimentos se descomponen en moléculas que transporta el torrente sanguíneo por el organismo y que absorben las células, fue más bien un misterio hasta el siglo XVIII. El gran avance para comprenderlo llegó cuando el biólogo italiano Lazzaro Spallanzani averiguó que los fluidos gástricos contienen sustancias químicas específicas fundamentales para descomponer los alimentos.

Antes de Spallanzani había teorías médicas enfrentadas acerca del proceso. Algunos creían que el calor del cuerpo cocía los alimentos para producir energía; otros asimilaban la digestión a la fermentación; y otros argumentaban que los alimentos simplemente se molían en un proceso mecánico de trituración.

El vitalismo era una teoría aún más vieja, procedente del mundo antiguo, defendida por Aristóteles y que persistió hasta el siglo XIX. Según esta teoría, una fuerza vital de naturaleza espiritual controlaba los procesos del organismo, y algo tan milagroso como la digestión no podía explicarse en términos solo físicos. En los siglos XVI y XVII, el

La digestión tiene tres fases: comienza en la boca, con la masticación y las enzimas digestivas de la saliva; continúa en el estómago, con enzimas y ácido gástrico; y sigue con más enzimas en el intestino.

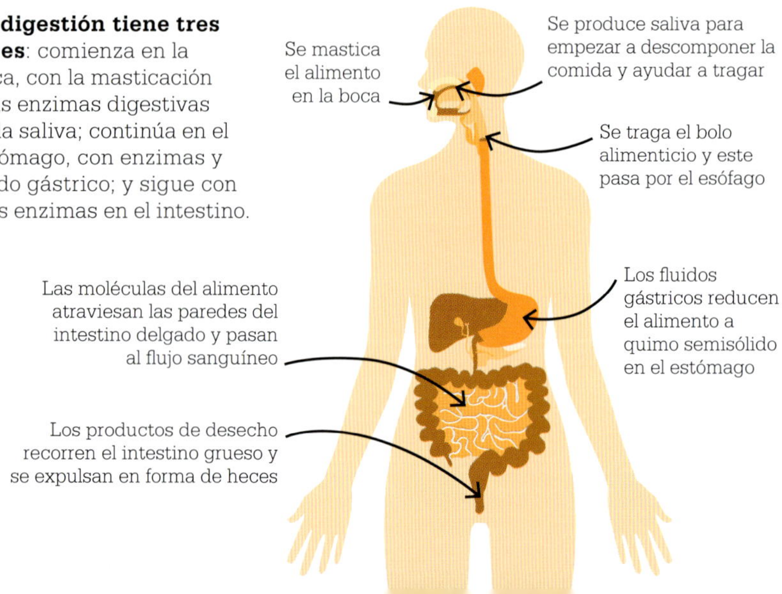

Véase también: Anatomía 20–25 ▪ El metabolismo 48–49 ▪ Nutrientes esenciales 56–57 ▪ Grupos alimenticios 60 ▪ Los inicios de la química orgánica 61 ▪ La fermentación 62–63 ▪ La respiración 68–69 ▪ La circulación de la sangre 76–79

médico flamenco Andrés Vesalio y el inglés William Harvey aportaron grandes progresos a la anatomía. A principios del siglo XVIII, los médicos conocían mejor el tracto gastrointestinal gracias a las disecciones de animales e incluso de cadáveres humanos. Se familiarizaron con los jugos digestivos, que se sabía eran ácidos. Sin embargo, la mayoría continuaba creyendo que la digestión era un proceso mecánico, y no químico.

Jugos gástricos

A finales de la década de 1770, Spallanzani realizó experimentos meticulosos y rigurosos que demostraron que la digestión es un proceso químico. Mejoró el diseño del experimento del entomólogo francés René-Antoine Ferchault de Réaumur, quien había tratado de lograr la digestión *in vitro* –en un entorno artificial fuera del cuerpo–, como cabía esperar si el proceso era puramente químico. Entre otros métodos, Spallanzani alimentó cuervos introduciéndoles comida metida en minúsculos cilindros perforados y atados a una larga cuerda. Pasado un tiempo determinado, se extraían los cilindros, y se comprobaba que los alimentos estaban parcialmente digeridos.

> Si lo que me propongo es demostrar algo, no soy un verdadero científico. Tengo que aprender a ir adonde lleven los datos, y vencer mis prejuicios.
> **Lazzaro Spallanzani**

Spallanzani extrajo jugo gástrico de los estómagos de animales para experimentar con la digestión *in vitro*. Cuidando de mantener el fluido a la temperatura del cuerpo, pudo observar directamente la descomposición química de distintos alimentos. Constató que la materia vegetal, la fruta y el pan se digerían más rápido que la carne, y que el proceso tarda más en completarse *in vitro* que en el estómago. Esto indica que la pared estomacal renueva el jugo gástrico si hay necesidad, haciendo más eficiente el proceso. También destacó la importancia de la masticación y la saliva en la boca: romper el alimento en fragmentos menores aumenta la superficie expuesta a los jugos gástricos, y la propia saliva contiene sustancias químicas digestivas.

Los hallazgos de Spallanzani prepararon el camino a nuevos descubrimientos sobre la digestión en el siglo XIX, entre ellos, las pruebas del cirujano militar estadounidense William Beaumont en 1833, cuando observó, experimentó y aisló jugos gástricos de un paciente con una herida de arma de fuego en el estómago. En 1897, el fisiólogo ruso Iván Pávlov publicó sus hallazgos sobre el mecanismo del sistema nervioso que desencadena la secreción de jugos gástricos, que condujeron a su famoso trabajo sobre los reflejos condicionados en los animales. ■

Lazzaro Spallanzani

Nacido en 1729 en Scandiano, en el noreste de Italia, y de familia distinguida, Lazzaro Spallanzani siguió el consejo de su padre de que estudiara derecho; pero, en la universidad, abandonó los estudios legales y se dedicó a otros intereses, como la física y las ciencias naturales.

Tenía poco más de treinta años cuando Spallanzani era ya sacerdote católico y profesor en la Universidad de Módena. En 1769 aceptó un puesto en la de Pavía, que mantuvo hasta su muerte, en 1799. Sus trabajos le hicieron famoso en toda Europa, y fue miembro de sociedades científicas de prestigio.

Además de su trabajo sobre la digestión, Spallanzani realizó estudios importantes sobre la reproducción animal: fue el primero en practicar la fecundación *in vitro*, utilizando ranas. Sus experimentos con murciélagos prefiguraron el hallazgo de la ecolocalización en la década de 1930.

Obra principal

1780 *Disertaciones sobre física animal y vegetal.*

SACARINOSAS, OLEAGINOSAS Y ALBUMINOSAS

GRUPOS ALIMENTICIOS

EN CONTEXTO

FIGURA CLAVE
William Prout (1785–1850)

ANTES
1753 James Lind demuestra que los cítricos previenen el escorbuto.

1816 El fisiólogo francés François Magendie demuestra que el nitrógeno es esencial para la salud.

DESPUÉS
1842 Justus von Liebig descubre la importancia de las proteínas.

1895 El médico neerlandés Christiaan Eijkman descubre que lo que más adelante se llamará vitamina B protege del beriberi.

1912 El bioquímico polaco Casimir Funk descubre las vitaminas.

Década de 1950 Fisiólogos y nutricionistas comienzan a explicar cómo el exceso de grasas y azúcar causa trastornos cardiacos.

A principios del siglo XIX estaba claro que la vida depende de procesos químicos, y que ciertas sustancias en los alimentos son claves para la salud. En la década de 1820, los estudios del médico británico William Prout sobre la química de la digestión le llevaron a descubrir los principales grupos alimenticios.

En el contenido intestinal de los animales que analizó, como conejos y palomas, Prout encontró pocas sustancias básicas: carbono, hidrógeno y oxígeno. Al descubrir ácido clorhídrico en el estómago de varios animales, se convenció del carácter químico de la digestión. En 1827 publicó el primero de tres trabajos sobre la química de las «sustancias alimentarias», que clasificó en tres «divisiones»: sacarinosas (hidratos de carbono), oleaginosas (lípidos) y albuminosas (proteínas). Era la primera exposición clara de los tres principales grupos alimenticios.

Hoy sabemos que los hidratos de carbono son azúcares y almidones hechos de carbono, hidrógeno y oxígeno, y aportan la energía básica a las células. Las grasas (lípidos), también hechas de carbono, hidrógeno y oxígeno, sirven al organismo como reserva de energía y almacén de vitaminas, así como para proteger los órganos y producir hormonas. Las proteínas realizan muchas funciones, desde la formación de músculo a la defensa ante las infecciones. Las constituyen unos 20 aminoácidos, hechos a su vez de carbono, hidrógeno, nitrógeno, oxígeno o azufre. ■

Carne roja, pescado, huevos, frutos secos y brécol son alimentos ricos en proteínas, esenciales para el crecimiento y reparación del organismo de los animales.

Véase también: Las sustancias bioquímicas se pueden fabricar 27 ▪ Nutrientes esenciales 56–57 ▪ La digestión 58–59 ▪ Los inicios de la química orgánica 61

NO EXISTE UN ELEMENTO MEJOR EN EL QUE BASAR LA VIDA

LOS INICIOS DE LA QUÍMICA ORGÁNICA

EN CONTEXTO

FIGURA CLAVE
Justus von Liebig (1803–1873)

ANTES
1756 El químico británico Joseph Black descubre el «aire fijo» (dióxido de carbono).

1803 El químico británico John Dalton propone que el aire fijo –producido por los animales al respirar y absorbido por las plantas– contiene un átomo de carbono y dos de oxígeno.

DESPUÉS
1858 El químico escocés Archibald Couper y el alemán August Kekulé proponen que cada átomo de carbono puede formar enlaces químicos con hasta otros cuatro.

Finales de la década de 1940 El estadounidense Robert Woodward demuestra que es posible sintetizar alimentos naturales y otros compuestos orgánicos a partir de precursores inorgánicos simples.

Las sustancias naturales son de dos tipos principales: inorgánicas, como los minerales de las rocas; u orgánicas, presentes en los seres vivos o derivadas de ellos, como los alimentos.

En 1828, Friedrich Wöhler descubrió que la urea –un compuesto orgánico de la orina de los mamíferos– puede fabricarse en el laboratorio por la reacción de sustancias inorgánicas, lo cual dio impulso a la investigación de la materia orgánica.

> El carbono está en más tipos de moléculas que [...] todos los demás tipos de moléculas juntos.
> **Neil deGrasse Tyson**
> **Astrofísico estadounidense**

Avances en la investigación

En 1831, Justus von Liebig perfeccionó técnicas que permitieron determinar exactamente cuánto carbono, oxígeno e hidrógeno contienen los compuestos orgánicos. Después investigó áreas como la química de los alimentos, la nutrición en plantas y animales y la respiración. Su trabajo dejó establecido que la química de las sustancias alimentarias y de los seres vivos se basa en gran medida en moléculas que contienen átomos de carbono. Más tarde, los químicos descubrieron que la enorme diversidad de las sustancias orgánicas se debe a una propiedad única de los átomos de carbono: pueden formar enlaces con hasta otros cuatro átomos, entre ellos, otros de carbono. Esto permite a los seres vivos ensamblar macromoléculas grandes y complejas basadas en estructuras en cadena y anillo, de las que hay cuatro grupos: proteínas, hidratos de carbono, lípidos y ácidos nucleicos. En lo fundamental, la vida tal como se da en la Tierra nunca habría llegado a desarrollarse sin el carbono. ■

Véase también: Las sustancias bioquímicas se pueden fabricar 27 ▪ Crear vida 34–37 ▪ La fotosíntesis 50–55 ▪ Grupos alimenticios 60 ▪ La fermentación 62–63

LA VIDA SIN OXIGENO LIBRE

LA FERMENTACIÓN

EN CONTEXTO

FIGURA CLAVE
Louis Pasteur (1822–1895)

ANTES
1680 Antoni van Leeuwenhoek es el primero en observar al microscopio microorganismos unicelulares en agua estancada.

1837 Theodor Schwann, el ingeniero francés Charles Cagniard de la Tour y el farmacólogo alemán Friedrich Traugott Kützing descubren independientemente que la levadura es un ser vivo que se reproduce por gemación.

DESPUÉS
1881 El médico y bacteriólogo alemán Robert Koch aísla microorganismos causantes de enfermedades infecciosas.

1897 Eduard Buchner demuestra que es la acción de las enzimas de la levadura la que causa la fermentación, y no la propia célula.

Habiéndose hecho ya un nombre como químico, Louis Pasteur fue nombrado decano de la Facultad de Ciencias de la Universidad de Lille (Francia). Entonces, un viticultor le pidió que investigara el problema del vino estropeado durante la fermentación. En esa época, en la década de 1850, la fermentación se creía un proceso puramente químico en vez de biológico, pero no todos estaban de acuerdo.

Varios científicos, especialmente Theodor Schwann, observaron que la levadura es un componente intrínseco del proceso de fermentación que convierte el azúcar en alcohol, y que es un organismo vivo que suele reproducirse por medio de un tipo de división celular llamado gemación. Schwann también mostró que, al igual que la levadura es esencial para iniciar la fermentación, el proceso se detiene cuando la levadura deja de reproducirse. La inferencia estaba clara: la conversión del azúcar en alcohol durante la fermentación es parte de un proceso biológico dependiente de la acción de un ser vivo. Consciente de ello, Pasteur se propuso averiguar qué estropeaba parte de la producción de vino, cerveza y vinagre. Sus experimentos confirmaron la tesis de Schwann, y mostraron que, en este proceso orgánico, las células de la levadura

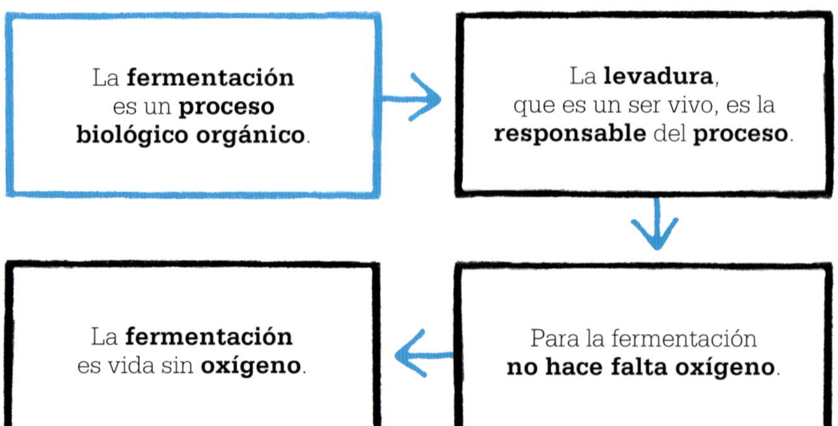

Véase también: Los inicios de la química orgánica 61 ▪ Las enzimas como catalizadores biológicos 64–65 ▪ Cómo funcionan las enzimas 66–67

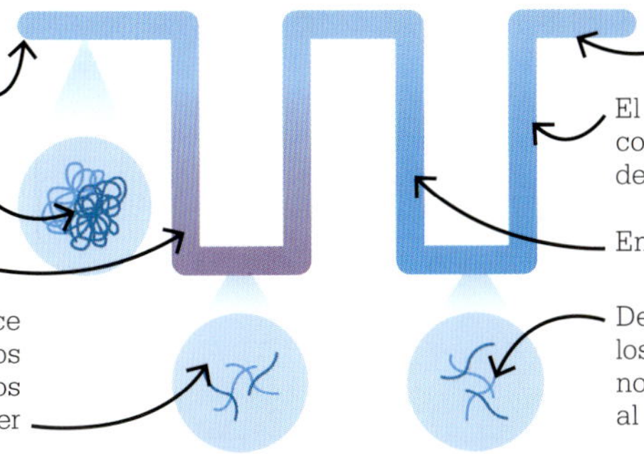

La pasteurización de la leche, empleada en la industria desde 1882, consiste en calentarla para destruir microorganismos dañinos, prolongar la conservación y prevenir enfermedades como la fiebre tifoidea y la tuberculosis.

viva obtienen energía de nutrientes como el azúcar, que convierten en alcohol y dióxido de carbono. Pasteur demostró también que la fermentación puede darse en ausencia de oxígeno; eso era, en sus palabras, «la vida sin aire».

Pasteurización

Establecido el carácter orgánico de la fermentación, a Pasteur le fascinó el mundo de los microorganismos. Sus investigaciones revelaron algo importante para las industrias vinícola y cervecera: que distintos tipos de microorganismos causan distintos tipos de fermentación, no todos deseables. Es un tipo concreto de levadura el responsable de la fermentación del vino, por ejemplo, mientras que la presencia de otros lo degrada.

Para prevenir la fermentación no deseada en la producción de vino y cerveza, o la que estropea la leche, Pasteur propuso calentar y enfriar rápidamente los líquidos para matar los microorganismos responsables y evitar que se reproduzcan, proceso más tarde conocido como pasteurización.

Pese a los hallazgos de Pasteur, el científico alemán Justus von Liebig se opuso a la idea de que los microorganismos causaran la fermentación, insistiendo en que era un proceso puramente inorgánico. La disputa no se resolvió hasta 1897, cuando el químico alemán Eduard Buchner descubrió que el extracto de levadura sin células vivas era capaz de convertir la glucosa en etanol, y concluyó que las enzimas de las células de levadura, no las propias células vivas, causaban la fermentación. ■

El aparato usado por Louis Pasteur para enfriar y fermentar la cerveza. El trabajo posterior de Pasteur sobre los microorganismos le condujo a la invención de la pasteurización.

Louis Pasteur

Hijo de un curtidor, Pasteur nació en 1822, y se crió en el departamento francés del Jura. Tras estudiar en Besançon, se matriculó en la Escuela Normal Superior de París, donde se doctoró en Física y Química en 1847. Nombrado profesor de química de la Universidad de Estrasburgo en 1848, más adelante ocupó puestos en la Universidad de Lille, la Escuela Normal Superior de París y la Sorbona. En Lille comenzó el estudio sobre la fermentación que despertó su interés en los microorganismos y condujo a la pasteurización de la leche y las primeras vacunas. En 1859, Pasteur participó en un concurso para hallar el mejor experimento que demostrara la falsedad de la teoría de la generación espontánea. Lo ganó cociendo carne en un matraz con cuello en forma de S, que bloqueaba la entrada a los microbios aéreos. Al morir en 1895, Pasteur fue honrado con un funeral de Estado en la catedral de Notre Dame.

Obra principal

1878 *Los microbios organizados: su papel en la fermentación, la putrefacción y el contagio.*

LAS CELULAS SON FABRICAS QUIMICAS

LAS ENZIMAS COMO CATALIZADORES BIOLÓGICOS

EN CONTEXTO

FIGURA CLAVE
Wilhelm Kühne (1837–1900)

ANTES
1752 El francés René-Antoine Ferchault de Réaumur estudia el papel de los jugos gástricos en la digestión.

1857 Louis Pasteur presenta la teoría microbiana de la fermentación, que atribuye a organismos vivos.

DESPUÉS
1893 El químico alemán Wilhelm Ostwald clasifica las enzimas como catalizadores.

1894 El químico alemán Emil Fischer propone el modelo de llave y cerradura de la interacción de las enzimas con sus sustratos.

1926 James Sumner, químico estadounidense, obtiene cristales de la enzima ureasa y demuestra que es una proteína.

Una gran cantidad de actividad bioquímica tiene lugar en las células al obtener la energía que necesitan para mantenerse vivas, actividad conocida como metabolismo. Este es el proceso de cambio químico y físico que sustenta la vida, e incluye reparar y renovar tejidos, obtener energía de los alimentos y descomponer los materiales de desecho. La mayoría de estas reacciones no se producen espontáneamente, y solo son posibles gracias a la catálisis, es decir, la presencia de catalizadores. Estas sustancias cambian la tasa de las reacciones sin sufrir cambio ellas mismas, lo cual les permite catalizar nuevas reacciones.

> [Los catalizadores] forman nuevos compuestos en cuya composición no entran.
> **Jöns Jacob Berzelius**

Actualmente se sabe que las enzimas son catalizadores biológicos que facilitan las reacciones químicas esenciales para todos los seres vivos. A falta de enzimas, las reacciones de las que depende la vida serían demasiado lentas para poderla mantener.

En 1833, los químicos franceses Anselme Payen y Jean-François Persoz fueron los primeros en aislar una enzima, a la que llamaron «fermento». En el experimento que realizaron obtuvieron una sustancia derivada de la germinación de la cebada que convertía el almidón en azúcar, y a la que llamaron diastasa (hoy conocida como amilasa). Dos años después, en 1835, el químico sueco Jöns Jacob Berzelius acuñó el término catalizador para las sustancias que favorecen reacciones químicas sin que se altere la propia sustancia. Al año siguiente, el fisiólogo alemán Theodor Schwann descubrió la pepsina mientras estudiaba los procesos digestivos. Fue la primera enzima obtenida de tejidos animales, y a lo largo de los años siguientes, otros químicos descubrieron enzimas nuevas.

La producción de bebidas alcohólicas por fermentación se practica desde hace milenios, pero no

Véase también: La digestión 58–59 ▪ Los inicios de la química orgánica 61 ▪ La fermentación 62–63 ▪ Cómo funcionan las enzimas 66–67

fue sino en el siglo XIX cuando se supo que el proceso lo causaban organismos vivos. A finales de la década de 1850, Louis Pasteur, mientras estudiaba la fermentación y la conversión de azúcar en alcohol por la acción de la levadura, llegó a la conclusión de que la causa eran «fermentos» en las células de la levadura. Pasteur creía que estas sustancias solo podían funcionar en los organismos vivos. El bioquímico alemán Justus von Liebig se opuso a la postura de Pasteur, por considerar la fermentación un proceso puramente químico que no requería la intervención de microorganismos.

Sustancias no vivas

En 1876, Wilhelm Kühne descubrió la tripsina, que se produce en el páncreas y descompone las proteínas en el intestino delgado. Fue el primer científico en emplear la palabra «enzima», que acabó aplicándose a sustancias no vivas como la pepsina y la amilasa, mientras que el término «fermento» designaba la actividad química asociada con los organismos vivos. En una serie de experimentos realizados en 1897, el químico alemán Eduard Buchner estudió la capacidad de los extractos de levadura, en lugar de las células de levadura vivas, para fermentar el azúcar, y descubrió que la fermentación tenía lugar sin la presencia de células vivas, poniendo fin al debate acerca de si la fermentación requería un organismo vivo. A la enzima que permitía la fermentación la llamó zimasa, que hoy se sabe que es en realidad un complejo de varias enzimas.

Las enzimas se suelen nombrar en función de la molécula sobre la que actúan, añadiendo el sufijo -asa al nombre del sustrato. Por ejemplo, la lactasa descompone la lactosa, el azúcar propio de la leche. Esta nomenclatura fue propuesta por el microbiólogo francés Emile Duclaux en 1899. ▪

La enzima tripsina (aquí en una representación idealizada) se enlaza con las moléculas de los aminoácidos arginina y lisina para descomponer las proteínas en el intestino.

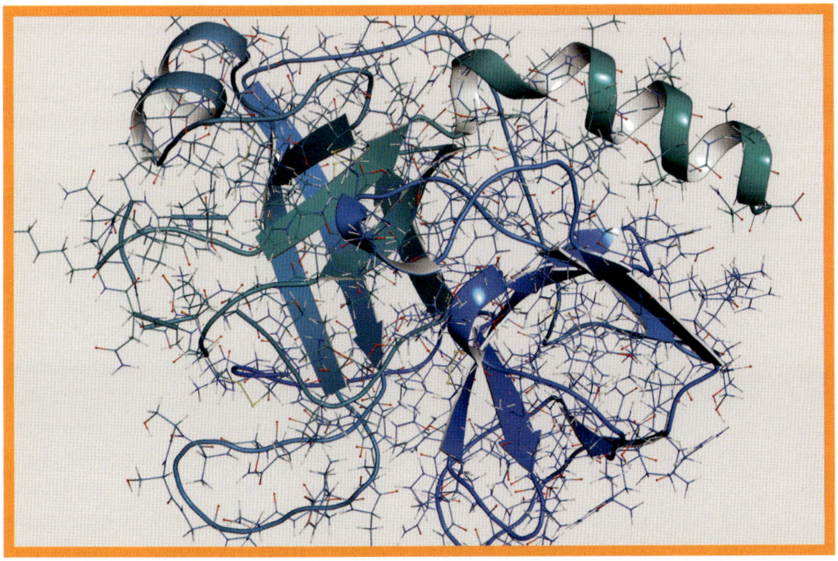

Wilhelm Kühne

Nacido en 1837 en una familia acomodada de Hamburgo (por aquel entonces parte de la Confederación Germánica), Wilhelm Kühne fue a la Universidad de Gotinga a los 17 años para estudiar química, anatomía y neurología. Tras licenciarse, obtuvo el doctorado por una tesis sobre la diabetes inducida en ranas. Más tarde estudió fisiología en varias universidades europeas, y en 1871 sucedió a Hermann von Helmholtz en la cátedra de fisiología de la Universidad de Heidelberg (entonces Imperio Alemán), donde centró su trabajo en la fisiología de los músculos y nervios (en particular del nervio óptico), y también en la química de la digestión. Destacó su hallazgo de la enzima tripsina, que digiere proteínas. Kühne siguió en Heidelberg hasta su jubilación, que tuvo lugar en 1899. Murió en la ciudad al año siguiente.

Obra principal

1877 «El comportamiento de diversos fermentos organizados y llamados no formados».

DEBEN ENCAJAR COMO UNA LLAVE EN UNA CERRADURA

CÓMO FUNCIONAN LAS ENZIMAS

EN CONTEXTO

FIGURA CLAVE
Hermann Emil Fischer
(1852–1919)

ANTES
1828 El químico alemán Friedrich Wöhler prueba que pueden fabricarse sustancias orgánicas en el laboratorio.

1857 Louis Pasteur publica los resultados de sus estudios sobre la levadura en la fermentación alcohólica.

DESPUÉS
1897 El químico alemán Eduard Buchner demuestra que las enzimas funcionan en ausencia de células vivas.

1965 El británico David Chilton Phillips usa la cristalografía de rayos X para describir la estructura de la lisozima.

1968 El biólogo suizo Werner Arber y el alumno de posgrado estadounidense Stuart Linn aíslan la primera enzima de restricción, herramienta poderosa para la ingeniería genética.

A finales del siglo XIX, la existencia de las enzimas como catalizadores biológicos estaba clara, pero ¿cómo funcionaban? Una enzima dada interactúa por lo general con una sola sustancia determinada, llamada sustrato. El químico alemán Emil Fischer fue uno de los primeros en investigar este fenómeno, y su estudio de la estructura de distintos tipos de moléculas de azúcar y de las enzimas que las hacen fermentar le llevaron a la afortunada observación de que «enzima y glucósido [el precursor natural de la glucosa] deben encajar como una llave en una cerradura». Las enzimas son moléculas grandes, y los sustratos con los que interactúan suelen ser mucho menores. Debido a esta diferencia de tamaño, la enzima y el sustrato solo entran en contacto en una parte muy concreta de la enzima, llamada sitio activo, y las enzimas pueden tener más de uno. El modelo de Fischer de 1894 proponía que el sustrato encaja en el sitio activo –como una llave al entrar en una cerradura–, y el resultado es el complejo de enzima y sustrato en el que tiene lugar la reacción. Después, el complejo se separa, liberando los productos de la reacción, y quedando la enzima igual que estaba antes.

> Esencialmente, toda proteína experimenta algún cambio al enlazarse con otra proteína, y suele ser un cambio bastante considerable.
> **Daniel Koshland**

Las enzimas como proteínas

La explicación de Fischer de por qué la acción de las enzimas es tan específica resultó tan útil como duradera. Sin embargo, descubrimientos posteriores indicaron que su descripción de la enzima como una cerradura rígida a la espera de una llave en forma de sustrato no podía ser la explicación completa.

En 1926, el bioquímico estadounidense James Sumner obtuvo cristales puros de la enzima ureasa, que descompone la orina en amoniaco y dióxido de carbono, y halló que consistían enteramente en proteí-

Véase también: Las sustancias bioquímicas se pueden fabricar 27 ▪ El metabolismo 48–49 ▪ La fermentación 62–63 ▪ Las enzimas como catalizadores biológicos 64–65 ▪ Ingeniería genética 234–239

En el modelo de la llave y la cerradura introducido por Fischer, las enzimas y moléculas del sustrato tienen formas complementarias. Se enlazan en el sitio activo de la enzima, y esta permanece inalterada una vez concluye la reacción que tiene lugar.

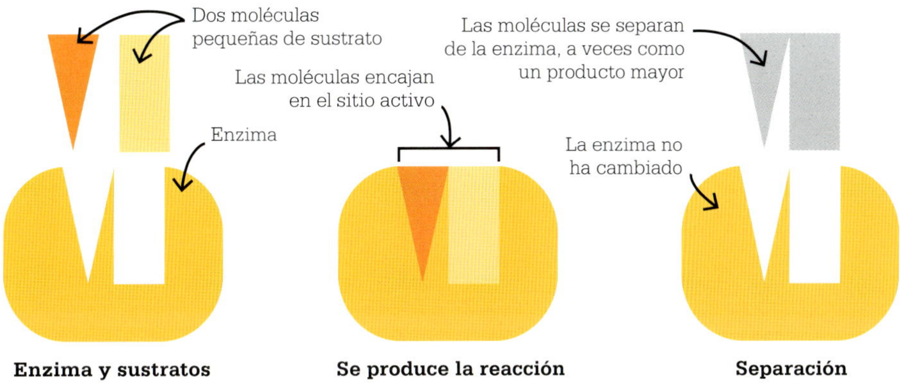

nas. Especuló que todas las enzimas eran proteínas, teoría polémica en un principio, pero que fue aceptada en 1930, cuando su colega el bioquímico estadounidense John Northrop logró cristalizar las enzimas digestivas pepsina y tripsina y comprobó que eran también proteínas.

También en torno a esta época, el genetista británico J. B. S. Haldane propuso que los enlaces formados entre enzima y sustrato distorsionan el sustrato, con lo cual catalizan la reacción. Como escribió: «La llave no cabe perfectamente en la cerradura, sino que la fuerza un poco». En 1946, el químico estadounidense Linus Pauling afirmó que la actividad catalítica de las enzimas se debe a una región activa de la superficie cuya estructura es complementaria, no de la del sustrato en su estado molecular normal, sino de la del sustrato sometido a tensión.

Teoría del ajuste inducido

En 1958, el bioquímico estadounidense Daniel Koshland refinó la hipótesis de la llave y la cerradura con su teoría del ajuste inducido. Propuso que el sitio activo de la enzima no era un molde exacto del sustrato, como una cerradura rígida en la que cabe una llave específica. Cuando el sustrato entra en contacto con el sitio activo, produce un cambio estructural en la enzima, cuyos grupos catalíticos se alinean con los del sustrato para que tenga lugar la reacción. El modelo de Koshland, más que a una llave entrando en una cerradura, se asemeja a una mano entrando en un guante que se estira para acomodarla.

Las enzimas solo funcionan si las condiciones de pH y temperatura son las adecuadas. En humanos, las ideales son un pH de 2 en el estómago y de 7,5 en los intestinos, por lo general a temperatura corporal normal (37 °C). ■

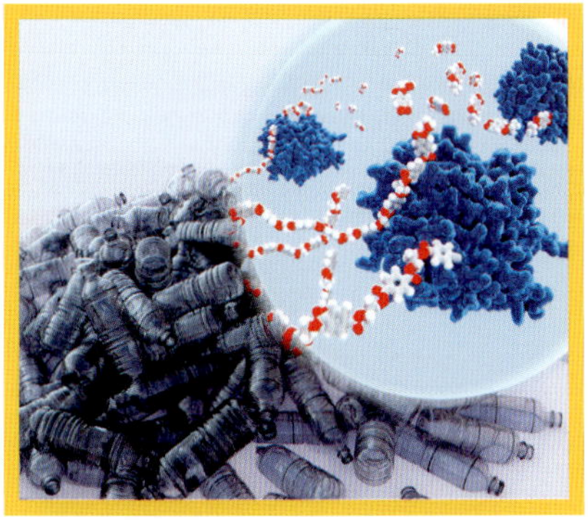

La PETasa (azul en la imagen) es una enzima bacteriana que descompone el PET (tereftalato de polietileno), y puede resultar útil en la lucha contra la contaminación por plásticos.

Inhibidores enzimáticos

Las moléculas capaces de ralentizar o detener la acción catalítica de una enzima se llaman inhibidores enzimáticos, y dos tipos comunes son los inhibidores competitivos y los no competitivos.

Los inhibidores competitivos son semejantes al sustrato, con el cual compiten por un lugar en el sitio activo de la enzima. Si los inhibidores ocupan sitios activos, quedan menos disponibles al sustrato, y la reacción se ralentiza. Los inhibidores no competitivos, en cambio, alteran la enzima de un modo que le impide admitir el sustrato. Interactúan con ella, pero por lo general no en el sitio activo. Cambian la forma de la enzima, y con ello el sitio activo, de tal manera que el sustrato ya no puede interactuar con la enzima y formar el complejo de enzima y sustrato, y esto impide que la reacción tenga lugar.

LA VIA METABOLICA PARA LIBERAR ENERGIA DE LOS ALIMENTOS

LA RESPIRACIÓN

EN CONTEXTO

FIGURA CLAVE
Hans Adolf Krebs
(1900–1981)

ANTES
1784 Antoine Lavoisier muestra la relación entre temperatura corporal y el hecho de inhalar oxígeno y exhalar dióxido de carbono en el proceso químico al que llama respiración.

1929 El bioquímico alemán Karl Lohmann descubre el adenosín trifosfato (ATP), portador de la energía en las células.

DESPUÉS
1946 El bioquímico germano-estadounidense Fritz Lipmann descubre la coenzima A, que alimenta el ciclo del ácido cítrico.

1948 Los bioquímicos estadounidenses Eugene Kennedy y Albert Lehninger descubren que las reacciones de la respiración tienen lugar en las mitocondrias.

El proceso bioquímico de la respiración tiene lugar en toda célula viva. Con ayuda del oxígeno, la respiración es el modo de extraer energía de los alimentos para abastecer todos los demás procesos químicos necesarios para la vida. El término respiración fue acuñado en el siglo XVIII por los primeros químicos que descubrieron y estudiaron los gases del aire. Estos comprobaron que los animales expulsaban más dióxido de carbono y menos oxígeno del que inhalaban, como hacían también las plantas durante la noche. Suponían que la glucosa de los alimentos era el combustible de este intercambio de gases.

> Sin ATP, hasta la actividad más nimia de nuestros cuerpos se ralentizaría y se detendría.
> **Jonathan Weiner**
> **Autor estadounidense**

En la primera mitad de la década de 1930 se fue revelando cómo la glucosa se descompone en una sustancia más simple, el piruvato. Este proceso, llamado glucólisis, libera una pequeña cantidad de energía y no requiere oxígeno. Hoy, los científicos lo conocen como fermentación, un proceso metabólico antiguo que emplearon los primeros seres vivos, antes de que se formara en la Tierra una atmósfera rica en oxígeno.

Una ruta metabólica

En 1937, Hans Krebs, químico alemán que trabajaba en Sheffield (Reino Unido), publicó los pasos en los que se oxida el piruvato, el producto de la glucólisis. En la respiración, la oxidación es la pérdida de electrones y la liberación de energía, energía que pueden captar otras moléculas en la célula. Krebs había deducido esto a lo largo de varios años permitiendo que tejidos musculares y del hígado de palomas admitieran oxígeno, y analizando después las sustancias orgánicas presentes. Había predicho que de la oxidación gradual del piruvato podían resultar una serie de compuestos o ácidos orgánicos con cuatro o seis átomos de carbono. Halló algunas de dichas sustancias en cantidades variables,

Véase también: Los animales no son como los humanos 26 ▪ Las sustancias bioquímicas se pueden fabricar 27 ▪ La naturaleza celular de la vida 28–31 ▪ Las enzimas como catalizadores biológicos 64–65

y vio que su proporción cambiaba en función de la cantidad de oxígeno absorbida por el tejido. Krebs usó este dato para construir una ruta metabólica en forma de bucle que empieza y acaba por el ácido cítrico, conociéndose por ello el proceso como ciclo del ácido cítrico, o de Krebs.

Este ciclo es fundamental en la respiración celular. El piruvato entra en el ciclo como acetil-CoA. La coenzima A (CoA) es una sustancia química que reduce el piruvato a un grupo acetilo y a dióxido de carbono. Este grupo acetilo, que tiene dos moléculas de carbono, entra en el ciclo, donde reacciona con la molécula de cuatro carbonos, el oxalacetato, para formar una molécula de seis carbonos, llamada citrato.

El ciclo pasa luego por un conjunto de reacciones de oxidación que liberan electrones y energía. Estos son captados en una serie de reacciones de reducción por otras moléculas. Tras ocho pasos, el ciclo vuelve al oxalacetato, y las moléculas del ciclo han pasado de tener seis átomos de carbono a tener cuatro, más dos moléculas de dióxido de carbono. La energía liberada por estas reacciones es captada por moléculas intermedias de alta energía, las cuales, como una batería recargada, servirán como reserva de energía para uso de la célula en etapas posteriores de la respiración. Las enzimas que catalizan las reacciones del ciclo del ácido cítrico lo aceleran o ralentizan, dependiendo de las necesidades energéticas de la célula. El trabajo de Krebs sobre el ciclo es fundamental para comprender el metabolismo y la producción de energía. ■

El ciclo del ácido cítrico, o ciclo de Krebs, consiste en una serie de reacciones químicas que generan la energía que necesitan los organismos complejos. El combustible del ciclo es el alimento convertido en una forma de la glucosa, el piruvato, convertido luego en dióxido de carbono e intermedios de reacción de alta energía.

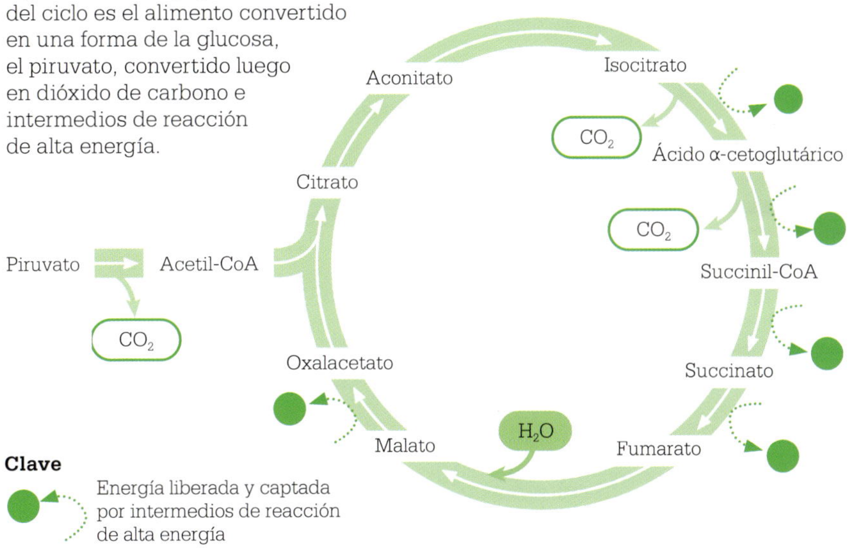

Hans Adolf Krebs

Hans Adolf Krebs nació en 1900 en Hildesheim (entonces Imperio Alemán) en 1900, y se licenció como médico a los 25 años. Ocupó un puesto como bioquímico en Berlín. En 1932, mientras trabajaba en la Universidad de Friburgo, publicó su hallazgo de la ruta metabólica de la formación de la urea, que le dio renombre como científico. Krebs tenía antepasados judíos, y huyó de la Alemania nazi en 1933. Ocupó un puesto en la Universidad de Sheffield (Reino Unido), y fue allí donde descubrió el ciclo del ácido cítrico. El reconocimiento tardó en llegar, pero en 1947 fue elegido miembro de la Royal Society, y en 1953 le fue concedido el Nobel de fisiología o medicina junto con Fritz Lipmann. Trabajando con Hans Kornberg, bioquímico británico-estadounidense, descubrió el ciclo del glioxilato en 1957. Krebs murió en Oxford (Reino Unido) en 1981.

Obras principales

1937 *Metabolismo de los ácidos cetónicos en tejidos animales.*
1957 *Estudio sobre las transformaciones de la energía en la materia viva.*

LA FOTOSINTESIS ES EL PRERREQUISITO ABSOLUTO PARA TODA VIDA

REACCIONES FOTOSINTÉTICAS

EN CONTEXTO

FIGURA CLAVE
Melvin Calvin (1911–1997)

ANTES
1905 El fisiólogo vegetal Frederick Blackman explica que factores como la luz y la temperatura afectan a la tasa de fotosíntesis.

DESPUÉS
1958 El botánico Robert Emerson describe las longitudes de onda cortas y largas específicas que, en la fase luminosa de la fotosíntesis, activan dos centros distintos de conversión de energía.

1966 En Australia, los bioquímicos Marshall Hatch y Roger Slack hallan una ruta alternativa de cuatro carbonos en la fase oscura de algunas plantas, entre ellas la caña de azúcar.

1992 Rudolph Marcus recibe el premio Nobel de química por descubrir la cadena de transporte de electrones.

A finales del siglo XIX se sabía que las células de las plantas verdes usan energía solar en la fotosíntesis, pero no qué procesos químicos emplean agua, CO_2 y luz para crear energía química en forma de azúcar, con oxígeno como producto de desecho. Durante mucho tiempo se creyó que la combinación de CO_2 y agua producía azúcar, y que el primero desprendía el oxígeno. En 1931, el microbiólogo neerlandés-estadounidense Cornelis Van Niel propuso que el oxígeno procedía en realidad de la rotura de moléculas de agua, y que la reacción dependía de la luz. En 1939, el químico británico Robert Hill confirmó la teoría de Van Niel y demostró que el CO_2 debía descomponerse, o reducirse, a azúcar en otra reacción distinta, hoy llamada fijación del carbono.

El ciclo de Calvin

Desde 1945, el bioquímico estadounidense Melvin Calvin dirigió un equipo pionero en el uso del carbono-14 radiactivo para rastrear la ruta del carbono en las plantas durante la fo-

El cloroplasto es un orgánulo de las células vegetales. Contiene clorofila apilada en los llamados *grana*, formados por pliegues de membrana interna.

Véase también: Células complejas 38–41 ▪ La fotosíntesis 50–55 ▪ Las enzimas como catalizadores biológicos 64–65 ▪ La transpiración en las plantas 82–83 ▪ La translocación en las plantas 102–103 ▪ Reciclaje y ciclos naturales 294–297

En el cloroplasto, las reacciones dependientes de la luz explotan la energía solar por medio de la clorofila. El agua se parte en hidrógeno y oxígeno (O_2), y se crean moléculas de alta energía que alimentan el ciclo de Calvin en la matriz líquida del cloroplasto, formando azúcar a partir de la rotura de múltiples moléculas de dióxido de carbono (CO_2).

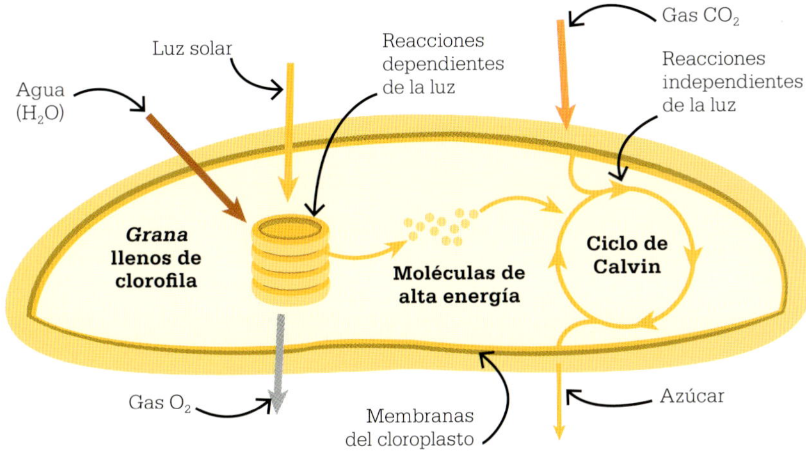

tosíntesis, y demostró que la fijación del carbono tiene lugar en una reacción «oscura» (no dependiente de la luz), en realidad varias en cascada. Esto se conoce como ciclo de Calvin, o de Calvin-Benson, por su colaborador el biólogo Andrew Benson.

El proceso de producción de azúcar a partir de CO_2 se llama ciclo por consistir en una serie de reacciones químicas complejas, en las que la última molécula formada inicia la producción de la primera molécula del ciclo, y así sucesivamente.

Las primeras reacciones (la fase de fijación del carbono) del ciclo de Calvin retiran, o fijan, los átomos de carbono, de uno en uno, del CO_2 del aire. Se toma un átomo de carbono en cada vuelta del ciclo, y reunir los suficientes para formar una molécula de azúcar utilizable por la planta requiere seis vueltas. Una vez fijados seis átomos de carbono, pasan por otras reacciones (fase de reducción del carbono) para formar moléculas de azúcar de tres carbonos. Una molécula sale del cloroplasto para alimentar a la planta. Las otras moléculas de azúcar siguen en el ciclo y pasan a la fase de regeneración del carbono, en la que se integran en moléculas de seis carbonos, y aportan la energía para fijar otro átomo de carbono del aire.

El ciclo consume mucha energía, y Calvin mostró que debían alimentarlo moléculas de alta energía producidas en la fase dependiente de la luz de la fotosíntesis. Al aceptar el Nobel de química en 1961, Calvin reconoció que no se sabía aún con exactitud qué pasa después de que la luz solar excite la clorofila, y sugirió un proceso de transferencia de electrones.

Reacciones dependientes de la luz

Entre 1956 y 1965, el químico teórico canadiense-estadounidense Rudolph Marcus describió la cadena de transporte de electrones, una serie de moléculas de proteína que transfieren electrones para liberar energía durante la fase dependiente de la luz de la fotosíntesis. Cuando la luz llega a los cloroplastos en las células vegetales, cada molécula de clorofila se comporta como una antena, absorbiendo energía lumínica y perdiendo electrones (partículas subatómicas de carga negativa). Los electrones sueltos fluyen de una proteína a otra en la cadena de transporte, y, combinados con la actividad de enzimas próximas, crean moléculas de alta energía. Estas se adentran luego en el espacio líquido, o matriz, del cloroplasto, y alimentan las reacciones independientes de la luz del ciclo de Calvin.

Perdidos los electrones en la fase dependiente de la luz, las moléculas de clorofila necesitan cada una un nuevo conjunto de ellos para volver a funcionar. Los estudios de Robert Hill contribuyeron a aclarar que, en el cloroplasto, las moléculas de agua ceden electrones a la clorofila y se descomponen en iones de hidrógeno (átomos con carga eléctrica) y átomos de oxígeno. Los iones de hidrógeno sirven para fabricar moléculas de alta energía, y los átomos de oxígeno escapan como gas de desecho por los estomas (poros) de las hojas. ▪

> Al combinar agua y minerales, de abajo, con luz solar y CO_2, de arriba, las plantas verdes conectan la tierra al cielo.
>
> **Fritjof Capra**
> **Físico austriaco-estadounidense**

TRANSP
Y REGUL

ORTE
ACION

1628

William Harvey demuestra que un volumen fijo de **sangre circula** por el cuerpo humano.

1661

Marcello Malpighi observa al microscopio una **red ramificada** de **vasos sanguíneos** minúsculos, los capilares.

Década de 1660

Nicolás Steno demuestra la condición de músculo del **corazón** y confirma la teoría de que **bombea la sangre por el cuerpo**.

1727

Stephen Hales describe el **movimiento lineal del agua** y de los **nutrientes en las plantas**, fluyendo el agua de las raíces a las hojas y al aire.

1849

Tras descubrir Arnold Berthold que una sustancia química de los testículos controla los rasgos sexuales secundarios masculinos, se descubre la **función** de otras **hormonas**.

Década de 1850

Claude Bernard comprende que los organismos regulan sus **condiciones internas** para compensar cambios en las **condiciones del medio**.

Durante la revolución científica de los siglos XVII y XVIII, se dieron avances importantes para comprender cómo los seres vivos procesan los nutrientes esenciales para la vida (pp. 46–73). A la vez, los científicos estudiaron el modo en que se transportan los nutrientes a las partes del organismo que los necesitan.

El ejemplo más obvio es el sistema circulatorio de la sangre en los animales. Prevalecía la suposición de que esta fluía en un solo sentido, produciendo el cuerpo sangre que luego consumen los órganos. Pero esto fue puesto en entredicho por William Harvey en 1628, cuando demostró que circula un volumen fijo de sangre por todo el cuerpo en un sistema cerrado.

El descubrimiento de vasos sanguíneos microscópicos, los capilares, por Marcello Malpighi en 1661, condujo a la idea de que es a través de sus delgadas paredes que las células vecinas absorben sustancias vitales. En la misma década, Nicolás Steno demostró que el corazón es un órgano compuesto por músculo, y que su función es bombear la sangre por el cuerpo.

La finalidad de la sangre

Gracias a tales estudios, se pudo determinar que el propósito de la circulación sanguínea era transportar nutrientes esenciales a todas las partes del cuerpo. La cuestión que inevitablemente había que investigar entonces era cómo exactamente transporta la sangre dichos nutrientes. Uno de los avances en estas investigaciones fue el descubrimiento de que la hemoglobina, presente en los glóbulos rojos, desempeña un papel vital en el transporte de oxígeno desde los pulmones a donde el cuerpo necesite. En la década de 1860 y principios de la de 1870, el estudio de Felix Hoppe-Seyler de la composición química de la hemoglobina reveló que contiene hierro, el cual absorbe oxígeno en la oxidación.

Otra cuestión relacionada con la del transporte de nutrientes era la de cómo se eliminan del organismo los productos de desecho del metabolismo. Sin embargo, no sería sino en 1917 cuando Arthur Cushney determinó el papel de los riñones en el filtrado de la sangre para eliminar desechos, después excretados en forma de orina.

También se descubrió que los nutrientes no son las únicas sustancias transportadas por el cuerpo de humanos y animales. Ciertos órga-

1871
Felix Hoppe-Seyler estudia el **transporte de nutrientes vitales por la sangre** e identifica la hemoglobina como factor clave en el **transporte de oxígeno**.

1910
Edward Sharpey-Schafer explica que **distintas hormonas regulan funciones** corporales **específicas**.

1917
Arthur Cushney determina el **papel de los riñones** en la excreción de **desechos metabólicos**.

Década de 1920
Frits Went identifica un **regulador del crecimiento en plantas** análogo a las hormonas en los animales.

1930
Ernst Münch explica la **distribución del alimento en las plantas**, desde donde se produce por **fotosíntesis** hasta otras partes.

nos segregan otras sustancias que desencadenan reacciones como respuesta. Una de las primeras identificadas, en 1849, fue la testosterona –producida por los testículos–, que Arnold Berthold descubrió que era la responsable de los rasgos físicos y de la conducta masculinos. Estas sustancias, llamadas hormonas, las producen glándulas diversas, y cada una tiene una composición química particular que desencadena una respuesta específica en el organismo.

Regulación interna

En la década de 1850 surgió una teoría sin relación aparente con el estudio de las hormonas de Berthold. Claude Bernard observó que los organismos tienden a mantener un medio interno en condiciones estables (como la temperatura), aunque cambien las condiciones externas, y llamó a este proceso homeostasis. Esto indicaba algún mecanismo de autorregulación para garantizar las condiciones óptimas para la vida. Pasaron unos cincuenta años, hasta 1910, antes de que Edward Sharpey-Schafer explicara que dicha regulación la controlan las hormonas, que actúan como mensajeros químicos que desencadenan las respuestas necesarias de los órganos para mantener la estabilidad.

Estudios similares de los sistemas de transporte en las plantas comenzaron ya en el siglo XVIII, y mostraron una diferencia fundamental con respecto a los de los animales. Mientras que en estos la sangre circula, Stephen Hales descubrió que el flujo análogo de las plantas es lineal: el agua fluye por la planta desde las raíces hasta las hojas, desde las cuales se evapora. Además, al igual que en los animales, el flujo que transporta nutrientes en las plantas transporta también otras sustancias, entre ellas una descubierta por Frits Went en la década de 1920, con una función similar a la de las hormonas en los animales: desencadenar una respuesta química para regular el crecimiento vegetal.

El agua y los nutrientes fluyen en un solo sentido, pero esto no explica cómo el alimento producido por la fotosíntesis llega hasta partes incapaces de realizarla, como las raíces. Esto lo resolvió Ernst Münch, mostrando cómo los azúcares y otros productos de la fotosíntesis viajan en la savia, que fluye por el sistema de vasos del floema a las partes de la planta que los necesitan. ■

UN MOVIMIENTO, POR ASI DECIR, EN CIRCULO

LA CIRCULACIÓN DE LA SANGRE

EN CONTEXTO

FIGURA CLAVE
William Harvey
(1578–1657)

ANTES
Siglo II A. C. Galeno cree que la sangre sale del corazón y el hígado y la consume el cuerpo.

Siglo XIII Ibn al Nafis propone que la sangre circula entre los pulmones y el corazón.

DESPUÉS
1658 Jan Swammerdam descubre los glóbulos rojos al microscopio.

1840 Se descubre que la hemoglobina transporta el oxígeno en la sangre.

1967 El cirujano sudafricano Christiaan Barnard practica el primer trasplante de corazón de humano a humano con éxito.

En 1628, el médico inglés William Harvey pudo confirmar el modo en que circula la sangre en un sistema doble, del corazón a los pulmones, de vuelta al corazón, y luego por el resto del cuerpo. Este rasgo esencial de la anatomía humana y animal se había comprendido mal desde hacía siglos. El examen científico de cadáveres era tabú, razón por la cual la forma y función de los órganos humanos era más bien un misterio. Los mejores estudios procedían de la disección de animales y de las observaciones del interior del cuerpo humano vivo realizadas por cirujanos cuando tenían que atender heridas graves. Inevitablemente, la

Véase también: Fisiología experimental 18–19 ▪ Anatomía 20–25 ▪ Los capilares 80 ▪ El músculo cardiaco 81 ▪ La hemoglobina 90–91

El **volumen de la sangre** en el cuerpo permanece igual; por lo tanto, esta debe **circular por el cuerpo**.

La sangre **llega al corazón** por las **venas** y sale por las **arterias**.

El corazón tiene **dos mitades separadas**; por lo tanto, la **circulación** debe ser **doble**.

La **circulación pulmonar** conecta el **corazón** a los **pulmones**.

La circulación sistémica transporta la sangre por el cuerpo.

información así obtenida resultaba incompleta, y en algunos casos condujo a errores importantes.

Venas y arterias

A principios del siglo XVII, la medicina occidental se basaba aún en gran medida en la obra del médico griego Galeno, que trabajó en Roma en el siglo II d. C. Galeno fue cirujano de gladiadores, y pudo observar la anatomía interna humana al tratar las heridas graves sufridas durante los espectáculos.

En la medicina egipcia antigua se creía que la red de vasos del cuerpo eran canales para el aire, y que solo se llenaban de sangre cuando estaban dañados. Galeno rechazó esta idea, afirmando que los vasos contienen siempre sangre, e identificó la diferencia entre las venas y las arterias por sus distintas características: las arterias son más firmes y están a mayor profundidad en el cuerpo, mientras que las venas, más endebles, suelen estar más cerca de la superficie. Galeno mantenía que la sangre venosa se genera en el hígado y alimenta el cuerpo, al que permite crecer y curarse, mientras que la sangre arterial estaba llena de *pneuma*, un aliento o «espíritu vital» tomado del aire. El *pneuma*, razonó Galeno, pasaba de la sangre arterial al suministro venoso por poros minúsculos en el septo intraventricular, la pared muscular entre los lados »

William Harvey

Nació en 1578 en Folkestone, condado de Kent (Inglaterra), y se licenció en 1599 en la Universidad de Cambridge. Fue a estudiar a Padua, en la República de Venecia, donde fue alumno del anatomista italiano Gerónimo Fabricio, y se doctoró en 1602. En 1609 fue nombrado médico a cargo del Hospital de San Bartolomé, en Londres. Seis años más tarde fue designado profesor lumleiano del Real Colegio de Médicos, y en 1618, médico personal del rey Jacobo I. Tras la publicación de su obra más famosa en 1628, su popularidad fue decayendo, pues los médicos se mostraron en general reacios a aceptar su radical teoría del corazón. Fue reivindicado en 1661, a los cuatro años de su muerte.

Obras principales

1628 *Exercitatio anatomica de motu cordis et sanguinis in animalibus.*
1651 *Exercitationes de generatione animalium.*

izquierdo y derecho del corazón. La sangre arterial, formada en el corazón, se transfería en sentido opuesto, y contenía productos de desecho, expulsados al exhalar.

El polímata persa del siglo XI Ibn Sina (conocido en Occidente como Avicena) escribió obras médicas importantes, pero al ocuparse de la circulación repitió los errores del modelo de Galeno. En 1242, el médico sirio Ibn al Nafis escribió un comentario de los escritos de Ibn Sina sobre anatomía, en el que ofreció la primera descripción precisa de la circulación pulmonar, afirmando que la sangre del lado derecho del corazón fluye por los pulmones antes de regresar al corazón.

Antiguas ideas desacreditadas

Cuatro siglos después de Ibn al Nafis, William Harvey publicó *Exercitatio anatomica de motu cordis et sanguinis in animalibus* («Ejercitación anatómica sobre el movimiento del corazón y de la sangre en los animales»), habitualmente abreviado como *De motu cordis*, obra inspirada en los hallazgos de su maestro en la escuela médica, el anatomista italiano Gerónimo Fabricio. Este había descrito las válvulas de las venas, hojas de tejido en ángulo con las paredes venosas que impiden que la sangre fluya en otro sentido que hacia el corazón. Para Harvey, este flujo direccional era un fuerte indicio de circulación de la sangre.

Una de las premisas centrales de la teoría de Galeno era que la sangre era consumida por el cuerpo, pero Harvey rechazaba esto: había calculado que el corazón, que concebía como una bomba muscular, mueve unos 57 ml de sangre en cada contracción. A unas 72 contracciones por minuto, si Galeno no se equivocaba, el cuerpo tendría que producir –y consumir– hasta cuatro litros por minuto. Esto no parecía posible, y de hecho, los cálculos de Harvey se quedaban cortos: el corazón bombea la totalidad del volumen de la sangre, unos cinco litros, cada minuto.

Un sistema en dos partes

Harvey siguió estudiando la anatomía de los vasos sanguíneos, y practicó la vivisección con anguilas y otros peces para observar el latido del corazón en los momentos finales de la vida. También ató las venas y las arterias en vivisecciones de animales para mostrar cómo entraba y salía la sangre del corazón: atar las arterias hinchaba de sangre el corazón, mientras que bloquear las venas lo vaciaba.

> El corazón de los animales es el fundamento de su vida, el soberano de todo lo que en ellos hay [...], del que depende todo crecimiento.
> **William Harvey**
> ***De motu cordis* (1628)**

En definitiva, Harvey concluyó que el volumen de la sangre es constante y que recorre el cuerpo en un sistema cerrado consistente en dos partes, con arterias que llevan sangre desde el corazón y venas que la devuelven al mismo. La parte del sistema a la que actualmente llamamos circulación pulmonar es un bucle que conecta el corazón y los pulmones. Harvey desconocía que la sangre transporta gases, pero, llegado el siglo XIX, se comprendía ya que el cuerpo toma oxígeno del aire y lo transporta por el flujo sanguíneo, mientras a la vez expulsa el dióxido de carbono acumulado. Estos procesos de intercambio de gases, o hematosis, tienen lugar en los pulmones.

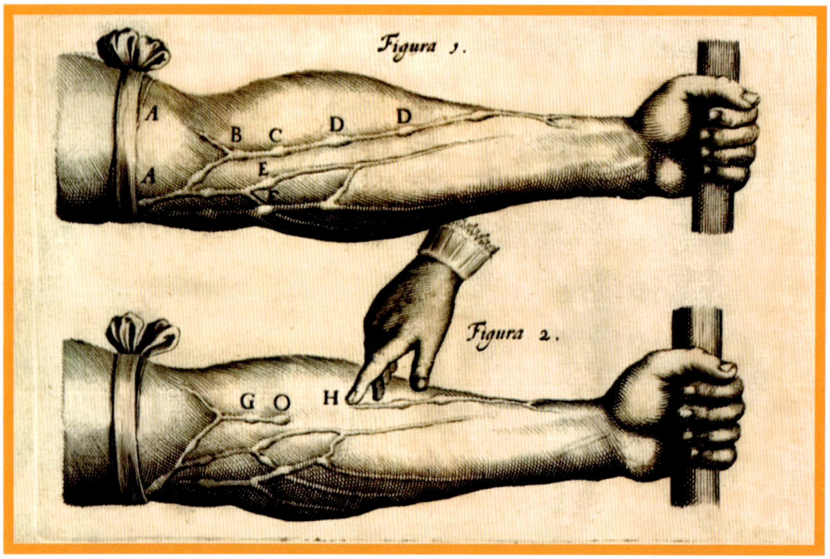

La lámina 1 de *De motu cordis* representa la red de venas del antebrazo. La figura 2, abajo, muestra cómo se vaciará la sangre de una vena si se bloquea el progreso de esta hacia el corazón.

De vuelta en el corazón, la sangre oxigenada circula por el resto del cuerpo en lo que hoy en día se conoce como circulación sistémica. La sangre expulsada por la contracción del ventrículo izquierdo, la mayor cavidad del corazón, es bombeada a la aorta, la mayor de las arterias. Estas (con excepción de las pulmonares) transportan siempre sangre oxigenada. Las arterias tienen una estructura rígida que incluye una capa de músculo liso para soportar la tensión elevada necesaria para impulsar cinco litros de sangre, por el cuerpo entero, a través de 100 000 km de vasos sanguíneos.

Harvey describió cómo las arterias llevan directamente sangre a los tejidos y cómo, desde estos, la recogen las venas y la devuelven al lado derecho del corazón, desde donde pasa a la parte pulmonar del sistema. Sin embargo, no pudo explicar cómo se transfería la sangre del sistema arterial al venoso. En 1661, con la ayuda del recién inventado microscopio, el biólogo italiano Marcello Malpighi observó redes intrincadas de vasos microscópicos: los capilares, cuyas redes constituyen el nexo entre las arterias y las venas.

Las venas son menos robustas que las arterias, y la sangre que contienen se encuentra a una presión inferior. A diferencia de la sangre arterial, empujada por el corazón al latir, al regreso de la sangre venosa al corazón contribuye la contracción de los músculos esqueléticos durante el movimiento normal del cuerpo, que presiona los vasos. La descripción de Harvey del sistema circulatorio en dos partes tuvo efectos trascendentales. Además de su utilidad en intervenciones médicas, como en las ligaduras para cortar hemorragias graves, ofreció un gran ejemplo de que los científicos podían cambiar una doctrina médica que llevaba siglos estancada. ■

> [La sangre] se mueve en un círculo del centro a las extremidades y de vuelta desde estas al centro.
> **William Harvey**
> ***De motu cordis* (1628)**

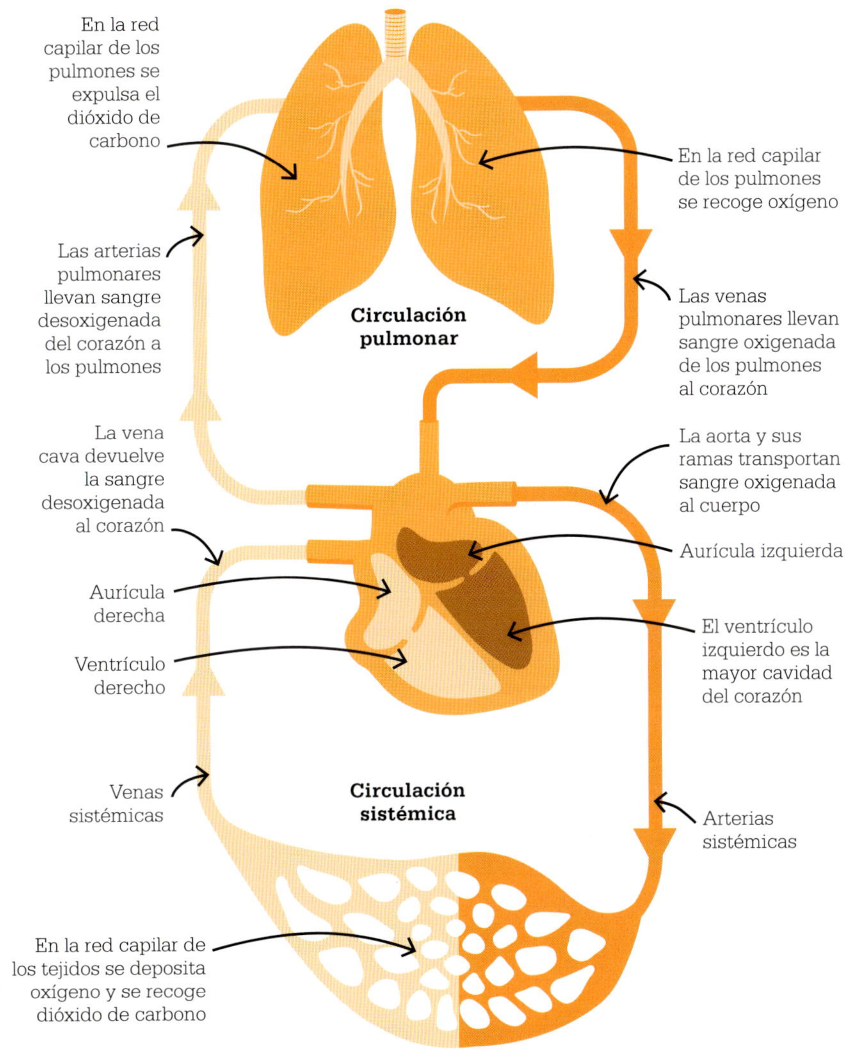

La circulación pulmonar mueve sangre oxigenada y desoxigenada entre el corazón y los pulmones. La circulación sistémica transporta la sangre oxigenada desde el corazón a todo el cuerpo, y la desoxigenada (rica en CO_2), de vuelta al corazón.

LA SANGRE PASA POR MUCHOS CONDUCTOS

LOS CAPILARES

EN CONTEXTO

FIGURA CLAVE
Marcello Malpighi
(1628–1694)

ANTES
1559 El médico italiano Mateo Colombo observa que la vena pulmonar lleva sangre de los pulmones al corazón, y no aire, como antes se creía.

1658 El biólogo neerlandés Jan Swammerdam es el primero en escribir acerca de una observación de glóbulos rojos.

DESPUÉS
1696 El anatomista neerlandés Frederik Ruysch muestra que hay vasos sanguíneos en casi todos los tejidos y órganos.

1839 Theodor Schwann demuestra que los capilares tienen paredes celulares delgadas.

1922 El profesor danés August Krogh describe cómo los capilares aportan oxígeno, nutrientes y otras sustancias a los tejidos.

En 1628, el médico inglés William Harvey realizó la primera descripción completa del sistema circulatorio. Mostró cómo la sangre sale del corazón por las arterias y vuelve por las venas, pero sus ideas no estaban aún completas. A falta de microscopios lo bastante potentes, Harvey no podía explicar cómo ni por dónde pasa la sangre de las arterias a las venas.

Harvey murió en 1657, y, poco después, en 1660–1661, el profesor de medicina italiano Marcello Malpighi halló el eslabón perdido al detectar los vasos sanguíneos más minúsculos, los capilares, mientras estudiaba pulmones y vejigas de rana usando el último modelo de microscopio. Malpighi siguió las arterias de la rana a lo largo de sus repetidas divisiones hasta convertirse en túbulos que llevaban sangre a venas minúsculas, y escribió: «Pude ver claramente que la sangre se divide y fluye por vasos tortuosos y no se vierte a los espacios, sino que va siempre por túbulos y se distribuye por los múltiples conductos de los vasos».

En 1666, Malpighi fue uno de los primeros microscopistas en observar los glóbulos rojos, pero pasarían muchos años antes de que los científicos identificaran la hemoglobina como portadora del oxígeno y los capilares como vasos de intercambio de sustancias del cuerpo. Los capilares están en todos los tejidos del cuerpo: nutrientes, gases (oxígeno y dióxido de carbono) y desechos vienen y van entre la sangre y los tejidos por sus delgadas paredes, hechas de una única capa de células endoteliales. ■

> Estos escapan a la vista más penetrante debido a su pequeño tamaño.
> **Marcello Malpighi**

Véase también: Fisiología experimental 18–19 ▪ Anatomía 20–25 ▪ La circulación de la sangre 76–79 ▪ El músculo cardiaco 81

EL CORAZON ES SOLO UN MUSCULO

EL MÚSCULO CARDIACO

EN CONTEXTO

FIGURA CLAVE
Nicolás Steno (1638–1686)

ANTES
***C.* 180** Galeno afirma que la sangre se produce en el hígado.

1628 Harvey postula que la función primaria del corazón es hacer circular la sangre por el cuerpo.

DESPUÉS
1881 Samuel Siegfried Karl von Basch, médico checo-austriaco, inventa un aparato para medir la tensión arterial.

1900 El neerlandés Willem Einthoven empieza a trabajar en el electrocardiograma (ECG).

1958 El cardiólogo y el ingeniero suecos Åke Senning y Rune Elmqvist desarrollan el primer marcapasos plenamente implantable.

1967 El cirujano sudafricano Christiaan Barnard practica el primer trasplante de corazón.

El pulso no solo se nos acelera cuando estamos físicamente activos, sino también en momentos de emoción intensa, y de ahí la noción de que el corazón pudiera albergar la esencia de las personas. La carrera del biólogo y geólogo danés Niels Steensen (Nicolaus Steno en su forma latinizada) se basó en desacreditar ideas tan antiguas.

A principios de la década de 1660, Steno, fascinado por la actividad muscular, propuso que cuando un músculo se contrae, cambia de forma pero no de volumen, y realizó descripciones geométricas de los movimientos musculares. Después decidió poner a prueba la muy antigua idea de que el corazón fuera el asiento de una fuerza vital intangible, o «espíritu vital».

Steno conocía ya diversos músculos, sus fibras, vasos sanguíneos y nervios asociados, y al estudiar corazones de animales observó que contenían las mismas partes, y poco más. En 1662 anunció que el corazón es un músculo ordinario, y no el centro de vitalidad y calor del cuerpo como se creía. En 1651, William Harvey creía que el corazón latiente era «excitado por la sangre». La observación anotada por Steno sobre la estructura y función de los músculos puso en entredicho esas creencias, y supuso un punto de inflexión para comprender la contracción muscular y cómo late el corazón. ■

Nicolás Steno no solo fue el primero en descubrir que el corazón es un músculo, sino que mostró también que consiste en dos bombas separadas.

Véase también: Fisiología experimental 18–19 ▪ Anatomía 20–25 ▪ La circulación de la sangre 76–79 ▪ Los capilares 80

LAS PLANTAS ABSORBEN Y TRANSPIRAN

LA TRANSPIRACIÓN EN LAS PLANTAS

EN CONTEXTO

FIGURA CLAVE
Stephen Hales (1677–1761)

ANTES
1583 El físico y botánico italiano Andrea Cesalpino determina que las plantas toman agua por absorción.

1675 Marcello Malpighi observa y dibuja los vasos del xilema, a los que llama *tracheae*, por recordarle a las vías aéreas de los insectos.

DESPUÉS
1891 El botánico Eduard Strasburger demuestra que el movimiento ascendente del agua es un proceso físico que se da en las células no vivas del xilema.

1898 El naturalista británico Francis Darwin, hijo de Charles Darwin, describe cómo los estomas de las plantas controlan la pérdida de agua por transpiración cerrándose por la noche.

Los naturalistas habían observado la evaporación del agua de las plantas desde hacía siglos, pero el clérigo inglés Stephen Hales fue el primero en aportar pruebas del proceso hoy llamado transpiración. Había estudiado ya la presión sanguínea humana y realizado una serie de meticulosos e ingeniosos experimentos a lo largo de varios años para comprobar si las plantas tenían también un sistema circulatorio.

Hales describió sus experimentos y conclusiones en 1727 en *Vegetable staticks* («Estática vegetal»), un libro innovador sobre química del aire y fisiología vegetal, y demostró que el agua «transpira» o se evapora de las hojas, haciendo ascender por la planta agua absorbida del suelo por las raíces, en un esquema lineal, y no circular.

> De una planta en el límite de un desierto se dice que lucha por la vida contra la sequedad, pero sería más propio decir que depende de la humedad.
>
> **Charles Darwin**
> ***El origen de las especies* (1859)**

El agua entra en las raíces

En uno de sus experimentos, Hales aplicó un tubo de vidrio a un tronco de vid cortado, y observó cómo «la fuerza de la savia» –hoy llamada presión radical, o radicular– hacía ascender esta por el tubo al embeber las raíces agua del suelo después de la lluvia. El término «ósmosis», del griego *osmós*, «impulso», define el proceso por el que el agua del suelo adyacente pasa a las raíces, y fue descrito en la década de 1830 por el fisiólogo francés Henri Dutrochet.

En la ósmosis, el agua se mueve a una solución con una concentración alta de sustancias disueltas (solutos) a través de una membrana semipermeable, para equilibrar la concentración de solutos a ambos lados de la membrana.

Las raíces vegetales tienen pelos con paredes semipermeables de un grosor de una sola célula. Las reacciones químicas en estos pelos radicales atraen iones (átomos con carga positiva) de minerales del suelo, que

Véase también: Membranas celulares 42–43 ▪ La fotosíntesis 50–55 ▪ Los capilares 80 ▪ La translocación en las plantas 102–103

La transpiración, o evaporación del agua por los estomas (poros) de las hojas, funciona igual que sorber agua por una pajita, tirando en contra de la gravedad. Ocurre solo durante el día, cuando los estomas están abiertos.

concentran en las raíces, y el agua sigue a los minerales hasta dentro de las raíces por ósmosis. Una vez en estas, el agua pasa a lo que Hales llamó «vasos de savia capilares» –el tejido de células largas muertas y lignificadas que se llamó xilema en el siglo XIX– para ascender por la planta.

El agua pasa a las hojas

Hales había descrito «la fuerte atracción» de los vasos del xilema, pero ignoraba qué fuerzas permiten al agua mantener la cohesión en su ascenso por la planta. La teoría de la cohesión-tensión fue explicada por Henry Dixon y John Joly en 1894, y otros varios la refinaron a inicios del siglo XX.

Como un imán, el extremo negativo de una molécula de agua atrae al extremo positivo de otra, y esto aporta a las moléculas de agua la cohesividad que las hace formar cadenas. Las moléculas de agua tienden también a pegarse a los lados de los recipientes, un estado llamado adhesión. (Si se sostiene un vaso de agua en la mano y se inclina ligeramente, el agua correrá pegada al vaso.) La cualidad adhesiva del agua contribuye a su movimiento ascendente en los tallos vegetales.

Hales comprendió que la «transpiración abundante de las hojas» tiraba del agua por el tallo, y que el flujo de savia varía en función de la luz, el clima y el número de hojas.

Según la teoría de la cohesión-tensión, a medida que van llegando hasta la hoja las cadenas de moléculas de agua, cada molécula es atraída por un estoma (poro de la hoja) y se evapora. Esto crea una tensión negativa que tira de la siguiente molécula de agua, en un proceso continuo de tracción por transpiración. ■

Las plantas crean la lluvia

En tierra, en torno al 90 % del agua de la atmósfera pasa por las plantas. Árboles, arbustos y herbáceas absorben agua del suelo por las raíces. Un poco de esa agua se descompone en la fotosíntesis, pero la mayor parte ayuda a transportar nutrientes minerales, mantener rígidas las células vegetales y enfriar la planta por evaporación.

En la superficie de la hoja, el calor diurno rompe los enlaces químicos de las cadenas de moléculas de agua, que se evapora como gas, o vapor de agua. Al ascender este y enfriarse en la atmósfera, se vuelve a condensar en forma de microgotas y forma nubes. Cuando las gotas alcanzan el tamaño suficiente, caen en forma de lluvia (precipitación). Así, las plantas son una parte clave del ciclo del agua en la Tierra.

Como el sudor al evaporarse de la piel, al pasar el agua de líquido a gas, la transpiración genera enfriamiento foliar en plantas y árboles, y contribuye a enfriar el clima del entorno.

Las pluvisilvas, como esta de Borneo, muestran el resultado de muchos árboles que transpiran juntos: neblinas bajas que devuelven agua al suelo en un ciclo continuo.

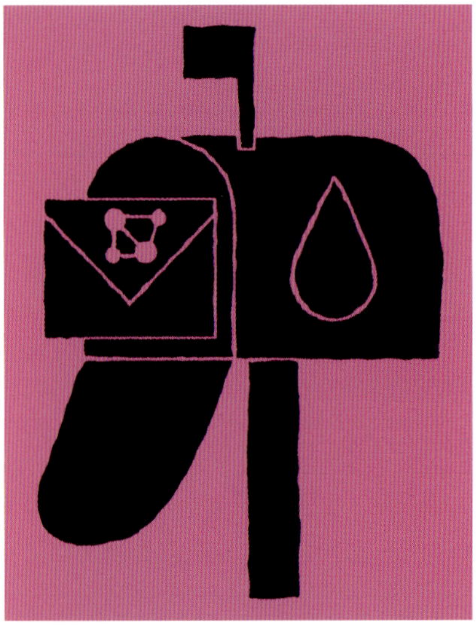

MENSAJEROS QUIMICOS TRANSPORTADOS POR LA SANGRE

LAS HORMONAS ACTIVAN RESPUESTAS

EN CONTEXTO

FIGURA CLAVE
Arnold Berthold (1803–1861)

ANTES
1637 René Descartes afirma que los animales funcionan como máquinas, sujetos a las leyes de la física.

1815 Jean Pierre Flourens, fisiólogo francés, muestra el papel de distintas partes del cerebro en el control del comportamiento.

DESPUÉS
1901 El químico japonés-estadounidense Takamine Jokichi aísla la hormona adrenalina (aunque el término hormona no se acuña hasta cuatro años después).

1910 El fisiólogo británico Edward Sharpey-Schafer demuestra el papel vital de las hormonas para regular las funciones del organismo.

1921 El físico canadiense Frederick Banting aísla la insulina y la usa para tratar la diabetes.

Las hormonas son los mensajeros químicos del organismo. Liberadas al torrente sanguíneo por las glándulas endocrinas –entre ellas, la pituitaria, la pineal, la suprarrenal, el páncreas, la tiroides, los testículos y los ovarios–, se transportan a otras partes del cuerpo, en las que cada hormona desencadena un efecto determinado. Las hormonas se encuentran en todos los organismos multicelulares –plantas, hongos y animales–, e influencian o controlan actividades fisiológicas muy diversas, como el crecimiento, la pubertad, la regulación del nivel de glucosa en la sangre o el apetito. El sistema endocrino es uno de los principales medios de comunicación interna en los seres vivos, así como lo es el sistema nervioso en los animales.

A comienzos del siglo XIX, los biólogos creían que era el sistema nervioso el que controlaba el desarrollo de las características se-

El experimento de Arnold Berthold consistió en extirpar los testículos a seis pollos en tres grupos. En el grupo 1, no hizo nada más; en el grupo 2, injertó uno de los testículos de cada pollo en su propio abdomen; en el grupo 3, trasplantó un testículo de cada pollo al otro pollo.

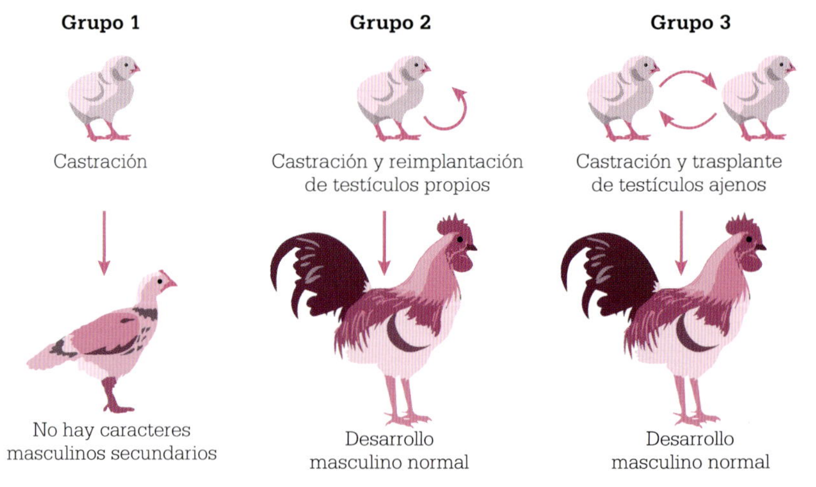

Véase también: La digestión 58–59 ▪ La circulación de la sangre 76–79 ▪ La homeostasis 86–89 ▪ Las hormonas regulan el organismo 92–97 ▪ Impulsos nerviosos eléctricos 116–117

> Estos mensajeros químicos, u hormonas, como los podríamos llamar, tienen que llegar [...] hasta el órgano al que afectan por el torrente sanguíneo.
> **Ernest Starling (1905)**

xuales. En 1849, el fisiólogo alemán Arnold Berthold, conservador de la colección zoológica de la Universidad de Gotinga, realizó un experimento en el que extirpó los testículos a seis pollos, con el resultado de que no desarrollaron características sexuales secundarias. Sin embargo, al trasplantar testículos de otra ave al abdomen de dos de los pollos castrados, estos desarrollaron normalmente las características sexuales secundarias.

Al diseccionar a los pollos, Berthold vio que los testículos trasplantados no habían formado conexiones nerviosas, y concluyó que, fuera lo que fuera lo que desencadenaba el desarrollo sexual, viajaba por la sangre, y no por los nervios.

Starling y Bayliss

A pesar de los descubrimientos de Berthold, persistió la idea de que la comunicación entre órganos tenía lugar únicamente por medio de señales eléctricas del sistema nervioso. En 1902, el fisiólogo británico Ernest Starling y su cuñado William Bayliss, trabajando juntos en su laboratorio de Londres, estudiaron los nervios del páncreas y el intestino delgado. Estaban probando la teoría del fisiólogo ruso Iván Pávlov de que las secreciones del páncreas eran controladas por señales nerviosas que viajaban de la pared del intestino delgado al cerebro, y de este al páncreas.

Una vez cortados todos los nervios conectados a los vasos que alimentaban el páncreas y el intestino delgado, Starling y Bayliss introdujeron ácido en el intestino delgado, y comprobaron que el páncreas producía secreciones con normalidad. Después pusieron a prueba su propia hipótesis, la de que el ácido desencadenaba la liberación al torrente sanguíneo por el intestino delgado de una determinada sustancia. Rasparon algo de material de la pared del intestino, le añadieron ácido, filtraron el fluido resultante y se lo inyectaron a un perro anestesiado. A los pocos segundos detectaron secreciones del páncreas, lo cual demostraba que el vínculo desencadenante entre el intestino delgado y el páncreas no llegaba por el sistema nervioso.

La primera hormona

El mensajero químico liberado por el intestino delgado era la secretina, la primera sustancia a la que se llamó hormona. Starling y Bayliss descubrieron que la pared del intestino delgado libera secretina al torrente sanguíneo como respuesta a la llegada de fluido ácido del estómago. La secretina viaja por la sangre hasta el páncreas, donde estimula la secreción de bicarbonato, que neutraliza el ácido estomacal. Se trata de un estimulante universal: la secretina de una especie dada estimula el páncreas de cualquier otra especie. ■

Arnold Berthold

Arnold Berthold, el quinto de seis hermanos, nació en 1803 en Soest (en el entonces Imperio Alemán). Estudió medicina en la Universidad de Gotinga, donde presentó la tesis doctoral en 1823. Visitó varias universidades europeas antes de regresar a Gotinga como profesor de medicina en 1835, y fue nombrado conservador de la colección zoológica de la universidad cinco años después. Berthold investigó áreas diversas: además de sus experimentos revolucionarios con pollos, descubrió un antídoto para el envenenamiento por arsénico, y estudió el embarazo, la miopía y la formación de las uñas. Murió en Gotinga en 1861. Desde 1980, la Sociedad Alemana de Endocrinología concede la medalla Berthold en su honor.

Obra principal

1849 *Trasplante de los testículos.*

LAS CONDICIONES CONSTANTES PUEDEN LLAMARSE DE EQUILIBRIO

LA HOMEOSTASIS

EN CONTEXTO

FIGURA CLAVE
Claude Bernard
(1813–1878)

ANTES
1614 Santorio Santorio estudia los procesos químicos subyacentes de la vida.

1849 Arnold Berthold descubre que no toda la actividad corporal es controlada por el sistema nervioso.

DESPUÉS
1910 Edward Sharpey-Schafer demuestra que las hormonas son vitales para regular las funciones del organismo.

1926 Walter Cannon es el primer fisiólogo en emplear el término homeostasis.

Para mantenerse vivas, las células que constituyen un organismo están bañadas en un fluido que aporta nutrientes y elimina los desechos. Sea un animal simple o complejo, su organismo trabaja para mantener la estabilidad del medio fluido que todas sus células necesitan para sobrevivir. Los procesos que, combinados, mantienen y regulan un medio interno estable en los seres vivos se conocen como homeostasis.

La homeostasis es uno de los conceptos clave de la biología, ya que la estructura y la función de los animales está orientada a mantenerla. Las células individuales realizan actividades que las mantienen con vida, y las células que conforman los tejidos en los organismos complejos contribuyen a la supervivencia del

Véase también: La circulación de la sangre 76–79 ▪ Las hormonas activan respuestas 84–85 ▪ Las hormonas regulan el organismo 92–97

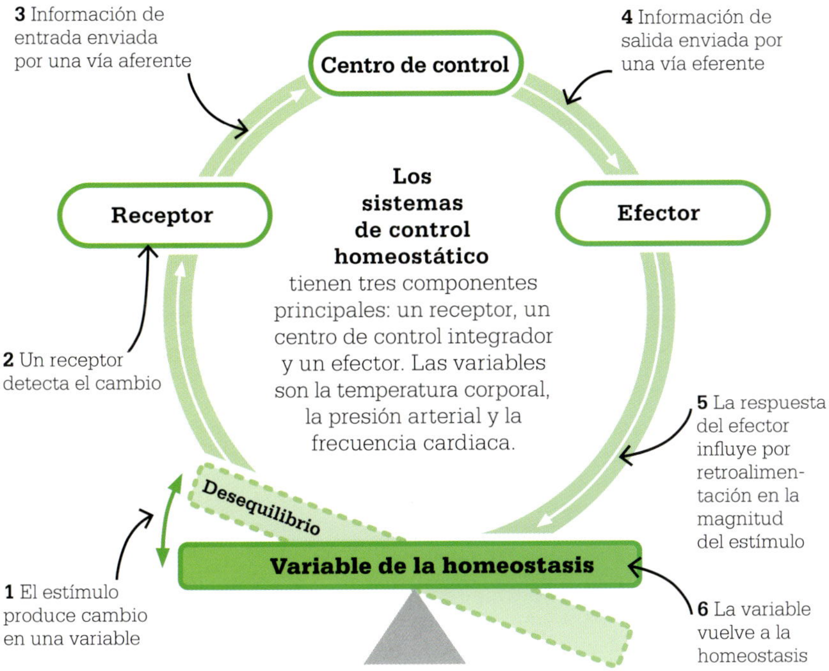

organismo. Las aportaciones combinadas de células, tejidos y sistemas de órganos logran el mantenimiento esencial de un medio interno estable en el que las células pueden prosperar.

El fisiólogo francés Claude Bernard fue uno de los principales estudiosos que dejaron sentada la importancia de la experimentación en las ciencias de la vida. Adoptó la teoría celular de Theodor Schwann, llamando a la célula «átomo vital», y vio la relación entre las células y su entorno como fundamental para la comprensión de la fisiología. En 1854, Bernard introdujo el concepto de *milieu intérieur* para describir los mecanismos que mantienen en equilibrio el medio interno de un animal incluso mientras el medio externo está en constante cambio.

En un principio, hasta donde podía saber Bernard, el medio interno »

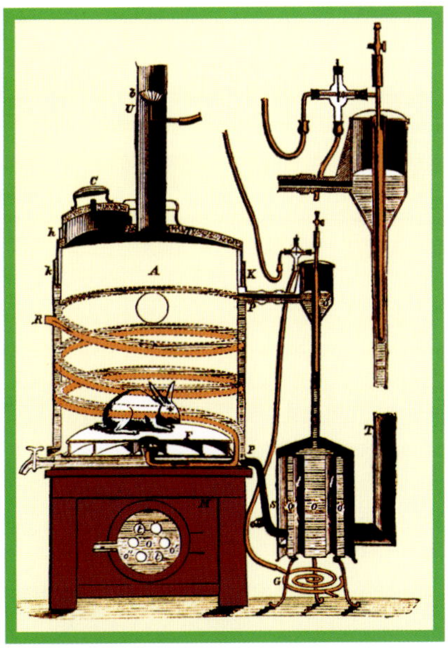

El aparato fue diseñado y usado por Claude Bernard en experimentos para investigar los efectos del calor en los animales, que es solo uno de los muchos aspectos de la homeostasis que estudió.

Claude Bernard

Claude Bernard nació en 1813 en Saint-Julien, en el departamento francés de Ródano. De niño ayudaba a su padre a cultivar sus viñedos. Después de estudiar medicina en París entre los años 1834 y 1843, trabajó con François Magendie, el fisiólogo experimental más eminente de la época. En 1854 fue elegido miembro de la Academia de Ciencias de Francia. Al morir Magendie al año siguiente, Bernard le sucedió como catedrático en el Colegio de Francia. El emperador Napoleón III mandó construir para él un laboratorio en el Museo de Historia Natural. Bernard se separó de su esposa en 1869, por el fuerte rechazo de esta a su práctica de la vivisección.

Cuando murió en 1878, su funeral fue sufragado por el gobierno, y esa fue la primera ocasión en que Francia honró así a un científico.

Obra principal

1865 *Introducción al estudio de la medicina experimental.*

era la sangre, pero más tarde amplió el concepto para incluir el líquido intersticial que rodea las células. Bernard sabía que la temperatura de la sangre se regula activamente. Especuló que esto podía controlarse, al menos en parte, alterando el diámetro de los vasos sanguíneos, y señaló que los vasos sanguíneos de la piel se contraen con el frío y se dilatan con el calor. También descubrió que los niveles de glucosa en la sangre se mantienen debido a que el hígado almacena y libera glucógeno, e investigó el papel del páncreas en la digestión.

Hacia el final de su vida, las investigaciones de Bernard le llevaron a proponer que el objetivo de los procesos del organismo es mantener un medio interno constante, lo cual hacen por medio de una multitud de reacciones conectadas entre sí que compensan los cambios del medio externo. En sus propias palabras: «El organismo vivo no existe en realidad en el medio externo, sino en el medio interno líquido».

El concepto de un medio interno regulado por mecanismos fisiológicos se oponía a la creencia aún extendida en una «fuerza vital» que operaba más allá de los límites de la física y la química. Bernard defendió que no hay diferencia entre los principios en los que se basa la ciencia biológica y los de la física y la química, pero, pese a ser para entonces el científico más famoso de Francia, su hipótesis de que el medio interno se mantenía estable con independencia de las condiciones externas fue por lo general ignorada durante los siguientes cincuenta años.

> El cuerpo vivo, aunque tenga necesidad del medio que lo rodea, es sin embargo relativamente independiente de él.
> **Claude Bernard**

Los humanos y otros animales prosperan en condiciones ambientales muy diversas gracias a la capacidad de regular la temperatura interna.

Autorregulación

En los primeros años del siglo XX, el concepto del medio interno de Bernard fue retomado al fin por fisiólogos como William Bayliss y Ernest Starling, los descubridores de la secretina, la primera hormona identificada. Ernest Starling se refirió a la regulación del medio interno como «la sabiduría del cuerpo». Actualmente se sabe que un factor fundamental de la homeostasis es el sistema endocrino, que produce las hormonas. El páncreas, por ejemplo, produce la insulina, esencial para regular el nivel de glucosa en la sangre.

El fisiólogo estadounidense Walter Cannon llevó más allá las ideas de Bernard: en 1926 acuñó el término homeostasis para el proceso de autorregulación por el que los organismos mantienen estable la temperatura corporal y controlan otras condiciones vitales, como los niveles de oxígeno, agua, sales, azúcares, proteínas y lípidos en la sangre. El prefijo *homeo* («similar») –en lugar de *homo* («igual»)– refleja que Bernard comprendía que las condiciones internas pueden variar dentro de determinados límites.

Uno de los descubrimientos más importantes de Cannon fue el papel del sistema nervioso simpático –la parte del sistema implicada en las respuestas involuntarias– en el mantenimiento de la homeostasis. Supuso acertadamente que el sistema nervioso simpático trabaja con las glándulas suprarrenales para mantener la homeostasis en situaciones de emergencia. De Cannon procede la expresión «lucha o huida» aplicada a las respuestas del organismo al estrés, que desencadena la liberación al flujo sanguí-

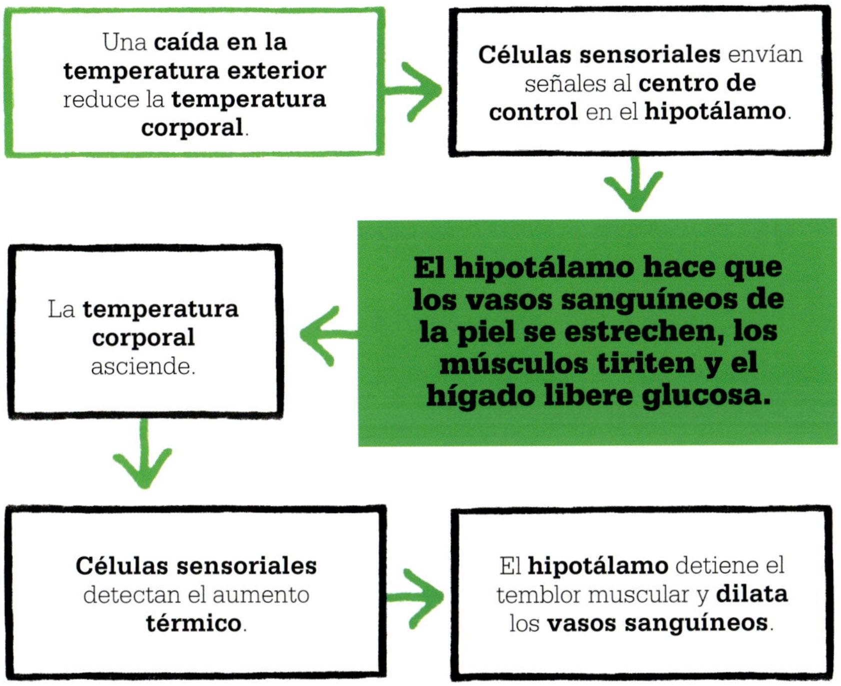

neo por las glándulas suprarrenales de una hormona, la adrenalina. La adrenalina produce varios efectos: en el músculo esquelético de los miembros, aumenta el flujo de sangre relajando los vasos sanguíneos, de modo que el aporte de glucosa para proporcionar energía y la eliminación de productos sean mucho más eficientes; a la vez, hace contraerse los vasos sanguíneos de la piel y favorece la coagulación, efectos ambos que minimizan la pérdida de sangre por heridas. La adrenalina también desencadena la descomposición del glucógeno y la liberación de glucosa en la sangre por el hígado, y estimula la respiración, maximizando así el aporte de oxígeno de los pulmones a la sangre.

En 1946, el fisiólogo sueco Ulf von Euler identificó el neurotransmisor clave del sistema nervioso de los mamíferos, la norepinefrina; no era la adrenalina, como había supuesto Cannon.

Sistema de tres componentes

Mantener las condiciones estables de la homeostasis requiere un sistema con tres componentes: un receptor, un centro de control y un efector. Estos trabajan juntos en un bucle de retroalimentación negativa que tiende a oponerse o a neutralizar el estímulo que desencadena la acción. Esta idea fue introducida por Cannon, al describir los ajustes del organismo para mantener las perturbaciones dentro de unos límites estrechos determinados.

Los receptores sensoriales son células estimuladas por cambios en el medio, por ejemplo, células nerviosas que detectan variaciones de temperatura, o células sanguíneas que detectan cambios de presión. Un estímulo provoca el envío de una señal del receptor al centro de control, que determina la respuesta adecuada. Uno de los centros de control más importantes es el hipotálamo, región del cerebro que regula desde la temperatura corporal hasta el pulso cardiaco, la presión sanguínea y los ciclos de sueño y vigilia. En caso necesario, el centro de control activa un efector que produce los cambios necesarios para restaurar el equilibrio. El efector pueden ser los músculos que hacen tiritar de frío, o bien una glándula del sistema endocrino que libera una hormona para regular el nivel de calcio en la sangre. Una vez recuperado el equilibrio, las células sensoriales comunican el cambio al hipotálamo, y este desactiva los efectores.

La regulación del nivel de glucosa en sangre descubierta por Bernard es un buen ejemplo de bucle de retroalimentación negativa. La presencia de glucosa en el torrente sanguíneo estimula al páncreas a producir insulina, lo cual le indica al hígado que almacene el exceso de glucosa en forma de glucógeno. A medida que se va reduciendo la concentración de glucosa, el páncreas va dejando de producir insulina, y el hígado, de producir glucógeno. Así, los niveles de glucosa en sangre se mantienen en el rango que requieren las necesidades del cuerpo. Los niveles altos de glucosa activan el mecanismo de retroalimentación negativa del organismo, que se desactiva cuando dichos niveles se reducen. ■

> “Lo que ocurre en nuestros cuerpos está orientado a un fin útil.”
> **Walter Cannon**

AIRE COMBINANDOSE CON LA SANGRE

LA HEMOGLOBINA

EN CONTEXTO

FIGURA CLAVE
Felix Hoppe-Seyler
(1825–1895)

ANTES
Siglo II Galeno describe cómo un componente vital del aire, el *pneuma*, entra en los pulmones y se mezcla con la sangre.

1628 Harvey muestra que la sangre se mueve por un sistema circulatorio doble, con un circuito conectado a los pulmones y otro al cuerpo.

DESPUÉS
1946 Se descubre que una estructura anormal de la hemoglobina causa la talasemia.

1959 Max Perutz descubre la estructura molecular de la hemoglobina con la cristalografía de rayos X.

Actualidad Ya en 2013 se conocía la existencia de unas mil variantes de la molécula de la hemoglobina en la población humana.

La sangre debe su **color rojo** a una **proteína** rica en hierro, la **hemoglobina**.

Al entrar en la sangre, las **moléculas de oxígeno** se **unen con el hierro** de la hemoglobina.

La **hemoglobina** transporta **70 veces más oxígeno** que si este se **disolviera en el plasma sanguíneo**.

La hemoglobina transporta el oxígeno necesario por todo el cuerpo.

La sangre es el principal sistema de transporte del cuerpo, por el que circulan hormonas, nutrientes y materiales de desecho, pero su función más importante es la de transportar oxígeno. Cómo lo hace exactamente es algo que se empezó a comprender en el siglo XIX, gracias al trabajo de científicos como el fisiólogo y bioquímico alemán Felix Hoppe-Seyler.

En los humanos, el 55 % del volumen de la sangre lo constituye un líquido amarillento, el plasma, que es en su mayor parte agua. En él van disueltas muchas de las partículas que transporta la sangre. El oxígeno, en cambio, no se disuelve bien en el agua. Las plaquetas y leucocitos, importantes para la función inmune, constituyen el 2 %. Los glóbulos rojos (eritrocitos) completan el volumen restante de la sangre, y llevan oxígeno adonde se necesite desde los pulmones. Una pista sobre cómo estas células realizan dicha tarea es

Véase también: Las sustancias bioquímicas se pueden fabricar 27 ▪ La circulación de la sangre 76–79 ▪ Los capilares 80 ▪ Grupos sanguíneos 156–157

el color rojo, debido a la hemoglobina, una proteína grande que contienen. Como descubrieron Hoppe-Seyler y otros, es la hemoglobina el verdadero transporte de oxígeno del organismo. Esta capacidad particular fue anunciada en 1840 por el químico alemán Friedrich Ludwig Hünefeld. Cuando otro alemán, el fisiólogo Otto Funke, creó una forma cristalina de la hemoglobina en la década de 1850, Hoppe-Seyler pudo mostrar que este material cristalino tanto captaba como liberaba oxígeno, demostrando así su función en la sangre.

Cómo funciona la hemoglobina

Antes de que la hemoglobina pueda empezar a trabajar, el cuerpo inhala aire, que canaliza por minúsculos sacos aéreos en los pulmones, los alvéolos. El oxígeno (O_2) atraviesa las paredes delgadas de los alvéolos y pasa a la sangre y a los glóbulos rojos.

En los glóbulos rojos, la hemoglobina se encuentra en forma de cuatro cadenas o subunidades de proteínas globulares, con un ión de hierro en el centro de cada una. (En realidad, es este ion el que da a la sangre su color rojo.) Dentro de las células, cada molécula de hemoglobina recoge cuatro moléculas de oxígeno (unidas a los respectivos iones de hierro), y en cada glóbulo rojo hay unos 270 millones de moléculas de hemoglobina.

Hoy se sabe que la hemoglobina transporta unas 70 veces más oxígeno del que sería posible disolver en el plasma, y que el volumen típico de cinco litros de sangre del cuerpo humano contiene un litro de oxígeno en cualquier momento dado. La oxihemoglobina, forma plenamente saturada de la hemoglobina, da a la sangre oxigenada que fluye por las arterias un color rojo fresa vivo. La sangre desoxigenada de las venas es más oscura, en parte debido a la presencia de carbaminohemoglobina, compuesto que ayuda al cuerpo a deshacerse del dióxido de carbono (CO_2) producido por las células, pero solo la cuarta parte del CO_2 vuelve a los pulmones por esta vía, en la que se exhala y difunde por el aire. La mayor parte del CO_2 del cuerpo se disuelve en el plasma sanguíneo en forma de iones de bicarbonato.

En 1959, el biólogo molecular austriaco Max Perutz mostró la estructura de cuatro unidades de la hemoglobina con la técnica de rayos X, siendo galardonado por ello en 1962 con el premio Nobel de química.

Hoy se conocen más de mil variantes distintas de la hemoglobina, algunas de las cuales causan trastornos como la anemia de células falciformes y la talasemia, en los que se produce una pérdida dañina de la cantidad total de glóbulos rojos o hemoglobina en la sangre. ■

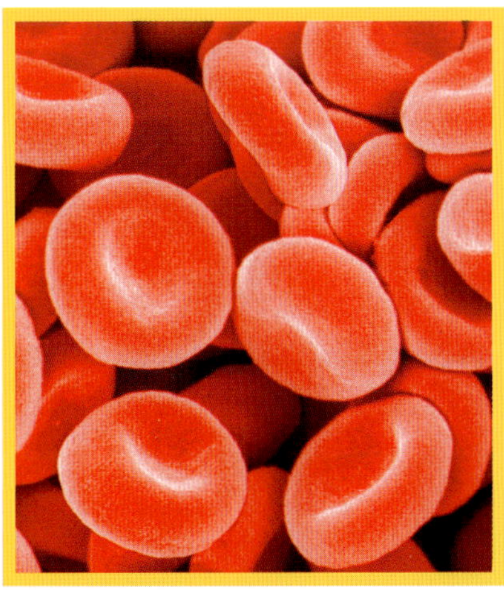

Los glóbulos rojos humanos (en una fotomicrografía en la imagen) circulan por el cuerpo entre 100 y 120 días. Luego se descomponen, y el hierro se reutiliza para formar glóbulos nuevos.

Felix Hoppe-Seyler

Considerado uno de los fundadores de la bioquímica y la biología molecular, Ernst Felix Hoppe nació en Friburgo (Alemania) en 1825. Quedó huérfano a los nueve años, y fue adoptado (como Felix Hoppe-Seyler) por su cuñado Georg Seyler, miembro de una familia influyente vinculada a la sociedad secreta filantrópica de los Iluminados de Baviera. Una vez cualificado como médico, se dedicó a investigar en Tubinga, y más adelante en Estrasburgo. Además del trabajo sobre la hemoglobina, Hoppe-Seyler realizó estudios importantes de la clorofila, la sustancia verde de las plantas que capta la energía solar en la fotosíntesis. Es también reconocido por aislar diversas proteínas complejas (a las que llamó prótidos). En 1877 fundó *Zeitschrift für Physiologische Chemie* («Revista de Química Fisiológica»), de la que fue editor hasta su muerte, que tuvo lugar en 1895.

Obra principal

1858 *Manual de análisis fisiológico y patológico-químico.*

ACEITE SOBRE LA FRAGIL MAQUINARIA DE LA VIDA

LAS HORMONAS REGULAN EL ORGANISMO

EN CONTEXTO

FIGURA CLAVE
Edward Sharpey-Schafer
(1850–1935)

ANTES
1849 El experimento de Arnold Berthold con pollos castrados indica la existencia de un mecanismo regulador del organismo aún desconocido.

Década de 1850 Claude Bernard introduce la idea del medio interior estable de los organismos.

DESPUÉS
1915 Walter Cannon, neurólogo estadounidense, demuestra el vínculo entre glándulas endocrinas y respuesta emocional.

1950 Philip Hench, Edward Kendall y Tadeusz Reichstein son galardonados con el premio Nobel de fisiología o medicina por descubrir la cortisona, tratamiento hormonal para la artritis reumatoide.

Década de 1980 Se produce en masa insulina humana sintética para tratar la diabetes.

La capacidad de un organismo para mantener un estado interno relativamente estable pese a los cambios del medio se conoce como homeostasis. Esta requiere una comunicación fiable entre células y tejidos por todo el organismo, que se logra por medio de sustancias químicas, las hormonas, liberadas al torrente sanguíneo y transportadas hasta sus células objetivo, en las que inducen una respuesta dada. La palabra *hormone* fue empleada por primera vez en junio de 1905 por el fisiólogo británico Ernest Starling, quien definió las hormonas como «los mensajeros químicos que, viajando rápidamente de célula en célula por el torrente sanguíneo, coordinan la actividad y el crecimiento de distintas partes del cuerpo». El conjunto de las células, los tejidos y los órganos que segregan hormonas conforman el sistema endocrino del organismo.

Identificación de las hormonas

El trabajo experimental de Arnold Berthold, Claude Bernard y otros científicos del siglo XIX había establecido ya que alguna clase de comunicación química tiene lugar entre varios órganos en los animales. Sin embargo, cuando Starling acuñó el nuevo término se sabía aún muy poco de las hormonas y su funcionamiento.

> La insulina no es una cura para la diabetes; es un tratamiento. Permite al diabético quemar suficientes carbohidratos para poder añadir proteínas y grasas a la dieta.
> **Frederick Banting**

Más avanzado el siglo XIX, la literatura médica recogió tratamientos eficaces a pacientes con determinados trastornos a base de administrarles extractos de tejidos animales, como las glándulas tiroides y suprarrenal o el páncreas. Más tarde se comprendería que estos trastornos se debían a deficiencias hormonales. En 1889, el neurólogo mauriciano Charles Edouard Brown-Séquard informó a la Academia de Ciencias de Francia de que se había inyectado un preparado a base de venas, semen y fluidos de los testículos de perros y cobayas, con el resultado de una mejora clara de su fuerza, resistencia y capacidad de concentración. Más tarde, en 1891, propuso que todos los tejidos pro-

Un **estímulo** hace que una **glándula endocrina** libere una **hormona**.

La **hormona** viaja por el **torrente sanguíneo**.

La hormona **se une** a **receptores** en las células del **órgano objetivo**.

En respuesta al estímulo, se produce un cambio en el órgano objetivo.

Véase también: El metabolismo 48–49 ▪ La digestión 58–59 ▪ La circulación de la sangre 76–79 ▪ Las hormonas activan respuestas 84–85

ducían secreciones que se pueden extraer y emplear para tratar enfermedades, en lo que podría ser el primer precedente de lo que acabaría por llamarse terapia de sustitución hormonal.

También en 1889, los médicos alemanes Joseph von Mering y Oskar Minkowski (de origen lituano) descubrieron el papel del páncreas en la prevención de la diabetes, al hallar que los perros a los que se les retiraba el páncreas desarrollaban todos los síntomas de la diabetes y morían poco después. En 1891, el neurocirujano británico Victor Horsley demostró que se podía tratar a los pacientes con una glándula tiroides poco activa (hipotiroidismo) con extractos de tiroides.

Los fisiólogos británicos Edward Sharpey-Schafer y George Oliver demostraron la existencia y los efectos de la adrenalina, además de su secreción en las glándulas suprarrenales, en 1894, cuando inyectaron un extracto de estas a un perro y observaron sorprendidos cómo se disparaba la presión sanguínea. Oliver y Sharpey-Schafer mostraron luego que los extractos de la glándula pituitaria aumentaban la presión sanguínea, mientras que los de la tiroides la hacían descender. En 1902, Ernest Starling y William Bayliss realizaron un experimento en el que »

Las principales glándulas endocrinas

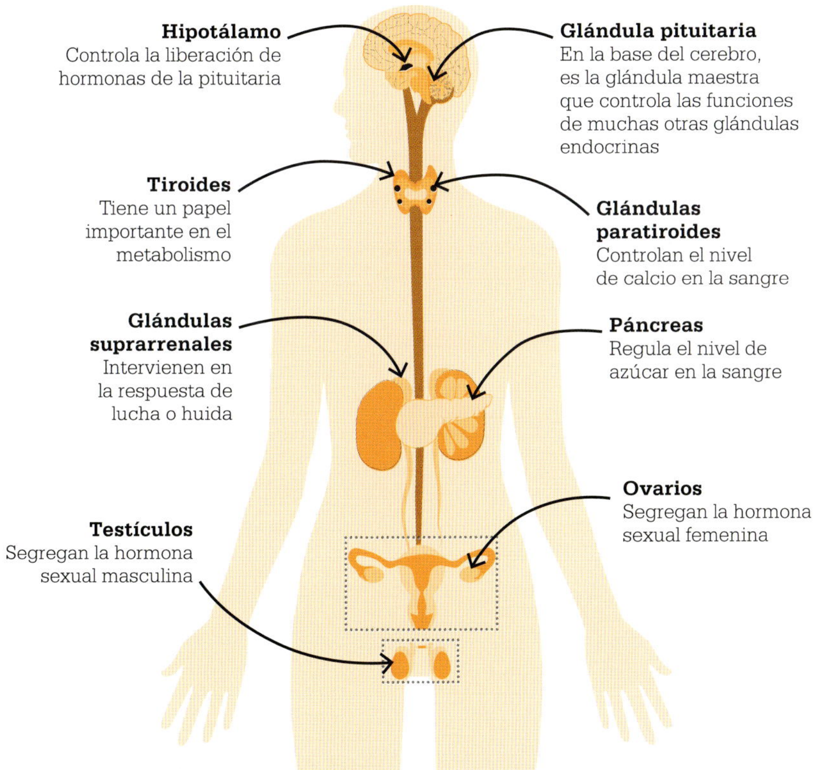

Edward Sharpey-Schafer

Albert Schafer, fundador de la endocrinología nació en 1850 en Londres. Estudió medicina en el University College de Londres (UCL), donde fue alumno del fisiólogo William Sharpey, quien le influyó tanto que posteriormente añadió su apellido al propio.

Elegido miembro de la Royal Society en 1878, Schafer fue profesor de la Royal Institution en 1883, y ocupó la cátedra de fisiología de la Universidad de Edimburgo en 1899. Siempre dispuesto a probar nuevos procedimientos de laboratorio, Schafer fue más conocido después de publicar en 1903 su método de respiración artificial de presión boca abajo. Fue presidente de la Asociación Británica para el Avance de la Ciencia en 1911 y 1912. Se jubiló en 1933, y murió en su hogar en North Berwick (Escocia) dos años después.

Obras principales

1898 *Manual avanzado de fisiología.*
1910 *Fisiología experimental.*

identificaron una sustancia a la que llamaron secretina, que desencadenaba secreciones del páncreas al llegar ácidos del estómago al intestino delgado. Starling y Bayliss averiguaron también que la secretina es un estimulante universal: la secretina de una especie dada desencadena secreciones pancreáticas en cualquier otra. Investigaciones posteriores revelaron que esta universalidad se aplicaba a todos los ejemplos de lo que Starling llamó más tarde hormonas. En 1912, por ejemplo, el fisiólogo alemán Friedrich Gudernatsch empleó extractos de tejido de tiroides de caballo para adelantar la metamorfosis en renacuajos.

Comprender las hormonas

Sharpey-Schafer, quien acuñó el término «endocrino», del griego *endo*, «dentro», y *krino*, «segregar», planteó la idea de que las hormonas actúan sobre los órganos y las células del organismo y conforman un sistema de comunicación y control separado del sistema nervioso. En 1910 propuso que la diabetes es el resultado de la falta de una sustancia química producida en los islotes de Langerhans del páncreas, a la que llamó insulina, del latín *insula* (isla).

> Hemos descubierto que hay una endocrinología del entusiasmo y la desesperación.
>
> **Aldous Huxley**
> ***Literatura y ciencia* (1963)**

En 1922, en otra demostración histórica de la universalidad de las hormonas, el médico canadiense Frederick Banting usó insulina extraída del páncreas de un perro para tratar al diabético de 14 años Leonard Thompson.

En los primeros años del siglo xx, la investigación se centró en identificar la fuente de las hormonas y determinar su naturaleza química. En 1926, el bioquímico británico Charles Harington logró la primera síntesis química de una hormona, la tiroxina. Diez años después, el bioquímico estadounidense Edward Doisy definió cuatro criterios por los que podían identificarse las hormonas: debía identificarse una glándula productora de secreciones internas; la sustancia producida debe ser detectable; debe ser posible purificar la sustancia; y la sustancia pura se ha de aislar y estudiar químicamente. El estudio de Doisy del papel de las hormonas del ovario puso los cimientos para el desarrollo de los anticonceptivos hormonales.

Hormonas y regulación

El sistema endocrino consiste en una interacción compleja de acciones y reacciones entre hormonas, las glándulas que las producen y los órganos a los que afectan. Las hormonas transmiten instrucciones de más de una docena de glándulas endocrinas y tejidos a células de todo el cuerpo. En los humanos se han identificado más de cincuenta hormonas diferentes, que controlan diversos procesos biológicos, entre ellos el crecimiento muscular, el pulso cardiaco, los ciclos menstruales y el hambre. Una sola hormona puede afectar a más de un proceso, y una función puede ser controlada por varias hormonas distintas.

Las hormonas hacen algo más que comunicarse con los órganos. Cuando el páncreas libera insulina,

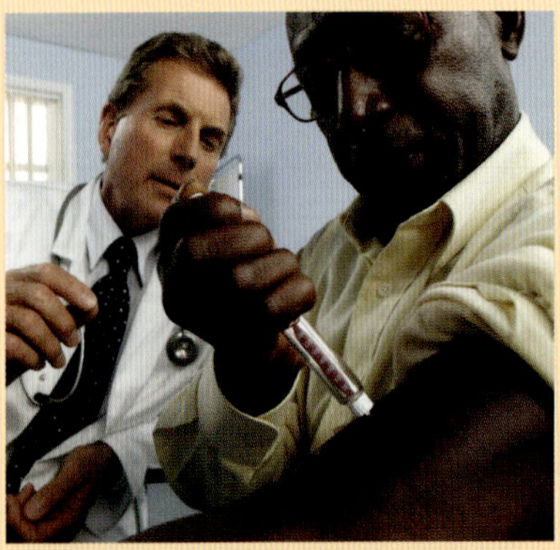

Un médico supervisa a un paciente diabético mientras usa una pluma de insulina para inyectarse la hormona en la sangre.

Diabetes

La diabetes, uno de los ejemplos más conocidos de fallo en la regulación homeostática del organismo, es un trastorno por el que se eleva en exceso el nivel de azúcar en la sangre. Si no se trata, puede causar un coma diabético e incluso la muerte. Hay dos tipos de diabetes. El tipo 1 se debe a la incapacidad del organismo para producir insulina, porque el sistema inmunitario ataca de forma errónea a las células del páncreas encargadas de fabricarla. El motivo de que ocurra esto se desconoce. Tal y como demostró Frederick Banting, la diabetes de tipo 1 no tiene cura, pero se puede tratar administrando dosis de insulina sintética.

Los afectados por la diabetes de tipo 2 producen insulina, pero no pueden utilizarla de manera eficaz, o bien no producen la suficiente. Este tipo de diabetes, con mucho el más común, suele diagnosticarse a edades más avanzadas, y hay fuertes indicios de que el estilo de vida es un factor en su desarrollo.

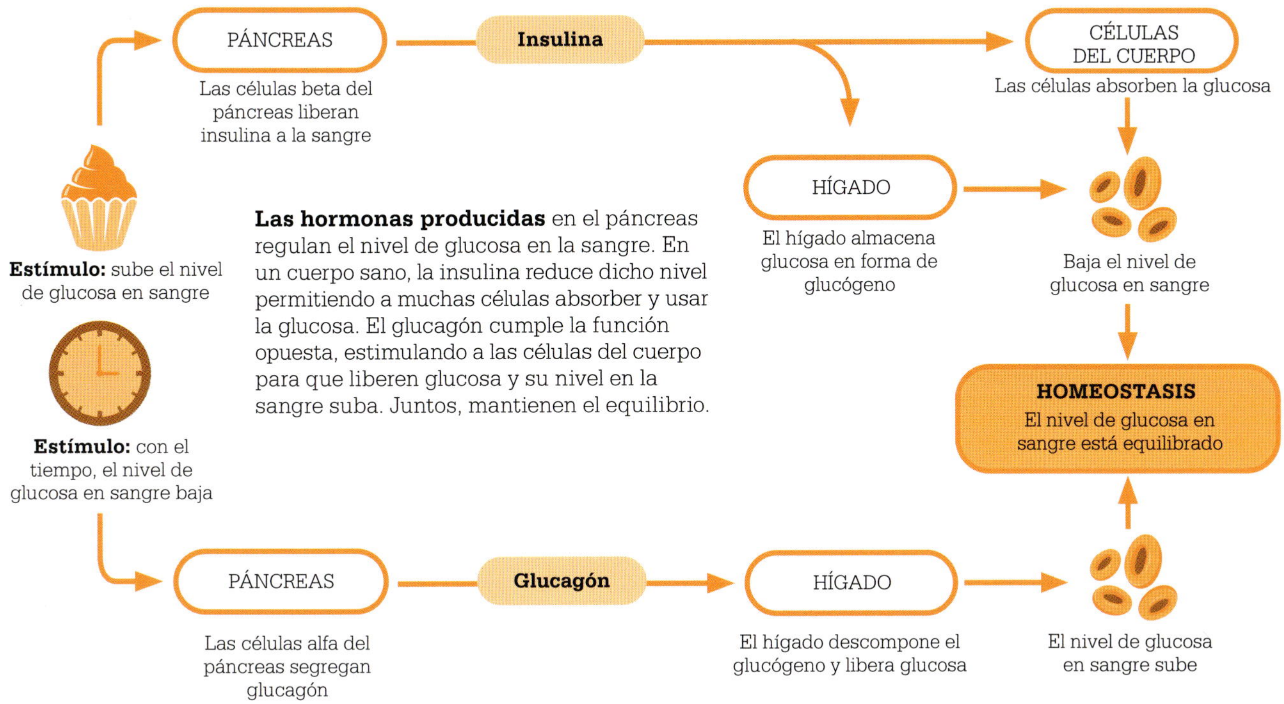

Las hormonas producidas en el páncreas regulan el nivel de glucosa en la sangre. En un cuerpo sano, la insulina reduce dicho nivel permitiendo a muchas células absorber y usar la glucosa. El glucagón cumple la función opuesta, estimulando a las células del cuerpo para que liberen glucosa y su nivel en la sangre suba. Juntos, mantienen el equilibrio.

por ejemplo, esta estimula las células musculares para que capten glucosa de la sangre, y puede regular también la liberación de hormonas de otras glándulas endocrinas. La llamada «glándula maestra» del sistema endocrino es la pituitaria, que es del tamaño de un guisante, está situada en la base del cerebro y controla las funciones de muchas otras glándulas endocrinas. La pituitaria segrega hormonas que influyen en la respuesta al dolor, activa la formación de hormonas sexuales en los ovarios y los testículos y controla la ovulación y el ciclo menstrual.

Las hormonas circulan por la sangre y entran en contacto indiscriminadamente con células de todo el cuerpo, pero solo desencadenan reacciones con células determinadas, las células objetivo. Estas responden a la hormona porque cuentan con receptores para ella, y las células que carecen de receptores no responden a la hormona. Los efectos de la hormona dependen de su concentración en la sangre; y concentraciones demasiado altas o bajas casi siempre generan un trastorno. Por ejemplo, la diabetes se debe a niveles bajos de insulina, y el hipertiroidismo, a una glándula tiroides demasiado activa.

Sharpey-Schafer no acertaba del todo en cuanto a que el endocrino y el nervioso sean sistemas separados, pues ambos intervienen para regular y mantener un equilibrio saludable con los demás sistemas del organismo. En particular, el sistema endocrino está estrechamente vinculado al sistema nervioso simpático y al parasimpático. El sistema nervioso simpático actúa en respuesta al estrés –todo aquello que amenace al bienestar o perturbe la homeostasis–, prepara al cuerpo para reaccionar y activa glándulas del sistema endocrino. La función del sistema nervioso parasimpático es la inversa: se encarga de calmar las cosas, permitiendo al cuerpo recuperar el estado de equilibrio tras haberse ocupado del estrés. ■

La sensación de hambre se debe a la hormona grelina, que segrega el estómago principalmente, y que podría preparar para la ingesta aumentando la secreción de ácido gástrico.

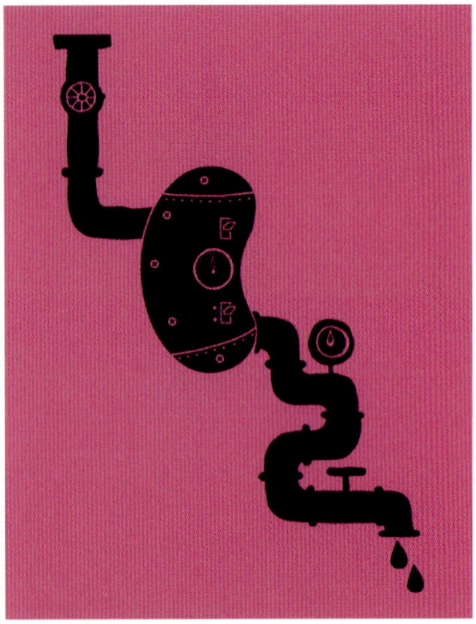

LOS MAESTROS QUIMICOS DE NUESTRO MEDIO INTERNO

LOS RIÑONES Y LA EXCRECIÓN

EN CONTEXTO

FIGURA CLAVE
Arthur Cushny (1866–1926)

ANTES
Siglo IV a. C. Aristóteles no considera los riñones esenciales para producir desechos, y los ve menos importantes que la vejiga.

1628 El médico inglés William Harvey determina que la sangre circula por el cuerpo continuamente.

1666 Marcello Malpighi revela parte del detalle estructural del riñón.

DESPUÉS
1945 Willem Kolff demuestra que los pacientes con fallo renal pueden sobrevivir gracias a la diálisis artificial.

1958 El científico danés Hans Ussing emprende un estudio detallado de la función renal a nivel celular.

Una función principal de los riñones es eliminar productos de desecho y fluido sobrante de la sangre por un proceso de excreción y reabsorción.

En 1666, el anatomista italiano Marcello Malpighi ofreció la primera descripción microscópica de la estructura del riñón. Los instrumentos disponibles entonces probablemente no le proporcionaban más de 20 o 30 aumentos a Malpighi, pero revelaron estructuras que le parecieron glándulas y que comparó con «manzanas en un hermoso árbol». Consideró que en estas glándulas tenía lugar la separación de la orina de la sangre, idea que demostró ser certera y muy adelantada a su tiempo.

Ideas en conflicto

En 1842, el anatomista británico William Bowman describió los riñones en detalle. Pasó dos años estudiando las glándulas de Malpighi, y observó que los corpúsculos estaban formados por una masa de minúsculos capilares (el glomérulo) contenidos en una cápsula, luego llamada de Bowman en su honor. Descubrió que la cápsula estaba unida a un túbulo renal, que drena la orina con destino a la vejiga. Bowman creía que los glomérulos excretaban agua para arrastrar el producto de desecho, la urea, por el túbulo que parte de la cápsula.

La teoría de Bowman fue puesta en duda por el médico alemán Carl Ludwig, quien proponía que tenía lugar un proceso de filtrado en el que los constituyentes del plasma sanguíneo, además de moléculas

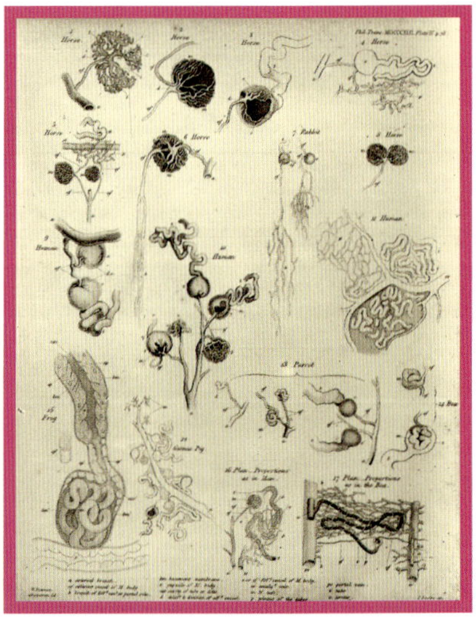

William Bowman usó un microscopio diez veces más potente que el empleado por Malpighi para estudiar los riñones. Produjo diagramas muy detallados, como los mostrados aquí.

Véase también: Anatomía 20–25 ▪ El metabolismo 48–49 ▪ La digestión 58–59 ▪ La circulación de la sangre 76–79 ▪ Los capilares 80 ▪ Las hormonas regulan el organismo 92–97

> Partes en extremo minúsculas [tienen] una forma y una ubicación tales que forman un órgano maravilloso.
> **Marcello Malpighi**

mayores tales como lípidos y proteínas, atravesaban las paredes de los capilares del glomérulo. Ludwig argumentaba que, como el volumen del filtrado era mucho mayor que el de orina excretada, la mayor parte del mismo debía ser reabsorbida por los túbulos.

El fisiólogo alemán Rudolph Heidenhain no estaba de acuerdo con Ludwig. En 1883 publicó un cálculo según el cual los riñones del adulto medio tendrían que filtrar 70 litros de fluido al día para dar cuenta de la producción diaria de urea, lo cual requeriría que circulara al menos dos veces ese volumen de sangre por los riñones. A Heidenhain esto le parecía tan improbable que mantuvo que la orina debía producirse enteramente por secreción de los túbulos renales, y no por filtrado.

La teoría moderna

En 1917, el médico escocés Arthur Cushny publicó *La secreción de la orina*, donde defendía la teoría de la filtración-reabsorción de Ludwig. Con un experimento, Cushny demostró falsa la afirmación de Heidenhain de que los túbulos no eran capaces de reabsorber agua en la cantidad requerida, y rechazó la idea de que la orina se produjera por secreción, proponiendo en su lugar lo que llamaba la teoría moderna de la función renal.

Según Cushny, la cantidad de fluido reabsorbido significaba que, junto con un gran volumen de agua, los túbulos tienen que reabsorber casi toda la glucosa, aminoácidos y sales filtrados. Dada la concentración variable de estas sustancias, se reabsorben en distinto grado. Los aminoácidos, por ejemplo, se reabsorben por completo o casi por completo, mientras que otros productos de desecho, como la creatinina, producida por el metabolismo muscular, apenas se reabsorben. ■

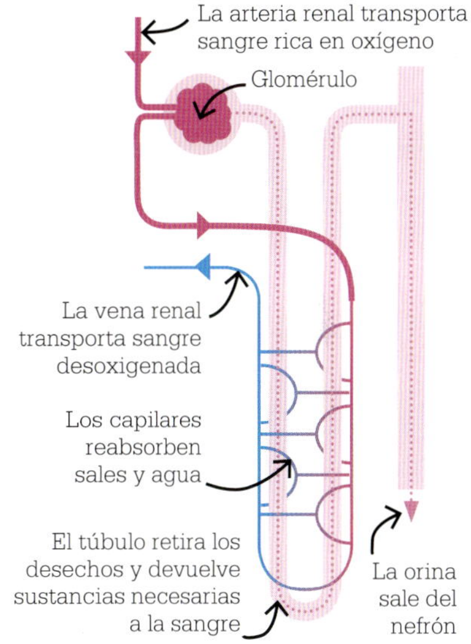

El riñón humano contiene cientos de miles de unidades de filtrado de la sangre, los nefrones. Cada nefrón tiene un glomérulo –un ovillo de capilares rodeado por una cápsula– que retira desechos y el agua sobrante.

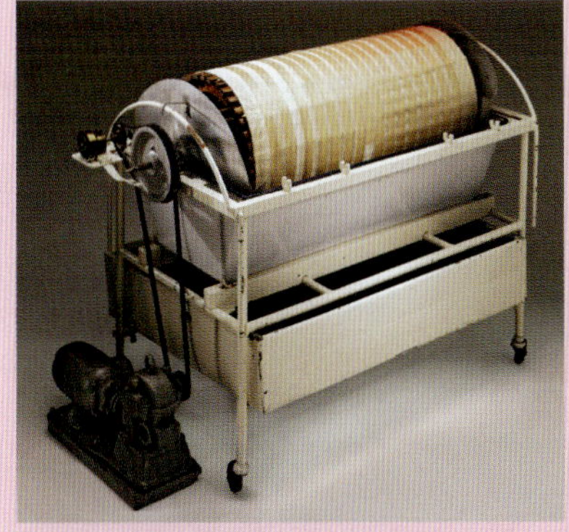

Esta versión posterior del riñón artificial original de Kolff utilizaba 40 m de tubo de celofán envuelto en un cilindro de madera.

Diálisis

Antes de mediados del siglo XX, el fallo renal era una sentencia de muerte. A falta de riñones que filtren productos de desecho dañinos, el cuerpo no puede funcionar. En la década de 1920, el alemán Georg Haas probó los primeros tratamientos con diálisis (retirada artificial de productos de desecho) en humanos, empleando tubos de una membrana de celulosa semipermeable. Ninguno de sus pacientes sobrevivió, debido sobre todo a que el tratamiento no duraba el tiempo suficiente. El avance clave llegó en 1945, cuando el neerlandés Willem Kolff practicó una diálisis de una semana a una paciente con fallo renal agudo.

Kolff usó un riñón artificial hecho con un tubo de celofán enrollado sobre un cilindro metálico. La sangre del paciente pasaba por los tubos, y el cilindro rotaba sumergido en parte en un baño de solución electrolítica, el dializado. Al pasar el tubo por la solución, esta atraía toxinas de la sangre por ósmosis.

SIN AUXINA NO HAY CRECIMIENTO

LAS FITOHORMONAS

EN CONTEXTO

FIGURA CLAVE
Frits W. Went (1903–1990)

ANTES
1881 Charles Darwin y su hijo Francis observan que los brotes de avena se inclinan hacia la luz.

1911 El danés Peter Boysen-Jensen propone que señales como hormonas recorren las plantas.

1924 Frank Denny, fisiólogo vegetal del Departamento de Agricultura de EE UU, explica que el etileno de las lámparas de queroseno (y no el calor o el humo, como se creía) hace madurar antes la fruta.

DESPUÉS
1935 El agroquímico japonés Teijiro Yabuta aísla y nombra la giberelina.

1963 Los botánicos Frederick Addicott (en EE UU) y Philip Waring (en Reino Unido) hallan independientemente el ácido abscísico.

Para sobrevivir, los animales buscan alimento y agua, y rehúyen el peligro. Las plantas también responden a los estímulos ambientales, pero al ser inmóviles, crecen hacia la luz, el agua y el oxígeno, y se protegen con estructuras defensivas o sustancias químicas.

Los procesos fisiológicos de las plantas son controlados por fitohormonas, u hormonas vegetales, moléculas con funciones comparables a las de las hormonas en los animales. En las plantas, las moléculas atraviesan los tejidos, y su impacto es más lento que el de las hormonas animales, por lo cual afectan a patrones de crecimiento a más largo plazo.

Las fitohormonas son proteínas minúsculas. Igual que una llave, encajan en otra proteína, o receptor, que actúa como cerradura. Una vez abierta esta, una serie de acontecimientos desencadena mecanismos de supervivencia, como los de la planta que se protege de la sequía o que crece hacia una fuente de agua.

El hallazgo de la auxina

La primera fitohormona identificada fue la auxina. En la década de 1880, Charles y Francis Darwin hallaron que si tapaban la punta de un brote de avena con papel oscuro, o si la cortaban, no se inclinaba hacia la luz. Concluyeron que alguna influencia en la punta del brote controlaba la respuesta del crecimiento de la planta a la luz (hoy llamada fototropismo).

Entre 1927 y 1928, el fisiólogo vegetal neerlandés Frits W. Went y el microbiólogo soviético Nikolái Jolódny describieron independientemente la sustancia química luego llamada auxina. El modelo Jolódny-Went de 1937 combinó sus hallazgos y describió el papel de la auxina en el fototropismo, y también en el geotro-

La fruta madura emite gas etileno para coordinar la maduración de otros frutos próximos en la planta. Los plátanos maduros sirven para hacer madurar frutos verdes, como los tomates.

Véase también: La fotosíntesis 50–55 ▪ La transpiración en las plantas 82–83 ▪ La homeostasis 86–89 ▪ Las hormonas regulan el organismo 92–97 ▪ La translocación en las plantas 102–103 ▪ La polinización 180–183 ▪ Niveles tróficos 300–301

Demostración de la acción fototrópica de la auxina

En la naturaleza, la auxina estimula el crecimiento celular en el lado sombrío de los brotes para que se inclinen hacia el lado soleado, con células más cortas.

1. A pleno sol, la auxina se concentra en la punta de los plantones o brotes.

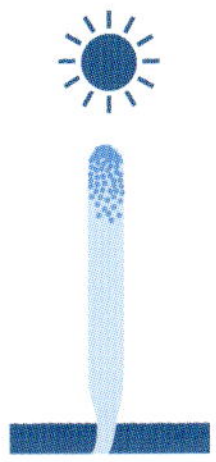

2. Si un lado de la planta se encuentra a la sombra, la auxina se difunde a ese lado.

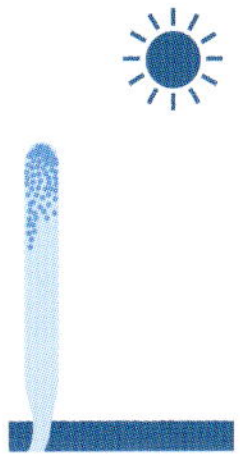

3. Las células del lado sombrío se elongan, haciendo que el brote se incline hacia la luz.

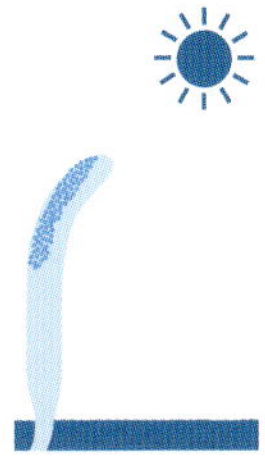

En el experimento de Went se aisló la auxina de la punta de un plantón de avena para manipular la dirección del crecimiento, lo cual reveló el papel de la auxina en el fototropismo.

1. La punta del plantón se corta y se coloca sobre una lámina de agar. La auxina se difunde de la punta a la lámina.

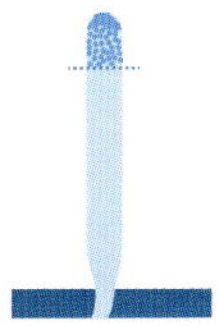

2. Se coloca un fragmento de agar a un lado del plantón cortado. Al no haber luz, esta no puede inducir ninguna respuesta.

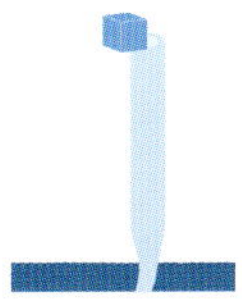

3. La auxina se difunde del agar a un lado del plantón. Las células expuestas a la auxina crecen más que las del otro lado del plantón.

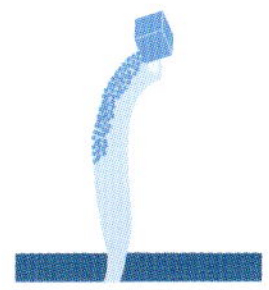

pismo (respuesta del crecimiento a la gravedad) de las raíces. El modelo fue un paso clave para comprender las fitohormonas.

Las principales fitohormonas

En los siglos XIX y XX se fue reconstruyendo el papel del gas etileno, una vez observado que favorece la maduración de la fruta. En 1934, el fitólogo británico Richard Gane demostró que las frutas sintetizan el etileno.

Los frutos maduros son vitales para el ciclo de vida de las plantas, por albergar a la generación futura en sus semillas, que deben dispersarse en el momento adecuado de una estación dada. Así, en un manzano, la primera manzana en madurar emite etileno para que otros frutos maduren juntos. Hoy, el etileno se usa para madurar fruta cogida aún verde, haciendo coincidir la maduración con la puesta a la venta.

En la década de 1940, el fisiólogo vegetal sueco-estadounidense Folke Skoog estudió la sustancia química que causaba la división celular y la diferenciación de los órganos vegetales en raíces, hojas, flores y frutos. En 1954, su alumno Carlos Miller aisló la cinetina, hoy llamada citoquinina, que afecta también al envejecimiento: en niveles bajos, degrada la clorofila verde en otoño, revelando otros pigmentos en las hojas; en primavera, el nivel sube y favorece la formación de hojas y capullos. Otras fitohormonas son la giberelina y el ácido abscísico. La primera favorece el alargamiento y división de las células (en presencia de auxina) e interrumpe la latencia de las semillas; se usa para engordar la uva sin semilla. El ácido abscísico controla respuestas al estrés ambiental, como el cierre de los estomas en condiciones de sequía y la latencia.

Todas las fitohormonas tienen múltiples funciones –la auxina regula también la formación de hojas y flores, la maduración de la fruta y la producción de raíces nuevas a partir de esquejes–, y pueden interactuar de manera compleja, tanto de forma combinada como antagónica. ▪

Fitocromos

Los estadounidenses Harry Borthwick, botánico, y Sterling Hendricks, bioquímico, del Departamento de Agricultura de EEUU, aislaron los fitocromos en el año 1959. Estas proteínas vegetales fotosensibles se unen a un receptor que, como en las fitohormonas, funciona como una cerradura. En este caso, las llaves son las ondas rojas de la luz solar.

Distintas ondas rojas informan a la planta de la hora del día, y de si está a pleno sol o a la sombra. Los fitocromos detectan también la duración de determinadas longitudes de onda y, por tanto, la estación.

Con esta información, la planta regula sus ritmos circadianos (diarios), incluida la fotosíntesis, así como los tiempos de germinación, floración y latencia.

LA PLANTA PONE EN MOVIMIENTO SUS FLUIDOS

LA TRANSLOCACIÓN EN LAS PLANTAS

EN CONTEXTO

FIGURA CLAVE
Ernst Münch (1876–1946)

ANTES
1837 El botánico alemán Theodor Hartig observa células de floema, a las que llama tubos cribosos *(Siebröhren)*.

1858 El botánico suizo Carl von Nägeli acuña el término «floema», y propone que sus tubos largos transportan materia insoluble.

1928 La teoría de fuente y sumidero de Thomas Mason y Ernest Maskell propone que el azúcar sube y baja por la planta solo por difusión.

DESPUÉS
1953 Los entomólogos John Kennedy, de Reino Unido, y Thomas Mittler, de Austria, usan áfidos para demostrar que el flujo por presión mueve la savia por los tubos cribosos del floema.

Todos los seres vivos necesitan la energía del azúcar como combustible para la actividad celular. En la translocación de las plantas, el azúcar fabricado en la fotosíntesis y otros nutrientes captados por las raíces se transportan por la planta en la savia. En el siglo XIX, los botánicos observaron las células del floema, y comprobaron que la savia fluye por los vasos del mismo. El debate se centró en qué fuerza, desde la presión externa hasta la difusión o la ósmosis, impulsaba la savia por los vasos del floema.

Fuente y sumidero

En 1928, el botánico irlandés Thomas Mason y su colega inglés Ernest Maskell mostraron que el floema transporta azúcares, y describieron la teoría de fuente y sumidero. El azúcar se origina en un lugar de la planta, y se envía a otros según la necesidad. El lugar donde se forma el azúcar es la fuente, y el lugar donde se descarga, el sumidero.

Fuente y sumidero pueden cambiar de lugar en la planta según la estación. Si se dejan zanahorias sin cosechar en la tierra, por ejemplo, el tallo y las hojas mueren en invierno. En primavera, la raíz es la fuente, por tener almacenado azúcar. Cuando el azúcar asciende para construir follaje nuevo, el sumidero son los tallos y las hojas jóvenes. Más tarde, las hojas maduras empiezan a realizar la fotosíntesis, y se convierten en fuente donde se elabora el azúcar. Raíces, flores y tallos y hojas jóvenes necesitan azúcar, y pasan a ser sumideros.

> Las hojas hacen el azúcar. Todo el azúcar que hayas comido se formó dentro de una hoja.
>
> **Hope Jahren**
> **Geobióloga estadounidense**

El proceso de translocación

Mason y Maskell habían propuesto incorrectamente que la savia solo fluía por el floema por difusión. En 1930, el fisiólogo vegetal alemán Ernst Münch publicó su hipótesis, hoy llamada flujo de masas (o de presión), considerada la mejor explicación de cómo fluye la savia de la fuente al sumidero.

Véase también: La naturaleza celular de la vida 28–31 ▪ Membranas celulares 42–43 ▪ La fotosíntesis 50–55 ▪ Reacciones fotosintéticas 70–71 ▪ La transpiración en las plantas 82–83 ▪ Las fitohormonas 100–101 ▪ La polinización 180–183

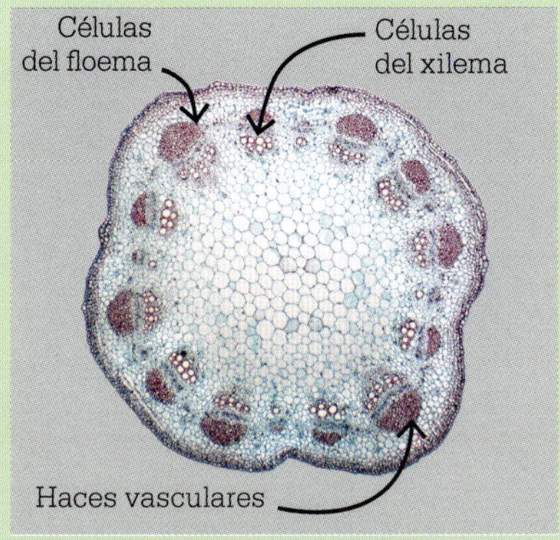

En un tallo de girasol, haces vasculares de células del floema y del xilema se disponen en anillo en torno al tejido medular del centro.

Tejido floemático

Todos los «envíos» de azúcar en la translocación requieren células de transporte especializadas, las del floema, semejantes a las células del xilema que canalizan la transpiración.

En 1969, la botánica Katherine Esau, con la ayuda de la microscopía electrónica de transmisión, describió en detalle la estructura y función del floema, cuyo tejido consiste en células cilíndricas con extremos abiertos y unidas formando vasos, los tubos cribosos.

En las herbáceas, como el girasol, el tejido de transporte de agua (xilema) y el de transporte de azúcar (floema) se combinan en haces desde las raíces hasta el tallo, las hojas, las flores y los frutos. En plantas leñosas, la madera se compone de xilema, y la corteza contiene el floema.

En invierno, animales como los ciervos comen la corteza de los árboles. El anillado (la pérdida de la corteza en la circunferencia completa del tronco) puede matar al árbol, pues corta el suministro de azúcares del floema en la corteza.

En los sistemas biológicos, la ósmosis difunde el agua de modo pasivo, desde áreas de alta concentración de agua y baja de azúcar a otras de concentración inversa, a través de las membranas celulares. Münch describió cómo, cuando las hojas descargan el azúcar fotosintetizado a las células próximas del floema, el alto contenido en azúcar de la savia atrae agua por ósmosis al floema desde el xilema, tejido por donde se transporta agua. Como al darle paso al agua por una manguera, la entrada repentina de agua en el espacio reducido del floema de las hojas crea una fuerza, llamada presión hidrostática.

Münch explicó también cómo la savia se mueve por un gradiente de presión, desde las áreas de mayor presión hidrostática, en la fuente, a las de menor presión, en los sumideros. Los sumideros, como las raíces y los capullos, pueden estar en distintos lugares, y la savia puede tener que subir o bajar por el floema. Los sumideros necesitan constantemente azúcar para alimentar la actividad celular, y lo extraen activamente del floema. Una vez perdido el azúcar, el agua del floema tiene menos energía (potencial hídrico) que el agua del xilema, al que por tanto pasa, y por donde se recicla y asciende por la planta en la transpiración.

Los áfidos se alimentan de savia perforando vasos del floema con el estilete de su aparato bucal. La succión equivaldría a un humano bebiendo de una manguera de alta presión; los áfidos simplemente dejan fluir la savia por sus cuerpos mientras metabolizan el azúcar necesario. La tasa de flujo de la savia se midió en 1953, cortando los estiletes de áfidos mientras se alimentaban. ■

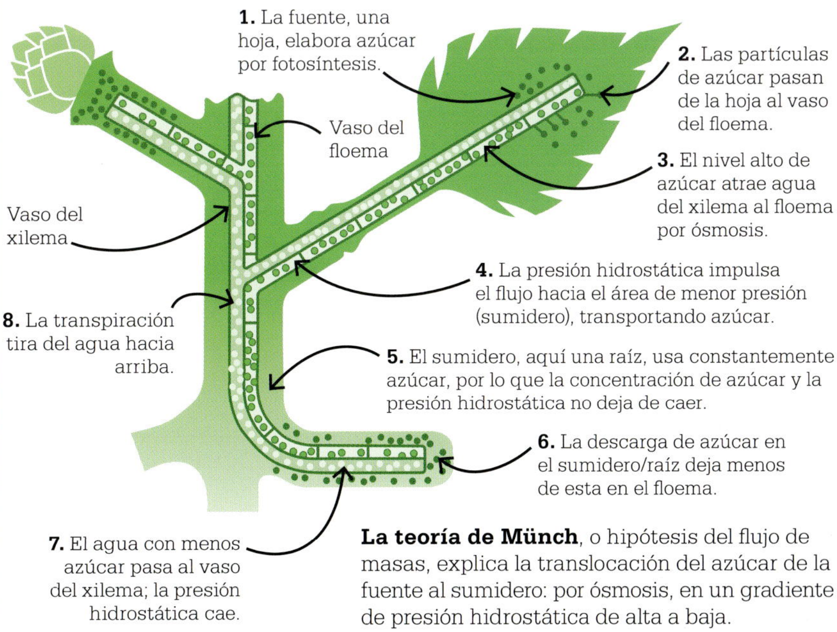

La teoría de Münch, o hipótesis del flujo de masas, explica la translocación del azúcar de la fuente al sumidero: por ósmosis, en un gradiente de presión hidrostática de alta a baja.

EL CEREB
COMPORT

RO Y EL
AMIENTO

Década de 1780
Luigi Galvani hace **contraerse los músculos** de una rana muerta con **estimulación eléctrica**.

1815
Con cortes en el cerebro de palomas y conejos vivos, Jean-Pierre Flourens determina que distintas **áreas del cerebro controlan** distintas **funciones**.

Década de 1850
Hermann von Helmholtz desarrolla la teoría **tricromática**, sobre cómo los humanos perciben el **color** con tres tipos de **receptores**.

1861
Gracias al examen de lesiones cerebrales, Paul Broca identifica el **área del cerebro** que controla la **producción del lenguaje**.

C. 1865
Emil du Bois-Reymond propone que la «electricidad animal» son **señales** eléctricas que **transmiten** los **nervios** a través del sistema nervioso.

1873
Douglas Spalding contribuye al debate **naturaleza versus crianza** al distinguir entre **comportamiento innato** y **aprendido** en animales jóvenes.

El hecho de que los animales tengan la capacidad de moverse, y con ello la de comportarse de uno u otro modo, fue objeto de atención particular para los investigadores en el siglo XIX. Los primeros estudios se centraron en los mecanismos físicos que permiten el movimiento, pero, a partir de ello, surgió la idea de que el sistema nervioso y, en particular, el cerebro no solo controlan los órganos del movimiento, sino también los órganos sensoriales, y de que son por tanto el centro del comportamiento animal.

Corrientes eléctricas

Uno de los primeros científicos en arrojar luz sobre el funcionamiento del sistema nervioso fue Luigi Galvani, quien hizo un descubrimiento mientras estudiaba los efectos de la recién descubierta corriente eléctrica en los tejidos animales. Durante una serie de experimentos en la década de 1780, Galvani vio que las patas de una rana muerta respondían contrayéndose al someterlas a un estímulo eléctrico. De ello infirió que la contracción de los músculos, y por tanto el movimiento de los animales, la desencadena un impulso eléctrico, y llamó a esta fuerza electricidad animal. Pasó casi un siglo, hasta la década de 1860, antes de que Emil du Bois-Reymond propusiera que la electricidad animal de Galvani se transmitía por el cuerpo a través de un sistema de nervios, con lo cual se empezó a comprender mejor la naturaleza de tal sistema nervioso.

El centro de control

A inicios del siglo XIX estaba aceptado que el cerebro tenía también un papel central en el control del movimiento y el comportamiento animal, pero poco se sabía acerca de su funcionamiento. En consonancia con Galeno, de unos 1600 años antes, el fisiólogo Jean-Pierre Flourens realizó una serie de experimentos sobre el cerebro de palomas y conejos vivos, retirando partes de tejido cerebral y observando los efectos. Lo que descubrió es que distintas funciones del cuerpo son controladas por partes específicas del cerebro. Sus hallazgos se confirmaron cuando Paul Broca, en un estudio de pacientes con lesiones cerebrales, observó que los que tenían problemas con el lenguaje tenían dañada una parte concreta del cerebro, actualmente denominada área de Broca.

Asentada la idea de que áreas determinadas del cerebro controlan distintas funciones, los fisiólogos

Década de 1890

Santiago Ramón y Cajal examina tejido nervioso tintado al microscopio y confirma que el **sistema nervioso** está **compuesto por células**.

1909

Korbinian Brodmann crea el primer **mapa funcional** detallado del **córtex** cerebral.

1921

Otto Loewi **descubre** las sustancias llamadas **neurotransmisores**, que transportan señales nerviosas entre células.

1954

Andrew Huxley y Rolf Niedergerke, y Hugh Huxley y Jean Hanson, **descubren** independientemente el **proceso químico** responsable de la **contracción muscular**.

Década de 1960

Eric Kandel confirma la teoría de Ramón y Cajal de que intervienen **cambios químicos** en las sinapsis en la **formación de la memoria**.

1960

La **observación** por Jane Goodall del **uso** y **fabricación de herramientas en chimpancés** estimula el interés por el estudio del uso de estas entre los animales.

emprendieron la tarea de cartografiar el cerebro humano según la función especializada de sus distintas regiones. Descubrieron, por ejemplo, que la parte llamada córtex cerebral controla las funciones más complejas, como la memoria, la resolución de problemas y la comunicación, mientras que otras partes del cerebro controlan funciones «inferiores», como el movimiento.

A comienzos del siglo XX, con los últimos avances de la microscopía, Korbinian Brodmann pudo crear un mapa detallado del cerebro que mostraba la organización espacial especializada del córtex cerebral.

En la década de 1850, al estudiar la percepción de la luz (visión) en los animales, Hermann von Helmholtz descubrió que los ojos exhiben también especialización, en particular de la capacidad de distinguir colores. Su teoría era que la visión en color es posible gracias a la presencia en los ojos de receptores para pigmentos distintos, sensibles a determinadas longitudes de onda de la luz.

Procesar señales

A finales del siglo XIX hubo un gran avance en la comprensión de cómo se transmiten las señales de los órganos sensoriales al cerebro, y de este a los demás órganos. Empleando una técnica de tinción nueva, Santiago Ramón y Cajal pudo examinar aspectos antes invisibles del tejido nervioso, y descubrió que los nervios se componen de células diversas, llamadas neuronas, que transmiten las señales hacia y desde el cerebro. Más tarde, Otto Loewi descubrió que las neuronas se comunican entre sí por espacios entre las fibras nerviosas (sinapsis), liberando sustancias químicas que generan impulsos eléctricos en las células vecinas. Se fue determinando gradualmente el detalle de la fisiología del cerebro y el sistema nervioso, y esto ayudó a explicar funciones cerebrales superiores, como la memoria y el aprendizaje, que en la década de 1960 Eric Kandel asoció con procesos físicos del cerebro.

Quedan cuestiones por aclarar en cuanto al comportamiento animal, y en particular el humano, como en qué medida este es innato y resultado de la estructura compleja del cerebro, o cuánto tiene de aprendido por experiencia en el medio. También, dado el proceso de la evolución, ¿cuánto de nuestro comportamiento es heredado y transmisible a las siguientes generaciones? ■

LOS MUSCULOS SE CONTRAIAN EN CONVULSIONES TONICAS

TEJIDOS EXCITABLES

EN CONTEXTO

FIGURA CLAVE
Luigi Galvani (1737–1798)

ANTES
Siglo I D. C. Médicos griegos y romanos tratan dolores de cabeza y la gota con descargas de la raya eléctrica torpedo del Atlántico.

1664 El microscopista neerlandés Jan Swammerdam corta una pata a una rana y la hace moverse al tocar los nervios.

1769 Edward Bancroft, médico de Nueva Inglaterra, informa de otros peces eléctricos que aturden a sus presas.

DESPUÉS
1803 El médico italiano Giovanni Aldini «reanima» con electricidad el cadáver de un asesino ejecutado en Londres.

1843 El médico alemán Emil du Bois-Reymond muestra que la corriente aplicada a los nervios hace contraerse los músculos involuntariamente.

En 1791, el anatomista italiano Luigi Galvani anunció un descubrimiento que no solo revolucionó nuestra concepción de los animales, sino también de la electricidad. Mientras diseccionaba un par de patas de rana recién cortadas sujetas por un gancho de cobre, notó que se sacudían al tocar el nervio expuesto con el escalpelo de hierro. Galvani recreó esta disposición con un arco metálico que tenía un extremo de hierro y el otro de cobre, con el que reanimaba los músculos de varias especies de animales tocándolos con ambos extremos.

Desde Aristóteles, los científicos aceptaban la teoría del vitalismo, que afirmaba que todos los seres vivos contenían una «fuerza vital» de naturaleza no física. En la época del descubrimiento de Galvani, la electricidad era un fenómeno mal comprendido, y Galvani afirmó haber descubierto que la fuerza vital era eléctrica. Otros estudiosos, por el contrario, disentían, creyendo que la combinación de dos metales distintos y fluidos corporales salinos apuntaba a un proceso químico, y en 1800 el físico italiano Alessandro Volta lo demostró, al construir la primera pila voltaica con cobre, cinc y papel en una solución salina. En 1843, el físico alemán Emil du Bois-Reymond demostró la naturaleza eléctrica de las señales, al detectar corriente eléctrica en los músculos y nervios de ranas. ■

Los experimentos llevados a cabo por Luigi Galvani con ranas y otras especies le llevaron a creer que una fuerza eléctrica, la electricidad animal, mueve a los animales.

Véase también: Las sustancias bioquímicas se pueden fabricar 27 ▪ Impulsos nerviosos eléctricos 116–117 ▪ Las neuronas 124–125 ▪ Las sinapsis 130–131

LA FACULTAD DE LA SENSACION, LA PERCEPCION Y LA VOLICION

EL CEREBRO CONTROLA EL COMPORTAMIENTO

EN CONTEXTO

FIGURA CLAVE
Jean-Pierre Flourens
(1794–1867)

ANTES
Siglos VI–V A. C. El filósofo natural griego Alcmeón de Crotona propone que el cerebro es el asiento del pensamiento.

1811 El médico francés Julien-Jean-César Legallois muestra que una región del bulbo raquídeo (el segmento más bajo del tronco encefálico) controla la respiración.

DESPUÉS
1865 El anatomista francés Paul Broca establece que parte del lóbulo frontal humano interviene en el lenguaje.

1873 Camillo Golgi, biólogo italiano, desarrolla una técnica de tinción que vuelve visibles las neuronas al microscopio.

1909 El neurocientífico alemán Korbinian Brodmann define 52 áreas del córtex cerebral según su función.

En la Antigüedad hubo ideas diversas sobre la función del cerebro, y entre los griegos fue un asunto debatido el de si la mente o el alma reside en el cerebro o en el corazón. Aristóteles atribuía al cerebro la función de enfriar la sangre. En cambio, otros griegos más antiguos –entre ellos, Hipócrates– reconocían el papel del cerebro en la sensación y el pensamiento, y en Roma, en el siglo II d. C., Galeno creía que el cerebro controlaba las facultades mentales.

Para ver cómo funciona el cerebro de un conejo vivo, Flourens inhabilitó con incisiones partes diversas, y observó los efectos.

Funciones del cerebro

En la primera mitad del siglo XIX, los científicos observaron que distintas partes del cerebro podían ser responsables de funciones distintas. Entre 1822 y 1824, el fisiólogo francés Jean-Pierre Flourens experimentó con las tres partes principales del encéfalo de los animales: el cerebelo (una estructura en la parte posterior), el tronco encefálico (el «tallo», conectado a la médula espinal) y el cerebro (el par de lóbulos grandes sobre el tronco). Flourens determinó que el cerebelo parecía controlar el movimiento voluntario; el tronco encefálico, funciones vitales involuntarias, como la respiración y la circulación de la sangre; y el telencéfalo, funciones superiores, como la percepción, la toma de decisiones y la iniciación del movimiento voluntario. En suma, el cerebro parecía tener un papel fundamental en el control del comportamiento. ■

Véase también: Fisiología experimental 18–19 ▪ El habla y el cerebro 114–115 ▪ La organización del córtex cerebral 126–129

TRES COLORES PRINCIPALES: ROJO, AMARILLO Y AZÚL

LA PERCEPCIÓN DEL COLOR

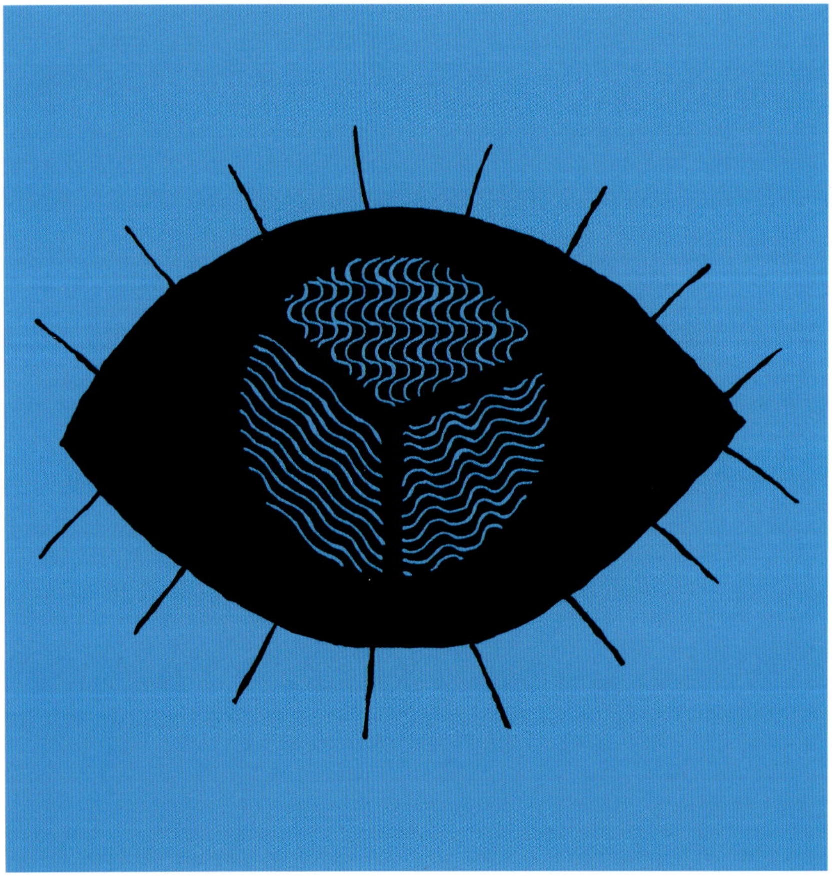

EN CONTEXTO

FIGURA CLAVE
Thomas Young (1773–1829)

ANTES
1704 Isaac Newton expone en *Opticks* sus experimentos sobre la naturaleza física de la luz.

1794 El químico británico John Dalton estudia el luego llamado daltonismo, que atribuye a la decoloración del humor acuoso del ojo.

DESPUÉS
1876 El fisiólogo alemán Franz Boll descubre la rodopsina, proteína sensible a la luz en los bastones de la retina.

1967 George Wald, bioquímico estadounidense, recibe el premio Nobel de fisiología o medicina por su trabajo sobre las fotopsinas, las proteínas fotorreceptoras en los conos de la retina.

El color es uno de los aspectos más importantes del modo en que las personas y animales videntes experimentan el mundo. Durante siglos, la luz y el color se consideraron fenómenos distintos: la luz se tenía por portadora del color, no su fuente misma, y el color, por una propiedad inherente de los objetos, que la luz llevaba del objeto hasta el observador. El físico inglés Isaac Newton, en una serie de ingeniosos experimentos que publicó en *Opticks*, demostró que refractar un haz de luz blanca a través de un prisma la descompone en un espectro de colores, prueba concluyente de que el color es una propiedad de la luz. Entonces, la pregunta que

Véase también: Impulsos nerviosos eléctricos 116–117 ▪ Las neuronas 124–125 ▪ La organización del córtex cerebral 126–129 ▪ Cromosomas 216–219 ▪ La mutación 264–265

Una prueba de tetracromatismo, o visión del color en cuatro canales, realizada a una persona (arriba, izda.) expuesta a haces de luz de colores.

Tetracromatismo

Se cree que cada tipo de cono del ojo distingue unos cien tonos, así que los tres tipos combinados nos permiten distinguir un millón aproximado de colores distintos.

Se cree que el tetracromatismo en los humanos se debe a variaciones en los genes del cromosoma X que codifican los tipos de cono rojo y verde. Aunque el tetracromatismo se da más a menudo en las mujeres, también se da en hombres. El 6 % de los hombres tiene un gen que produce un cono rojo o verde distinto, y perciben el color de modo ligeramente distinto al normal. Al tener dos cromosomas X, las mujeres pueden tener los genes para conos rojos y verdes normales en uno de los cromosomas y un gen variante en el otro. Así, pueden tener cuatro tipos de cono.

En el otro extremo de la escala, la mayoría de los daltónicos, como muchos mamíferos, son dicrómatas, con solo dos tipos funcionales de células o conos, y distinguen solo unos 10 000 tonos.

faltaba por responder era la de cómo percibimos el color.

El científico francés René Descartes, Newton y otros propusieron incorrectamente que el ojo funciona a base de vibraciones en la retina: la luz de diferentes colores produce vibraciones de distinta frecuencia, que el cerebro interpreta como color. El vidriero británico George Palmer publicó un folleto en 1777 en el que proponía que la luz consistía en solo tres rayos –rojo, amarillo y azul–, y que había tres tipos de detector en la retina, cada uno activado por un tipo de rayo de color. La luz mixta excitaba más de un tipo de detector de la retina; si se estimulaban todos por igual, el resultado era percibir luz blanca. Palmer atribuyó la incapacidad para percibir el color a la falta de detectores, y fue el primero en plantear el concepto del tricromatismo.

La teoría tricromática

El físico británico Thomas Young era un hombre de intelecto tan formidable que sus compañeros de estudios en la Universidad de Cambridge lo apodaron «Fenómeno Young». En 1801, en una serie de conferencias ante la Royal Society en Londres, expuso su teoría de la visión en color en tres canales para explicar cómo el ojo detecta los colores. La noción de la percepción del color de Young surgió de su idea de que la luz es una onda, y de que para percibir un espectro pleno de color bastan tres tipos de receptores, correspondientes a los tres colores primarios. Era, en sus palabras, «casi imposible concebir que cada punto de la retina contiene un número infinito de partículas, cada una capaz de vibrar perfectamente al unísono con toda ondulación posible, siendo por tanto necesario suponer limitado el número [...] a los tres colores principales, rojo, amarillo y azul».

Young no tenía pruebas anatómicas que respaldaran la idea, y su teoría de la luz como onda estaba en contradicción con la noción generalmente aceptada, planteada por Newton, de la luz como un haz o rayo de partículas minúsculas. Como resultado, la teoría tricromática de Young recibió escaso apoyo.

A lo largo de las décadas siguientes –gracias al trabajo del físico francés Augustin-Jean Fresnel, Young y otros–, la naturaleza ondulatoria de la luz se volvió indiscutible. El científico alemán Hermann von Helmholtz, en la Universidad de Königsberg, investigó la mezcla de colores en una serie de experimentos con prismas a mediados del siglo XIX. Al principio, mezclando luz amarilla y azul, solo lograba obtener luz blanca. Como esto contradecía el hecho bien »

> La naturaleza de la luz no tiene importancia material alguna en los asuntos de la vida.
>
> **Thomas Young**
> **«On the theory of light and colours» (1801)**

conocido de que mezclar pigmentos amarillo y azul da como resultado el verde, Helmholtz estudió la diferencia entre mezclar luz con distintas longitudes de onda (mezcla aditiva) y mezclar pigmentos de colores diferentes (mezcla sustractiva). Cuando se mezclan pigmentos, quedan solo las longitudes de onda que reflejan ambos colores. En 1853, el matemático alemán Hermann Grassmann pudo mostrar matemáticamente que cada punto del círculo cromático ha de tener un color complementario. Inspirado por esto, Helmholtz volvió a sus experimentos –con equipo nuevo– y encontró más pares complementarios.

Más o menos en la misma época, el físico escocés James Clerk Maxwell estaba realizando mediciones similares del color. Su interés por la visión en color comenzó al plantearle el asunto uno de sus profesores en la Universidad de Edimburgo. Maxwell investigó la visión en color y, concretamente, cómo se perciben las mezclas de colores. Usaba dos o tres discos de colores montados sobre peonzas, dispuestos de modo que se vieran porcentajes distintos de cada color. Cuando se hacían girar rápido las peonzas, los colores se combinaban. Maxwell registró los distintos colores y proporciones necesarias para que se correspondieran los anillos interiores y exteriores de los círculos. Sus demostraciones de la mezcla tricromática de colores aportaron la mejor prueba física de que la teoría tricromática de Young era correcta. Lo siguiente era explicar los detalles biológicos.

Receptores sensoriales

Los receptores sensoriales de los animales son las dendritas de las neuronas sensoriales, especializadas en estímulos específicos. Las neuronas envían información al cerebro, que organiza, analiza y responde. Los fotorreceptores de los ojos detectan la luz; los termorreceptores y los mecanorreceptores de la piel, cambios de temperatura y presión; los nociceptores por todo el cuerpo, el dolor; y los quimiorreceptores de la nariz y la lengua, sustancias químicas disueltas. Pueden clasificarse también como exteroceptores, los cuales reciben estímulos externos; interoceptores, de los órganos y vasos sanguíneos internos; y propioceptores, de los músculos esqueléticos, que informan de la posición del cuerpo.

La retina

El neuroanatomista español Santiago Ramón y Cajal, al que suele considerarse el padre de la neurociencia moderna, aplicó su talento artístico y conocimiento como anatomista a la creación de dibujos detallados de las neuronas, y en la década de 1890 describió la estructura compleja de las capas de la retina.

> La aprehensión por los sentidos aporta, directa o indirectamente, el material de todo el conocimiento humano.
> **Hermann von Helmholtz**
> ***El progreso reciente de la teoría de la visión* (1868)**

La retina es parte del sistema nervioso central. De 0,5 mm de grosor aproximadamente, cubre alrededor de un 65 % de la superficie interior de la parte posterior del ojo. La capa de la retina más próxima al cristalino consiste en las célu-

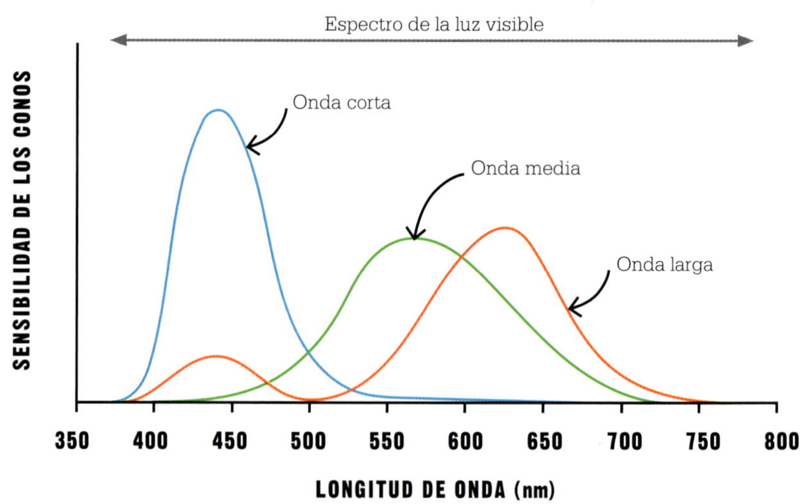

En 1850, Helmholtz desarrolló las ideas de Young para explicar que cada uno de los tres tipos de cono es sensible a longitudes de onda distintas de la luz: corta (azul), media (verde) y larga (roja). Por su aportación, la teoría tricromática se llamó teoría de Young-Helmholtz.

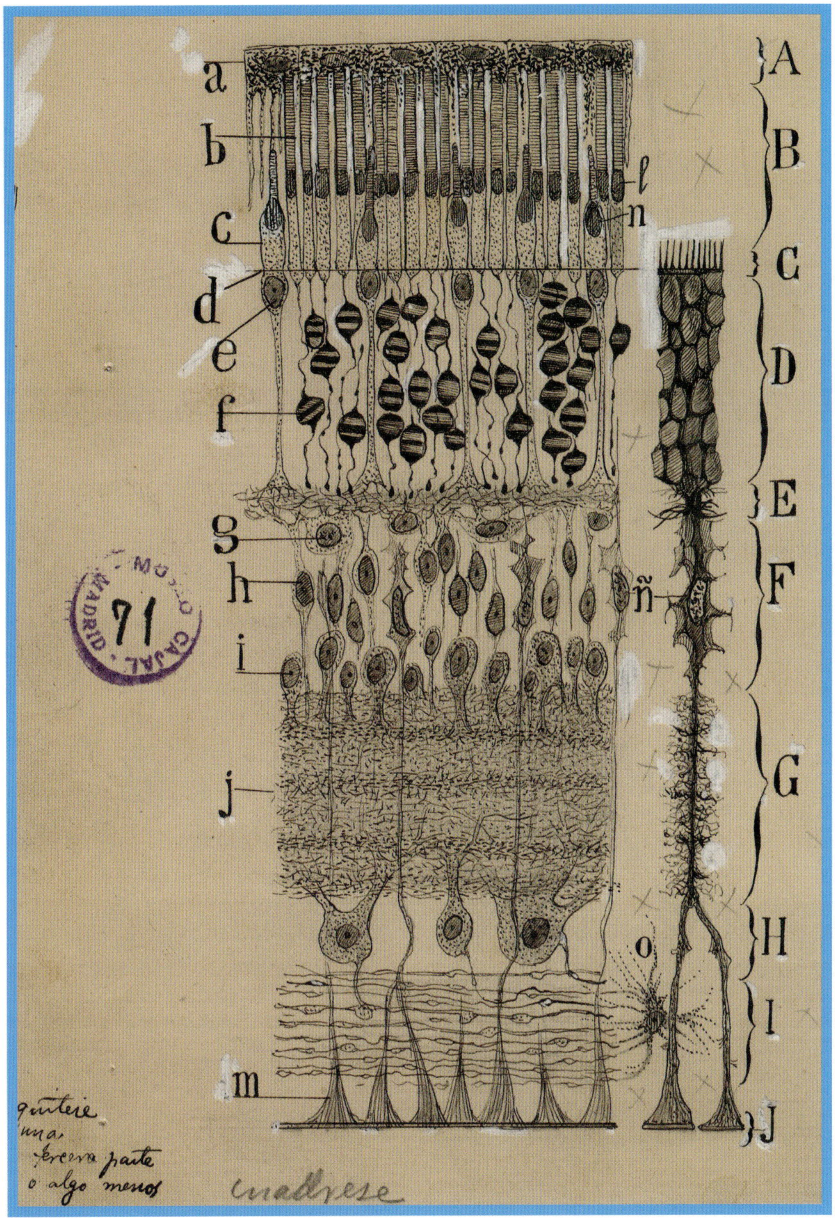

Este dibujo de Ramón y Cajal muestra la complejidad de la estructura de la retina. Ramón y Cajal define las varias capas de la retina, e incluye las células en forma de bastón y cono en la parte superior.

las ganglionares, las neuronas que transmiten la información del ojo al cerebro por el nervio óptico. Los fotosensores (bastones y conos) se encuentran en la capa más interna de la retina, sobre el epitelio (capa de células) pigmentario y la coroides (tejido hecho de vasos sanguíneos). Esto significa que la luz que entra en el ojo debe pasar primero por el grosor casi completo de la retina antes de impactar en los bastones y conos y activarlos.

Los fotorreceptores más numerosos son los bastones: hay aproximadamente 120 millones de media en una retina humana. Los bastones son unas mil veces más sensibles a la intensidad de la luz que los conos, pero no al color. Nos permiten ver con luz escasa, y son también detectores sensibles del movimiento, sobre todo en la visión periférica, en la que los bastones predominan sobre los conos.

Los conos y el color

Como sospechaba Thomas Young y ayudaron a confirmar los estudios de Maxwell y Helmholtz, son las longitudes de onda de la luz que entra en los ojos las que determinan los colores que vemos. La mayoría de los humanos son tricrómatas: tienen tres tipos de conos, o células fotosensibles, en los ojos. Hay entre 6 y 7 millones de estos conos en el ojo, concentrados en su mayoría en una depresión de 0,3 mm de la retina, la fóvea, o *fovea centralis*. Casi dos tercios de los conos de la retina responden sobre todo a la luz roja; un tercio aproximado, a la luz verde; y solo el 2 % responde mejor a la luz azul. Cuando se mira una manzana, los diversos conos son estimulados en distinto grado, enviando una cascada de señales por el nervio óptico al córtex visual del cerebro. Este procesa la información, y el cerebro decide si la manzana es roja o verde.

Hoy se sabe que no todos los vertebrados tienen el mismo número de tipos de conos en la retina. Mientras que los humanos y otros primates son tricrómatas, las ballenas, los delfines y las focas son monocrómatas, al tener un solo tipo de cono visual, y la mayoría de los demás mamíferos son dicrómatas (tienen dos tipos de cono). Algunas especies de aves –y unos pocos humanos excepcionales– son tetracrómatas, con cuatro tipos de conos. ■

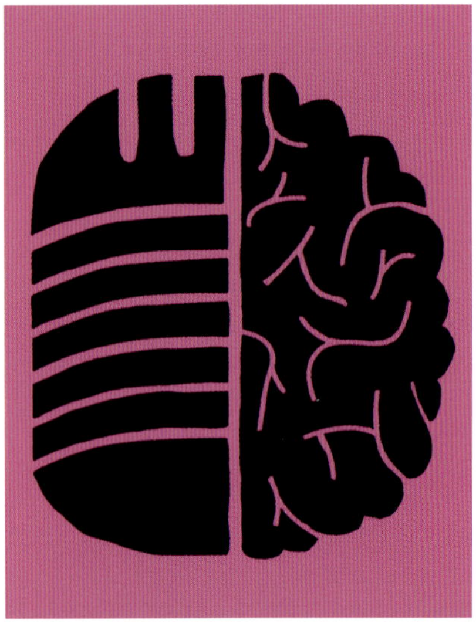

HABLAMOS CON EL HEMISFERIO IZQUIERDO

EL HABLA Y EL CEREBRO

EN CONTEXTO

FIGURA CLAVE
Paul Broca (1824–1880)

ANTES
1664 El médico inglés Thomas Willis publica *Cerebri anatome* («Anatomía del cerebro»), donde asigna facultades humanas a distintas partes del cerebro.

1796 El anatomista alemán Franz Joseph Gall plantea la teoría de la frenología, en la que la forma del cráneo refleja los rasgos del carácter.

DESPUÉS
1874 Carl Wernicke relaciona ciertos trastornos neurológicos con áreas específicas del cerebro.

1909 Korbinian Brodmann, neurólogo alemán, cartografía 52 regiones del córtex cerebral.

1981 El psicobiólogo Roger Sperry recibe el premio Nobel de fisiología o medicina por su trabajo sobre especialización funcional hemisférica.

Durante siglos, el estudio del cerebro estuvo guiado por la intuición de que a distintas partes del cerebro corresponden facultades diferentes, como la emoción, el habla y el lenguaje. Aunque el supuesto acabaría demostrándose generalmente correcto, durante mucho tiempo se basó en conjeturas. A inicios del siglo XIX, la teoría dominante era la frenología, que relacionaba funciones cerebrales con partes del cráneo, y cuyos adeptos creían que midiendo bien el cráneo podían determinar el intelecto, los talentos y hasta los vicios del individuo. A falta de prueba clínica alguna, la frenología fue cayendo en el descrédito. En 1861, el médico francés Paul Broca aportó la primera prueba anatómica de localización de las funciones cerebrales, al hallar que una parte concreta del cerebro controla una facultad específica, la del habla.

El área de Broca

La región que identificó Broca está en el lóbulo frontal, y la descubrió estudiando a dos pacientes en su hospital de París, ambos con afasia –problemas en la producción del lenguaje– debida a trastornos neurológicos graves. El primero fue Louis-Victor Leborgne, de 51 años, que había perdido la capacidad de hablar a los 30. Lo único que era capaz de decir era

Las áreas de Broca y de Wernicke están en el lado izquierdo del cerebro en el 95 % de los humanos, por ser dominante el hemisferio izquierdo en la mayoría.

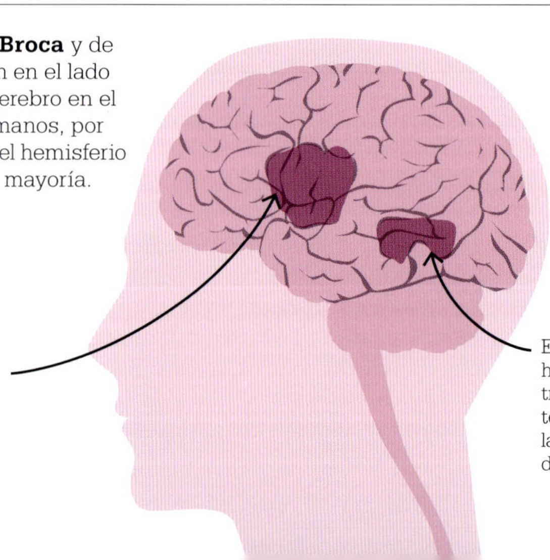

En el lóbulo frontal, el área de Broca controla la programación motora del habla

El área de Wernicke, hacia la parte trasera del lóbulo temporal, controla la comprensión del lenguaje

Véase también: El cerebro controla el comportamiento 109 ▪ Comportamiento innato y aprendido 118–123 ▪ La organización del córtex cerebral 126–129 ▪ Almacenamiento de la memoria 134–135

> La naturaleza especial del síntoma de la afemia [afasia] no dependía del carácter de la enfermedad, sino solo de la localización.
> **Paul Broca (1861)**

«tan», y fue conocido por ese apodo. El señor Tan oía bien, y podía hacerse entender variando la entonación y usando gestos de las manos; por tanto, parecía claro que su capacidad cognitiva no estaba afectada.

Tras haber sufrido varios años de deterioro físico, Tan murió solo unos días después de que Broca lo conociera. Broca practicó una autopsia, y encontró una lesión en el cerebro de Tan, en la región hoy llamada área de Broca.

Poco después, Broca conoció a Lazare Lelong, de 84 años, que había sufrido un ictus. Solo era capaz de decir cinco palabras: *oui*, *non*, *trois*, *toujours* y *lelo* (parte de su nombre). Tras su muerte, Broca localizó daños en la misma parte del cerebro que en Tan. Hoy en día a ambos pacientes se les habría diagnosticado afasia de Broca (o afasia expresiva), la incapacidad de expresarse con fluidez. Los afectados suelen comprender el lenguaje, pero solo son capaces de emitir expresiones breves y telegráficas.

El área de Wernicke

En 1874, el médico alemán Carl Wernicke identificó otro centro del habla en el cerebro. Las lesiones en esta área causan la afasia de Wernicke (o afasia receptiva), caracterizada por el habla sin sentido: los afectados hablan con fluidez, pero usando oraciones carentes de significado. Es frecuente que no sean conscientes de resultar ininteligibles, y tienen también dificultad para comprender lo que se les dice.

En la década de 1960 se descubrió que ambos hemisferios del cerebro experimentan el mundo de modo diferente. Mientras el izquierdo es abstracto y analítico, el derecho es visual-espacial. En la mayoría de las personas, la función del lenguaje está en el izquierdo, pero hay personas en las que está en el derecho, o son bilaterales. ■

Las mujeres tienden a tener cerebros menores que los hombres, por el tamaño menor del cuerpo, pero sus áreas de Broca son mayores, pese a las ideas sexistas de Broca al respecto.

Paul Broca

Paul Broca, nacido en 1824 en Sainte-Foy-la-Grande, cerca de Burdeos, fue un joven prodigio, obteniendo el título de grado a los 16 años y cualificándose como médico a los 20. Tuvo una carrera médica distinguida, y fue una figura influyente en muchas sociedades médicas. Además de trabajar en la neurociencia, le interesó especialmente la antropología, y en 1859 fundó la Sociedad de Antropología de París.

Broca creía que las llamadas razas humanas eran especies distintas con orígenes distintos, y su interés por el cerebro surgió de la búsqueda de un vínculo entre inteligencia, lugar de origen y tamaño del cráneo. Sin su labor antropológica no habría conocido a los pacientes que condujeron a su hallazgo más famoso, pero no debe ignorarse la influencia de los supuestos sexistas y racistas entonces predominantes. Broca fue senador, y murió en 1880.

Obra principal

1861 «Observaciones sobre la sede de la facultad del lenguaje articulado, seguidas de una observación de afemia».

LA CHISPA EXCITA LA ACCION DE LA FUERZA NEUROMUSCULAR

IMPULSOS NERVIOSOS ELÉCTRICOS

EN CONTEXTO

FIGURA CLAVE
Emil du Bois-Reymond
(1818–1896)

ANTES
1791 El médico y físico italiano Luigi Galvani descubre que la corriente eléctrica estimula la contracción muscular.

1830 Carlo Matteucci muestra la diferencia de potencial entre el interior y el exterior de las membranas celulares.

1837 El estudioso checo Jan Evangelista Purkinje identifica las primeras neuronas.

DESPUÉS
1862 El neurólogo francés Duchenne de Boulogne controla expresiones faciales aplicando electrodos a los nervios.

1952 Los biofísicos británicos Andrew Huxley, Alan Hodgkin y Bernard Katz publican hallazgos sobre el proceso químico que genera el potencial de acción.

El sistema nervioso es una red de miles de millones de células nerviosas largas, o neuronas, que permea todas las partes del cuerpo. Por estas neuronas, y entre unas y otras, se envían y reciben constantemente señales. Las que pasan por una sola neurona lo hacen como pulso de carga eléctrica, el potencial de acción. Una vez desencadenada esta respuesta –siempre de la misma amplitud, al margen de la intensidad del estímulo–, recorre el axón de la neurona desde las dendritas, fenómeno descubierto por el fisiólogo alemán Emil du Bois-Reymond a finales de la década de 1840.

Du Bois-Reymond fue uno de los fundadores de la electrofisiología, que estudia las propiedades eléctricas de los tejidos biológicos y mide sus flujos eléctricos. Este campo tiene su origen en el electromagnetismo, rama de la física nacida en 1820 al observarse que la electricidad y el magnetismo son aspectos de la misma fuerza física. Uno de los resultados de la comprensión de esto fue la invención del galvanómetro, un ingenio a base de imanes para medir la presencia y potencia de una corriente eléctrica.

> Al zoólogo le complacen las diferencias entre los animales, mientras que al fisiólogo le gustaría que todos funcionaran igual en lo fundamental.
>
> **Alan Hodgkin**
> ***Azar y diseño* (1992)**

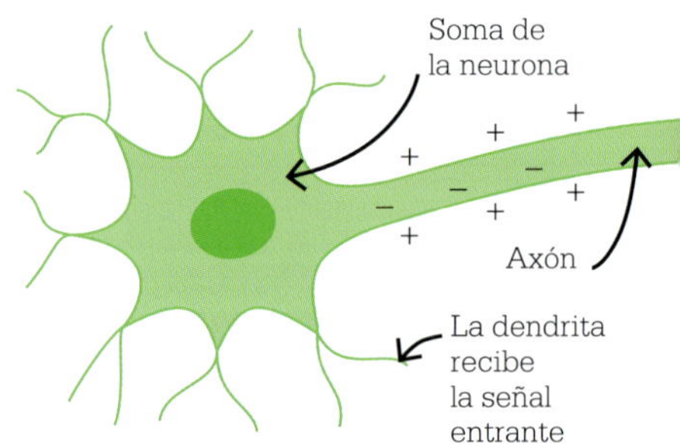

El potencial de acción es un pulso de carga positiva que fluye por las neuronas. Estimula la apertura de los canales iónicos, dejando pasar los iones de sodio (Na^+) a la sección siguiente. Tras un milisegundo, estos canales se cierran, y otros expulsan iones de potasio (K^+).

Véase también: Tejidos excitables 108 ▪ Las neuronas 124–125 ▪ Las sinapsis 130–131 ▪ La contracción muscular 132–133

El físico Carlo Matteucci realizó las primeras investigaciones elecrofisiológicas, utilizando un galvanómetro para mostrar que el tejido vivo es eléctricamente activo. Luego construyó un detector de voltaje, que mide la diferencia de potencial eléctrico entre dos puntos, usando el músculo de la pata y el nervio ciático de una rana. El músculo se contraía cuando se le aplicaba una carga eléctrica.

Potencial de la membrana

Du Bois-Reymond replicó el galvanoscopio de rana de Matteucci, y observó que la carga en el nervio electrificado primero ascendía, y luego caía al incrementarse la carga en el músculo. Esto lo interpretó como prueba de un pulso de carga moviéndose a lo largo del nervio, y parecía indicar que el tejido vivo se compone de moléculas eléctricas.

En 1902, Julius Bernstein, antiguo alumno de Du Bois-Reymond, conjeturó que el mecanismo de este pulso eléctrico era un cambio en la concentración de iones de sodio y potasio de carga positiva (Na^+ y K^+) a uno y otro lado de las membranas de las neuronas. No era posible en la época, sin embargo, medir efectos eléctricos tan minúsculos y fugaces.

En la década de 1940, usando métodos de registro con microelectrodos, los fisiólogos británicos Alan Hodgkin y Andrew Huxley confirmaron la hipótesis de Bernstein. Usaron las neuronas gigantes del calamar y hallaron que la célula en reposo mantiene un equilibrio delicado de partículas con carga, del que resulta una carga negativa en el interior de la célula en relación con el exterior. Esta diferencia de carga –la polarización– es el potencial de la membrana.

Al recibir un estímulo eléctrico, la membrana abre poros o canales que permiten la entrada de iones de sodio, que despolarizan la célula. La carga interna cambia brevemente a positiva, lo cual estimula los canales de sodio (Na^+) adyacentes para que también se abran, creando una corriente a lo largo del nervio. Luego, los poros o canales Na^+ se cierran, y se abren los K^+, liberando iones de potasio que restauran el potencial de la membrana. ■

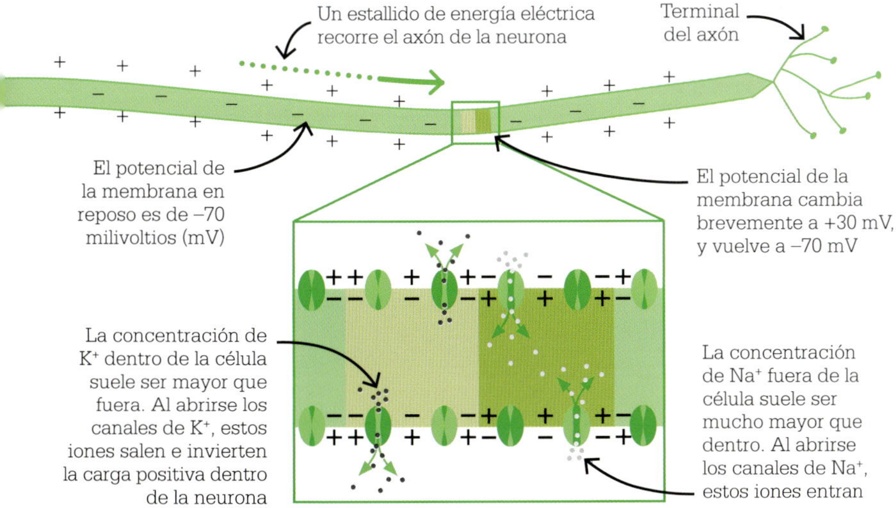

Emil du Bois-Reymond

Emil du Bois-Reymond nació en Berlín en 1818. Asistió al colegio francés de la ciudad, y estudió medicina en la Universidad de Berlín. El profesor de anatomía y fisiología Johannes Peter Müller reconoció su talento, e hizo de su alumno su asistente.

Müller familiarizó a su protegido con las publicaciones de Carlo Matteucci acerca de fenómenos eléctricos en los animales. Du Bois-Reymond, inspirado, escogió «Peces eléctricos» como tema para su tesis, el inicio de una larga carrera en bioelectricidad.

En 1858, Du Bois-Reymond ocupó un puesto como profesor en la Universidad de Berlín, y en 1867 fue nombrado secretario de la Academia de Ciencias de Berlín. En un discurso en 1880, planteó siete enigmas del mundo, problemas para la ciencia que en algunos casos –como la cuestión del libre albedrío– siguen por resolver. Du Bois-Reymond murió en 1896 en su ciudad natal.

Obra principal

1848-1884 *Investigaciones sobre electricidad animal.*

INSTINTO Y APRENDIZAJE VAN DE LA MANO

COMPORTAMIENTO INNATO Y APRENDIDO

EN CONTEXTO

FIGURA CLAVE
Douglas Spalding (1841–1877)

ANTES
Siglo IV a.C. Aristóteles ofrece observaciones del comportamiento de animales.

Siglo XIII Alberto Magno estudia la capacidad y el comportamiento animal.

DESPUÉS
1927 Iván Pávlov publica su descubrimiento del reflejo condicionado en perros.

1975 *Sociobiology*, de E.O. Wilson, despierta el interés por los aspectos sociales, en lugar de individuales, del comportamiento.

2004 Peter Marler, ornitólogo estadounidense, estudia el canto de las aves y descubre rasgos innatos y aprendidos.

Saber cómo reaccionaría un animal habría sido algo de gran valor para los humanos prehistóricos que cazaban o que trataban de evitar convertirse en presas. Más tarde, en el siglo IV a.C., Aristóteles fue uno de los primeros en dejar escritas observaciones de todos los aspectos de la vida animal, incluidos los hábitos, pero durante un milenio hubo muy pocos intentos de examinar el comportamiento animal de una manera científica.

Uno de los pocos que lo intentaron fue el filósofo alemán del siglo XIII Alberto Magno, quien estudió la fisiología y la psicología de los animales. Registró sus hallazgos en los 26 volúmenes de *De animalibus* («Sobre los animales»). Magno mantuvo que algunos animales, como los perros, tienen una memoria excepcional y son capaces de aprender y manejarse con formas simples de razonar, pero que otros, como las moscas, no tienen memoria y nunca aprenden.

Los pájaros tejedores construyen nidos complejos. Se ha descubierto que los de mayor edad van refinando la técnica, lo que evidencia que combinan comportamientos innatos y aprendidos.

Registrar el comportamiento

El naturalista inglés John Ray fue uno de los primeros en tratar la cuestión del comportamiento animal como algo innato. En 1691 escribió sobre el comportamiento instintivo de las aves, y describió su capacidad para construir nidos de tal manera que «se puede saber con certeza a qué tipo de ave pertenecen». Ray explicaba que las aves saben construir nidos aunque nunca hayan visto construir uno antes.

El naturalista francés Georges Leroy escribió uno de los primeros libros dedicados específicamente al comportamiento animal. En *Lettres sur les animaux* (1768), Leroy se ocupó del desarrollo de lobos, zorros y ciervos en su entorno natural. Consideró que la experiencia sensorial y la inteligencia eran los principios impulsores del comportamiento dirigido a satisfacer necesidades instintivas como el hambre y la sed.

Conocido sobre todo por la teoría de la evolución por selección natural, Charles Darwin fue uno de los estudiosos de la conducta animal más destacados del siglo XIX. Además de dedicar un capítulo de *El origen de las especies* (1859) al ins-

Charles Darwin identificó comportamientos instintivos y aprendidos en su primogénito William, al que observó hasta los cinco años.

Véase también: El cerebro controla el comportamiento 109 ▪ Almacenamiento de la memoria 134–135 ▪ Animales y herramientas 136–137 ▪ La polinización 180–183 ▪ Las leyes de la herencia 208–215 ▪ La vida evoluciona 256–257

tinto, en 1872 publicó *La expresión de las emociones en el hombre y en los animales*. A Darwin le interesaba en particular el comportamiento de los animales domésticos, comparado con el de sus antepasados salvajes. También estudió atentamente el desarrollo del comportamiento en su propio hijo, publicando sus hallazgos en el trabajo «A biographical sketch of an infant» («Esbozo biográfico de un infante») en 1877.

La perspectiva de la historia natural

El biólogo británico Douglas Spalding, en gran medida autodidacta, fue contemporáneo de Darwin. En sus estudios del comportamiento, tanto Spalding como Darwin observaron las respuestas en el entorno natural en lugar de en el laboratorio. Spalding estudió lo que más adelante se conocería como impronta, y que el llamó *stamping in* («marcar»). Este es el rasgo de conducta por el que las crías de algunos animales forman instintivamente un vínculo con el primer objeto móvil al que se exponen, que suele ser la madre.

La impronta debe darse dentro de un plazo crítico, y no tendrá lugar si la madre está ausente por cualquier motivo. Spalding crió polluelos a oscuras durante los tres primeros días de vida, y vio que, al ser expuestos a la luz, seguían a su mano, el primer objeto móvil que vieron. Según Spalding, este debía ser un comportamiento innato, pues no podían haberlo adquirido por experiencia previa.

Spalding estaba convencido de que el instinto era innato y heredado, pero también lo creía ligado al aprendizaje, siendo uno guiado por el otro. En 1873 publicó un artículo con sus observaciones sobre la impronta y el comportamiento alimenticio »

Douglas Spalding

Douglas Spalding nació en Londres en 1841, y su familia se mudó a Escocia poco después. Trabajó un tiempo poniendo tejados de pizarra, pero el académico Alexander Bain convenció a la Universidad de Aberdeen de que le permitiera asistir a los cursos gratis. Spalding regresó a Londres a estudiar abogacía, pero contrajo la tuberculosis y viajó por el sur de Europa en busca de cura. Fascinado por el comportamiento animal, fue uno de los primeros en mostrar cómo el aprendizaje y el instinto determinan juntos el comportamiento, y el primero en describir el fenómeno de la impronta. Su trabajo le valió el nombramiento para revisar publicaciones en la revista *Nature*, puesto que conservó hasta su muerte en 1877.

Obra principal

1873 «Instinto: con observaciones originales sobre animales jóvenes».

instintivo de las crías de pato y pollo. Darwin lo leyó, y lo recomendó como «un artículo admirable».

La idea de la impronta fue desarrollada 40 años después por el biólogo alemán Oskar Heinroth, quien desconocía los experimentos de Spalding pero había observado los mismos fenómenos en aves acuáticas. Lo llamó *Prägung* («huella» o «marca»), un eco del término usado por Spalding. Heinroth también demostró, al menos para las especies que estudió, que la impronta tenía por objeto la especie, no el individuo, de modo que una cría de ganso vinculada a un humano trataría a todos los humanos como si fueran de su propia especie. Heinroth fue también el primer biólogo en usar el término etología para el estudio del comportamiento animal.

Autocondicionamiento

Uno de los alumnos de Heinroth fue el austriaco Konrad Lorenz, con el tiempo una figura influyente en el estudio del comportamiento animal. En su juventud, Lorenz tuvo grajillas y otras aves, y compartió sus observaciones sobre su comportamiento con Heinroth, por correspondencia. En 1932 publicó un trabajo en el que explicaba que las grajillas resuelven problemas mediante el autocondicionamiento, un proceso de prueba y error.

Llevando más allá la investigación de la impronta, Lorenz afirmó que es un proceso que permite a un pato o ganso, por ejemplo, reconocer a su propia especie y desarrollar un comportamiento adecuado en el cortejo. Uno de sus hallazgos más extraordinarios fue el de unos gansos cuyo objeto de impronta habían sido cochecitos de niño, y que, ya de adultos, trataban de aparearse con estos en un parque de Viena.

Según Lorenz, todo el comportamiento puede dividirse en el aprendido a través de la experiencia y el que es innato o instintivo. Los instintos se expresan en lo que llamó patrones de acción fijos, desencadenados por estímulos específicos. Entre los ejemplos que presentó está el comportamiento de la hembra de pez espinoso en el cortejo, provocado por la visión de la mancha roja en el vientre del macho en edad de criar, y el de la gansa que devuelve un huevo al nido si lo ve fuera del mismo. Estos patrones de comportamiento son innatos, y los realizan incluso los animales que se encuentran con el estímulo desencadenante por primera vez. Los instintos surgen a través del proceso de la selección natural, que actúa sobre el comportamiento, y se heredan de los padres. Los lobos que cazan en manada tienen mayores probabilidades de éxito y una vida más larga. Así, entre los lobos, los cazadores sociales tienen mayores probabilidades de transmitir sus genes a la descendencia que los solitarios, y así, a lo largo de las generaciones, la caza en manada llegó a ser una característica heredada de la especie.

> [La] conexión entre el agente externo y la respuesta [es] un reflejo no condicionado.
> **Iván Pávlov**

Estímulos y conducta

Lorenz desarrolló muchas de sus ideas mientras trabajaba con el biólogo neerlandés Nikolaas Tinbergen, otro nombre clave de la etología del siglo XX. Juntos experimentaron con estímulos supernormales, exagerando determinados estímulos para producir respuestas más intensas que las naturales. Tinbergen descubrió, entre otras cosas, que las aves cuidaban de huevos falsos con las marcas de motas y color exageradas, y preferían estos a los huevos reales.

Junto con el etólogo austriaco Karl von Frisch, Tinbergen y Lorenz fueron galardonados por su trabajo con el Nobel de fisiología o medicina en

Konrad Lorenz realizó experimentos sobre la impronta en los gansos. Cuando él era el primer objeto móvil que veía una cría, esta lo seguía como si fuera su madre.

> Incluso los insectos expresan ira, terror y amor.
> **Charles Darwin**

1973. Frisch es quizá más conocido por su trabajo con las abejas. En 1919 demostró que puede entrenarse a las abejas para distinguir entre sabores y olores. Además, descubrió que comunican la distancia y la dirección de las fuentes de alimento a otros miembros de la colonia por medio de danzas. La abeja que ha encontrado una fuente de néctar ejecuta una «danza circular» que estimula a las demás abejas a dar vueltas en torno a la colmena en busca de dicho néctar. Si la fuente está a más de unos 50 m de la colmena, la abeja que regresa realiza en la colmena una «danza de meneo», que consiste en caminar rápida y repetidamente una distancia corta meneando el abdomen, y volver para realizar otro trayecto. La orientación en que se mueve informa a las demás abejas de la dirección en que se encuentra la fuente de néctar en relación con la posición del sol.

En su trabajo de 1963, «On aims and methods of ethology» («Sobre los objetivos y métodos de la etología»), Tinbergen planteó cuatro cuestiones: ¿qué estímulos producen la conducta?, ¿cómo contribuye la conducta al éxito del animal?, ¿cómo se desarrolla la conducta a lo largo de la vida del animal? y ¿cómo surgió la conducta en la especie? Tinbergen creía necesario responder a estas preguntas para comprender plenamente cualquier conducta. En décadas recientes se ha aprendido mucho más sobre las conductas innatas y aprendidas, y hoy se sabe que muchas conductas son una mezcla de ambas. ■

Las danzas de las abejas indican a los demás miembros de la colmena dónde hay polen y néctar. Esta es una conducta no aprendida.

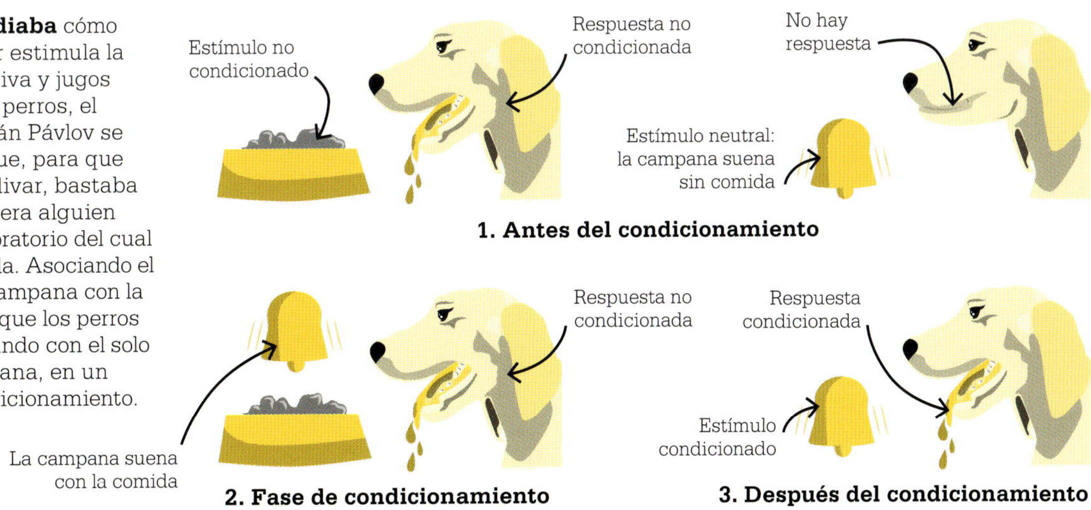

Mientras estudiaba cómo el acto de comer estimula la secreción de saliva y jugos gástricos en los perros, el fisiólogo ruso Iván Pávlov se dio cuenta de que, para que empezaran a salivar, bastaba con que apareciera alguien con bata de laboratorio del cual esperaran comida. Asociando el sonido de una campana con la comida, mostró que los perros acababan salivando con el solo sonido de campana, en un ejemplo de condicionamiento.

CÉLULAS DE FORMAS DELICADAS Y ELEGANTES

LAS NEURONAS

EN CONTEXTO

FIGURA CLAVE
Santiago Ramón y Cajal (1852–1934)

ANTES
Siglo x El médico persa Al Razi describe siete nervios craneales y 31 nervios espinales en su enciclopedia médica *Kitab al hawi fi al tibb* («El libro integral de medicina»).

1664 Jan Swammerdam, microscopista neerlandés, contrae músculos de rana con la estimulación mecánica de un nervio.

1792 El naturalista italiano Giovanni Fabbroni propone que en la actividad nerviosa intervienen factores químicos y físicos.

1839 Theodor Schwann propone la teoría celular.

DESPUÉS
1929 Los fisiólogos Joseph Erlanger y Herbert Spencer Gasser muestran que una sola señal eléctrica activa los nervios.

El sistema nervioso es una red de células que se extienden como fibras desde el cerebro y la columna por todo el cuerpo, pero son tan difíciles de ver que, cuando en 1839 el fisiólogo alemán Theodor Schwann propuso la teoría celular –la idea de que el organismo entero está compuesto por células minúsculas–, los nervios se creyeron una excepción a la regla. Fue necesaria una innovación en la microscopía introducida por el biólogo italiano Camillo Golgi, y luego los estudios del neurocientífico español Santiago Ramón y Cajal, para establecer que los nervios son, también, un tipo especial de célula: las neuronas.

A ojos de los microbiólogos del siglo XIX, los nervios eran como arañas de incontables y finas patas, a las que llamaban «procesos», con más aspecto de cables eléctricos que conectaban las células que de células por sí mismas. En 1873, Golgi halló que, al usar dicromato de potasio y nitrato de plata, los nervios quedaban teñidos de negro y podían verse claramente al microscopio. Golgi vio que los procesos consistían en una sola cola larga y ramificaciones que partían del cuerpo celular principal.

Catorce años después, Ramón y Cajal usó una versión mejorada de la

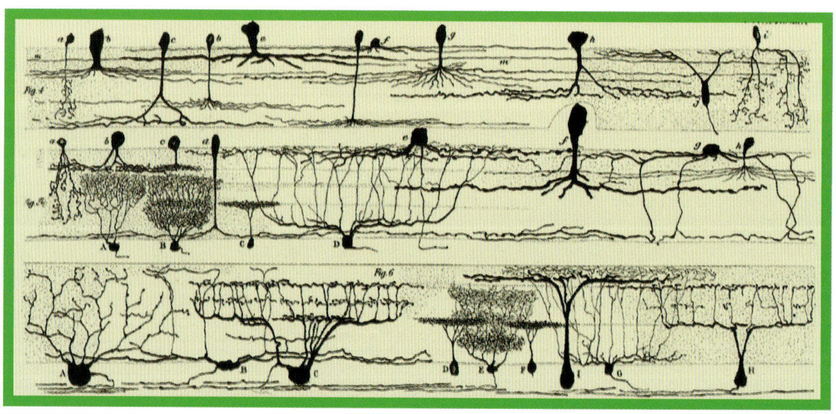

Los dibujos meticulosos de Santiago Ramón y Cajal, a raíz de sus innovadores estudios microscópicos, muestran que veía las neuronas de una retina animal como células individuales.

Véase también: Tejidos excitables 108 ▪ Impulsos nerviosos eléctricos 116–117 ▪ Las sinapsis 130–131 ▪ La contracción muscular 132–133

Las dendritas de las neuronas sensoriales parten del **cuerpo celular**, próximo a los **receptores sensoriales**.

Los **axones** de las **neuronas sensoriales** están en la parte de la **neurona** que conduce al **sistema nervioso central**.

En las **neuronas motoras**, axones y dendritas están **invertidos**.

Las señales nerviosas deben ir en un solo sentido, de dendrita a axón.

tinción de Golgi para realizar dibujos detallados de neuronas, y percibió que había espacios entre los procesos de cada nervio, lo cual le convenció de que el sistema nervioso se compone de células individuales discretas, o neuronas. La larga cola de la neurona se denominó axón, y las ramificaciones, dendritas.

Carrera de relevos

Según Ramón y Cajal, las señales nerviosas pasan de neurona a neurona como en una carrera de relevos. Identificó estructuras de forma cónica al extremo de cada axón, que pensó que transmitían señales a través de un pequeño espacio, luego llamado sinapsis. Cajal observó también que las neuronas conectadas a receptores sensoriales como los de la piel están dispuestas del modo contrario a las conectadas a los músculos. Las neuronas sensoriales tenían axones que apuntaban hacia adentro, con las dendritas hacia afuera, mientras que los axones de las neuronas que hacen moverse los músculos (neuronas motoras) están orientadas al revés.

En conclusión, Cajal propuso que las neuronas transmiten señales en un único sentido, recibiendo mensajes por las dendritas y transmitiéndolos por el axón. Comprendió que las señales siguen recorridos determinados, y que era posible rastrear su camino por el sistema nervioso.

A partir de la década de 1930, se fue descubriendo cómo las entradas sensoriales del cuerpo se conectan a partes concretas del cerebro, y también la combinación de química y electricidad que envía señales a través de las células, así como una serie de sustancias químicas que transmiten señales por las sinapsis, llamadas neurotransmisores. Hoy contamos con una imagen detallada de la estructura física de los nervios, aunque no se comprenda plenamente cómo hacen que el cerebro funcione. ■

Santiago Ramón y Cajal

Santiago Ramón y Cajal nació en 1852 en la localidad navarra de Petilla de Aragón (España). Su padre le convenció de que estudiara medicina, y sirvió como médico militar en Cuba. Tras volver a España, obtuvo el doctorado en medicina en 1877, fue director de los Museos Anatómicos de Zaragoza y trabajó en la Universidad de Zaragoza hasta su nombramiento para la cátedra de anatomía de la Universidad de Valencia. Cajal se trasladó en 1887 a Barcelona, donde hizo hallazgos clave sobre el sistema nervioso.

En 1899 fue nombrado director del Instituto Nacional de Higiene. Compartió en 1906 el premio Nobel de fisiología o medicina con Camillo Golgi por su trabajo sobre el sistema nervioso, que siguió estudiando hasta su muerte, en 1934.

Obras principales

1889 *Manual de histología normal y técnica micrográfica.*
1894 *La fina estructura de los centros nerviosos* (conferencia crooniana).
1897–1899 *Textura del sistema nervioso del hombre y de los vertebrados.*

MAPAS CEREBRALES DEL HOMBRE

LA ORGANIZACIÓN DEL CÓRTEX CEREBRAL

EN CONTEXTO

FIGURA CLAVE
Korbinian Brodmann
(1868–1918)

ANTES
1837 El fisiólogo checo Jan Purkinje es el primero en describir un tipo de neurona, las células de Purkinje del cerebelo.

1861 Paul Broca identifica una parte del cerebro con una función específica, la producción del habla.

DESPUÉS
1929 Los psicólogos de EE UU Karl Lashley y Shepherd Franz muestran la equipotencialidad del cerebro, por la que partes sanas del mismo asumen la tarea de otras dañadas.

1996 La imagen por resonancia magnética funcional (IRMf) permite observar el cerebro en acción y ayuda a vincular la actividad cognitiva con áreas específicas del cerebro.

El cerebro de los vertebrados, presente en animales que van desde los peces hasta los humanos, comprende tres secciones: prosencéfalo, mesencéfalo y romboencéfalo. Los dos últimos son las estructuras más primitivas, y esto se sabe porque son las partes predominantes de cerebros que evolucionaron hace mucho tiempo, encargadas de funciones esenciales, como la respiración. Al prosencéfalo corresponden aspectos más avanzados y cognitivos, como la inteligencia. El prosencéfalo humano constituye el 90 % del órgano entero, y es grande también en animales con capacidades avanzadas, como otros primates y los delfines. A inicios del siglo XX,

Véase también: El cerebro controla el comportamiento 109 ▪ El habla y el cerebro 114–115 ▪ Almacenamiento de la memoria 134–135

La mayor parte del cerebro es el telencéfalo, que se divide en dos hemisferios. La capa exterior es la corteza cerebral, con cuatro lóbulos, cada uno con funciones diferentes.

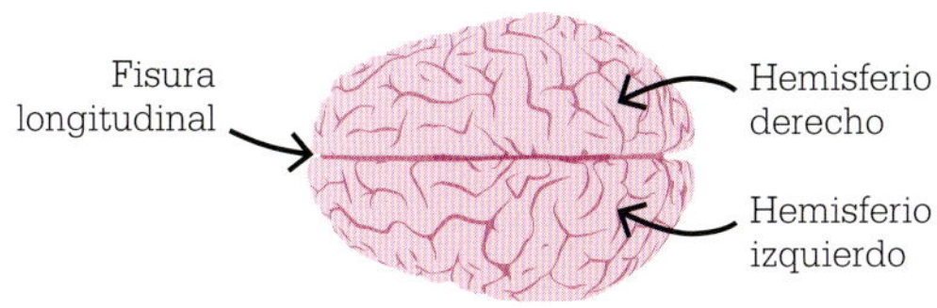

El telencéfalo

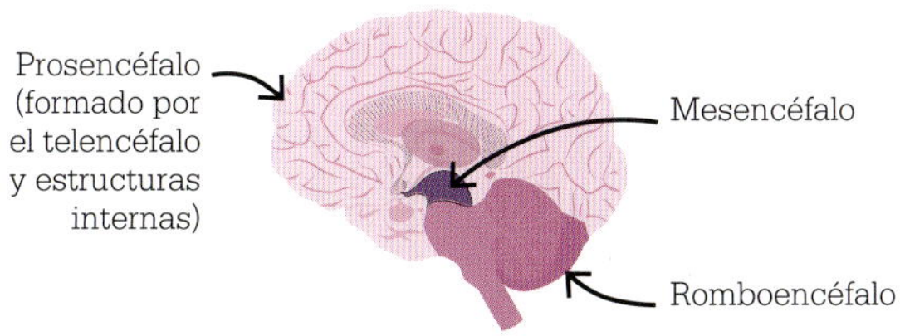

Prosencéfalo, mesencéfalo y romboencéfalo

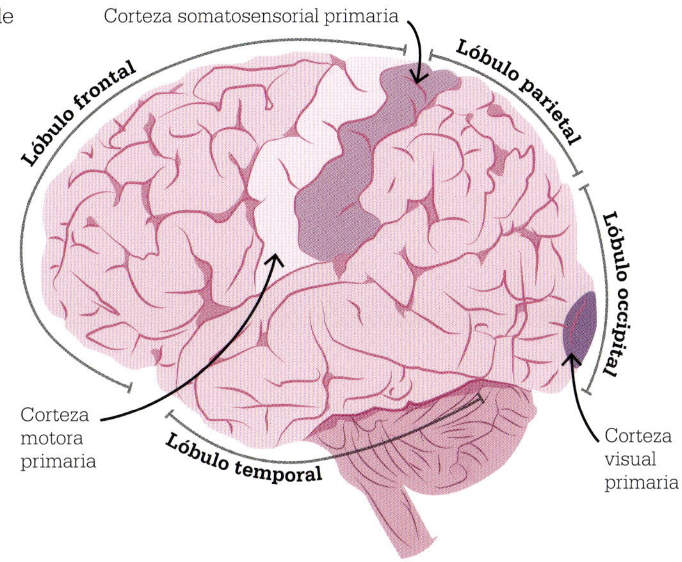

Los cuatro lóbulos de la corteza cerebral

el neurólogo alemán Korbinian Brodmann creó el primer mapa funcional detallado de la parte más altamente desarrollada del prosencéfalo, el córtex, o corteza cerebral.

Materia blanca y gris

Por volumen, el prosencéfalo es en su mayoría materia blanca: haces de circuitos neuronales que se ven blancos, por envolver los nervios una capa grasa de mielina. La mielina juega un papel análogo al del plástico aislante en los cables eléctricos, y permite a las señales nerviosas recorrer más rápido una distancia mayor. La materia blanca está conectada al mesencéfalo y más allá, además de transmitir señales entre áreas del prosencéfalo. El prosencéfalo incluye todo el telencéfalo –la parte mayor del cerebro–, además de estructuras más profundas, como el tálamo, el hipotálamo, la glándula pineal y el sistema límbico.

La capa exterior del telencéfalo es la corteza cerebral, consistente en materia gris; en esta hay una densidad mayor de neuronas, y estas carecen de envoltorio de mielina, a lo cual deben su aspecto gris. La corteza cerebral es donde se procesan funciones cognitivas avanzadas, como el pensamiento o el habla, y todo ello tiene lugar en una masa de materia gris de unos 2,5 mm de profundidad.

Las neuronas corticales se extienden al interior desde la superficie, a distinta profundidad según a qué parte del cerebro se conectan. Las capas más profundas se conectan al romboencéfalo y al tálamo (la caja de conexión del prosencéfalo, conectado al sistema nervioso central). Las »

El **cerebro humano** tiene un **prosencéfalo grande** y una extensa capa superficial plegada, la **corteza cerebral**.

↓

La **corteza** incluye muchas **redes de fibras nerviosas**, **distintas** y conectadas entre sí.

↓

Estas distintas áreas corticales están estrechamente asociadas a funciones específicas, como el habla y el control motor voluntario.

Cortezas motora, sensorial y visual

En la década de 1870 se sabía que se podían estimular movimientos musculares aplicando corrientes eléctricas a distintas partes de la corteza cerebral. En la década de 1880, el neurólogo escocés David Ferrier descubrió mediante vivisecciones de animales que una franja del lóbulo frontal en el límite con el lóbulo parietal (luego identificada como el área 4 de Brodmann) mediaba en los movimientos voluntarios. Nuevos estudios mostraron que a las partes del cuerpo corresponden zonas de esta corteza motora primaria: a los dedos de los pies, por ejemplo, el interior de la fisura longitudinal entre los hemisferios.

La corteza somatosensorial primaria, en el lóbulo parietal (áreas de Brodmann 1, 2 y 3) procesa información sensorial como el tacto y el dolor; la corteza visual primaria (área 17 de Brodmann) interpreta la información de las retinas. En ambas, la corteza izquierda corresponde al lado derecho del cuerpo, y viceversa.

neuronas conectadas con las capas intermedias envían y reciben señales de otras partes de la corteza.

Como en tales capas verticales la capacidad de procesado de la corteza cerebral queda limitada por la superficie, para incrementar esta, la corteza de los humanos y la mayoría de los mamíferos tiene numerosos pliegues. Los rasgos superficiales de la corteza se caracterizan por cisuras. Los surcos más profundos marcan el límite entre los cuatro lóbulos de la corteza, que reciben su nombre de los huesos del cráneo bajo los cuales se encuentran: frontal, temporal, parietal y occipital. Además, el telencéfalo se divide en los hemisferios izquierdo y derecho, generalmente simétricos. Los hemisferios están comunicados por un haz grueso de fibras nerviosas, la materia blanca del cuerpo calloso.

Hoy se entiende que el lóbulo frontal del córtex está asociado a la memoria, que el lóbulo occipital controla la visión, y que el lóbulo temporal es el centro del lenguaje. Esta idea de correspondencia entre áreas y funciones es en general correcta, pero las distintas áreas también trabajan estrechamente unas con otras.

Cartografiar las áreas funcionales del cerebro fue una labor más que nada especulativa hasta la década de 1860, cuando el cirujano francés Paul Broca halló una región en el lóbulo frontal que controlaba la articulación física del habla. En autopsias, identificó lo que hoy se conoce como área de Broca en los cerebros dañados de pacientes incapaces de hablar. La observación de daños cerebrales ha ayudado a localizar también otras áreas funcionales.

¿Unidas o separadas?

A finales del siglo XIX se resolvió un debate entre dos gigantes de la neurociencia acerca de cómo estaban conectadas las neuronas del cerebro. Mientras que el patólogo italiano Camillo Golgi mantenía que el cerebro estaba compuesto por una «red nerviosa» continua, en la que todas las partes estaban conectadas por alguna vía a todas las demás, el médico y científico español Santiago Ramón y Cajal afirmaba que no había conexión física entre las células. Estas posturas tenían un reflejo en las respectivas posturas políticas de ambos. Golgi, testigo de la unificación de Italia en su juventud, estaba apegado a la idea de un cerebro organizado como una federación de unidades, análogo al Reino de Italia, constituido a partir de entidades menores. Las ideas políticas de Ramón y Cajal estaban centradas en el poder del individuo. Se refirió a la neurona como un «cantón autónomo», una unidad

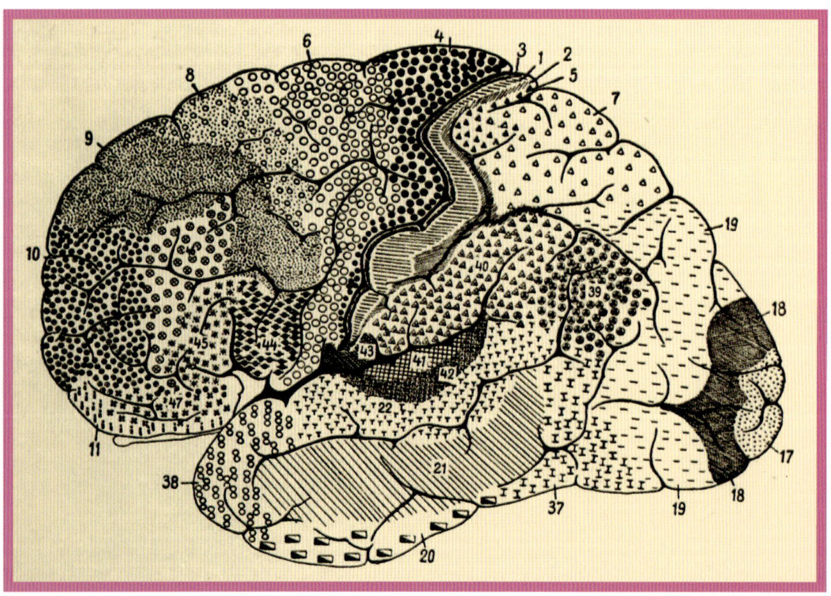

El diagrama de Brodmann de una vista lateral del cerebro humano muestra muchas de las áreas que numeró, definidas por su estructura celular y disposición por capas.

> La diferenciación específica […] de las áreas corticales demuestra su diferenciación funcional específica.
> **Korbinian Brodmann**

autogobernada que escogía cuándo y cómo trabajar con sus vecinas.

En la década de 1870, Golgi descubrió lo que llamó la «reacción negra», un medio para teñir las neuronas de modo que sus filamentos ultrafinos destacaran entre la masa de células que las rodea. Catorce años después, empleando la reacción negra con un microscopio más potente y un microtomo –aparato para cortar la materia en láminas de pocas células de grosor– mejorado, Ramón y Cajal pudo ver que las neuronas estaban separadas por un espacio minúsculo, o sinapsis. Esto apuntaba a que el cerebro está compuesto por circuitos de nervios discretos, aislados de los que los rodean. Varios investigadores, entre ellos Korbinian Brodmann, comenzaron a cartografiar las áreas discretas de la corteza cerebral.

Mapa organizativo

Brodmann usó tintes que revelaban los lugares donde se fabrican proteínas en las células, ideales para hacer destacar sobre el fondo la maraña de finas fibras nerviosas. Pudo identificar 52 áreas de la corteza en las que las células formaban redes físicas diferenciadas. Usando tejido de cerebros de macaco, además de humanos, halló pocas diferencias en cuanto a la organización. Algunas de las áreas, llamadas de Brodmann, eran ya conocidas, como las áreas 44 y 45, que correspondían al área de Broca. El mapa organizativo de Brodmann, así como otros similares, permitió empezar a relacionar funciones con localizaciones corticales, y aún es una referencia en el estudio de la neurociencia.

Desde la década de 1970, técnicas de imagen médica seguras han permitido observar cada vez más de cerca el cerebro en acción. La principal herramienta hoy disponible es la máquina de IRMf (imagen por resonancia magnética funcional), que excita los átomos de hidrógeno con un imán potente, determina su situación con ondas de radio y, escaneando finos cortes transversales, construye una imagen detallada del cerebro. Además de su utilidad para evaluar daños cerebrales, la IRMf es valiosa para estudios psicológicos como el análisis de procesos de aprendizaje: mientras los sujetos de la prueba realizan tareas mentales, los neurólogos pueden observar la actividad asociada que tiene lugar en el cerebro. ■

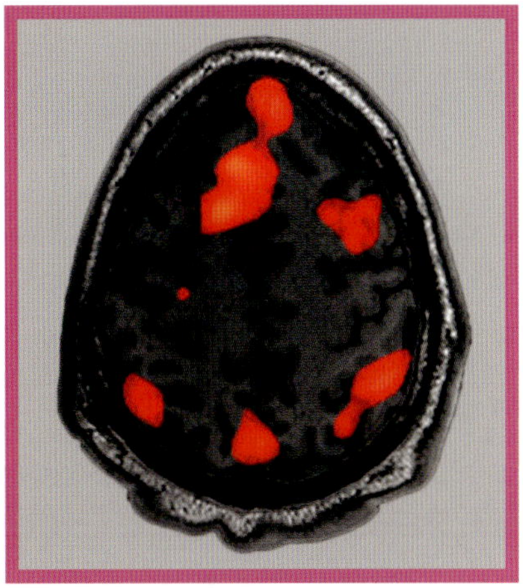

Las áreas rojas de esta IRMf, vista desde arriba, indican partes activas del cerebro mientras el sujeto realiza tareas que emplean la memoria.

Korbinian Brodmann

Korbinian Brodmann nació en 1868 en Liggersdorf, en el sur de Alemania. Estudió medicina en varias instituciones por todo el país, y se cualificó como médico a los 27 años. Tras un periodo breve en la práctica general, comenzó a especializarse en psiquiatría y neurología, lo cual le puso en contacto con Alois Alzheimer. Este le animó a investigar el cerebro, y en 1909 Brodmann produjo su mapa de la corteza cerebral mientras trabajaba en un instituto privado de investigación en Berlín, dirigido por los neurólogos Oskar y Cécile Vogt, quienes crearon un mapa similar. Brodmann comenzó a trabajar como profesor en la Universidad de Tubinga en 1910, y mantuvo un puesto en la clínica psiquiátrica universitaria. Regresó después a la práctica clínica plena en Halle, y más tarde en Múnich.

Murió de neumonía en 1918, poco tiempo después de mudarse a Múnich.

Obra principal

1909 *Localización en la corteza cerebral.*

EL IMPULSO DENTRO DEL NERVIO LIBERA SUSTANCIAS QUIMICAS

LAS SINAPSIS

EN CONTEXTO

FIGURA CLAVE
Otto Loewi (1873–1961)

ANTES
1839 El anatomista checo Jan Evangelista Purkinje descubre neuronas en el cerebelo, luego llamadas de Purkinje.

1880 Ramón y Cajal muestra que las señales eléctricas fluyen por las neuronas siempre en una sola dirección, y que hay espacios entre las células.

1897 Charles Sherrington acuña el término «sinapsis» para la aún misteriosa «superficie de separación» entre neuronas comunicadas.

DESPUÉS
1952 El fisiólogo australiano John Eccles halla el potencial excitatorio postsináptico que inicia el potencial de acción a través de la neurona.

Actualmente Se han identificado más de 200 neurotransmisores en los humanos, pero el número total se desconoce.

Mientras que las señales nerviosas viajan a lo largo de las neuronas como pulsos eléctricos, entre una y otra neurona lo hacen en forma de mensajes químicos. Esto lo demostró en 1921 el farmacólogo germano-estadounidense Otto Loewi, descubridor de las sustancias químicas implicadas, hoy llamadas neurotransmisores. La búsqueda de la forma precisa de comunicación entre neuronas había empezado más de treinta años antes, al plantear el médico español Santiago Ramón y Cajal que no había conexión física entre una neurona y la siguiente, sino un espacio entre células vecinas, a través del cual debían comunicarse. En 1897, el neurofisiólogo británico Charles Sherrington llamó a este espacio, o «superficie de separación», sinapsis («unión»). Sherrington y el electrofisiólogo Edgar Adrian compartieron en 1932 el premio Nobel de fisiología o medicina por su trabajo sobre el sistema nervioso en la década anterior.

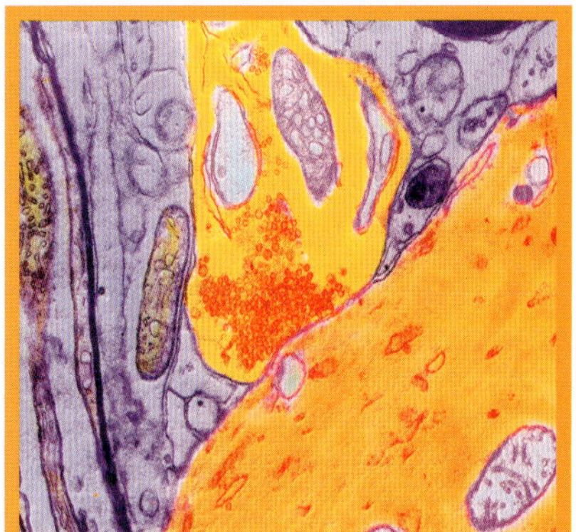

La estructura entera que permite a una neurona (presináptica) enviar una señal química a otra (postsináptica) es la sinapsis. Al espacio entre ambas se le llama hendidura sináptica.

Gracias al microscopio electrónico, en 1953 se obtuvo al fin una imagen de la minúscula anchura de la sinapsis, de 40 nanómetros, mucho después de que Loewi y otros comprendieran cómo funcionaba.

Reglas de conexión

Ramón y Cajal mostró que las señales eléctricas se mueven por la neurona siempre en el mismo sentido. La señal viaja desde el cuerpo celular central por el axón, por lo general el filamento más largo y grueso. El extremo del axón puede ramificarse en varias terminales, cada una asociada a una neurona vecina distinta. Al otro lado de la sinapsis desde la terminal de un axón hay una dendrita (una extensión filamentosa de una neurona) de la neurona siguiente. La mayoría de las neuronas tienen varias dendritas que a su vez transmiten señales

Véase también: Impulsos nerviosos eléctricos 116–117 ▪ Las neuronas 124–125 ▪ La organización del córtex cerebral 126–129

nerviosas al cuerpo celular, donde o bien estimulan, o bien inhiben una señal eléctrica transmitida por el axón al siguiente conjunto de sinapsis, y así sucesivamente. Esto ya lo comprendían los neurocientíficos en la década de 1920, pero el mecanismo de comunicación de las señales nerviosas por las sinapsis seguía siendo un misterio, al no estar claro si era químico o eléctrico. Loewi contó que la idea del experimento para revelarlo le vino en dos sueños que tuvo.

Comunicaciones químicas

La técnica de Loewi consistió en diseccionar los corazones vivos de dos ranas, bañados en suero salino para que siguieran latiendo fuera del cuerpo. A uno se le retiró el nervio vago que comunica el corazón al cerebro, mientras que el otro se dejó intacto. Loewi estimuló este último con una corriente para reducir su pulso. Luego recogió parte del líquido del corazón ralentizado, y lo transfirió al baño del corazón al que se le había retirado el nervio, cuyo pulso descendió inmediatamente del mismo modo. Loewi dedujo que el nervio vago producía una sustancia química para comunicarse con el corazón, y que esta enviaba el mismo mensaje al corazón sin nervio. Acabó identificando dicha sustancia química como la acetilcolina.

En 1914, Henry Dale había aislado la acetilcolina a partir del ergot, un hongo tóxico, y descubrió que inhibía el latido del corazón de modo opuesto a la adrenalina, que lo estimula. Estas dos sustancias fueron los primeros neurotransmisores identificados. Hoy se conocen más de doscientos, en su mayoría proteínas simples, implicados en la transmisión de señales a través de las sinapsis, pero el proceso sigue sin estar claro. ■

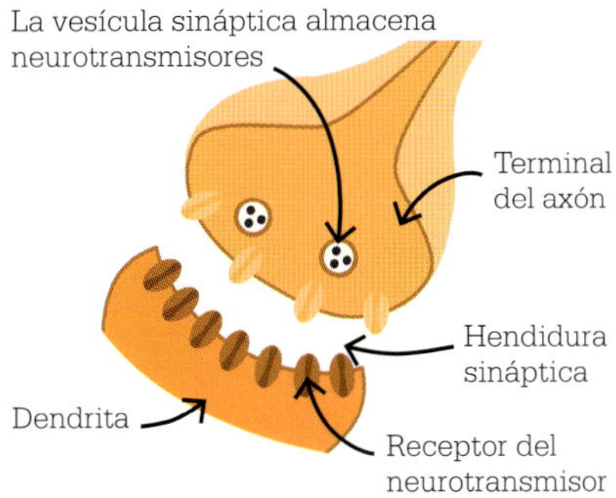

Sustancia almacenada

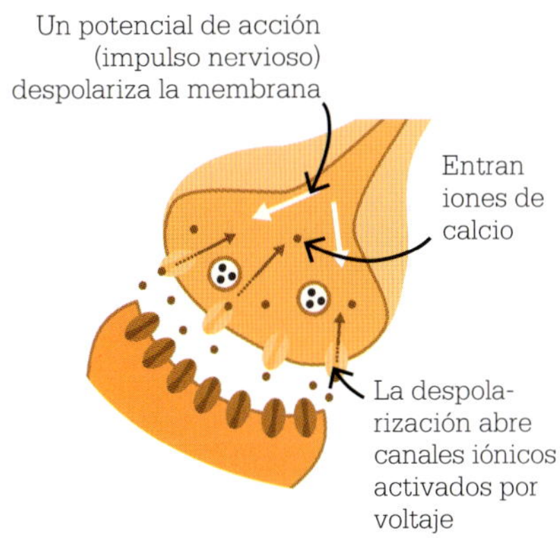

Impulso nervioso recibido

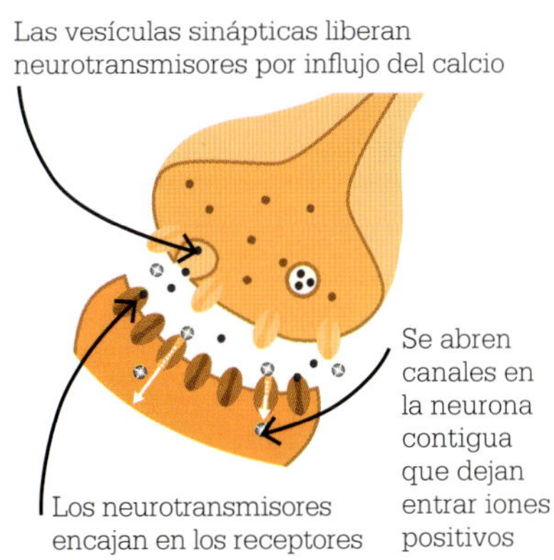

Mensaje químico transmitido

Los neurotransmisores, fabricados en el cuerpo celular de la neurona, viajan por el axón hasta las vesículas de la membrana, que se despolariza al recorrer un potencial de acción el axón. Esto permite la entrada de iones de calcio, y los neurotransmisores se liberan y atraviesan la sinapsis hasta la neurona siguiente.

Otto Loewi

Otto Loewi nació en Fráncfort (Alemania) en 1873, y se licenció como médico en Estrasburgo (entonces ciudad alemana). Tras ser testigo de los sufrimientos causados por la tuberculosis y otras enfermedades intratables, decidió dejar el tratamiento clínico de pacientes e investigar curas. En 1902 se trasladó a Londres, donde fue colega de Henry Dale. Al año siguiente asumió un puesto en Graz (Austria, por entonces Imperio austrohúngaro), donde realizó el trabajo que le dio renombre, el descubrimiento de los neurotransmisores, por el que compartió el Nobel de fisiología o medicina con Dale en 1936. Continuó viviendo en Austria hasta la *Anschluss* de 1938; como judío, Loewi tuvo que huir del nuevo gobierno nazi, y acabó emigrando a EEUU, donde ingresó en la facultad del Colegio de Medicina de la Universidad de Nueva York. Loewi se nacionalizó estadounidense en 1945, y murió en 1961.

Obra principal

1921 *Sobre la transferibilidad del efecto humoral corazón-nervio.*

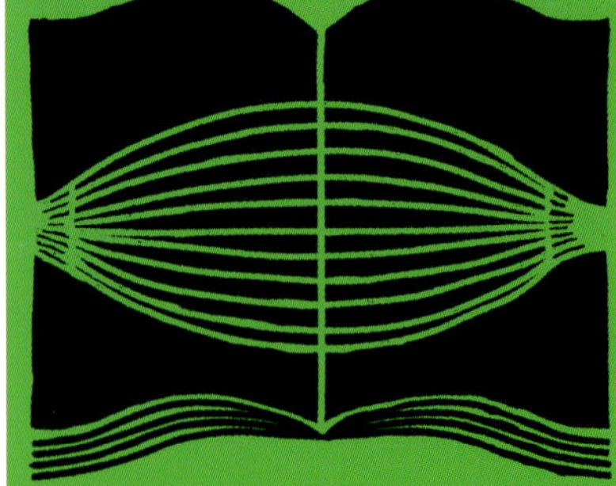

UNA TEORIA COMPLETA DE COMO SE CONTRAE EL MUSCULO

LA CONTRACCIÓN MUSCULAR

EN CONTEXTO

FIGURAS CLAVE
Jean Hanson (1919–1973), **Hugh Huxley** (1924–2013)

ANTES
1682 Antoni van Leeuwenhoek observa estriaciones en los músculos.

Década de 1780 Luigi Galvani descubre que la electricidad hace contraerse los músculos.

1862 Duchenne de Boulogne, neurólogo francés, contorsiona la expresión facial de sujetos experimentales aplicando electrodos a los nervios.

DESPUÉS
1969 Hugh Huxley propone la hipótesis de los filamentos deslizantes, en la que la cabeza de la molécula de miosina se une a la actina, y rota tirando de esta.

1990 Se desarrollan músculos artificiales con polímeros electroactivos para la robótica.

El estudio de los nervios fue siempre de la mano del estudio de los músculos, al ser la contracción de un músculo un indicio del sistema nervioso en funcionamiento. En 1954, solo dos años después de que se desvelara el mecanismo tras el potencial de acción –el pulso eléctrico que transmite las señales nerviosas–, se pudo explicar también el proceso químico que subyace a las contracciones musculares. Lo descubrieron simultáneamente dos parejas de investigadores: por una parte, la compuesta por el fisiólogo británico Andrew Huxley, clave en los estudios sobre el potencial de acción, y el fisiólogo alemán Rolf Niedergerke; y por otra, los biólogos británicos Jean Hanson y Hugh Huxley (sin parentesco con el primero).

Tipos de músculo

Hay tres tipos de músculo en el cuerpo humano. Los músculos esqueléticos, que mueven los miembros y el cuerpo de modo voluntario, están hechos de tejido estriado, así llamado por su aspecto al microscopio. Los músculos involuntarios, como los del sistema digestivo, son de tejido liso, así llamado por carecer de estriaciones. El tercer tipo es el músculo cardiaco, que solo se encuentra en el corazón, y cuyo aspecto es intermedio entre los dos primeros.

Todo músculo funciona acortando su longitud o, al menos, incrementando la tensión. La contracción genera una fuerza que tira de una parte del cuerpo, haciendo que se mueva, y nunca empujando en modo alguno. En general, los músculos esqueléticos funcionan en parejas agonistas, tirando cada uno en sentido opuesto: al contraerse uno, el otro se relaja.

Cómo funcionan los músculos

El músculo se compone principalmente de proteína. Dos tipos de proteína –miosina y actina–forman filamentos largos, que unidos en haces componen fibras musculares llamadas miofibrillas. Dentro de cada miofibrilla, los filamentos más delgados de actina están entretejidos entre los filamentos más gruesos de miosina. Juntas, estas proteínas crean estructuras contráctiles llamadas sarcómeros. Una fibra muscular contiene miles de estos sarcómeros combinados; una fibra de bíceps contiene unos 100 000. Las estriaciones del músculo estriado –y, en menor medida, del cardiaco– se deben a que los sarcómeros están alineados. Los

Véase también: Tejidos excitables 108 ▪ Impulsos nerviosos eléctricos 116–117 ▪ Las sinapsis 130–131

Los filamentos de actina y miosina forman sarcómeros. Al contraerse un músculo, los filamentos de miosina tiran de los de actina, juntándolos de modo que el músculo se acorta. Esto ocurre repetidamente en una sola contracción.

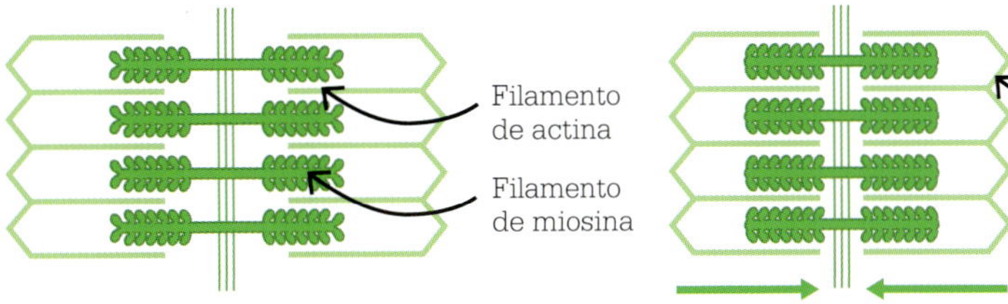

Sarcómero de un músculo relajado **Sarcómero de un músculo contraído**

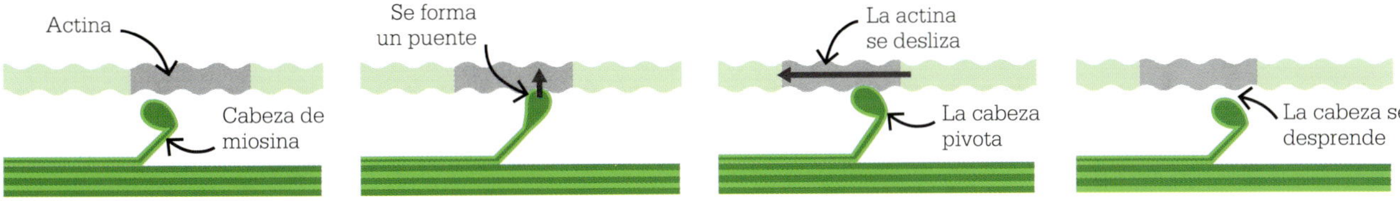

La cabeza de miosina es estimulada por una molécula de adenosín trifosfato (ATP) portadora de energía.

La cabeza se pega al filamento de actina, formando un puente.

La cabeza libera energía y pivota, haciendo deslizar el filamento de actina.

El puente se rompe, el músculo se relaja, y la cabeza es reenergizada por una molécula de ATP.

sarcómeros del músculo liso no presentan una estructura tan regular, pero funcionan del mismo modo.

Una sola membrana celular envuelve varias miofibrillas, formando una sola célula muscular con muchos núcleos. Cuando llega una señal nerviosa, atraviesan la sinapsis neurotransmisores que estimulan un pico de voltaje en la membrana de la miofibrilla. Como sucede en los nervios, el resultado es una onda de carga eléctrica –un potencial de acción– que recorre las fibras musculares. El cambio provisional del voltaje hace que entren iones de calcio en las miofibrillas, y el aumento del calcio, combinado con el aporte de energía de las fibras musculares, hace deslizarse las proteínas actina y miosina una sobre otra, acortando cada sarcómero en un 10%. Todas estas contracciones minúsculas se acumulan y generan la fuerza del músculo al tirar. Este estado se mantiene mientras haya suficientes iones de calcio en la fibra muscular y se suministre energía suficiente a los sarcómeros. Al reducirse estos, el músculo se relaja.

Ambas parejas de investigadores (Hanson y Huxley, y Niedergerke y Huxley) ofrecieron versiones ligeramente diferentes de esta teoría de los filamentos deslizantes, que sigue siendo aceptada para explicar el mecanismo de contracción muscular. ■

Jean Hanson

Nacida en Derbyshire (Reino Unido) en 1919, Hanson se doctoró en el King's College de Londres, donde pasó la mayor parte de su carrera como investigadora biofísica.

En 1953 aceptó una beca de la Fundación Rockefeller en el Instituto de Tecnología de Massachusetts (MIT), donde conoció a su compatriota Hugh Huxley. Con él formuló la teoría de los filamentos deslizantes en la contracción muscular. Esta fue recibida con escepticismo, aun después de que visualizaran la contracción de las fibras musculares con un microscopio electrónico en 1956. Hanson se dedicó después al estudio de los músculos de invertebrados. En 1966 ocupó una cátedra del King's College y encabezó la unidad de biofísica. Murió en 1973 a causa de una rara infección cerebral.

Obra principal

1954 «Cambios en las estrías transversales del músculo durante la contracción y el estiramiento y su interpretación estructural».

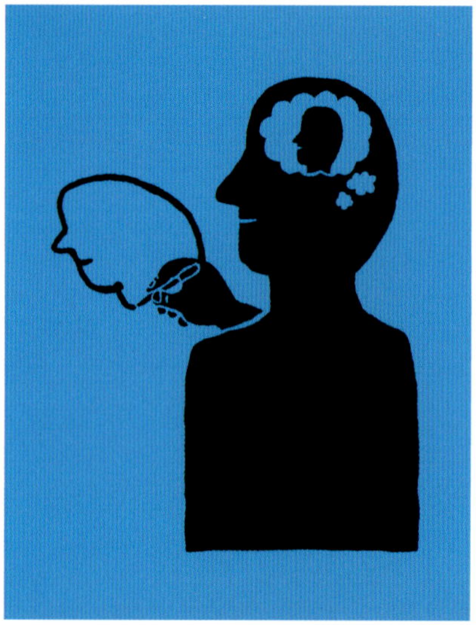

LA MEMORIA NOS HACE QUIENES SOMOS

ALMACENAMIENTO DE LA MEMORIA

EN CONTEXTO

FIGURA CLAVE
Eric Kandel (n. en 1929)

ANTES
Siglo IV A. C. Platón compara el cerebro humano un bloque de cera de «tamaño, pureza y dureza» variables.

1949 El psicólogo canadiense Donald Hebb introduce la idea de plasticidad sináptica.

1959 Brenda Milner identifica el hipocampo como lugar donde la memoria a corto plazo se convierte en la de largo plazo.

DESPUÉS
1971 En el University College de Londres, John O'Keefe y su alumno Jonathan Dostrovsky descubren en un hipocampo de rata células «de lugar», que determinan el recuerdo de lugares.

2008 El microbiólogo israelí-canadiense Nahum Sonenberg descubre la importancia de la síntesis de proteínas para consolidar la memoria.

Fijar **un recuerdo** debe producir **cambios** en el **cerebro**, por pequeños que sean.

Estos **cambios** tienen que ser **físicos** y, por tanto, **observables**.

En sus experimentos con babosas de mar, **Kandel** observa **cambios químicos** en las sinapsis al aprender a reaccionar a los estímulos.

Consolidar la memoria depende necesariamente de cambios en las sinapsis.

Poco después de que Santiago Ramón y Cajal descubriera las sinapsis –los espacios entre neuronas por los que se transmiten señales nerviosas–, en la década de 1890 les atribuyó un papel importante en la consolidación de la memoria. No fue hasta 1970 cuando el neurobiólogo austriaco-estadounidense Eric Kandel demostró, experimentando con babosas de mar, que Ramón y Cajal tenía razón.

Kandel mostró que cambios en las sinapsis fijan la memoria, y que el aprendizaje desencadena cascadas de neurotransmisores que refuerzan las conexiones entre neuronas a lo largo de rutas determinadas.

El estudio llevado a cabo por Kandel se centró en respuestas aprendidas simples, condicionando a babosas de mar para que se comportaran de un modo determinado al recibir un estímulo dado. El condicionamiento no era algo nuevo: en 1902, Iván Pávlov ya había mostrado cómo se puede entrenar a perros para que respondan a estímulos como una campana asociada a la comida. La reacción de los perros a la señal, desde saltar y ladrar hasta salivar, afectaba al cuerpo entero. ¿Cómo aprende el sistema nervioso a coordi-

Véase también: El cerebro controla el comportamiento 109 ▪ Impulsos nerviosos eléctricos 116–117 ▪ Comportamiento innato y aprendido 118–123 ▪ Las neuronas 124–125 ▪ Las sinapsis 130–131

nar todo el organismo de esta forma compleja?

Tipos de memoria

En 1949, el psicólogo canadiense Donald Hebb introdujo la idea de que formar recuerdos nuevos requiere rutas nuevas por las fibras nerviosas y alteración de las sinapsis, en un proceso que llamó plasticidad sináptica. La neurociencia distingue entre memoria a corto plazo, de recuerdos que duran unas horas como mucho, y memoria a largo plazo, que dura semanas o incluso toda la vida. Crear memoria a largo plazo nueva, según Hebb, consiste en reforzar conexiones sinápticas determinadas por repetición: los enlaces entre las neuronas que se activan juntas se refuerzan. También hay una distinción entre memoria declarativa (de datos o hechos que se recuerdan de modo consciente, como los de una historia predilecta) y procedimental (de habilidades y hábitos aprendidos en tal grado que se realizan de modo subconsciente, como golpear una pelota).

El hipocampo

En 1953, en una operación para controlar la epilepsia, se extirpó una parte del cerebro, el hipocampo, al paciente «H. M.», y este no fue ya capaz de formar recuerdos nuevos. El caso permitió a la neurocientífica estadounidense Brenda Milner demostrar que es en el hipocampo donde la memoria a corto plazo se convierte en memoria a largo plazo, y que formar recuerdos depende de cambiar conexiones nerviosas en el hipocampo. Cuando Kandel abordó la cuestión en la década de 1960, no era posible estudiar en detalle las sinapsis en el extraordinariamente complejo hipocampo humano. En una decisión controvertida, centró la investigación en el cerebro de la babosa de mar *Aplysia*, que no tiene más que unas 20 000 neuronas. *Aplysia* cuenta con un reflejo para cerrar las agallas en respuesta al peligro. Kandel condicionaba a las babosas, accionando el reflejo con descargas eléctricas de distinta intensidad. Los estímulos débiles causaban cambios químicos específicos en las sinapsis, ligados a la memoria a corto plazo; los estímulos más potentes producían cambios sinápticos diferentes, que consolidaban la memoria a largo plazo.

Kandel y otros neurocientíficos averiguaron que codificar un nuevo recuerdo a largo plazo requiere cambios persistentes en las sinapsis. Una neurona típica está comunicada con otras 1200 neuronas; sin embargo, una neurona expuesta a estímulos repetidos puede alcanzar el doble de esa cifra, o sobrepasarlo. El cerebro tiene una gran plasticidad sináptica –es decir, facilidad para formar dichas conexiones–, sobre todo en las fases tempranas de la vida. Esta es la razón de que se conserven capacidades adquiridas en la infancia, como el lenguaje. El cerebro continúa aprendiendo, adaptándose y recordando al envejecer, aunque más lentamente con la edad. ■

> La vida es todo memoria, salvo el único momento presente.
>
> **Eric Kandel**
>
> **Cita del dramaturgo estadounidense Tennessee Williams**

Aplysia californica es una especie de babosa de mar, un gasterópodo acuático. Responde a las amenazas expulsando una tinta tóxica morada.

EL OBJETO SE SUJETA CON DOS ZARPAS

ANIMALES Y HERRAMIENTAS

EN CONTEXTO

FIGURA CLAVE
Jane Goodall (n. en 1934)

ANTES
1887 El marino británico Alfred Carpenter observa a macacos cangrejeros abriendo ostras con piedras.

1939 Edna Fisher, naturalista estadounidense, da noticia de una nutria marina usando una piedra como yunque para abrir bivalvos.

DESPUÉS
1982 Elizabeth McMahan, bióloga estadounidense, revela que las chinches asesinas «pescan» termitas con pieles de termita como cebo.

1989 Un equipo investigador de la Universidad de Cambridge descubre que el uso de piedras por los alimoches para romper huevos es innato, no aprendido.

2020 En Australia, Sonja Wild observa a delfines *Tursiops* atrapando peces con conchas de caracola que agitan para llevárselos a la boca.

El uso de herramientas por algunos animales se conoce desde hace mucho tiempo, y en 1871 Charles Darwin lo mencionó a propósito de los primates en *El origen del hombre*. Pero el mundo científico no prestó mucha atención hasta noviembre de 1960, cuando la investigadora de campo británica Jane Goodall vio a un chimpancé, al que llamaba David Greybeard («Viejales»), pescando termitas con un tallo de hierba seca. Cuando, desde su base en Gombe (Tanzania), comunicó el hallazgo a su supervisor, el paleoantropólogo Louis Leakey, este respondió: «Ahora tenemos que redefinir "herramienta", redefinir "hombre" o aceptar a los chimpancés como humanos». La noticia captó la atención mundial, ya que ofrecía a los científicos una ventana a la mente de los primeros humanos. El chimpancé es nuestro pariente vivo más próximo, y es tentador deducir de su comportamiento las actividades cotidianas

Algunas comunidades de chimpancés cazan termitas solo en los montículos, y otras, solo en los nidos subterráneos, lo cual es un ejemplo de diversidad cultural entre los chimpancés.

Véase también: Comportamiento innato y aprendido 118–123 ▪ Almacenamiento de la memoria 134–135 ▪ Cadenas tróficas 284–285 ▪ Relaciones depredador-presa 292–293 ▪ Nichos 302–303

> Ni la mano desnuda ni el entendimiento [...] pueden lograr gran cosa. Es con ingenios e instrumentos cómo se trabaja.
>
> **Francis Bacon**
> **Filósofo inglés (1561–1626)**

de nuestros antiguos antepasados de hace millones de años. Goodall también observó que los chimpancés no solo usan herramientas, sino que las fabrican: quitaban las hojas de los tallos para que entraran más fácilmente en los nidos de las termitas.

Un arsenal de herramientas

Goodall identificó nueve formas distintas en que los chimpancés usan tallos, ramas hojas y piedras para tareas relacionadas con alimentarse, beber o limpiarse, y también como armas. Estudiosos posteriores añadieron muchos datos nuevos: en la cuenca del Congo, los chimpancés aplanan el extremo de un palo con los dientes, creando así una espátula para recoger la miel de los nidos de las abejas; en Senegal, sacan con los dientes una punta afilada a las ramas, que utilizan para atravesar a los gálagos ocultos en oquedades de los árboles; y en Costa de Marfil usan grandes rocas para cascar las nueces de *Panda oleosa*, con los miembros de la tropa en fila para usar una piedra especialmente atractiva.

Cerebros pequeños, intelectos grandes

En 2004 se supo que los chimpancés no eran los únicos que cascaban nueces. En Brasil, los monos silbadores usan herramientas a modo de yunque y martillo para abrir anacardos, y lo hacen con gran habilidad: colocan el anacardo sobre el yunque para obtener el máximo efecto, y la fuerza empleada para golpearlo varía según el tamaño, la forma y la dureza del anacardo.

Los monos silbadores usan piedras grandes, que requieren menos golpes, para romper la dura cáscara exterior de las nueces de palma.

En todos estos ejemplos de primates, la manufactura y el uso se aprenden de otros miembros del grupo –es el llamado aprendizaje social. Algunos miembros del grupo son expertos que han adquirido sus habilidades tras años de práctica, y los «aprendices» les observan atentamente para aprender. Como cada población de primates tiene un modo propio de hacer las cosas, los primatólogos hablan de culturas distintas dentro de la misma especie. ■

Los cuervos de Nueva Caledonia tienen habilidad y destreza para hacer un gancho doblando el extremo de una ramita.

Cerebros aviares

El ornitólogo estadounidense Edward Gifford vio en 1905 a un pinzón de Darwin carpintero atrapando larvas con una espina de cactus. En 2018 se descubrió que los cuervos de Nueva Caledonia han evolucionado la manufactura de herramientas: doblan ramas para hacer ganchos de dos tipos con los que extraer insectos de la corteza. Como los chimpancés, estas aves fabrican herramientas muy precisas, cuyos equivalentes en la cultura humana aparecieron hace 200 000 años, en el Paleolítico inferior. Entonces, ¿distingue a los humanos de los animales el uso del fuego? Quizá tampoco: en 2017, el ornitólogo australiano Bob Gosford describió a milanos negros y silbadores y halcones berigora transportando ramas ardiendo a otro lugar, para provocar incendios y atrapar a los insectos y reptiles que huían. Resultó que entre los indígenas del Territorio del Norte (Australia) este era un comportamiento que se conocía desde hacía mucho tiempo, hasta el punto de haberlo incorporado a sus ceremonias sagradas.

SALUD Y
ENFERME

DAD

400 A.C.

En su escuela médica, Hipócrates enseña que la **enfermedad se debe a un desequilibrio** de los cuatro humores corporales.

Década de 1500

Paracelso pone los cimientos de la **farmacología moderna** al defender dosis del **medicamento** adecuado para curar las enfermedades.

Década de 1860

Robert Koch **identifica bacterias** en enfermos infecciosos, confirmando así la **teoría microbiana** de la enfermedad.

Década de 1860

Extrapolando a partir de la teoría microbiana, Robert Lister mata microbios infecciosos con **antisépticos químicos**.

1874

Campbell de Morgan determina que **el cáncer se extiende** desde el foco original (metástasis), al liberarse y circular por el cuerpo **células tumorales**.

Desde los tiempos prehistóricos, los humanos buscaron maneras de enfrentarse a la enfermedad. De la creencia en lo sobrenatural solo podían derivarse remedios mágicos o religiosos, pero algunos sanadores desarrollaron tratamientos que serían la base sobre la que se erigiría la ciencia médica. En la Antigüedad, en Egipto y Grecia creció el interés por comprender las causas de las enfermedades para encontrar mejores maneras de combatirlas.

Medicina antigua

Los griegos en particular procuraron ofrecer explicaciones racionales para los fenómenos naturales, y también para diagnosticar y tratar la enfermedad. Creían que todo en el universo está compuesto por cuatro elementos –tierra, fuego, aire y agua–, y de esta idea derivó la de que el cuerpo consiste en cuatro humores: sangre, bilis amarilla, bilis negra y flema. En un cuerpo sano, estos humores estarían en equilibrio, y cualquier exceso o deficiencia en alguno de estos fluidos se creía la causa de la enfermedad.

Hipócrates derivó de esta idea una teoría médica que sería la base de la práctica de la medicina en Occidente durante casi dos mil años. El Renacimiento, sin embargo, trajo una nueva era de descubrimientos científicos, incluidos avances en el campo de la medicina. Un pionero de la época fue el médico y alquimista Paracelso, defensor de un enfoque de observación metódica para estudiar la enfermedad que le llevó a concluir que la enfermedad no la causa un desequilibrio de los humores, sino una invasión del cuerpo por «venenos». El efecto de estos, creía Paracelso, se podía corregir administrando antídotos, en forma de dosis medidas de compuestos medicinales.

Teoría microbiana

Hasta el siglo XIX no se pudo hallar una explicación más precisa de la enfermedad. Se habían postulado muchas teorías sobre cómo se propagan las enfermedades infecciosas, pero fueron los experimentos de Louis Pasteur y Robert Koch los que señalaron a los microbios como los causantes. La llamada teoría microbiana de la enfermedad fue una idea confirmada posteriormente, al descubrir Koch bacterias en el cuerpo de pacientes infectados.

La falta de higiene se identificó como un factor importante en la propagación de la enfermedad, y los

1901

Karl Landsteiner **identifica** tres **grupos sanguíneos** distintos, tras haber descubierto que al mezclar tipos **incompatibles** los glóbulos se aglutinan.

1928

Tras una contaminación accidental de cultivos microbianos, Alexander Fleming **descubre la penicilina**, un antibiótico para **infecciones bacterianas**.

1955

A partir de imágenes cristalográficas de rayos X, Rosalind Franklin describe la **estructura** del **virus del mosaico del tabaco**.

1955

Jonas Salk desarrolla una **vacuna** que acabará por **erradicar** casi por completo la **poliomielitis**.

1957

Frank Burnet describe cómo el **sistema inmunitario conserva la memoria** de los patógenos a los que derrota, aportando inmunidad frente a ataques futuros.

microbios, como causantes probables de la infección de las heridas. A partir de esto, Joseph Lister desarrolló la idea de que usar antisépticos (sustancias químicas que matan microbios infecciosos) podía reducir enormemente el riesgo de infección al tratar heridas y durante la cirugía.

Otra arma importante en la lucha contra la enfermedad se descubrió por casualidad en 1928, cuando Alexander Fleming observó la actividad en un cultivo microbiano contaminado en su laboratorio. La presencia accidental de lo que hoy conocemos como penicilina demostró que hay determinados microbios y hongos que acaban con otros microbios. Esto suponía que las propiedades antibióticas de estas sustancias podían usarse de modo específico para combatir infecciones bacterianas.

Crear inmunidad

La idea de la inoculación –infectar a un paciente con una dosis leve de una enfermedad para prevenir el contagio en su forma más grave– surgió probablemente en la medicina islámica medieval. La práctica no se difundió en Occidente hasta que Edward Jenner observó que quienes habían padecido la benigna viruela bovina parecían inmunes a la más grave viruela, común en Europa a finales del siglo XVIII. Al inocular a un muchacho con pus de una pústula de viruela bovina, Jenner desencadenó una respuesta inmunitaria que lo protegió de la viruela.

Crear inmunidad por medio de vacunas se convirtió en una herramienta importante para erradicar la enfermedad. Entre los ejemplos están la vacuna contra la rabia, de Louis Pasteur, y, más tarde, en la década de 1950, la vacuna de Jonas Salk contra la poliomielitis, enfermedad que prácticamente erradicó. Puso aún más de manifiesto la importancia de la vacunación el hecho de que muchas enfermedades infecciosas no son causadas por bacterias, sino por virus, que no se pueden combatir con antibióticos.

El trabajo de Rosalind Franklin para determinar la estructura no celular de los virus permitió comprender cómo se reproducen, invadiendo y alterando los sistemas genéticos del anfitrión. Nuevos estudios sobre cómo funcionan las vacunas, estimulando la producción de anticuerpos, llevaron a Frank Burnet a la teoría de que la respuesta inmunitaria a la presencia de antígenos desencadena la reproducción de clones de anticuerpos específicos, y estos hacen frente a futuros ataques. ■

LA ENFERMEDAD NO LA ENVIAN LOS DIOSES

EL FUNDAMENTO NATURAL DE LA ENFERMEDAD

EN CONTEXTO

FIGURA CLAVE
Hipócrates (*c.* 460–375 a. C.)

ANTES
***C.* 2650 a. C.** Tras haber diagnosticado y tratado más de 200 enfermedades, el egipcio Imhotep es venerado como dios de la medicina.

500 a. C. En India, los jainistas creen que los *nigoda*, unas criaturas minúsculas, traen la enfermedad al cuerpo.

DESPUÉS
***C.* siglo iv a. C.** Se redacta el juramento hipocrático, un código ético para los médicos.

***C.* 180** En Roma, Galeno afirma que el desequilibrio de los humores causa la enfermedad.

1762 El médico austriaco Marcus Plenciz propone que los microbios pueden causar enfermedades.

Década de 1870 Louis Pasteur y Robert Koch formulan la teoría microbiana de la enfermedad.

Para muchos, la medicina empieza con Hipócrates, médico griego que vivió hace casi 2500 años. Lo común entonces era atribuir la enfermedad a magia maligna o a los dioses, pero se usaban remedios naturales, como el ajo o la miel. Otros, como Platón y Aristóteles, defendían las explicaciones lógicas y racionales del mundo.

De la creencia de que toda la materia está hecha de cuatro elementos –tierra, aire, fuego y agua– derivó la idea de los cuatro fluidos –sangre, bilis amarilla, bilis negra y flema– del cuerpo; y se creía que la buena salud depende del equilibrio de dichos fluidos, o humores. Hipócrates codificó los cuatro humores en una teoría médica que acabaría demostrándose errónea, pero estableció una base puramente racional para comprender y tratar la enfermedad. La medicina había dejado atrás la brujería para convertirse en ciencia. Según él, «la enfermedad no la envían ni la quitan los dioses. Tiene un fundamento natural. Si podemos hallar la causa, podemos hallar la cura».

> Apartaré [de los enfermos] todo daño e injusticia.
> **Juramento hipocrático**

Hipócrates instaba a los médicos a examinar con atención a los pacientes, obtener su historial y observar sus síntomas, como hoy es la norma. La práctica médica solía pasar de padres a hijos, pero Hipócrates estableció cursos de formación para que cualquiera pudiera convertirse en médico. Los alumnos se comprometían a poner las necesidades del paciente por encima de todo; era el llamado juramento hipocrático –aunque Hipócrates pudo no ser el autor–, que establecía la ética como principio de la práctica médica, y que hoy sigue vigente en algunos países. ■

Véase también: Fisiología experimental 18–19 ▪ Los fármacos y la enfermedad 143 ▪ La teoría microbiana 144–151 ▪ La antisepsia 152–153

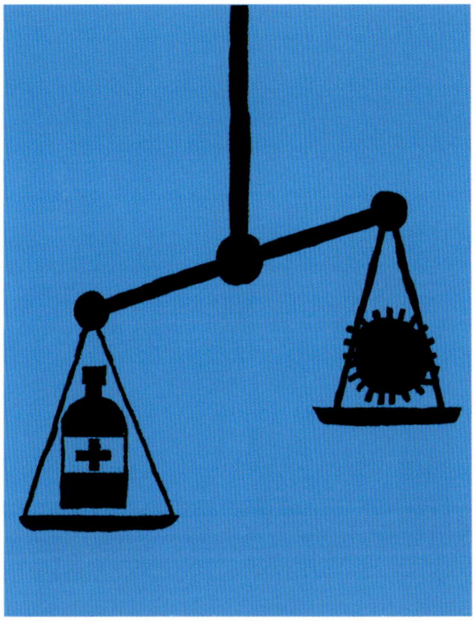

LA DOSIS HACE EL VENENO

LOS FÁRMACOS Y LA ENFERMEDAD

EN CONTEXTO

FIGURA CLAVE
Paracelso (1493–1541)

ANTES
***C.* 60** Dioscórides, cirujano militar griego, compila *De materia medica*, texto sobre el uso medicinal de las plantas vigente durante 1500 años.

***C.* 780** Jabir ibn Hayyan introduce nuevos modos de obtener fármacos químicos.

1498 Las autoridades florentinas publican la primera farmacopea oficial, *Ricettario fiorentino*.

DESPUÉS
1804 Los químicos franceses Armand Séguin y Bernard Courtois aíslan la morfina como principio activo del opio.

1828 Friedrich Wöhler, al sintetizar por primera vez una sustancia orgánica, la urea, reivindica la noción de Paracelso del cuerpo como química.

Los tratamientos con plantas o minerales se remontan a la prehistoria. Los sanadores transmitieron el conocimiento antiguo de estos remedios, reunido por el médico griego Dioscórides en *De materia medica*. La idea de los fármacos químicos se atribuye al polímata musulmán Jabir ibn Hayyan (o Geber), a finales del siglo VIII. No obstante, en la Europa medieval, los médicos siguieron tratando la enfermedad como desequilibrio humoral.

La primera edición impresa de *De materia medica* (1478) despertó el interés por los fármacos y dio pie a nuevas farmacopeas, o listas de fármacos con instrucciones para su uso. A inicios del siglo XVI, el médico y alquimista suizo Paracelso defendía que la enfermedad no era el resultado de un desequilibrio humoral, sino la invasión del cuerpo por un veneno, a tratar con un antídoto. Según Paracelso, el propio antídoto puede ser un veneno: «Todas las cosas son veneno, y nada es sin veneno. Solo la dosis hace que una cosa no sea un veneno».

El médico debe extraer sustancias como un minero, y cosecharlas como un agricultor, según Paracelso, quien obtuvo compuestos medicinales experimentando en el laboratorio. Entre sus descubrimientos está el láudano, el mejor remedio para aliviar el dolor durante siglos, hecho a partir de opio en polvo y alcohol, así como las dosis leves de mercurio para tratar la sífilis. ■

Paracelso se llamaba Theophrastus von Hohenheim. El nombre que adoptó se ha interpretado como «superior a Celso»; el médico Aulo Cornelio Celso escribió una famosa enciclopedia médica en el siglo I.

Véase también: Fisiología experimental 18–19 ▪ Las sustancias bioquímicas se pueden fabricar 27 ▪ El fundamento natural de la enfermedad 142

LOS MICROBIOS TENDRAN LA ULTIMA PALABRA

LA TEORÍA MICROBIANA

EN CONTEXTO

FIGURAS CLAVE
Louis Pasteur (1822–1895), **Robert Koch** (1843–1910)

ANTES
***C.* 180** En la antigua Roma, el médico griego Galeno cree que la peste se propaga por «semillas de peste» transportadas por el aire.

1762 El médico austriaco Marcus Plenciz propone que los microbios causan algunas enfermedades, pero sus ideas no son aceptadas.

1854 John Snow establece el vínculo entre el contagio del cólera y el contacto con agua contaminada.

DESPUÉS
1933 Se identifica un virus como fuente de la pandemia de gripe de 1918.

1980 Se erradica la viruela.

2019 Se aísla el virus SARS-CoV-2 causante de la COVID-19.

Durante siglos se creyó que miasmas portadores de enfermedades emanaban desde el Támesis a la ciudad de Londres. La imagen, de mediados del siglo XIX, representa a la Muerte en un bote.

La teoría microbiana detalla la idea de que muchas enfermedades se deben a gérmenes, o microbios, tales como las bacterias. Cuando un germen entra en el cuerpo, o lo infecta, se multiplica y causa una determinada enfermedad, con ciertos síntomas asociados.

La teoría microbiana la asentaron a finales del siglo XIX los experimentos del químico francés Louis Pasteur y el médico alemán Robert Koch. Muchos médicos eran partidarios de la teoría miasmática, o del «mal aire», según la cual la enfermedad la propaga el aire mismo, en particular el aire húmedo, neblinoso y fétido próximo a las aguas estancadas.

En el siglo I a. C., el arquitecto y escritor romano Vitruvio desaconsejaba construir cerca de los pantanos, pues llegarían desde ellos miasmas con la brisa matinal, trayendo el aliento de criaturas de los pantanos que hacían enfermar a la gente.

Algunos escépticos ante la teoría miasmática mantenían que las enfermedades se propagan por contagio –contacto directo con otros o con algún material contaminado–, sin tener noción alguna acerca de los microbios. Sin embargo, la idea de los microbios como causantes es antigua: los jainistas de la India creían hace ya 2500 años que unos seres minúsculos, los *nigoda*, traían la enfermedad. El estudioso romano Marco Terencio Varrón escribió que debían tomarse precauciones en los pantanos para evitar que entraran en el cuerpo criaturas minúsculas portadoras de enfermedad.

También consideraron ideas similares algunos médicos del mundo islámico, testigos de los estragos de la peste en el reino nazarí de Granada en el siglo XIV. Según Ibn Jatima, eran «cuerpos minúsculos» los responsables del contagio, e Ibn al Jatib describió cómo estos cuerpos se transmitían por contacto entre personas.

> Ciertas criaturas minúsculas [...] flotan en el aire y entran en el cuerpo por la boca y la nariz, causando enfermedades graves.
> **Marco Terencio Varrón**
> ***De re rustica* («De las cosas del campo», 35 a. C.)**

Primeros microbios vistos

El problema era que los microbios son demasiado pequeños para verlos a simple vista. Esto cambió a finales del siglo XVI con la invención del microscopio. En 1656, el sacerdote y estudioso alemán Athanasius Kircher vio «pequeños gusanos» al observar al microscopio la sangre de víctimas de la peste en Roma, y los consideró

Véase también: Cómo se producen las células 32–33 ▪ La fermentación 62–63 ▪ La antisepsia 152–53 ▪ Los antibióticos 158–159 ▪ Los virus 160–163 ▪ Vacunas para prevenir enfermedades 164–167 ▪ La respuesta inmune 168–171

La enfermedad del gusano de seda llamada muscardina es común en la especie *Bombyx mori*. El hongo que la causa se llamó *Beauveria bassiana*, por Agostino Bassi.

los causantes de la enfermedad. No es probable que viera la bacteria *Yersinia pestis* responsable de la peste, pero no se equivocaba en cuanto a que la causa fueran microbios. Kircher publicó su teoría en 1658, y recomendó incluso medidas para atajar la propagación: aislamiento y cuarentena de las víctimas, y quemar la ropa.

A finales de la década de 1660, el científico neerlandés Antoni van Leeuwenhoek construyó un microscopio sencillo de 200 aumentos. A lo largo de los años siguientes vio que el agua aparentemente limpia y clara estaba llena de criaturas minúsculas (hoy conocidas como bacterias, protozoos y nematodos), y que, de hecho, las había casi por todas partes. En 1683, Van Leeuwenhoek publicó el primer dibujo de sus llamados animálculos, bacterias que había observado en la placa de sus propios dientes. Los dibujó meticulosamente, registrando cuatro formas distintas de bacterias, desde espirales a bastones, pero no relacionó los microbios con enfermedades. Hoy, los microbiólogos han identificado más de 30 000 tipos de bacterias, con tres formas básicas (abajo).

Las pruebas se acumulan

Pese a hallazgos como los de Van Leeuwenhoek, la teoría miasmática seguía vigente. En 1807, el entomólogo italiano Agostino Bassi empezó a estudiar la muscardina, enfermedad que estaba diezmando la industria de los gusanos de seda en Italia y Francia. Halló que un hongo parásito microscópico era el causante, y que era contagioso, pues se transmitía entre los gusanos por la ingesta de hojas infectadas y por contacto. En 1835 publicó sus hallazgos en un trabajo en el que proponía que los microbios causaban enfermedades a los humanos, además de a las plantas y animales.

Ideas como la de Bassi empezaron a reunir apoyos. En 1847, el húngaro Ignaz Semmelweis, trabajando en Viena, revolucionó los partos en los pabellones de maternidad, donde la fiebre o sepsis puerperal venía haciendo estragos entre las nuevas madres. Según Semmelweis, la fiebre puerperal la transmitían «partículas cadavéricas» traídas por los alumnos »

Principales tipos de bacteria

Los cocos son bacterias redondas que se dan en forma unicelular y multicelular y causan enfermedades como la meningitis, la neumonía, la escarlatina y la faringitis estreptocócica.

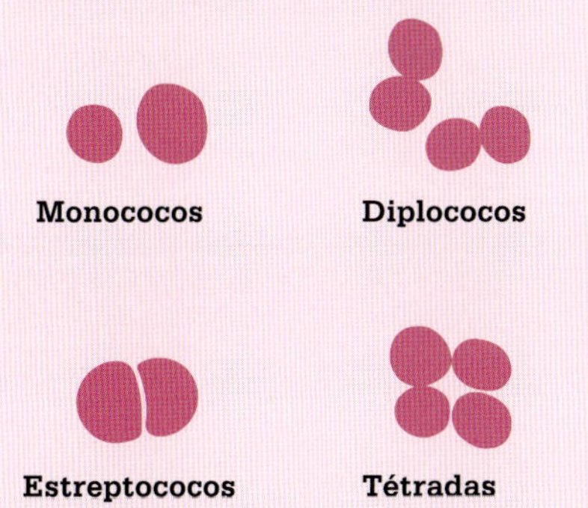

Los bacilos son alargados y delgados, pueden darse en cadena o empalizada, y causan enfermedades como la tos ferina, la difteria, el tétanos y la tuberculosis.

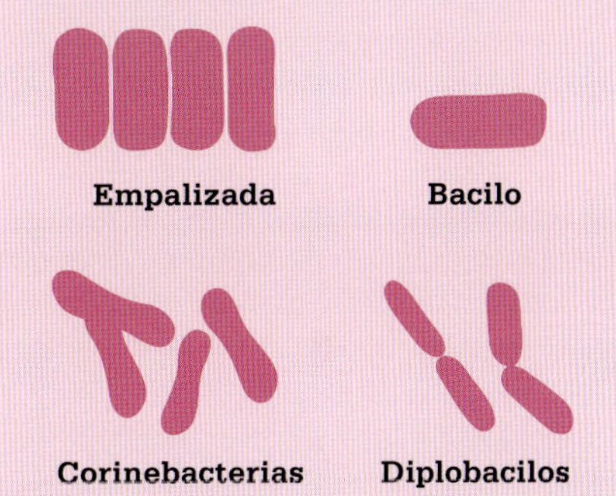

Las bacterias curvas incluyen los espirilos, las espiroquetas en forma de sacacorchos y los vibrios en forma de coma, causantes de enfermedades como el cólera.

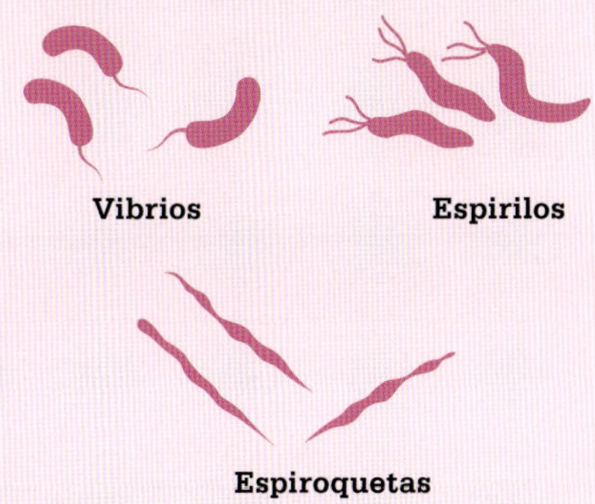

de las salas de disección a las de partos. Las medidas de higiene que implantó, como el lavado de manos, redujeron drásticamente los casos de fiebre, pero los médicos en general no creyeron en la eficacia de la higiene en la lucha contra la enfermedad.

El cólera

Otra peripecia se inscribió en la historia de la teoría microbiana con ocasión de una epidemia de cólera en el distrito londinense del Soho en 1854. El médico británico John Snow dudaba que la teoría miasmática encajara con el patrón del brote, pues algunas víctimas se encontraban en un área muy reducida, mientras que otras vivían en grupos alejados.

Con un estudio y un mapa meticulosos de la zona, Snow pudo mostrar que todos los afectados habían bebido agua de una fuente concreta, contaminada por excrementos humanos depositados cerca. Snow había demostrado su teoría acerca de la transmisión del cólera, y los miasmas no eran los culpables. Las autoridades locales eran escépticas, pero igualmente decidieron mejorar el suministro de agua de la ciudad. Hubo otro brote de cólera en Florencia (Italia) el mismo año. El anatomista Filippo Pacini estudió la mucosidad de la pared intestinal de las víctimas, y en todos los casos vio bacterias en forma de coma, a las que llamó *Vibrio cholerae*. Por primera vez se había relacionado una enfermedad humana importante con un patógeno específico. Con todo, la medicina establecida siguió prefiriendo la teoría miasmática, e ignoró el trabajo de Pacini.

> “Es una idea aterradora que la vida esté a merced de la multiplicación de estos cuerpos minúsculos.”
> **Louis Pasteur**

Vino y levadura

A fines de la década de 1850, en Francia, Louis Pasteur realizó varios experimentos que demolerían la teoría miasmática y le llevarían a elaborar su pionera teoría microbiana. Siendo decano de la Facultad de Ciencias en la Universidad de Lille, un productor local de vino le pidió que investigara el proceso de la fermentación.

Los productores de cerveza y vino suponían que la fermentación era una mera reacción química, pero Pasteur vio que el vino maduro contiene minúsculos microbios redondos, los de la levadura, y concluyó correctamente que eran estos microbios los causantes de la fermentación. Después, Pasteur descubrió que solo un tipo de levadura hace que el vino madure del modo deseado, y que otro tipo fabrica ácido láctico, que estropea el vino.

Pasteur halló que podía matar la levadura dañina del vino sin dañar la otra calentando el vino suavemente hasta unos 60 °C. En 1865 patentó dicha técnica, que acabó conociéndose como pasteurización, y su uso está hoy muy difundido en las industrias del vino y de la cerveza, así como para matar patógenos en productos frescos, como la leche o los zumos de frutas.

Pasteur empezó a estudiar cómo aparecían microbios como la levadura. Por entonces era habitual la creencia de que la vida podía surgir de lo no vivo, y se pensaba que el moho aparecía espontáneamente

Louis Pasteur diseñó el cuello de cisne del matraz para que las partículas aéreas se asentaran en la curva del tubo y no llegaran al caldo.

Pasteur refuta la generación espontánea

En 1745, el naturalista británico John Needham hirvió caldo de carne para matar a los microbios, y al ver que se enturbiaba, señal de contenerlos, supuso que se generaban espontáneamente a partir de la materia del caldo.

En 1859, Pasteur modificó el sencillo experimento con un matraz de cuello de cisne de diseño propio. Hirvió la carne en el matraz, para que no contaminaran el caldo microbios aéreos, y selló el cuello para impedir la entrada de aire; el caldo se mantenía claro de forma indefinida. Bastaba romper la punta y permitir la entrada del aire para que pronto el caldo se enturbiara, indicando que se multiplicaban en él los microbios.

Pasteur demostró más allá de toda duda que los microbios que estropean el caldo –al igual que los de la levadura que causan la fermentación– proceden del aire. El experimento desacreditaba la generación espontánea, y con ello, la principal oposición a la teoría microbiana.

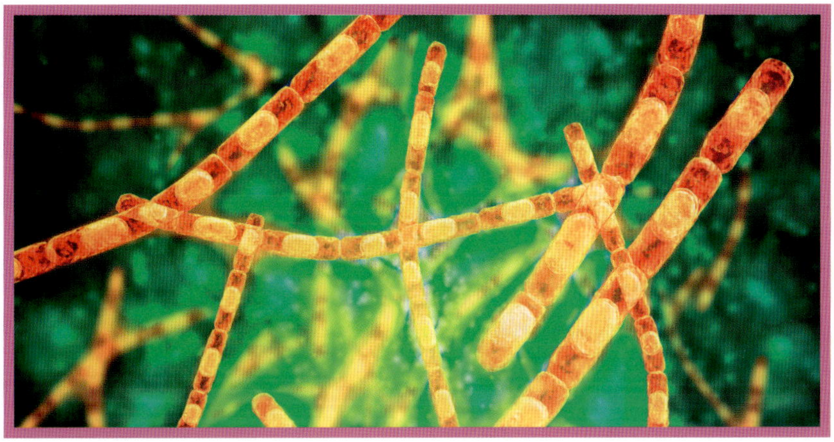

Las esporas de la bacteria del suelo *Bacillus anthracis* causan el carbunco, enfermedad grave que afecta a muchos animales, humanos incluidos.

en los alimentos estropeados, lo cual se conocía como generación espontánea. En 1859, tras haber desacreditado la generación espontánea en un experimento famoso (recuadro, p. anterior), a Pasteur le pareció muy probable que transmitieran las enfermedades microbios en suspensión en el aire, y no el aire mismo, como postulaba la teoría miasmática.

El punto de inflexión llegó unos años después. En 1865, Pasteur estaba buscando una solución para la pebrina, una enfermedad que mataba a los gusanos de los que dependía la industria de la seda del sur de Francia. Leyó el trabajo de Bassi sobre la muscardina, de unos 30 años antes, y no tardó en descubrir que unos microbios, parásitos minúsculos hoy conocidos como microsporidios, eran los causantes de la pebrina. Publicó sus hallazgos en 1870, y afirmó que el único modo de detener la enfermedad era quemar todos los gusanos y moreras infectadas. Los fabricantes de seda siguieron el consejo de Pasteur, y la enfermedad fue erradicada.

> [...] ha sido necesario también mucho tiempo para superar antiguos prejuicios y que los médicos admitan como correctos los nuevos datos.
>
> **Robert Koch**
> **Discurso del Nobel de Robert Koch (1905)**

Investigación de la teoría microbiana

Convencido de que los microbios eran los causantes de muchas infecciones, Pasteur siguió investigando cómo se propagan las enfermedades entre los humanos y los animales. Al leer el trabajo de Pasteur, el cirujano británico Joseph Lister comprendió que matar a los microbios era la mejor manera de impedir la transmisión; así, a fines de la década de 1860 insistía en que se limpiaran las heridas y se esterilizaran los vendajes a tal fin. Las muertes en la mesa de operaciones se redujeron mucho a medida que otros cirujanos adoptaban los mismos procedimientos antisépticos.

En Alemania, en 1872, inspirado por los hallazgos de Pasteur, el médico Robert Koch comenzó su propia investigación acerca de la teoría microbiana en su laboratorio privado. En 1876 logró identificar la bacteria causante del carbunco (o ántrax maligno), un bacilo al que llamó *Bacillus anthracis*, y fue más allá con un experimento ingenioso que demostró por primera vez que las bacterias causan enfermedades.

Primero, Koch extrajo el bacilo del carbunco de la sangre de una oveja que había muerto de la enfermedad. Luego, dejó multiplicarse la bacteria en el laboratorio, en un cultivo de nutrientes que no habían tenido contacto alguno con animales enfermos; primero usó el líquido del ojo de un buey, y más tarde empleó un caldo de agar y gelatina. Koch tomó las bacterias cultivadas y las inyectó en ratones. Los ratones no tardaron en morir de carbunco, y no había duda de que eran las bacterias las causantes de la enfermedad.

Pasteur respondió al impactante experimento confirmando el resultado, y procedió a demostrar que la bacteria del carbunco podía sobrevivir durante mucho tiempo en el suelo. Por el simple hecho de pastar en un campo antes ocupado por una oveja enferma, una oveja sana podía contraer la enfermedad. Anteriormente, en la década de 1790, el cirujano británico Edward Jenner había descubierto que se podía adquirir la inmunidad a la viruela gracias a la vacuna de la viruela bovina, una enfermedad similar del ganado cuyo impacto es leve en los humanos.

Calentando las bacterias solo lo suficiente para debilitarlas, Pasteur obtuvo una vacuna para el carbunco que se probó con éxito en ovejas, cabras y vacas. Al igual que la leve viruela bovina, las bacterias debilitadas del carbunco activaban una respuesta defensiva del organismo suficiente como para conferirle inmunidad, sin causar la enfermedad. Desde el avance de Pasteur con el »

Los experimentos prueban que la **fermentación** y el **moho** no se dan espontáneamente, sino por **microbios en el aire**.

Hay ciertos microbios en el cuerpo de los animales enfermos, pero **¿se alimentan simplemente** de la **enfermedad?**

Transferir los **microbios** sospechosos a **animales sanos** hace que estos **enfermen**.

Los microbios son, por tanto, la causa de la enfermedad.

carbunco, las vacunas a base de microbios debilitados, o atenuados, se convirtieron en armas de primer orden en la lucha contra enfermedades como la difteria o la tuberculosis.

Microbios y enfermedad

Pasteur había demostrado que los microbios se hallan en el aire, y tanto Koch como él probaron que algunos causan enfermedades. Era muy significativo que cada enfermedad era causada por un microbio particular. Estos podían ser de tamaño microscópico, pero hoy sabemos que causan daño al entrar en el cuerpo por las vía respiratoria, urogenital o gastrointestinal, y también por heridas en la piel. Luego se multiplican, e interfieren con las funciones corporales o liberan una toxina.

Durante sus investigaciones en la década de 1880, Koch creó una serie de cuatro pruebas para confirmar el vínculo entre un microbio y una enfermedad, y dispuso criterios para identificar un patógeno (microbio causante de enfermedad). Estas cuatro pruebas serían conocidas como los postulados de Koch (abajo), y actualmente se siguen usando versiones modificadas de los mismos.

Koch pronto identificó el microbio causante de la tuberculosis, *Mycobacterium tuberculosis*, en 1882. Quería hallar también el del cólera, y viajó a la India y Egipto para conseguir muestras. En 1884 había determinado que se trataba de la bacteria en forma de coma *Vibrio cholerae*, la misma que había detectado Pacini en Florencia 30 años antes. Koch comprendió que la bacteria del cólera prosperaba en el agua contaminada, y propuso medidas para detener su propagación. También Pasteur siguió reuniendo pruebas de la teoría microbiana, y en 1885 desarrolló una vacuna para la rabia.

La caza de los gérmenes

Pese al trabajo brillante de Pasteur y Koch, seguían siendo muchos los contrarios a la teoría microbiana. En 1878, el patólogo alemán Rudolf Virchow, por ejemplo, desdeñó por «improbables» las conclusiones de Koch sobre el carbunco, y tardó diez años en rectificar. Sin embargo, llegada la década de 1890, quedó claro que

Los postulados de Koch

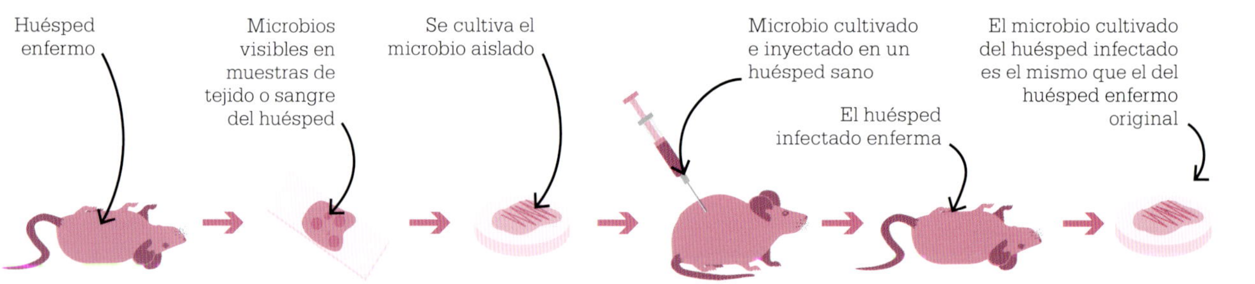

1. Vinculación
El mismo microbio debe estar presente en todos los casos de la enfermedad.

2. Aislamiento
El microbio se debe obtener del huésped enfermo y criarse en un cultivo puro.

3. Inoculación
El microbio cultivado del huésped enfermo debe causar la enfermedad al huésped sano.

4. Reaislamiento
El microbio tomado del huésped inoculado debe ser idéntico al del huésped original.

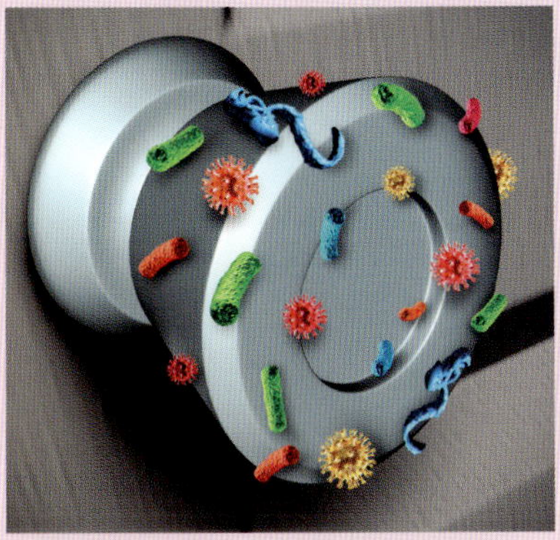

Los virus sobreviven hasta 24 horas sobre superficies duras, como el pomo de una puerta; las bacterias, desde unas horas hasta días o meses.

Cómo se propagan los microbios

La mayoría de los gérmenes no se mueven por sí mismos, y tienen vías de transmisión propias. Para tomar medidas preventivas ante una enfermedad nueva, resulta vital determinar pronto el modo exacto de transmisión. Al parecer, hay cuatro maneras principales de propagación de un patógeno. El contacto es una manera obvia, tanto si es directo (con la piel infectada, membranas mucosas o fluidos corporales), como indirecto (al tocar superficies como el pomo de una puerta). Los patógenos aéreos, sobre todo los virus, se mantienen en suspensión como microgotas en el aire –tras toser, estornudar o incluso respirar–, y los inhala el huésped siguiente. El virus SARS-CoV-2 se transmite sobre todo por contacto y por el aire, y la distancia, el lavado de manos y las mascarillas son clave para su control. Vehículos como el agua, los alimentos o la sangre también transmiten patógenos. Y mosquitos, ácaros y garrapatas son ejemplos de vectores, esto es, organismos que transportan enfermedades.

la teoría miasmática era insostenible, y los científicos emprendieron la caza de patógenos con el objetivo de identificar a los responsables de todas y cada una de las enfermedades infecciosas. Desde entonces, se han identificado unos 1500 microbios causantes de enfermedades, algunos con ciclos vitales complejos que involucran diversos portadores o vectores. No obstante, el 99 % de los microbios son totalmente inofensivos.

Al principio se creyó que bacterias, microsporidios y protozoos eran los principales tipos de germen o microbio, hasta que en 1892 el microbiólogo ruso Dmitri Ivanovski halló que un tipo aún más minúsculo –invisible hasta con los microscopios de la época– causaba también enfermedades. Este fue llamado virus en 1898.

Hoy sabemos que los virus ni siquiera están vivos propiamente hablando, y que son partículas increíblemente pequeñas de material reproductivo que tienen que invadir organismos vivos para replicarse y propagarse. Existen casi en todas partes, y aunque solo poco más de doscientos causan enfermedades en los humanos, estas van desde resfriados leves hasta enfermedades más peligrosas, como la COVID-19.

Combatir la enfermedad

La teoría microbiana transformó la lucha contra la enfermedad, aportando medidas claras y comprobadas capaces de detener la propagación de microbios, como la higiene, el saneamiento, la cuarentena, el distanciamiento y las mascarillas. Los científicos adquirieron rápidamente el conocimiento de cómo las vacunas confieren inmunidad y de cómo desarrollar vacunas para las enfermedades partiendo de aislar el patógeno.

Tras las demostraciones de la teoría microbiana por Pasteur y Koch, los científicos comprendieron que cuando los microbios invasores de enfermedades infecciosas atacan a las células del organismo, este cuenta con defensas propias y sofisticadas para rechazarlos, las del sistema inmunitario. Muchos síntomas de enfermedad, como la fiebre y la inflamación, son en realidad manifestaciones de la respuesta inmunitaria a los patógenos.

La microbiología fue la clave para el estudio de la enfermedad en el siglo XX. La investigación basada en cultivos de laboratorio dio pie al hallazgo por Alexander Fleming de los antibióticos, los primeros medicamentos eficaces contra las bacterias. Se desarrollaron fármacos como los antivirales para eliminar los patógenos y detener la enfermedad, en vez de limitarse a aliviar los síntomas. Hace un siglo, enfermedades infecciosas como el cólera, la viruela, la tuberculosis y el tifus causaban sufrimiento y muerte a un número enorme de personas. Hoy, gracias a los avances en la teoría microbiana, dichas enfermedades matan a muchas menos personas, aunque los afectados por enfermedades infecciosas fueran 15 millones cada año antes de la pandemia de la COVID-19 en 2020. El virus SARS-CoV-2 causante de la COVID-19 fue identificado en solo unos pocos meses, y esto permitió crear vacunas en un tiempo récord. ■

> “El cultivo puro es la base de toda investigación sobre enfermedades infecciosas.”
> **Robert Koch**

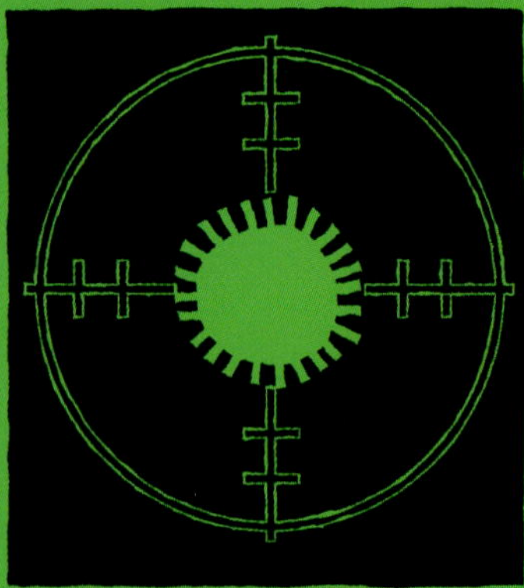

EL PRIMER OBJETIVO DEBE SER LA DESTRUCCION DE TODO GERMEN SEPTICO

LA ANTISEPSIA

EN CONTEXTO

FIGURA CLAVE
Joseph Lister (1827–1912)

ANTES
Siglo IV a. C. Hipócrates comprende que el pus en una herida puede ser fatal.

1847 Ignaz Semmelweis propone el lavado de manos en las salas de partos para reducir el riesgo de infección.

1858 El informe de Florence Nightingale sobre las muertes entre el ejército británico en la guerra de Crimea muestra que la mayoría se habría evitado con mejor higiene.

DESPUÉS
1884 Robert Koch formula los postulados de Koch, que describen el vínculo causal entre microorganismos y enfermedades específicos.

1890 William Halsted, cirujano estadounidense, emplea las primeras técnicas asépticas, los guantes de goma en la cirugía.

La importancia de la higiene para prevenir las infecciones parece hoy algo obvio, pero no hubo un conocimiento científico de los mecanismos de la infección y los beneficios de la higiene hasta finales del siglo XIX. En la década de 1860, el químico francés Louis Pasteur descubrió que la fermentación y también la degradación de la leche, la cerveza y el vino eran causados por microorganismos presentes en el aire. Fue el primer gran paso para demostrar la teoría microbiana, la idea de que en el entorno hay organismos invisibles para el ojo humano que causan enfermedades. El vínculo lo estableció en la década de 1880 el médico alemán Robert Koch, pero la relación entre una higiene deficiente y el riesgo de infección la habían percibido ya otros, como el médico húngaro Ignaz Semmelweis, en la década de 1840, y la enfermera y estadística británica Florence Nightingale, en la de 1850.

En 1867, inspirado por el trabajo de Pasteur, el cirujano británico Joseph Lister aplicó un enfoque nuevo a la reducción de las infecciones durante la cirugía. Por entonces, aproximadamente la mitad de los pacientes operados morían, a menudo de

Se descubre que los **microorganismos** causan las **infecciones**.

↓

Gérmenes del aire y las superficies **entran en las heridas durante la cirugía**.

↓

Aplicar antisépticos a las heridas durante la cirugía mata los gérmenes y previene la infección.

Véase también: La fermentación 62–63 ▪ La teoría microbiana 144–151 ▪ Los antibióticos 158–159 ▪ La respuesta inmune 168–171

> La descomposición en la parte herida puede evitarse [...] aplicando como vendaje algún material capaz de destruir la vida de las partículas flotantes.
> **Joseph Lister**

infecciones debidas al uso de instrumental contaminado. Hasta el descubrimiento de Pasteur, la teoría imperante era que tales infecciones ocurrían por la exposición de partes internas del cuerpo a los miasmas, o «mal aire», vapores tóxicos emanados de materia en descomposición. Convencido de que la causa eran en realidad los gérmenes, Lister buscó una sustancia química para aplicar a las heridas de los pacientes y matar a los microorganismos antes de que las infectaran. Escogió una solución de ácido carbólico (hoy llamado fenol), obtenido de la creosota, por constarle que esta se usaba para eliminar el olor de las aguas fecales con las que se abonaban los campos.

Eficacia antiséptica

Lister probó por primera vez su antiséptico (del griego *sepsis*, «pudrir») en 1865 en la Glasgow Royal Infirmary, sobre James Greenlees, paciente de 11 años con una fractura compuesta en la pierna. Lister lavó la herida con fenol, y lo aplicó también a los vendajes, que se fueron renovando mientras el hueso sanaba. James no sufrió infección alguna, y su recuperación fue admirable. Animado, Lister dispuso que los cirujanos a su cargo se lavaran las manos con fenol, y también el instrumental quirúrgico; el resultado fue una reducción enorme de los niveles de infección. También experimentó con el fenol vaporizado sobre los pacientes durante la cirugía, con resultados limitados. La teoría microbiana no era aún generalmente aceptada, y las ideas de Lister toparon con el rechazo inicial de la práctica médica establecida, pero sus resultados no tardaron en convencer a médicos clínicos de todo el mundo. En pocas décadas, se incorporaron a las técnicas quirúrgicas los procedimientos asépticos que hoy son la norma para minimizar el riesgo de contaminación microbiana, como mascarillas y batas y guantes esterilizados del personal clínico. Las salas de operaciones están aisladas de las áreas concurridas de los hospitales, y se ventilan con aire filtrado. ■

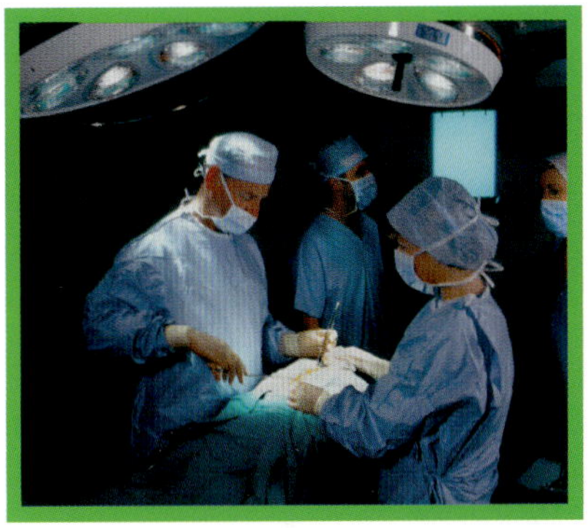

En la cirugía actual, los antisépticos más comunes para preparar la piel son el yodo, el gluconato de clorhexidina y el alcohol. El fenol ya no se usa, por ser un irritante de la piel.

Joseph Lister

Joseph Lister, de familia cuáquera próspera, nació en 1827 en Upton (hoy en Londres). Estudió clásicos y botánica en el University College de Londres (UCL), y medicina en la escuela médica de la universidad. Desde un puesto en Edimburgo como asistente quirúrgico ascendió a profesor regio de cirugía en la Universidad de Glasgow. En 1861 fue nombrado cirujano de la Glasgow Royal Infirmary, donde su trabajo con las técnicas antisépticas le valió la cátedra de la Universidad de Edimburgo, y luego del King's College Hospital de Londres.

Fue cirujano de la reina Victoria, quien le nombró barón en 1883. Lister introdujo el hilo de sutura de tripa animal, innovaciones en las reparaciones de rótula y la mastectomía. La intoxicación alimentaria *Listeria* fue nombrada en su honor. Murió en 1912.

Obras principales

1867 *Sobre el principio antiséptico en la práctica de la cirugía.*
1870 *Sobre los efectos del sistema de tratamiento antiséptico sobre la salubridad de un hospital quirúrgico.*

TRAS EXTIRPARLO, SE REPRODUCE DE NUEVO

LA METÁSTASIS DEL CÁNCER

EN CONTEXTO

FIGURA CLAVE
Campbell de Morgan (1811–1876)

ANTES
***C.* 1600 a. C.** En el papiro egipcio de Edwin Smith se describe el cáncer de mama.

***C.* 400 a. C.** Hipócrates llama carcinomas (de la palabra griega para «cangrejo») a los tumores, precedente de la palabra «cáncer».

1855 Rudolf Virchow relaciona el cáncer con las células normales, pero lo atribuye erróneamente a irritación de los tejidos.

DESPUÉS
1962, 1964 El Real Colegio de Médicos británico y el Cirujano General de EE UU informan del vínculo entre fumar y el cáncer.

1972 La tomografía computarizada permite localizar tumores para la cirugía o la radioterapia.

El cáncer es una de las mayores causas de muerte, solo superado por los trastornos cardiacos, cerebrovasculares y respiratorios. Se inicia cuando una célula normal empieza a crecer anormalmente. Lo habitual es que las células se dividan y creen otras para reemplazar a las viejas o dañadas. En el cáncer, el proceso falla, y se forman células nuevas que no se necesitan, y se dividen de modo incontrolable, formando tumores.

En la década de 1870 se produjo un avance importante en la comprensión del cáncer, cuando el cirujano británico Campbell de Morgan defendió que surgía en una parte concreta del cuerpo pero se extendía luego a otras, en el proceso hoy llamado metástasis. Esto fue vital para comprender la necesidad de seguimiento posterior a la cirugía, a fin de comprobar que el cáncer no reaparece.

> Hoy, todo [el cáncer] puede ser susceptible de operar; mañana, puede haberse extendido mucho más allá.
> **Campbell de Morgan**

Primeras teorías

El cáncer se conoce desde la Antigüedad. El médico griego Hipócrates lo atribuyó al exceso de bilis negra (uno de los cuatro humores), y no fue desmentido durante casi dos mil años. En el siglo XVIII se supo que el cáncer es un crecimiento anormal, y, una vez se dispuso de anestesia en la década de 1840, extirpar tumores cancerosos fue una cirugía habitual. En 1839, el biólogo alemán Theodor Schwann propuso que el cuerpo estaba compuesto por células, y, en 1855, el médico alemán Rudolf Virchow fue el primero en comprender que el cáncer se origina en las células normales.

Para entonces se sabía que algunos cánceres estaban asociados a factores ambientales –en el siglo XVIII se había observado una incidencia elevada del cáncer de escroto entre hombres que habían sido deshollinadores siendo niños– y que estaban relacionados en parte con la herencia; pero los médicos no se ponían de acuerdo sobre la naturaleza del

Véase también: Cómo se producen las células 32–33 ▪ La respuesta inmune 168–171 ▪ La mitosis 188–189 ▪ El Proyecto Genoma Humano 242–243

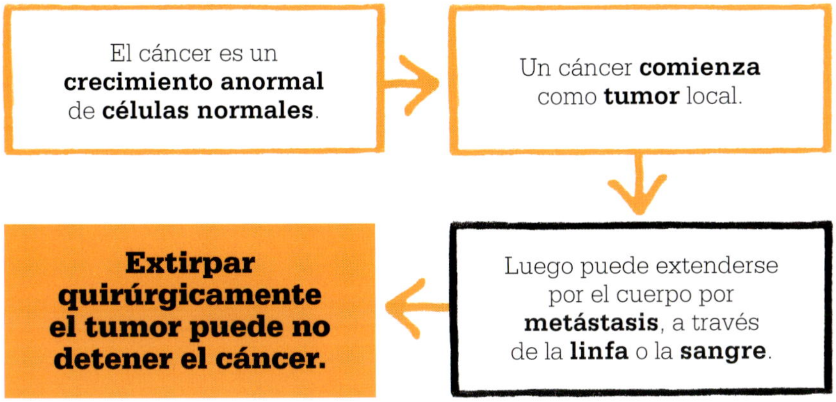

cáncer, y en particular sobre si era un mal constitucional o localizado.

Células cancerosas

A lo largo de varias décadas, De Morgan realizó un estudio clínico sistemático del cáncer, y en 1874 presentó sus hallazgos: el cáncer empieza como algo localizado, y luego se difunde desde su punto de origen. Las células cancerosas, dijo, viajan independientemente, a través de los tejidos que rodean un tumor, por el sistema linfático o por el torrente sanguíneo. Tales «gérmenes cancerosos» pueden permanecer latentes durante años, y hasta indefinidamente. De Morgan reconocía que los motivos de esto no estaban claros, pero señalaba otros cambios del cuerpo que se ponen de manifiesto en ciertas fases de la vida, como el agrandamiento de la próstata en la vejez o el vello facial en las mujeres a partir de folículos inactivos durante años.

El razonamiento lógico y basado en pruebas de De Morgan señaló el camino a la investigación posterior. En 1914, el zoólogo alemán Theodor Boveri propuso que el cáncer se origina en células con irregularidades cromosómicas, es decir, que es genético. Seis décadas después, el genetista estadounidense Alfred Knudson propuso un modelo de mutación genética que condujo al concepto de los genes supresores tumorales, mutados en las células cancerosas. Tales mutaciones se heredan, o posiblemente las causen daños externos.

El cáncer aún es uno de los trastornos más graves, pero intervenir a tiempo para impedir su extensión salva vidas. El diagnóstico temprano es crítico, siendo por ello una estrategia clave los programas de revisión para ciertos tipos de cáncer. ■

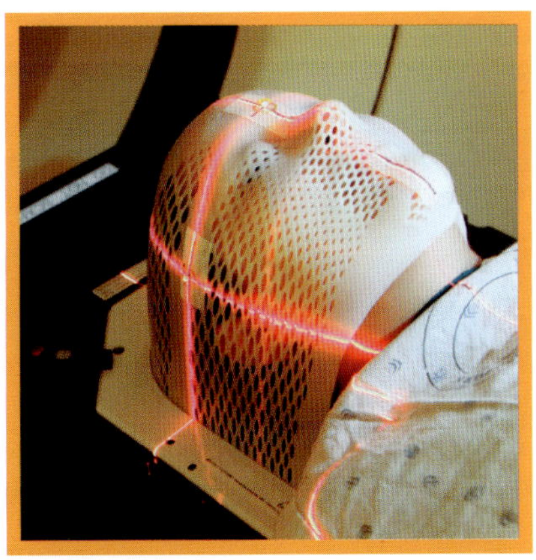

La radioterapia mata células cancerosas con rayos de alta energía como los rayos X. Si están en la cabeza, una máscara con líneas láser sirve para señalar el objetivo con precisión.

Campbell de Morgan

Nacido en 1811 en Clovelly, en el condado de Devon (Inglaterra), Campbell de Morgan estudió medicina en el University College de Londres, y luego fue cirujano en el Middlesex Hospital, donde trabajó el resto de su vida. Se implicó en la fundación de la escuela médica del hospital, donde luego fue profesor. En 1861, De Morgan fue nombrado miembro de la Royal Society. Sus estudios sobre el cáncer en la década de 1870 le llevaron a descubrir que el cáncer surge localmente y se extiende después a otras partes. Fue también el primero en describir el angioma senil (lesiones color rubí no cancerosas), o puntos de Campbell de Morgan.

De Morgan fue conocido por su humildad y bondad. Murió en 1876 de neumonía, después de velar a un amigo con la misma enfermedad.

Obras principales

1872 *El origen del cáncer.*
1874 «Observaciones sobre el cáncer».

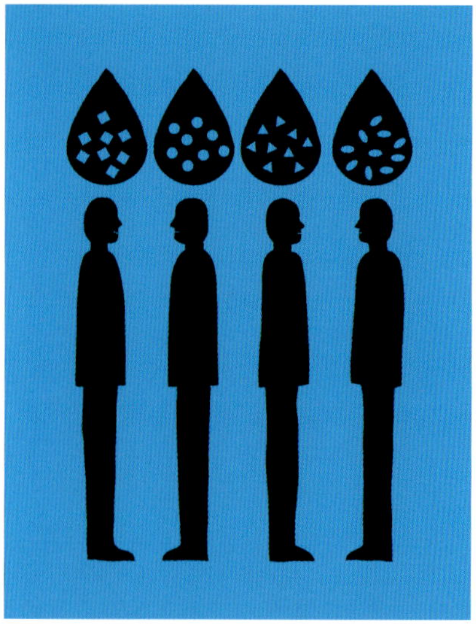

HAY CUATRO TIPOS DIFERENTES DE SANGRE HUMANA

GRUPOS SANGUÍNEOS

EN CONTEXTO

FIGURA CLAVE
Karl Landsteiner (1868–1943)

ANTES
1665 El médico inglés Richard Lower lleva a cabo las primeras transfusiones de sangre con éxito, entre perros.

1667 El médico francés Jean-Baptiste Denis practica la primera transfusión directa a un humano, con sangre de una oveja.

1818–1830 El obstetra británico James Blundell practica varias transfusiones de humano a humano con éxito.

DESPUÉS
1903 El médico y microbiólogo húngaro László Detre acuña el término «antígeno».

1907 Reuben Ottenberg, hematólogo estadounidense, practica la primera transfusión basada en la investigación de Karl Landsteiner en el Hospital Monte Sinaí, en Nueva York.

En el siglo XIX se realizaron con éxito varias transfusiones de sangre en Gran Bretaña, pero algunos otros intentos acabaron en la muerte del paciente, sin que los médicos pudieran comprender por qué. Alrededor de 1870, las transfusiones prácticamente se habían abandonado por ser demasiado arriesgadas.

En 1875, el fisiólogo alemán Leonard Landois arrojó algo de luz sobre el misterio cuando mostró que, al mezclar los hematíes (o glóbulos rojos) de un animal de una especie con la parte fluida de la sangre de otra especie, los hematíes suelen aglutinarse, atascando los vasos sanguíneos y restringiendo la circulación. También podían reventar, desencadenando una crisis hemolítica altamente letal. Esto parecía indicar que en las transfusiones fallidas se da alguna reacción indeseable entre la parte fluida de la sangre y los glóbulos rojos no reconocidos como propios; sin embargo, no explicaba por qué algunas transfusiones tenían éxito y otras no. En 1901, el biólogo y médico austriaco Karl

La **sangre de los individuos** varía en cuanto a si sus **glóbulos rojos** se aglutinan en el **suero sanguíneo de otras personas**.

↓

Los individuos pueden clasificarse en grupos sanguíneos; los ocho más comunes son **A+**, **A–**, **B+**, **B-**, **0+**, **0–**, **AB+** y **AB–**.

↓

Los grupos sanguíneos sirven para determinar qué sangre es seguro dar a un paciente en una transfusión.

Véase también: La circulación de la sangre 76–79 ▪ La hemoglobina 90–91 ▪ La respuesta inmune 168–171 ▪ Las leyes de la herencia 208–215 ▪ La mutación 264–265

Landsteiner tomó muestras de sangre de los científicos empleados en su propio laboratorio, separó los hematíes del suero (la parte fluida de la sangre, sin células ni factores de coagulación) y, luego, mezcló muestras de suero de cada científico con muestras de hematíes de los demás.

El sistema de grupos sanguíneos

Landsteiner comprendió que la sangre de los científicos se podía dividir en tres grupos: A, B y C. El suero de cada grupo no formaba grumos con los hematíes del propio grupo, pero el del grupo A siempre los formaba con los del grupo B, y viceversa. En el suero del grupo C se aglutinaban los hematíes de los otros dos grupos, pero no ocurría lo mismo a la inversa: los hematíes del grupo C parecían no aglutinarse nunca.

Esto llevó a Landsteiner a proponer que los hematíes de las personas de los grupos A y B llevan sustancias distintas, que llamó aglutinógenos (hoy llamados antígenos), y que la parte fluida de su sangre contiene aglutininas (hoy llamadas anticuerpos) que desencadenan la formación de grumos al encontrarse con un antígeno no propio. Por ejemplo, el suero del grupo A contiene anticuerpos que hacen aglutinarse los hematíes con antígenos del grupo B, y viceversa. En cuanto a las personas del grupo C, sus hematíes no tienen ni uno ni otro antígeno, pero su suero contiene anticuerpos que reaccionan con los antígenos de A y los de B. El hallazgo permitía practicar transfusiones de sangre de forma mucho más segura. Todo paciente que necesitara una transfusión, y toda la sangre donada para ello, podían someterse a pruebas para determinar el grupo sanguíneo (mezclando muestras con el suero de los grupos conocidos). Luego bastaba seguir un sistema para garantizar que ningún paciente recibiera una transfusión de un grupo incompatible.

Las tablas de compatibilidad sanguínea ayudan a garantizar transfusiones seguras. A falta de un tipo compatible en una emergencia, se puede utilizar el tipo 0– (0 Rh negativo), con la mayor probabilidad de que lo acepten todos los otros grupos, pero no sin algún riesgo.

Clave
- Compatible
- Incompatible

Grupo del donante \ Grupo del receptor	0-	0+	A-	A+	B-	B+	AB-	AB+
0-	Compatible	Compatible	Compatible	Compatible	Compatible	Compatible	Compatible	Compatible
0+	Incompatible	Compatible	Incompatible	Compatible	Incompatible	Compatible	Incompatible	Compatible
A-	Incompatible	Incompatible	Compatible	Compatible	Incompatible	Incompatible	Compatible	Compatible
A+	Incompatible	Incompatible	Incompatible	Compatible	Incompatible	Incompatible	Incompatible	Compatible
B-	Incompatible	Incompatible	Incompatible	Incompatible	Compatible	Compatible	Compatible	Compatible
B+	Incompatible	Incompatible	Incompatible	Incompatible	Incompatible	Compatible	Incompatible	Compatible
AB-	Incompatible	Incompatible	Incompatible	Incompatible	Incompatible	Incompatible	Compatible	Compatible
AB+	Incompatible	Incompatible	Incompatible	Incompatible	Incompatible	Incompatible	Incompatible	Compatible

Nuevos avances

En 1902, dos colegas de Landsteiner encontraron un cuarto grupo, AB, que contiene tanto el antígeno A como el B, pero no anticuerpos para uno ni otro. En 1907 se cambió el nombre del grupo C a 0 («cero»). En 1937, Landsteiner y el serólogo estadounidense Alexander S. Wiener descubrieron un segundo sistema de grupos sanguíneos, el sistema Rhesus (Rh). Desde entonces se han descubierto muchos otros, pero los sistemas AB0 y Rhesus (Rh+ o Rh–) siguen siendo los más importantes a la hora de establecer la compatibilidad y practicar transfusiones seguras. Hoy se sabe que el grupo sanguíneo es un rasgo heredado, como el color de los ojos o el cabello. ■

Componentes de la sangre

En humanos y otros vertebrados, la sangre es un fluido corporal que consiste en células sanguíneas en suspensión en un fluido amarillento, el plasma. Hay tres tipos de células sanguíneas.

La función de los hematíes, que contienen hemoglobina, es llevar oxígeno a los tejidos. Los leucocitos son importantes en el combate contra la infección. Por último, las plaquetas son clave en el proceso de la coagulación.

El plasma constituye el 55 % de la sangre, y es en su mayor parte agua, pero contiene también proteínas disueltas importantes (como anticuerpos y factores de coagulación), glucosa y diversas otras sustancias. El suero sanguíneo es plasma al que se le han extraído los factores de coagulación.

Hoy día, las transfusiones raramente emplean sangre con todos sus componentes. Las más comunes son solo de glóbulos rojos, en una cantidad mínima de fluido (glóbulos rojos concentrados), o de plasma.

UN MICROBIO PARA DESTRUIR OTROS MICROBIOS

LOS ANTIBIÓTICOS

EN CONTEXTO

FIGURA CLAVE
Alexander Fleming
(1881–1955)

ANTES
1877 Pasteur muestra que la bacteria del suelo que causa el carbunco puede ser inocua al exponerla a bacterias aéreas.

1907 Paul Ehrlich descubre antibióticos sintéticos derivados del arsénico, llevando al desarrollo de tratamientos antibacterianos.

DESPUÉS
1942 Se descubren las primeras bacterias resistentes a la penicilina, solo un año después de introducida esta.

2015 La Organización Mundial de la Salud advierte de que, si continúa el uso inadecuado de los antibióticos, en 2050 morirán diez millones de personas al año por infecciones con cepas resistentes.

Los antibióticos son el fármaco maravilloso de la medicina, y su uso tiene una historia sorprendentemente larga. En las civilizaciones antiguas se usaron diversos tipos de moho para combatir las infecciones. En la Antigüedad, aplicar pan mohoso a las heridas fue una práctica común en Egipto, China, Grecia y Roma.

En 1877, tanto Louis Pasteur como Robert Koch habían observado que algunos tipos de bacteria inhibían el desarrollo de otras. Otros biólogos investigaron también lo que acabaría por llamarse antibiosis, la guerra química de unos microorganismos contra otros.

Gracias a las mejoras en la salud pública, la mayoría de las enfermedades infecciosas estaban en declive en 1900, pero les seguía correspondiendo una proporción importante de las muertes: un 34% en EEUU, por ejemplo. El descubrimiento accidental de la penicilina por el bacteriólogo escocés Alexander Fleming en 1928 indicó el camino hacia un arma nueva en la lucha contra las enfermedades infecciosas. A mediados del siglo xx parecía posible erradicar muchas de ellas.

Un hallazgo por azar

En 1928, Fleming inició una serie de experimentos con la bacteria *Staphylococcus aureus*. Al volver de unas vacaciones, Fleming vio que un moho que había aparecido en una de las muestras mataba a las bacterias con las que entraba en contacto. Identificó el moho como *Penicillium notatum*, y comprobó que también era eficaz contra las bacterias causantes de la escarlatina, la neumonía y la difteria. Comprendió que no era el moho en sí, sino el «zumo» que producía, lo que mataba a las bacterias. A Fleming le fue difícil aislar la sustancia, pero logró obtener cantidades minúscu-

Los antiguos egipcios descubrieron que las infecciones sanaban antes si se trataban con pan mohoso, aunque no conocieran la razón.

Véase también: Los fármacos y la enfermedad 143 ▪ La teoría microbiana 144–151 ▪ Vacunas para prevenir enfermedades 164–167 ▪ La respuesta inmune 168–171

> No era mi intención revolucionar toda la medicina.
> **Alexander Fleming**

las de lo que llamó penicilina. Al publicar sus hallazgos en 1929, solo se refirió de pasada al potencial terapéutico de la penicilina, y la comunidad científica prestó escasa atención a su trabajo.

La medicina maravillosa

En 1938, un grupo de investigadores de la Universidad de Oxford se dedicaron a purificar la penicilina. El patólogo Howard Florey y el bioquímico Ernst Chain transformaron su laboratorio en una fábrica, en la que cultivaron el moho *Penicillium* en cantidades enormes y lo almacenaron en todo recipiente disponible, incluso en bañeras y lecheras. En 1941, el policía de 43 años Albert Alexander fue el primer receptor humano de la penicilina de Oxford. Se empezó a recuperar admirablemente de la infección que amenazaba su vida, pero Chain y Florey no tenían suficiente penicilina pura para eliminar del todo la infección, y Alexander murió unos días después.

Un descubrimiento afortunado guió al equipo hasta el moho *Penicillium chrysogeum*, que producía penicilina en mucha mayor cantidad. La producción se aceleró enormemente durante la Segunda Guerra Mundial, y en septiembre de 1943 había suficiente para las necesidades de las fuerzas aliadas. La penicilina salvó un número enorme de vidas durante la contienda, y, acabada esta, se había ganado el apodo *wonder drug* («fármaco maravilloso»).

Fleming, Florey y Chain compartieron el premio Nobel de fisiología o medicina en 1945 por su trabajo. En su discurso de aceptación, Fleming advirtió de que el uso generalizado de los antibióticos podía provocar la resistencia bacteriana, y así fue, pues han surgido nuevas cepas de patógenos resistentes a uno o más de uno. ■

Este diagrama muestra el año de descubrimiento de algunos de los principales antibióticos y cuándo se detectó resistencia. No se ha aprobado ninguno nuevo para su uso desde 1987, pero el hallazgo de tres en 2020 da esperanzas.

Clave
Año de descubrimiento
Año en que se identificó resistencia

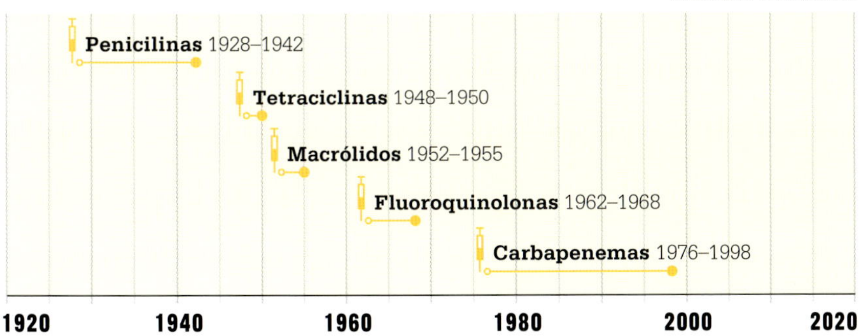

Alexander Fleming

Alexander Fleming, séptimo de ocho hermanos de una familia de agricultores, nació en Ayrshire (Escocia) en 1881. En 1901 obtuvo una beca para la escuela médica del Hospital St. Mary's, en Londres. Allí, como bacteriólogo médico, Fleming pasó en 1906 al Departamento de Inoculación, cuyo foco de investigación estaba puesto en reforzar el sistema inmunitario por medio de vacunas. En 1921 descubrió una sustancia en su propia mucosa nasal que desintegraba algunas bacterias. La sustancia, a la que Fleming llamó lisozima, es un componente del sistema inmunitario innato de muchos animales: un antibiótico natural. En 1927 comenzó a estudiar las propiedades de las bacterias del género *Staphylococcus*, trabajo que le conduciría al hallazgo de la penicilina al año siguiente. Fleming murió en 1955, y fue enterrado en la catedral de San Pablo de Londres.

Obra principal

1929 *Sobre la acción antibacteriana de los cultivos de un* Penicillium.

UNA MALA NOTICIA ENVUELTA EN PROTEINA

LOS VIRUS

EN CONTEXTO

FIGURA CLAVE
Rosalind Franklin
(1920–1958)

ANTES

Siglo I A. C. El polígrafo romano Varrón propone que agentes vivos invisibles causan algunas enfermedades infecciosas.

Década de 1880 Louis Pasteur crea una vacuna para la rabia.

1915 El bacteriólogo británico Frederick Twort descubre «agentes filtrables» capaces de infectar bacterias.

DESPUÉS

1962 John Trentin, médico estadounidense, informa de que el adenovirus humano causa tumores en animales infectados.

1970 Se describe la transcriptasa inversa, enzima que usan ciertos virus para copiar su ARN en el ADN.

A mediados del siglo XIX, agricultores neerlandeses vieron cubrirse de motas pardas y amarillas las hojas de sus plantas de tabaco, que luego morían. En 1879, el patólogo vegetal alemán Adolf Mayer llamó a esta afección virus del mosaico del tabaco, y mostró que la savia de hojas enfermas transmitía la enfermedad a hojas sanas. No lograba, sin embargo, cultivar el agente causante, como se hacía con las bacterias, ni tampoco detectarlo al microscopio.

En 1887, el botánico ruso Dmitri Ivanovski coló savia de hojas de tabaco enfermas con un filtro de porcelana, con poros demasiado pequeños para permitir pasar a las bacterias. Al poner la savia filtrada sobre una

Véase también: La naturaleza celular de la vida 28–31 ▪ Membranas celulares 42–43 ▪ La teoría microbiana 144–111 ▪ Vacunas para prevenir enfermedades 164–167 ▪ La respuesta inmune 168–171 ▪ La doble hélice 228–231

Esta hoja de tabaco tiene motas marrones y amarillas debido a la enfermedad del mosaico del tabaco, cuyo virus solo se elimina destruyendo las plantas infectadas.

hoja sana, esta enfermaba, y concluyó que o bien la enfermedad del mosaico del tabaco la transmitía un veneno segregado por las bacterias, o bien alguna había pasado por una grieta en la porcelana.

Menores que bacterias

El microbiólogo neerlandés Martinus Beijerinck realizó experimentos similares con filtros, pero llegó a una conclusión distinta. Propuso que el agente causante de la enfermedad del mosaico del tabaco no era una bacteria, sino algo de menor tamaño que no era celular. La publicación de sus hallazgos en 1898 introdujo el término «virus» para este nuevo tipo de patógeno. Como antes sucediera a Mayer e Ivanovski, Beijerinck no pudo cultivarlo, pero sus experimentos le convencieron de que era capaz de invadir las células de una planta viva y proliferar en ellas.

Los científicos estudiaron otras enfermedades de causa desconocida. En 1901, por ejemplo, investigadores estadounidenses concluyeron que la fiebre amarilla la causaba también un agente filtrable, es decir, algo lo bastante pequeño como para atravesar un filtro de porcelana. Se sospechaba lo mismo de la fiebre aftosa del ganado, pero los investigadores no estaban aún convencidos de que estas enfermedades las causara un patógeno no celular, como proponía Beijerinck.

Los virus son partículas

En 1929, el biólogo estadounidense Francis O. Holmes informó de que la savia diluida de plantas de tabaco infectadas, aplicada a hojas vivas no infectadas, producía pequeñas áreas separadas de necrosis (muerte). Cuanto más diluida estuviera la savia, más espaciadas aparecían estas manchas «mortales». El hallazgo indicaba que el «virus» se daba en forma de partículas discretas, o moléculas grandes, y no de sustancia disuelta, con moléculas pequeñas.

A inicios de la década de 1930 se desarrollaron los primeros microscopios electrónicos, con una resolución muy superior a la de los microscopios ópticos, y en pocos años empezaron a verse las primeras imágenes de virus. Se demostró que los virus son partículas, y, en la mayoría de los casos, de aspecto muy distinto al de las bacterias. La forma y el tamaño variaban mucho de una enfermedad a otra, con un ancho de entre 20 y 1000 nanómetros. Las bacterias son por lo general mucho más grandes, con una anchura media de 2500 nm, y alcanzando la mayor bacteria conocida los 0,75 mm.

A mediados de esa década, los científicos lograron avances para comprender la composición de los virus. El bioquímico estadounidense Wendell Stanley obtuvo una muestra cristalizada del virus del mosaico del tabaco (TMV), y, tratándola con diversas sustancias y examinando los productos de la descomposición, descubrió que las partículas virales son un agregado de moléculas de proteína y ácido nucleico. »

Ejemplos de formas de partículas virales

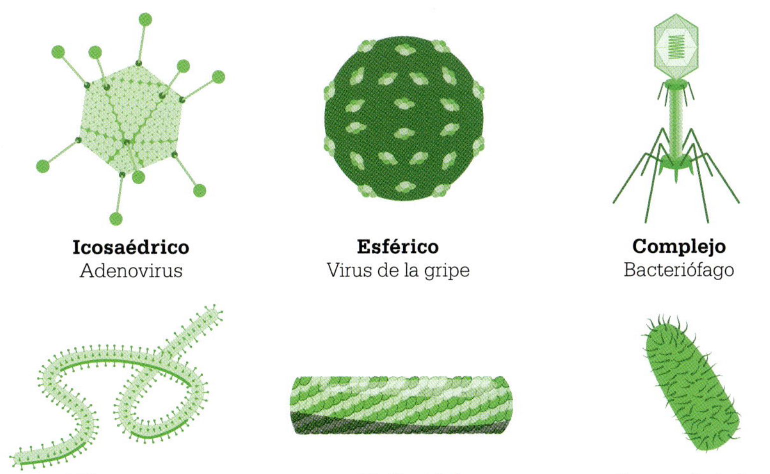

A partir de la década de 1940, los investigadores recurrieron a la técnica relativamente nueva de la cristalografía de rayos X para estudiar la estructura de los virus. Muchos de los detalles finales de la estructura del TMV los determinó la experta británica en cristalografía de rayos X Rosalind Franklin, quien antes había contribuido al descubrimiento de la estructura del ADN. En 1955, usando difracción de rayos X, obtuvo las imágenes más claras del TMV hasta la fecha. Ese mismo año publicó un trabajo donde afirmaba que todas las partículas del TMV son de la misma longitud. No tardó en postular que cada partícula del TMV tiene dos partes: la exterior es un tubo hueco largo y delgado de moléculas de proteína, dispuesto en hélices (espirales); y la interior es un filamento espiral de ARN que cubre el interior del tubo. Esto no tardó en demostrarse correcto, y, junto con otros investigadores, Franklin estudió la estructura de otros virus de las plantas, así como del virus causante de la polio.

A finales de la década de 1950, gracias al trabajo de Franklin y otros, se pudo determinar que los virus se componen de ácido nucleico (ARN o ADN) envuelto en una cubierta exterior rígida de proteína, la cápside, una estructura muy diferente de la de las bacterias. En la década siguiente se descubrió que algunos virus animales tienen una capa externa de lípido (grasa) añadida, o envoltura vírica, que a menudo contiene moléculas de proteína.

Hoy día, los virólogos saben que la cápsula o envoltura tiene dos funciones: proteger el ARN o ADN de las enzimas del sistema inmunitario del organismo huésped; y unirse a un receptor específico de una célula huésped.

Se sabe que cada **partícula del virus del mosaico del tabaco** contiene algo de **ARN (ácido ribonucleico) y proteína**.

La **difracción de rayos X** indica que el componente de **proteína** es un **tubo hueco** formado por muchas subunidades dispuestas en **hélice (espiral)**.

La proteína forma una cápsula protectora para el material genético viral, o ARN, que hay dentro de las subunidades del tubo hueco.

Ciclo vital y replicación

A finales de la década de 1950, entre los biólogos había acuerdo general en cuanto a que los virus se multi-

Rosalind Franklin

Rosalind Franklin nació en Londres en 1920, y su talento científico llamó la atención ya en la escuela. Estudió ciencias naturales en la Universidad de Cambridge, donde se licenció en 1941 y se doctoró en 1945. Dos años más tarde se mudó a París, donde se convirtió en una experta en difracción de rayos X. De regreso en Londres en 1951, se unió a un equipo del King's College que estaba empleando esa técnica para determinar la estructura tridimensional del ADN. Uno de sus alumnos tomó la Fotografía 51, prueba clave en esta búsqueda.

En 1953, Franklin empezó a estudiar la estructura del ARN y el virus del mosaico del tabaco, y puso las bases de la virología estructural. Pese al diagnóstico de un cáncer de ovario en 1956, siguió trabajando hasta su muerte a la edad de 37 años.

Obras principales

1953 «Evidencia de hélice de dos cadenas en la estructura cristalina del desoxirribonucleato de sodio».
1955 «Estructura del virus del mosaico del tabaco».

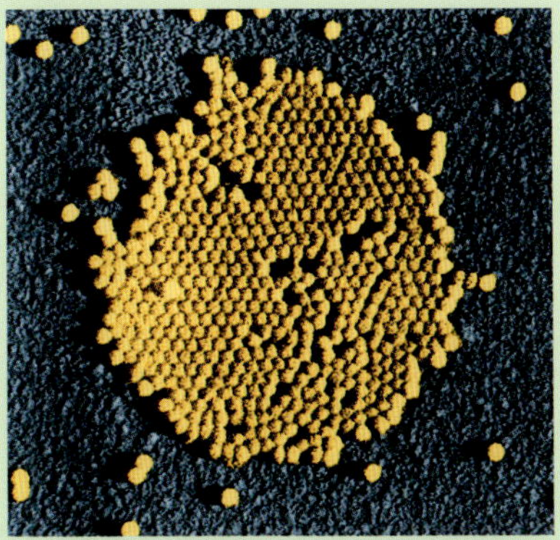

La primera imagen del virus de la polio se obtuvo en 1952. Esta foto, tomada mediante un microscopio electrónico, está coloreada.

El microscopio electrónico y la detección de los virus

Los microscopios electrónicos dirigen un haz de electrones rápidos al objeto que captar. El primero, capaz de 400 aumentos, lo desarrollaron los alemanes Ernst Ruska y Max Knoll en 1931. Las versiones modernas más potentes crean imágenes con una resolución de la mitad del ancho de un átomo de hidrógeno.

El microscopio electrónico ha sido una herramienta inestimable para identificar virus y detectar otros nuevos. En 1939, Ruska y dos de sus colegas fueron los primeros en obtener una imagen de un virus (el TMV). En 1948 se mostraron las diferencias entre los virus responsables de la viruela y la varicela. Los virólogos emplean también la microscopía electrónica para estudiar brotes nuevos de enfermedad. En 1976 se detectó el patógeno causante de la enfermedad del Ébola en África. También ha sido de gran valor para estudiar las interacciones entre un virus y las células y tejidos del huésped.

plican en las células de los animales y las plantas a los que infectan, pero cómo lo hacían exactamente era más bien un misterio. A partir de 1960, reuniendo pruebas de los 25 años anteriores, los biólogos lograron al fin averiguar cómo se replican los virus.

Para replicarse, un virus necesita una célula huésped. Mientras no infecte un organismo, permanecerá inerte. Una vez encuentra una célula huésped adecuada, lo habitual es que le inyecte su ácido nucleico a través de la membrana celular, pero en otros casos el virus entero es tragado por la célula, en cuyo interior libera el ácido nucleico. El ácido nucleico viral secuestra los sistemas de producción de proteína y el mecanismo de replicación del ADN de la célula para que haga muchas copias del virus. Parte de este ácido nucleico dirige la fabricación de componentes de proteínas para nuevas partículas virales. Los nuevos componentes de ácido nucleico y proteínas ensamblan nuevas partículas del virus, que salen de la célula al hacerla reventar, y propagan la infección invadiendo rápidamente otras células de la misma manera. Los detalles del ciclo vital y la replicación varían en alguna medida de uno a otro virus, con diferencias específicas, por ejemplo, entre los virus que tienen ADN y los que tienen ARN como ácido nucleico. Ha habido un número enorme de estudios para comprender distintos grupos de virus y sus ciclos vitales, así como para combatirlos. Ejemplos de infecciones virales comunes son diversas cepas de gripe, la varicela y las paperas. La enfermedad del virus del Ébola se descubrió en 1976, y la COVID-19, en 2019. En 2020, los científicos desarrollaron vacunas para protegerse de la COVID-19.

La investigación ha mostrado que los virus están por todas partes en el medio ambiente. En una sola cucharadita de agua de mar, por ejemplo, hay aproximadamente 10 millones de partículas virales. La mayoría de estas infectan a bacterias y cianobacterias, y en su gran mayoría son inofensivas para los humanos y otros animales, además de esenciales para la regulación de los ecosistemas marinos. ■

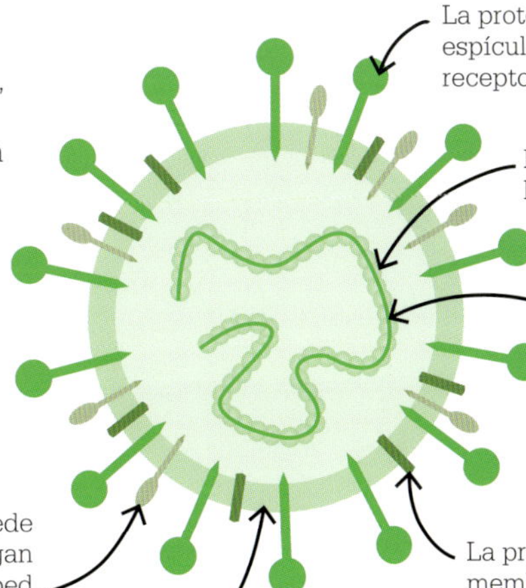

Este corte transversal muestra la estructura de una partícula del virus SARS-CoV-2, causante de la COVID-19. La envoltura consiste en una capa esférica de lípido que contiene tres tipos de molécula de proteína, las proteínas de espícula, membrana y envoltura. Dentro de la envoltura hay un filamento de ARN en una cadena de proteínas de la cápside.

YA NO HABRA MAS VIRUELA

VACUNAS PARA PREVENIR ENFERMEDADES

EN CONTEXTO

FIGURA CLAVE
Jonas Salk (1914–1995)

ANTES
1796 Edward Jenner utiliza el virus de la viruela bovina para vacunar contra la contagiosa y a menudo letal viruela.

1854 En su trabajo con el cólera, el médico italiano Filippo Pacini es el primero en vincular una enfermedad a una bacteria específica.

1885 Louis Pasteur crea una vacuna para la rabia.

DESPUÉS
1962 Se aprueba la primera vacuna de administración oral de la polio.

1968 Se distribuye una vacuna del sarampión desarrollada por Maurice Hilleman.

1980 La Organización Mundial de la Salud anuncia la erradicación global de la viruela.

Las vacunas confieren a personas y animales inmunidad activa frente a enfermedades. La gran aportación a la ciencia del virólogo estadounidense Jonas Salk fue introducir la primera vacuna eficaz para la poliomielitis (o polio), enfermedad que causa parálisis espinal y respiratoria, y que es a menudo mortal. Esta enfermedad infecciosa e incurable existe desde hace miles de años, pero los grandes brotes empezaron a darse en Europa y EE UU a finales del siglo XIX. En 1952 hubo un brote de 58 000 casos en EE UU que dejó más de

Véase también: Las sustancias bioquímicas se pueden fabricar 27 ▪ Los fármacos y la enfermedad 143 ▪ La teoría microbiana 144–151 ▪ Los virus 160–163 ▪ La respuesta inmune 168–171 ▪ La mutación 264–265

3000 muertos y unos 21 000 con algún tipo de parálisis. Salk creía que podía crear inmunidad matando el virus de la polio e inyectándolo al torrente sanguíneo de personas sanas. Mantenía que el inofensivo virus muerto estimularía la producción de anticuerpos del sistema inmunitario, y que estos defenderían el organismo de futuros ataques del poliovirus. Salk tenía razón, y en 1954 se llevó a cabo un ensayo de vacuna con niños de Canadá, EE UU y Finlandia. La vacuna de Salk, de las denominadas inactivadas por emplear material vírico muerto, se adoptó en EE UU al año siguiente, y en 1961 se registraron solo 161 casos de polio en el país.

También en la década de 1950, el virólogo polaco-estadounidense Albert Sabin se convenció de que el virus de la polio vivía principalmente en los intestinos antes de atacar el sistema nervioso central. Aisló una forma mutante del virus, incapaz de desencadenar la enfermedad, y la administró a amigos, parientes, compañeros de trabajo y a sí mismo. La vacuna de Sabin empleaba una forma debilitada y no letal del virus, que desplazaba a la letal; esto es lo que se conoce como vacuna atenuada. La vacuna podía tomarse por vía oral, lo cual permitía inocular a un gran número de personas más rápida y económicamente. Autorizada para su uso en EE UU en 1962, se administró a millones de personas en todo el mundo. En 2020, la Organización Mundial de la Salud anunció que el poliovirus se estaba transmitiendo en solo dos países, Pakistán y Afganistán.

> No hay patente. ¿Se puede patentar el Sol?
> **Jonas Salk**
> **Al preguntársele quién tenía la patente de la vacuna de la polio**

Una larga historia de tratamientos

Se estima que la viruela, una enfermedad infecciosa que se cree surgió unos 10 000 años a. C., pudo matar a 300 millones de personas en todo el mundo solo en el siglo XX. Los esfuerzos por combatirla comenzaron en el siglo XV en China, donde los médicos introducían soplando costras de la viruela en polvo en la nariz de personas sanas como preventivo. Se generalizaría más otra técnica, consistente en tomar pus de una persona enferma y aplicarlo a un arañazo en la piel de otra sana. Estos tratamientos, llamados variolación, a menudo funcionaban, pero no siempre, y en ocasiones la persona inoculada moría.

En la década de 1760, el médico británico Edward Jenner se interesó en la viruela. Era conocido en la época que los que sobrevivían a la viruela eran inmunes, y a él mismo lo habían variolado de niño. Jenner oyó contar que las lecheras rara vez contraían la viruela, por haber contraído antes la viruela bovina de las vacas que ordeñaban, la cual solo »

La vacunación generalizada contra la polio comenzó en la década de 1950. A los niños se les presentaba como algo divertido, y se les daba una piruleta.

Variolación

Durante su estancia en Constantinopla (hoy Estambul) en 1716, la aristócrata inglesa Mary Montagu fue testigo de una práctica común en el Imperio otomano: la variolación para proteger contra la viruela. Esta enfermedad la habían contraído previamente ella y su hermano, quien murió. Mary insistió al cirujano de la embajada británica para que inoculara a su hijo, y defendió apasionadamente la inoculación a su vuelta a Inglaterra.

En 1768, la emperatriz de Rusia Catalina la Grande invitó al médico escocés Thomas Dinsdale a que la variolara a ella y a su hijo, para demostrar al pueblo que era seguro y eficaz. Después del procedimiento, tuvo un caso leve de la enfermedad, superado a los 16 días. Su ejemplo movió a 20 000 de sus súbditos a someterse a la variolación en los tres años siguientes. La variolación contra la viruela, con todo, no estaba libre de riesgos: los receptores podían transmitir una forma leve de la enfermedad a otros, y a veces morían ellos mismos.

En el siglo XVIII **las lecheras** rara vez contraían la **viruela**.

↓

Era frecuente entre las lecheras **contraer la viruela bovina**, y **una vez recuperadas**, no la volvían a contraer.

↓

Parecía que **contraer** la poco virulenta **viruela bovina** protegía de la **viruela**.

↓

Los médicos se convencieron de que debían inocular a la gente contra la viruela con la viruela bovina.

produce síntomas leves en los humanos. En 1796, tomó una muestra de pus de la mano de Sarah Nelmes, una ordeñadora que había contraído la viruela bovina, y la aplicó a un arañazo en el brazo del niño de ocho años James Phipps. Este pasó una fiebre moderada, pero a los diez días se encontró mejor. Seis semanas después, Jenner le inoculó la viruela, y el muchacho no la padeció.

A pesar del escepticismo, Jenner logró convencer a muchos médicos de usar la viruela bovina como vacuna contra la viruela a principios del siglo XIX. Aunque no fue el primero en defender su uso, fue su campaña incansable la que llevó a su adopción generalizada. Las versiones posteriores de su vacuna salvarían millones de vidas, y lo más extraordinario de todo esto es que los científicos de la época ignoraban que la enfermedad fuese causada por microbios, lo cual descubriría más tarde el microbiólogo francés Louis Pasteur.

Nuevas vacunas

Pasteur logró grandes avances en el desarrollo de vacunas en la década de 1880. Observó que los cultivos viejos de la bacteria *Pasteurella multocida*, causante del cólera aviar, se volvían menos virulentos a lo largo de muchas generaciones (se atenuaban). Al inocular a los pollos con la bacteria atenuada, se volvían inmunes a la cepa virulenta original.

Luego, Pasteur dedicó su atención al carbunco, enfermedad causada por la bacteria *Bacillus anthracis*. El carbunco, letal para los humanos, mataba a miles de ovejas por entonces. Pasteur experimentó con dos grupos de ovejas, y demostró que las vacunadas con la cepa atenuada de la bacteria sobrevivían al recibir después una dosis de la cepa virulenta. Los animales no vacunados, en cambio, morían.

El último desafío de Pasteur en este campo fue la rabia, causada por un virus demasiado pequeño para poderlo ver con su microscopio óptico. Aun así consiguió cultivarlo en conejos, y luego atenuarlo secando el tejido nervioso infectado. En 1885, Pasteur trató a un niño mordido por un perro rabioso: a lo largo de once días, le administró trece inoculaciones de virulencia progresivamente mayor. A los tres meses, el niño no tenía síntomas de la rabia, y había recuperado la salud. La va-

La vacuna de Jenner fue objeto de rechazo por un tiempo, pese a su éxito evidente. En esta ilustración satírica de 1802, por James Gillray, brotan vacas del cuerpo de los presentes mientras inoculan a una mujer.

cuna de Pasteur fue celebrada como un gran éxito.

Inmunidad adquirida

Hoy, los científicos comprenden que el sistema inmunitario del organismo es una red de células, tejidos y órganos que trabajan de forma coordinada para combatir las bacterias y los virus causantes de enfermedades. Cuando estos patógenos invaden el cuerpo, un sistema inmunitario sano responde fabricando proteínas grandes llamadas anticuerpos. Cada tipo de anticuerpo es específico para un patógeno particular, y destruye los que quedan en el cuerpo pasada la infección. Si el patógeno vuelve, el sistema inmunitario conserva la «memoria» del patógeno, y responde rápidamente.

Las vacunas operan sobre el mismo principio, pero confieren la inmunidad antes de que el cuerpo sea invadido. Una vacuna contiene una forma atenuada, inactivada o artificial del patógeno contra el cual se pretende inmunizar. Al inyectarla, desencadena una respuesta inmunitaria, y solo produce síntomas leves de la enfermedad, o ninguno. En la década de 1940 se desarrolló una vacuna inactivada para la gripe.

> ¡La viruela ha muerto!
> **Organización Mundial de la Salud (1980)**

Sin embargo, los virus de esta enfermedad tan común mutan tan rápido que la eficacia de la vacuna se reducía con el tiempo. Hoy, las vacunas de la gripe se actualizan cada año: las versiones inactivadas se administran a mujeres embarazadas y personas con determinados trastornos crónicos, y las atenuadas, a personas con afecciones subyacentes.

En 1968, el microbiólogo estadounidense Maurice Hilleman desarrolló una vacuna atenuada para el sarampión, la enfermedad más infecciosa conocida. Antes de la década de 1960 y de la introducción generalizada de la vacunación, el sarampión causaba unas 2600000 muertes al año; hoy reciben la vacuna millones de niños en todo el mundo. En la década de 1990 se crearon vacunas tanto atenuadas como inactivadas para la hepatitis A, una infección del hígado causada por otro virus.

Atacar las toxinas

El tétanos y la difteria son dos ejemplos de enfermedad que se da cuando una bacteria patógena segrega toxinas. Se tratan con vacunas toxoides, que estimulan una respuesta inmunitaria que ataca la toxina, y no el patógeno entero. Las vacunas de subunidades se dirigen contra partes específicas del patógeno, sean sus proteínas, sus azúcares o su envoltura exterior.

Un ejemplo es la vacuna del virus del papiloma humano (VPH), infección de transmisión sexual que puede causar cáncer. La vacuna consiste en proteínas minúsculas semejantes al exterior del VPH. El sistema inmunitario es engañado para identificarlo como VPH, y entonces produce anticuerpos. Cuando la persona se expone al virus auténtico, estos anticuerpos impiden que entre en las células. Como la vacuna no contiene el verdadero virus, no causa cáncer, pero sí confiere inmunidad. ■

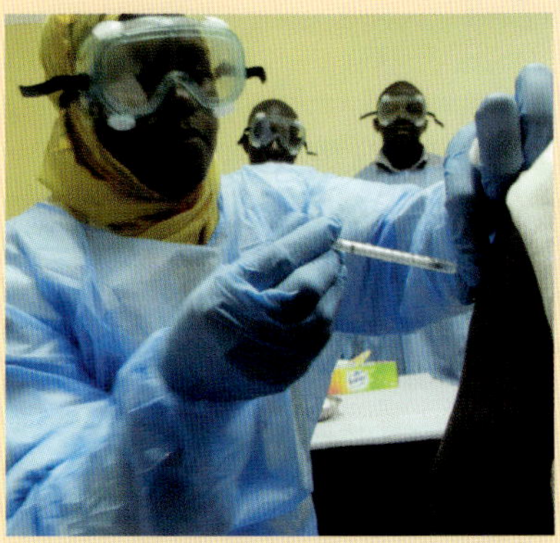

Un brote de ébola en África occidental entre 2014 y 2016 mató a 11000 personas. La vacunación en anillo evitó muchas más muertes.

Vacunación en anillo

Los programas de vacunación habían eliminado la viruela de Europa y América del Norte a mediados de la década de 1960, pero en 1967 se estimaba que había unos 132000 casos en el resto del mundo, y es casi seguro que la cifra se quedaba corta.

La Organización Mundial de la Salud (OMS) decidió no recurrir a la vacunación masiva, que es indiscriminada y resulta cara, y usar en su lugar la vacunación en anillo. Esta consiste en identificar a todos los individuos que puedan haber estado en contacto con algún afectado por la enfermedad (el denominado anillo interno), ponerlos en cuarentena y vacunarlos. Se vacuna también a un anillo exterior, formado por aquel que haya estado en contacto con dichos individuos.

India, uno de los últimos bastiones de la viruela, tenía el 86 % de los casos mundiales en 1974, pero, dos años después de iniciarse la vacunación en anillo, no había ni uno solo. En 1980, la OMS anunció la erradicación global de la viruela.

LOS ANTICUERPOS SON LA PIEDRA DE TOQUE DE LA TEORIA INMUNOLOGICA

LA RESPUESTA INMUNITARIA

EN CONTEXTO

FIGURA CLAVE
Frank Macfarlane Burnet (1899–1985)

ANTES
1897 Paul Ehrlich propone la teoría de la cadena lateral para explicar cómo funciona el sistema inmunitario.

1955 Niels Jerne describe lo que Frank Burnet luego llamará selección clonal.

DESPUÉS
1958 El inmunólogo Gustav Nossal y el genetista Joshua Lederberg muestran que cada linfocito B produce un solo anticuerpo, prueba de la selección clonal.

1975 La inmunóloga Eva Klein descubre los linfocitos citolíticos naturales.

1990 Se desarrolla la terapia genética para la inmunodeficiencia combinada grave (SCID) en EE UU.

El cuerpo se protege de patógenos hostiles (hongos, bacterias y virus), parásitos y cánceres mediante su sistema inmunitario, formado por varias líneas de defensa, y que se divide a grandes rasgos en innato y adquirido. El sistema inmunitario innato es una combinación de defensas genéricas, como la piel y diversas células que atacan a los patógenos invasores. Entre estas se incluyen los fagocitos, que ingieren los patógenos, y las células llamadas «asesinas naturales», que destruyen las células infectadas que albergan un virus. Cuando el sistema inmunitario innato se ve superado por el ataque de un patógeno, el sistema adquirido se activa y se suma

Véase también: La teoría microbiana 144–151 ▪ La metástasis del cáncer 154–155 ▪ Grupos sanguíneos 156–157 ▪ Los virus 160–163 ▪ Vacunas para prevenir enfermedades 164–167 ▪ ¿Qué son los genes? 222–225 ▪ El código genético 232–233

El **sistema inmunitario del organismo** es capaz de **distinguir** entre lo **propio y lo ajeno**.

Cuando invade el **cuerpo** un **patógeno**, el sistema inmunitario lo **defiende** del mismo.

En caso de que el ataque supere al **sistema inmunitario innato**, se **activa** el sistema inmunitario adquirido.

El **sistema inmunitario adquirido** dirige una **respuesta específica** para destruir los patógenos.

El sistema inmunitario recuerda los patógenos en caso de un ataque futuro.

a la defensa, empleando linfocitos, un tipo de leucocito, para una respuesta más específica. Los más importantes son los linfocitos B y los linfocitos T.

Selección clonal

En 1955, el inmunólogo danés Niels Jerne propuso que en el cuerpo hay linfocitos de muy diversos tipos antes de cualquier infección, y que, cuando un patógeno entra en el cuerpo, se selecciona un tipo de linfocito para identificarlo y producir un anticuerpo que lo destruya. En 1957, el australiano Frank Macfarlane Burnet respaldó la idea de Jerne, al afirmar que el linfocito seleccionado se reproduce a gran escala por clonación para garantizar un número suficiente de anticuerpos e imponerse a la infección.

Burnet llamó a este proceso selección clonal, y explicó la capacidad del sistema inmunitario para recordar la estructura molecular única (el antígeno) presente en la superficie de los patógenos. Según Burnet, mientras que algunos linfocitos actúan de inmediato, otros conservan la memoria del antígeno para prevenir futuros ataques. Estos permanecen en el sistema inmunitario durante mucho tiempo, confiriendo inmunidad al organismo.

Jerne y Burnet debían mucho a los estudios del bacteriólogo alemán Paul Ehrlich. En 1897, Ehrlich propuso la teoría de la cadena lateral de la producción de anticuerpos, en la que cada célula del sistema inmunitario expresa (genera) muchas cadenas laterales (receptores) distintas, proteínas capaces de enlazarse con moléculas fuera de la célula. Creía »

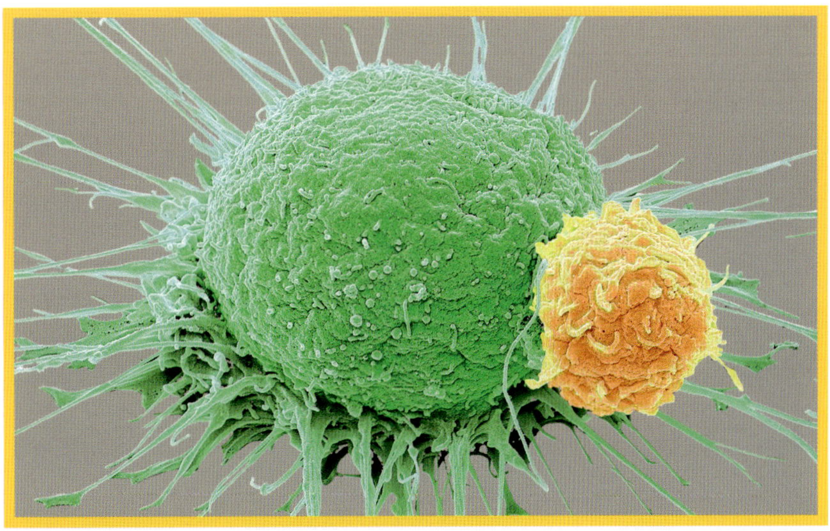

Un linfocito (en amarillo) enlazado a una célula prostática cancerosa. Algunos linfocitos T reconocen los antígenos en la superficie de los tumores, y se enlazan a ellos.

que dichas células actúan como anticuerpos, protegiendo al cuerpo de la exposición futura a la infección.

Ehrlich no acertaba del todo. Creía que todas las células inmunitarias expresaban todos los tipos principales de receptores capaces de generar anticuerpos. Pero no podía explicar cómo una sola célula podía expresar los receptores necesarios para los muchos tipos de antígenos existentes. Otro problema fue señalado más tarde por el inmunólogo austriaco Karl Landsteiner, quien mostró que se pueden generar anticuerpos que se enlazan con antígenos obtenidos por síntesis química. Esto planteaba la cuestión de por qué las células tendrían receptores preformados para sustancias no orgánicas. Burnet comprendió que cada célula tiene un solo receptor.

Los principales agentes del sistema inmunitario adquirido, los linfocitos B y T, tienen receptores (BCR y TCR) que enlazan con otras células, pero también experimentan un proceso extraordinario al dividirse. Un barajado deliberado del material genético dota a cada célula nueva de un receptor único, con el resultado de una diversidad asombrosa, lo cual permite al organismo reconocer y responder a cualquier antígeno potencial.

La función de todos los linfocitos B y T es identificar y destruir patógenos y cánceres, pero funcionan de modo muy distinto: los linfocitos B producen anticuerpos y actúan contra patógenos fuera de las células, como las bacterias; los linfocitos T actúan contra los patógenos que invaden las células, como los virus, y contra los cánceres, que desencadenan cambios en las células.

Cuando entra un patógeno en el cuerpo, células especializadas, los fagocitos, lo inspeccionan y destruyen, después de lo cual presentan el antígeno específico del patógeno en sus membranas. Esto permite a un linfocito B o T con un receptor que reconoce el antígeno enlazarse con él. Después se clona rápidamente a sí mismo, creando un ejército para atacar específicamente al invasor.

Tanto los linfocitos B como los T se producen en la médula ósea, pero los linfocitos T continúan su desarrollo en el timo, antes de circular por el cuerpo hasta encontrarse con un antígeno al que reconozcan, lo cual desencadena su multiplicación y maduración en tipos diferentes. Los llamados linfocitos T colaboradores (T_h) activan a otras células inmunitarias, y ayudan a los linfocitos B a producir anticuerpos, mientras que los linfocitos citolíticos destruyen directamente las células afectadas. Los linfocitos Th liberan proteínas señalizadoras llamadas citoquinas, que activan los linfocitos citolíticos.

Después de una infección, se forman los linfocitos T y B, a la medida de antígenos específicos y de vida y memoria larga. Estos son capaces de multiplicarse muy rápidamente

> El sistema inmunitario encarna un grado de complejidad que sugiere [...] analogías sorprendentes con el lenguaje humano.
> **Niels Jerne**

Los linfocitos T tienen un papel vital en la respuesta inmunitaria adquirida. Especializados en la inmunidad celular, destruyen células infectadas por virus o cancerosas, y activan otras células inmunitarias, desencadenando, por ejemplo, la producción de anticuerpos por los linfocitos B.

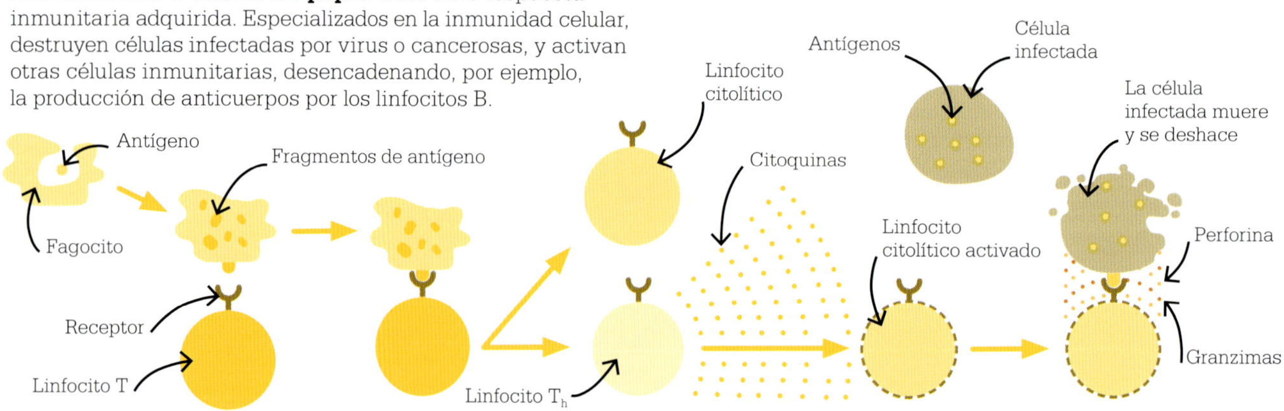

Un linfocito T se encuentra con un fagocito que ha ingerido un antígeno al que reconoce, y del que presenta fragmentos en la superficie.

El receptor del linfocito T se une al antígeno, y empieza a clonarse, produciendo unos mil linfocitos nuevos.

Nuevas células maduran como linfocitos citolíticos que matan células infectadas, y como linfocitos T_h, que segregan citoquinas.

Las citoquinas activan el ataque de los linfocitos citolíticos a las células infectadas.

Un linfocito citolítico se une a una célula infectada y la mata liberando toxinas (perforina y granzimas).

en respuesta a la reaparición de su antígeno específico.

El empleo de vacunas

Las vacunas confieren inmunidad adquirida al cuerpo exponiéndolo a algo que reconoce como un patógeno –microbios muertos o inactivados–, lo cual desencadena el ataque del sistema inmunitario sin necesidad de causar la enfermedad. La eficacia de las vacunas depende de la capacidad del sistema inmunitario adquirido para memorizar los antígenos de los patógenos, con el fin de reconocerlos en caso de que el patógeno vivo infecte el cuerpo, y de responder rápido para evitar que se extienda la infección.

Las vacunas actúan de muchas maneras diferentes, según el número y las características de sus ingredientes. A grandes rasgos, hay dos tipos de vacunas, y cada tipo produce una inmunidad activa o pasiva. La inmunidad activa estimula al organismo para elaborar una respuesta propia a la infección, por medio de los linfocitos B y T. Lleva un tiempo desarrollarla, pero el efecto es duradero, como sucede con la vacuna de la varicela. La inmunidad pasiva consiste en proporcionar al sistema inmunitario anticuerpos preparados; esto ofrece protección inmediata, pero a corto plazo, y ejemplos de ello son la inmunización temporal contra la difteria, el tétanos y la rabia.

La búsqueda de vacunas

En 1981 se observó en EEUU un virus nuevo que afectaba a los humanos, identificado en 1984 como el virus de la inmunodeficiencia humana (VIH), causante del síndrome de inmunodeficiencia adquirida (sida). El virus invade los linfocitos T colaboradores, reduce su número y deja al organismo vulnerable a las infecciones y los cánceres. A mediados de la década de 1980, el sida era una epidemia global, siendo el África subsahariana la región más afectada. En 2019 se estimó que habían muerto 32 millones de personas. Hay tratamientos para controlar el virus, pero no se ha dado con una vacuna preventiva.

El coronavirus causante de la COVID-19, identificado en China en noviembre de 2019, causó una pandemia con consecuencias económicas y sociales globales muy graves. A finales de 2020 había más de 83 millones de infectados y habían muerto 1,8 millones de personas. Hubo una carrera para crear vacunas, y a principios de 2021 varias empezaron a administrarse.

> La crisis del sida nos ha traído la conciencia del sistema inmunitario como factor más importante para conservar la salud.
>
> **Gloria Steinem**
> **Activista política feminista estadounidense**

Trasplante de órganos

Un rasgo fundamental del sistema inmunitario es la capacidad de distinguir entre patógenos y el tejido sano del propio cuerpo. Sin embargo, esto es un problema en el caso de los trasplantes. Desde el primer trasplante de riñón con éxito, practicado por el cirujano estadounidense Joseph Murray en 1954, miles de personas con órganos dañados o enfermos se han beneficiado de la donación de recambios sanos, pero existe siempre el peligro de que el órgano o tejido donado sea rechazado por el sistema inmunitario del receptor.

El complejo de los antígenos leucocitarios humanos (HLA) consiste en un grupo de genes que codifica las proteínas en la superficie de todas las células. Cada persona cuenta con un conjunto prácticamente único de proteínas HLA, que actúan como identificadores de lo que pertenece al propio organismo. El sistema inmunitario las ignora, pero, ante un trasplante, el sistema inmunitario del receptor puede atacar a toda célula del donante que identifique como ajena, causando el rechazo del órgano. El donante y el receptor del trasplante de riñón de 1954 eran gemelos idénticos, y el riesgo de rechazo, por tanto, limitado, pero esta posibilidad no es frecuente.

Los médicos clínicos mitigan el riesgo de rechazo de órganos asegurándose de que el grupo sanguíneo y los tejidos del donante y el receptor son compatibles. También pueden tratar al receptor con inmunosupresores, que inhiben la respuesta inmunitario del organismo. ■

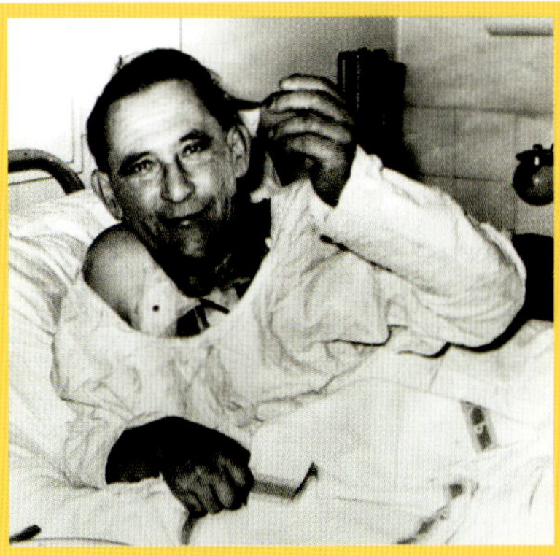

El primer paciente de trasplante de corazón, Louis Washkansky, de 53 años, recuperándose en una cama de hospital en Sudáfrica en 1967. Murió de neumonía 18 días después.

CRECIMIE
REPRODU

NTO Y
CCION

1678
Antoni van Leeuwenhoek observa las células sexuales y confirma la teoría de William Harvey de que **todos los animales proceden de un huevo**.

Década de 1740
Abraham Trembley y Charles Bonnet describen independientemente la **reproducción asexual**.

1793
Christian Sprengel explica la **fecundación de las plantas** por los insectos y por el viento.

1828
Karl von Baer observa **embriones** desde el óvulo al nacimiento, y muestra que **no están preformados**.

1878
Oscar Hertwig es el **primero** en **observar** la **fecundación** (fusión de espermatozoide y óvulo).

Un rasgo definitorio de los seres vivos es la capacidad de crecer y reproducirse, y, por tanto, los mecanismos implicados en ello son un área importante de estudio en la biología. Como ocurre con otros campos de la investigación biológica, estos fueron procesos comparativamente desconocidos hasta que el desarrollo del microscopio permitió examinarlos a nivel celular. Hasta entonces, las ideas sobre cómo el sexo podía conducir al embarazo y el nacimiento fueron en gran parte conjeturas, y, como tales, eran explicaciones poco detalladas y a menudo erróneas. Una de las primeras propuestas verdaderamente científicas ofrecidas en el siglo XVII fue la de William Harvey, quien afirmó que todos los animales –mamíferos incluidos– comienzan a vivir y se desarrollan a partir de un huevo.

Por la misma época, Antoni van Leeuwenhoek examinó semen al microscopio, y vio organismos minúsculos con cabeza y cola móvil.

Las teorías del homúnculo

Surgieron dos teorías rivales: una sostenía que el óvulo, o huevo, contiene una versión minúscula del adulto –un homúnculo–, que se limita a crecer; la otra, que dicho homúnculo se halla en la cabeza del espermatozoide, que es depositado en la hembra, la cual proporciona las condiciones adecuadas para su desarrollo. El debate fue enconado durante casi un siglo, hasta que Lazzaro Spallanzani propuso la posibilidad de que tanto el espermatozoide como el óvulo fueran necesarios para formar un nuevo individuo. La idea no se confirmó definitivamente hasta la década de 1870, cuando Oscar Hertwig pudo observar la fecundación –la fusión de espermatozoide y óvulo– en erizos de mar.

Ya en la década de 1820, sin embargo, Karl von Baer desacreditó la noción errónea de un homúnculo preformado, ya fuera en el espermatozoide o en el óvulo. Tras observar embriones en todas sus fases, desde el óvulo al nacimiento, mostró que comienzan como huevos simples e indiferenciados, y desarrollan gradualmente partes corporales cada vez más complejas.

Reproducción asexual

El debate se había centrado en la reproducción de animales como los mamíferos y las aves, pero se sabía desde el siglo XVIII que algunos otros animales y organismos menos complejos se reproducen de forma asexual. En la década de 1740, Abraham

1878

Walther Flemming **describe** las **fases** de la **mitosis**: el crecimiento y la posterior división de las células.

1890

August Weismann identifica el papel de la **meiosis** en la reducción del **número de cromosomas** por división celular en la reproducción sexual.

1892

En su estudio sobre los erizos de mar, Hans Driesch **descubre** que los **blastómeros** del embrión son capaces de convertirse en cualquier tejido.

1969

Lewis Wolpert desarrolla la teoría de «bandera francesa» del desarrollo del embrión a partir de un **óvulo fecundado asimétrico**.

1978

Nace el primer «bebé probeta» por **fecundación *in vitro***, utilizando técnicas desarrolladas por Robert Edwards y Patrick Steptoe.

1996

Nace el **primer mamífero clonado** con éxito, la oveja Dolly, obra del equipo dirigido por Keith Campbell.

Trembley describió la reproducción asexual por gemación de la hidra, y su colega Charles Bonnet, el «nacimiento virginal» en los áfidos. También en el siglo XVIII, Christian Sprengel comprendió que la fecundación cruzada es necesaria para que las plantas produzcan semilla fértil, en un proceso de polinización asistido por insectos o el viento.

Nuevos descubrimientos

El descubrimiento de que las células son los componentes fundamentales de todos los seres vivos transformó el estudio de la reproducción y del crecimiento, y la afirmación de Rudolf Virchow de que toda célula procede de otra célula desafió varios supuestos largo tiempo aceptados. A la luz de esta idea, se estudió el crecimiento de los organismos a escala celular, y, en 1878, Walther Flemming observó un ciclo de cambios en las células consistente en crecimiento y posterior división, llamado mitosis. También observó que, tras dividirse, las células nuevas mantienen el mismo número de cromosomas, conservando así un duplicado completo de la información genética de la célula original. Unos años más tarde, August Weismann describió un tipo particular de división celular –meiosis– en la reproducción sexual que impide que se doble el número de cromosomas en la fusión de espermatozoide y óvulo.

Células madre

Otros estudios sobre células embrionarias confirmaron que los embriones parten de células simples y se desarrollan gradualmente como organismos más complejos. Hans Driesch observó que las primeras células del proceso, llamadas troncales o madre, tienen cada una un juego completo de la información genética de un ser vivo, y el potencial de convertirse en un adulto plenamente formado. Unos 70 años más tarde, Lewis Wolpert explicó cómo se forman los distintos órganos de un adulto a partir de las células genéticamente idénticas de un embrión, por ser el óvulo fecundado asimétrico, y por causar esto una distribución desigual de determinadas sustancias químicas que desencadenan respuestas genéticas.

Avances recientes en la embriología teórica y la biotecnología han hallado varias aplicaciones importantes, como la clonación de animales para aportar material genético a la investigación de las células madre y la fecundación *in vitro* para parejas con dificultades para concebir. ■

LOS ANIMALCULOS DEL ESPERMA

EL DESCUBRIMIENTO DE LOS GAMETOS

EN CONTEXTO

FIGURA CLAVE
Antoni van Leeuwenhoek
(1632–1723)

ANTES

***C.*65 A.C.** Según el filósofo y poeta romano Lucrecio, hombres y mujeres producen fluidos con las semillas de la procreación.

***C.*década de 1200** Los médicos islámicos creen que varios órganos crean semillas reproductivas que afluyen a los órganos sexuales.

1651 En *Exercitationes de generatione animalium*, William Harvey escribe que «todo viene de un huevo».

DESPUÉS

1916 El ginecólogo William Cary introduce las primeras pruebas de semen para padres incapaces de procrear.

1978 Louise Brown es el primer bebé nacido tras una fecundación *in vitro*.

Desde muy antiguo se sabía que las relaciones sexuales entre hembra y macho precedían al embarazo y al nacimiento, y que el semen masculino era vital. Se consideraron diversas ideas que explicaran la concepción, entre ellas, la mezcla de fluidos masculinos y femeninos, la transmisión de semilla a la pareja y un místico «espíritu generador» que migraba a los genitales.

Ideas antiguas

Tras inventarse el microscopio hacia 1590, los primeros usuarios lo usaron con toda clase de objetos y materiales, siendo uno de los predilectos el semen de animales machos, humanos incluidos. En 1677, el mercader de telas e innovador del microscopio neerlandés Antoni van Leeuwenhoek informó de que el semen contenía organismos móviles minúsculos. No fue el primero en verlos, honor que atribuyó a Johan Ham, estudiante de medicina en Leiden. Van Leeuwenhoek dibujó y describió en su neerlandés vernáculo «animales vivos muy pequeños», mostrando que tenían cabeza y una cola que agitaban. La observación de tales detalles le adelantaba a su época, al ser sus microscopios muy superiores en aumentos y nitidez a los de sus contemporáneos. Al observar otros estudiosos lo que hoy llamamos espermatozoides, se

Espermatozoides humanos tal como los observó y dibujó Van Leeuwenhoek, con cabezas y colas claramente visibles, incluidos en su carta a la Royal Society de Londres en 1677.

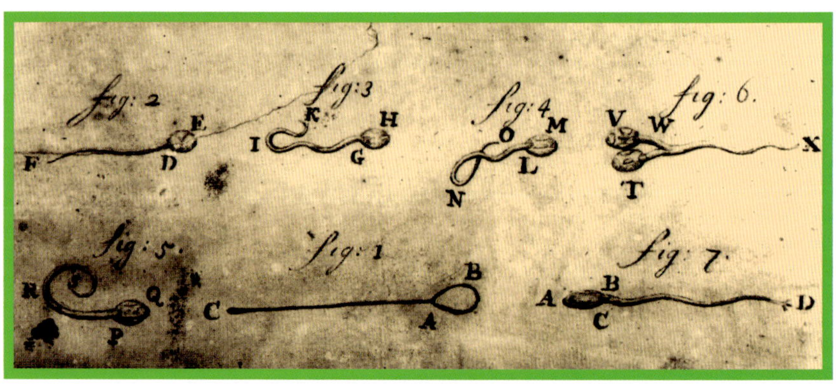

Véase también: La reproducción asexual 178–179 ▪ La fecundación 186–187 ▪ La fecundación *in vitro* 198–201 ▪ La química de la herencia 221

difundió una de las ideas iniciales de Van Leeuwenhoek, la de que eran parásitos que vivían en el cuerpo masculino, sobre todo en los testículos. Otro supuesto difundido fue el del espermatozoide como precursor exclusivo de un bebé, aportando el cuerpo femenino las condiciones para su crecimiento y poco más, creencia llamada «espermismo». En 1685, Van Leeuwenhoek propuso que en la cabeza del espermatozoide había un cuerpo humano minúsculo, u homúnculo, listo para crecer y nacer.

Espermistas y ovistas

A finales de la década de 1670, el naturalista neerlandés Nicolaas Hartsoeker vio también espermatozoides móviles, y adoptó la postura espermista; en su *Ensayo sobre dióptrica*, de 1694, incluyó un esbozo de un hombre minúsculo acurrucado en la cabeza de un espermatozoide, aunque reconociera no haber visto nunca tal cosa.

La postura «ovista» era también preformista: había un ser humano minúsculo ya formado, pero no en el espermatozoide, sino en el óvulo; y en dicho ser había otro huevo que encerraba un cuerpo aún menor, y así sucesivamente. El óvulo como tal no se había identificado aún: lo que los biólogos tomaban por un huevo en el órgano sexual femenino era en realidad un folículo ovárico maduro, un cuerpo lleno de fluido, de 10–20 mm de diámetro. El verdadero huevo u óvulo, dentro del folículo, hallado por el biólogo estonio Karl Ernst von Baer en 1827, es cien veces menor, con 0,1–0,2 mm de ancho. Según los ovistas, había muchísimo más espacio en su «huevo» (el folículo) para una sucesión sin fin de seres preformados.

En comparación, el espermatozoide, con una cabeza de solo 0,005 mm, era minúsculo. Más tarde, en 1878, el botánico polaco Eduard Strasburger llamaría gametos a ambas células reproductivas, óvulo y espermatozoide.

> La semilla masculina de cualesquiera miembros del reino animal contiene [...] todos los miembros y órganos que tiene el animal al nacer.
>
> **Antoni van Leeuwenhoek**

En la década de 1780, mientras experimentaba con la reproducción de anfibios, el sacerdote y biólogo italiano Lazzaro Spallanzani envolvió con tafetán la apertura genital del macho, impidiendo así que el fluido seminal llegara hasta el óvulo, que por tanto no era fecundado. Spallanzani dividió el fluido seminal, filtrándolo en porciones líquida (sin espermatozoides) y espesa (espermatozoides), llegando incluso a obtener óvulos fecundados a partir de la porción espesa, pero sus conclusiones reflejaron su postura ovista previa.

Tras realizar experimentos con animales en 1824, el químico francés Jean-Baptiste Dumas y el médico suizo Jean-Louis Prévost se convencieron de que los espermatozoides no son parásitos, sino que tienen un papel en la fecundación, pero hasta la década de 1870 no quedó claro para los biólogos que tanto el espermatozoide como el óvulo son necesarios para engendrar descendencia. ■

Primeros microscopios

En muchos aspectos, los microscopios de Antoni van Leeuwenhoek no mejorarían hasta pasados casi dos siglos. En su época era común un diseño con dos lentes convexas, capaz de unos 30–40 aumentos, combinación que daba una imagen borrosa y colores difuminados. Van Leeuwenhoek usó una sola lente, casi esférica en algunas versiones, y apenas del tamaño de un guisante, como lupa de gran potencia. Fabricaba sus lentes él mismo, utilizando técnicas cuyo secreto guardaba celosamente. Las muestras iban sobre una punta metálica casi adyacente a la lente, vistas de cerca desde el otro lado. Los aumentos crecieron hasta los 200–250, y más incluso en modelos posteriores.

Van Leeuwenhoek fabricó unas 500 lentes y al menos 25 estructuras de microscopio, y escribió casi 200 informes ilustrados para la Royal Society de Londres. Sin embargo, pocos podían corroborar sus hallazgos, y pasaron 200 años hasta que fueron aceptados algunos de sus logros.

Esta es una réplica del primer microscopio de Van Leeuwenhoek, quien llegó a conseguir hasta 300 aumentos con una sola lente.

ALGUNOS ORGANISMOS HAN PRESCINDIDO DE LA REPRODUCCION SEXUAL

LA REPRODUCCIÓN ASEXUAL

EN CONTEXTO

FIGURAS CLAVE
Abraham Trembley (1710–1784), **Charles Bonnet** (1720–1793)

ANTES
***C.* 2000 A.C.** Los viticultores romanos plantan esquejes de las mejores vides –una forma de propagación asexual.

1702 Antoni van Leeuwenhoek muestra la gemación de la hidra en sus dibujos.

DESPUÉS
1758 El taxónomo sueco Carlos Linneo llama *Hydra* al género de la hidra de los estanques.

1871 El zoólogo alemán Karl von Siebold acuña el término «partenogénesis».

1974 Según Samuel McDowell, zoólogo estadounidense, todas las crías de la serpiente ciega *Indotyphlops braminus* son hembras, y la especie se reproduce siempre por partenogénesis.

La mayoría de los animales, humanos incluidos, se reproduce del mismo modo: sexualmente, con la participación de macho y hembra. El espermatozoide masculino fecunda el óvulo femenino, y el óvulo fecundado se desarrolla y crece, formando un nuevo individuo. Muchas plantas tienen también partes femeninas y masculinas, ya sea en individuos distintos o en el mismo; también en este caso, las células de ambos sexos se combinan para producir semillas o esporas. La reproducción sexual es muy común, pero existe otro sistema, empleado por plantas, hongos y animales diversos, que no recurre al sexo. La reproducción asexual, o propagación vegetativa, es muy frecuente entre las plantas: tallos como los espolones en la superficie o los rizomas bajo la misma, cormos, tubérculos y bulbos son todos capaces de desarrollar yemas u otras partes que se conviertan en nuevos individuos, sin que intervenga el sexo. Hasta el siglo XVIII, pocos biólogos creyeron que los animales pudieran reproducirse así.

> Tras haber cortado el pólipo [...] cada una de las dos [partes] era perceptiblemente un pólipo completo, y realizaba todas las funciones que me eran conocidas.
> **Abraham Trembley**

Criaturas de los estanques y áfidos

En 1740, el naturalista ginebrino Abraham Trembley estudió un pequeño organismo de los estanques. Con sus múltiples ramas, tenía aspecto de árbol en miniatura o de anémona de mar. Estos organismos medían apenas unos milímetros, y Trembley llevó a cabo numerosos experimentos con ellos, como cortarlos y trocearlos, y vio que con frecuencia cada parte volvía a formar un individuo nuevo. También observó que les salían «crías», como yemas en el tallo de una planta. Además de esta capacidad propia de las plantas, esta forma de vida minúscula era capaz de desplazar-

Véase también: Cómo se producen las células 32–33 ▪ El descubrimiento de los gametos 176–177 ▪ La polinización 180–183 ▪ La fecundación 186–187 ▪ La clonación 202–203 ▪ Nombrar y clasificar la vida 250–253

Trembley usó la gemación de la hidra en sus experimentos. Cuando abunda el alimento, este animal acuático produce yemas que se convierten en adultos en miniatura.

se, retraer los tentáculos, arrastrarse sobre el «tallo», retorcerse y replegarse en una esfera, pareciendo por tanto un animal. Trembley lo llamó hidra, en referencia al monstruo acuático de múltiples cabezas de la mitología griega, al que le nacían dos cabezas por cada una que se le cortara. En la década de 1740, Trembley mantuvo correspondencia con el académico francés René de Réaumur, respetado naturalista y científico. En la obra *Memoria para la historia natural de los pólipos de agua dulce*, de 1744, Trembley describió e ilustró sus observaciones, ofreciendo una de las primeras descripciones de la reproducción sexual por gemación de un animal. Trembley no sabía que unos 40 años antes, en 1702, el microscopista neerlandés Antoni van Leeuwenhoek también había visto y dibujado estos pólipos, una de varias criaturas a las que llamó «animálculos» (animales muy pequeños).

Mientras tanto, el también ginebrino Charles Bonnet, sobrino de Trembley y amigo de Réaumur, estudiaba a unos insectos succionadores de savia, los áfidos, o pulgones. Alrededor de 1740, Bonnet diseñó experimentos para demostrar que las hembras podían tener descendencia sin aparearse ni tener contacto alguno con los machos. En *Tratado de insectología*, de 1745, Bonnet explicó esta forma de reproducción asexual en animales, llamada luego partenogénesis, que significa «nacimiento virginal».

Desde entonces, la lista de especies animales cuyas hembras crían empleando solo sus propios óvulos, sin necesidad de esperma del macho, se ha extendido hasta incluir muchas especies de gusanos, insectos y otros invertebrados, así como también algunas especies de tiburones, anfibios y reptiles, y hasta codornices y pavos domesticados.

Otros métodos de reproducción asexual son la fragmentación y regeneración, en la que partes separadas de un individuo forman individuos enteros nuevos. Esto es propio de la hidra, como describió Trembley, y también de algunos gusanos, como estudió Bonnet en la década de 1740, y de las estrellas de mar. En las plantas, la apomixis es la reproducción a partir de una semilla producida por un óvulo no fecundado, que es, por tanto, un clon de la hembra. ■

La clonación se emplea para criar vacas desde finales de la década de 1990, por motivos como mejorar el rendimiento de leche y carne y estudiar la resistencia a la enfermedad.

Sexo versus no sexo

En la reproducción sexual, la descendencia hereda una serie de genes. Al formarse los óvulos y los espermatozoides, los genes se barajan como cartas en combinaciones nuevas. De esta forma, la descendencia adquiere una mezcla única de genes que imparte determinados rasgos y atributos, a veces favorables a la supervivencia, como la resistencia a una enfermedad nueva. Esta variación genética entre la descendencia es la materia prima evolutiva sobre la que opera la selección natural, determinando a los mejores supervivientes.

En la reproducción asexual, un solo progenitor puede generar mucha más descendencia en menos tiempo que en la sexual, y toda esta descendencia hereda exactamente los mismos genes del progenitor. Los seres vivos genéticamente idénticos se llaman clones, y la falta de diversidad genética tiene sus desventajas: por ejemplo, en caso de surgir una enfermedad nueva, no hay variación sobre la que la selección natural pueda actuar, y la supervivencia es menos probable.

LA PLANTA, COMO EL ANIMAL, TIENE PARTES ORGANICAS

LA POLINIZACIÓN

EN CONTEXTO

FIGURA CLAVE
Christian Konrad Sprengel (1750–1816)

ANTES
1694 Rudolf Jakob Camerarius descubre órganos sexuales en las flores, y aísla las plantas cuyas flores tienen órganos de un solo sexo para mostrar que solas no producen semilla.

1793 Carlos Linneo clasifica las plantas por el estambre y estigma de las flores.

DESPUÉS
Década de 1860 Charles Darwin estudia las orquídeas y su relación con los insectos polinizadores.

1867 Federico Delpino llama «síndrome floral» a la coevolución de las flores y sus polinizadores.

En las plantas con flores, la polinización es la transferencia de polen de la antera al estigma de una flor para fecundarla y producir semillas. La autopolinización, o endogamia, se da cuando el polen de la flor cae sobre su propio estigma; y la polinización cruzada, cuando el polen llega al estigma de otra flor.

La fecundación se produce cuando un espermatozoide del polen migra del estigma al ovario, donde fecunda un óvulo y se forma un embrión. Otros se combinan con otros tejidos femeninos del ovario y forman el endospermo, sustancia de la semilla que alimenta al embrión al crecer.

Comprender cómo se poliniza una flor requiere identificar sus órganos sexuales, pero las flores se consideraron meros adornos de naturaleza no sexual hasta el siglo XVII. En 1694, el botánico alemán Rudolf Jakob Camerarius describió las partes reproduc-

Véase también: El descubrimiento de los gametos 176–177 ▪ La fecundación 186–187 ▪ Las leyes de la herencia 208–215 ▪ La vida evoluciona 256–257

La forma de las flores varía, pero la mayoría contiene las partes necesarias para la polinización, la cual conduce normalmente a la fecundación del óvulo para producir un embrión en una semilla.

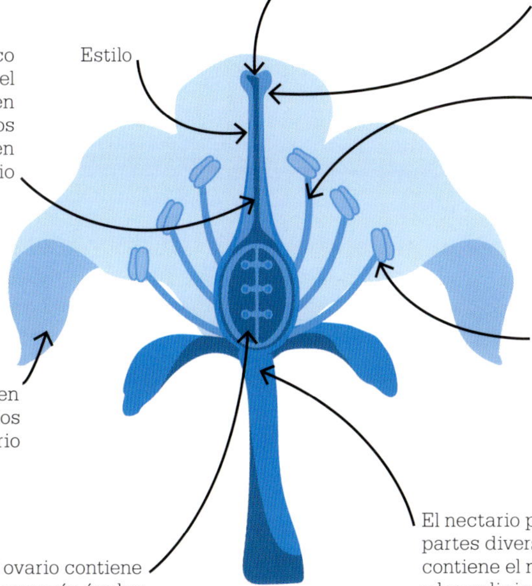

tivas –antera y carpelo, o pistilo– de las flores, y observó también que las plantas que solo tenían flores de un sexo no producían semilla si las aislaba. Joseph Gottlieb Kölreuter, otro botánico alemán, practicó la polinización cruzada de flores en 1761 para obtener híbridos, probando que los granos de polen son necesarios para fecundar las flores, y llamó autoincompatibles a las flores incapaces de autofecundarse. Hoy sabemos que los marcadores de proteína de los espermatozoides y óvulos de dichas plantas no casan, impidiendo que se unan para la fecundación, y asegurando la polinización cruzada con otras flores.

A mediados del siglo XIX, el monje austriaco Gregor Mendel reunió datos sobre la polinización cruzada de guisantes, que revelaban cómo se transmiten los rasgos de las plantas progenitoras a la descendencia. Mostró que la polinización cruzada favorece la variación genética entre las plantas, y despejó así el camino al estudio futuro de la herencia y la genética. Cuanta mayor sea la variación genética por la recombinación de los genes en una especie vegetal, más probable es que sobreviva a factores adversos como la sequía o las enfermedades.

Las teorías de Sprengel

Fue el botánico alemán Christian Konrad Sprengel quien comprendió que unas estructuras específicas de las flores eran las responsables de la polinización. A partir de 1787 estudió cientos de plantas, y advirtió la importancia de los insectos en la polinización cruzada. Las abejas, con unas 20 000 especies, son los polinizadores más numerosos, pero también son »

Christian Konrad Sprengel

Teólogo convertido en botánico, Sprengel nació en 1750 en el margraviato de Brandeburgo. En 1780 fue nombrado director de escuela y rector de la parroquia luterana de Spandau, y se dedicó a la botánica en su tiempo libre. Estudió la reproducción de las plantas y desarrolló una teoría general de la polinización que hoy continúa siendo válida. Su gran y única obra sobre el tema no fue reconocida al publicarse, a pesar de su esperanza de que fundara un nuevo campo de estudio biológico.

Sprengel descuidó la enseñanza y los deberes religiosos para dedicarse a su pasión botánica, y, después de ser cesado en 1794, se retiró a Berlín, donde murió en 1816. La importancia de su trabajo fue reconocida por Charles Darwin en 1841, y sería el fundamento del trabajo de Darwin sobre la polinización y la evolución de las flores.

Obra principal

1793 *El descubrimiento de la naturaleza secreta en la estructura y fecundación de las flores.*

Algunas flores exhiben dicogamia, cuya finalidad es garantizar que los polinizadores lleven el polen a otra planta. En algunas, las partes masculina y femenina no maduran a la vez. La dedalera *(Digitalis purpurea)* es polinizada por abejorros, y sus flores se abren primero en la parte más baja de la espiga floral.

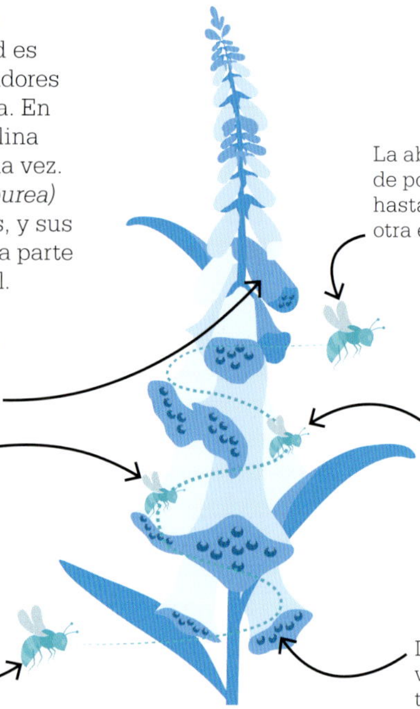

importantes las mariposas, las polillas, algunas moscas, las avispas y los escarabajos. Así, Sprengel comprendió que el néctar no existía para humedecer el carpelo ni alimentar a las semillas, sino para atraer insectos, que al alimentarse en las flores transfieren polen de unas a otras y las fecundan. Este es el fin de otros rasgos de las flores, como el color y el olor. Sprengel describió cómo los colores de la corola (los pétalos), el cáliz (los sépalos), las brácteas e incluso el nectario atraen a los insectos. Así, las flores que se abren de noche suelen ser blancas, para facilitar a las polillas hallarlas. También observó marcas de color en algunos pétalos, a las que llamó guías de néctar porque indican a los insectos dónde está el nectario.

En experimentos realizados a partir de 1912, el zoólogo austriaco-alemán Karl von Frisch determinó que las abejas ven todos los colores del espectro visible salvo el rojo, aunque, a diferencia de los humanos, también ven la luz ultravioleta. Algunos pigmentos de las flores que reflejan y combinan la luz ultravioleta y amarilla emiten reclamos cromáticos invisibles al ojo humano, y tales pigmentos abundan en las guías de néctar.

La forma de las flores ayuda también a los polinizadores: como observó Sprengel, una gran flor compuesta plana, o un gran pétalo inferior, sirven como plataforma de aterrizaje. Algunas flores están adaptadas a un solo insecto específico, caso de las flores estrechas y tubulares a las que solo accede la larga probóscide de mariposas o polillas. Otro rasgo observado por Sprengel es el olor: algunas flores polinizadas por polillas, como la onagra común *(Oenothera biennis)*, se cierran de día y se abren durante el crepúsculo, liberando aromas potentes; y hay flores que huelen a carroña, para atraer a las moscas.

Estrategias

La mayoría de las plantas son hermafroditas, y tienen órganos sexuales masculinos y femeninos en cada flor. Pero algunas plantas con muchas flores usan una estrategia que Sprengel llamó dicogamia: las partes femeninas y masculinas maduran en distinto momento, obligando a los polinizadores a ir de flor en flor en busca de polen maduro. Sprengel confirmó la teoría de Kölreuter de que la autoincompatibilidad de las flores era también una estrategia encaminada a la polinización cruzada, y propuso que las plantas de un solo sexo (dioicas) habían desarrollado flores con órganos solo masculinos o femeninos para garantizar la polinización por otras plantas, y describió algunas flores como «falsas»: carentes de néctar,

La mayoría de las plantas se **reproduce** al fecundar el **polen** el órgano **sexual** femenino.

Un **90 %** de las plantas tienen partes sexuales tendentes a impedir la **autopolinización** o **autofecundación**.

Algunos **animales** y el **viento transportan el polen** de flor a flor.

La **polinización cruzada** produce **diversidad genética**, así como plantas más capaces de sobrevivir a condiciones adversas.

La orquídea mosca *(Ophrys insectifera)* tiene un gran pétalo inferior dividido y un olor que imita al de la hembra de la avispa *Argogorytes*.

Flores sexualmente engañosas

El olor, el néctar o el color de las flores atraen a los polinizadores de la mayoría de las plantas, pero algunas recurren a la mímica sexual. Algunas orquídeas tienen aspecto de avispa hembra, cuyo olor también imitan. En ocasiones ofrecen el cebo antes de que las hembras de avispa estén activas sexualmente, mejorando así sus probabilidades de éxito.

La avispa macho vuela hasta la «hembra» de la flor y trata de copular con ella. El movimiento de la avispa desencadena en la orquídea un mecanismo de bisagra, que deposita sacos de polen sobre la cabeza del insecto. Los sacos de polen quedan perfectamente alineados con el estigma de la siguiente flor con la que intente copular la avispa.

Otras orquídeas atraen a los insectos macho a flores en forma de embudo con olores que imitan a las feromonas. A diferencia de las abejas o mariposas, que cosechan polen y néctar, la avispa macho no obtiene nada a cambio de polinizar las orquídeas.

pero con guías para que los insectos acudan a transferir el polen.

Sprengel sabía que el viento poliniza algunas plantas, ya que, aun careciendo de néctar u olor, poseen polen abundante y ligero. Así se polinizaban las plantas con flores más antiguas de la Tierra, y siguen haciéndolo muchas de las actuales, como herbáceas, abedules y robles. Al no necesitar atraer polinizadores, sus flores son discretas, inodoras y de color verde pálido, a menudo arracimadas en espiguillas que pierden el polen al agitarlas el aire. Las hojas son un obstáculo para el viento, y por ello los árboles y arbustos polinizados por el viento florecen en primavera, antes de que se desarrollen las hojas.

Las herbáceas son monoicas, con los estambres y carpelos en flores separadas de la misma planta, lo cual hace más probable que el viento transporte el polen hasta las flores femeninas de otra planta.

Evolución

Según Sprengel, son muy pocas las flores que se autopolinizan, pero no estudió el propósito de la polinización cruzada. Charles Darwin desarrolló más tarde sus ideas en el contexto de la selección natural, explicando cómo las flores y sus polinizadores animales evolucionaron juntos, por lo general en relaciones de beneficio mutuo. En 1862, tras examinar una orquídea blanca *(Angraecum sesquipedale)* de Madagascar con un pétalo modificado que se extendía 30 cm por encima del nectario, Darwin predijo el hallazgo de una polilla con una probóscide de similar longitud, efectivamente identificada más tarde como *Xanthopan morganii praedicta*.

La relación entre plantas y polinizadores es clave en el éxito evolutivo de las plantas con flores desde hace más de cien millones de años. El síndrome floral descrito por el italiano Federico Delpino explica cómo en plantas no emparentadas evolucionaron rasgos florales similares al compartir un mismo polinizador, fuera este insecto, ave o el viento.

Aves como los nectarínidos de África y los colibríes de América tienen picos largos y estrechos con los que se alimentan del néctar de flores alargadas. La planta gasta mucha energía produciendo néctar para atraer a las aves, pero se desperdiciaría si los insectos se empacharan visitando una sola flor. Por eso evolucionaron en estas plantas flores de tonos rojo o naranja o herrumbre, que reflejan longitudes de onda invisibles para la mayoría de los insectos pero llamativas para las aves.

Las pocas plantas autopolinizadoras tienden a crecer en lugares donde escasean los polinizadores y las plantas no necesitan evolucionar para sobrevivir a las alteraciones del medio. Pueden autopolinizarse antes siquiera de abrirse las flores.

Las abejas polinizan más del 90 % de los cultivos del planeta, pero se hallan amenazadas por la actividad humana, la pérdida de hábitat y vegetación y el cambio climático. ■

> […] simultáneamente o una después de la otra, flor y abeja pueden ir modificando y adaptándose lentamente una a la otra con la mayor perfección.
>
> **Charles Darwin**
> ***El origen de las especies* (1859)**

A PARTIR DE LAS FORMAS MAS GENERALES SE DESARROLLAN LAS MENOS GENERALES

LA EPIGÉNESIS

EN CONTEXTO

FIGURA CLAVE
Karl Ernst von Baer (1792–1876)

ANTES
320 A. C. Aristóteles da origen a la teoría de que el embrión comienza como masa indiferenciada y se forma gradualmente.

1651 William Harvey registra las fases del desarrollo de embriones de pollo en el huevo y afirma que «todo lo vivo viene de un huevo».

1677 Antoni van Leeuwenhoek observa por primera vez esperma al microscopio, y le sorprenden los minúsculos organismos móviles que ve.

1817 Christian Pander describe las tres capas germinales en los pollos.

DESPUÉS
1842 Robert Remak aporta pruebas microscópicas de las tres capas germinales, y las nombra.

Desde la época de Aristóteles hasta fines del siglo XIX, los científicos no pudieron ponerse de acuerdo sobre los principios en los que se basa la reproducción de los animales, y debatieron enconadamente dos alternativas posibles, ambas planteadas por Aristóteles: la preformación y la epigénesis.

Por una parte, algunos partidarios de la preformación creían que había una versión en miniatura del futuro adulto en el huevo u óvulo, y otros, en el espermatozoide. Además, pensaban que el proceso de producir un organismo consistía básicamente en agrandar algo ya existente. En cambio, los defensores de la epigenética creían que machos y hembras aportaban material para producir un organismo, y que cada individuo se desarrolla gradualmente a partir de una masa informe e indiferenciada.

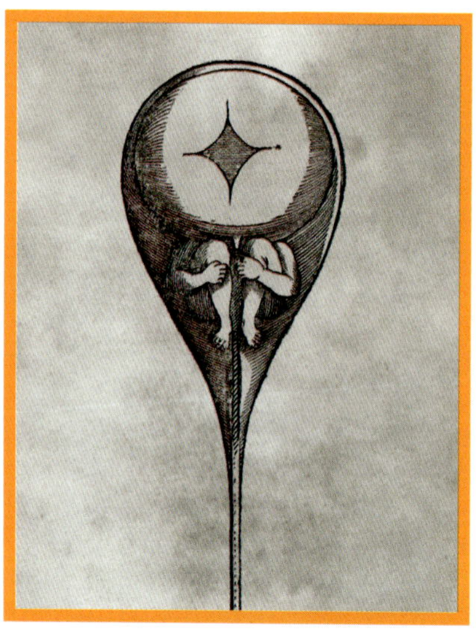

El esbozo de Hartsoeker del homúnculo, un humano minúsculo que creía vivía en el espermatozoide, se publicó en su *Ensayo sobre dióptrica*.

Al microscopio

En 1677, Antoni van Leeuwenhoek examinó semen de varios animales, humanos incluidos, y vio muchos espermatozoides retorciéndose bajo el microscopio. Al estudiar el semen humano, el médico neerlandés Nicolaas Hartsoeker observó también células móviles, y mantuvo que podía haber hombres minúsculos en la parte de la cabeza, apoyando con ello la preformación.

Un defensor de la epigénesis, el fisiólogo alemán Caspar Friedrich Wolff, estudió al microscopio embriones de pollo, y no halló prueba alguna que respaldara la preformación. En 1759 publicó su disertación doctoral refutando dicha teoría, y defendiendo que los órganos de los animales se

Véase también: Crear vida 34–37 ▪ El descubrimiento de los gametos 176–177 ▪ La fecundación 186–187 ▪ El desarrollo embrionario 196–197

forman gradualmente. También afirmó en 1789 que el desarrollo de cada individuo lo desencadena una «fuerza esencial», pero acabó abandonando la investigación tras decidir que no había tales fuerzas individuales.

Teoría de las capas germinales

En 1817, el biólogo ruso Christian Pander describió el desarrollo del pollo en el huevo, e identificó tres regiones distintas del embrión, hoy llamadas capas germinales primordiales. Sus hallazgos fueron ampliados por el embriólogo alemán Karl Ernst von Baer, quien en 1827 descubrió el óvulo humano y publicó una teoría del desarrollo embrionario basada en la observación y la experimentación. Baer describió cómo los embriones parten de capas distintas que se van diferenciando como partes corporales más complejas. En sus palabras, «el embrión se separa en estratos».

En 1842, el embriólogo alemán Robert Remak aportó pruebas microscópicas de las tres capas germinales. En un embrión, cada capa germinal es un grupo de células que irá formando órganos y tejidos. Las esponjas tienen una sola capa germinal; las medusas y anémonas de mar tienen una capa interna, el endodermo, y una externa, el ectodermo. Los animales complejos con simetría bilateral (semejanza de los lados izquierdo y derecho) añaden una tercera capa intermedia, el mesodermo.

En 1891, el biólogo alemán Hans Driesch separó huevos de erizo de mar en la fase bicelular, y descubrió que cada célula se desarrollaba como un erizo completo, refutando así la preformación. Pero fue en 1944 cuando se corroboró la idea de una fuerza esencial que guía el desarrollo embrionario, al descubrirse que el ADN es el portador de la información genética. ▪

Las capas germinales primordiales (ectodermo, mesodermo y endodermo) se forman en las primeras dos semanas en animales más complejos, como los humanos.

Partes en que se convierte el endodermo:

Aparato digestivo
Hígado
Páncreas
Pulmones (capas internas)

Partes en que se convierte el mesodermo:

Sistema circulatorio
Pulmones (capas epiteliales)
Sistema esquelético
Sistema muscular

Partes en que se convierte el ectodermo:

Cabello
Uñas
Piel
Sistema nervioso

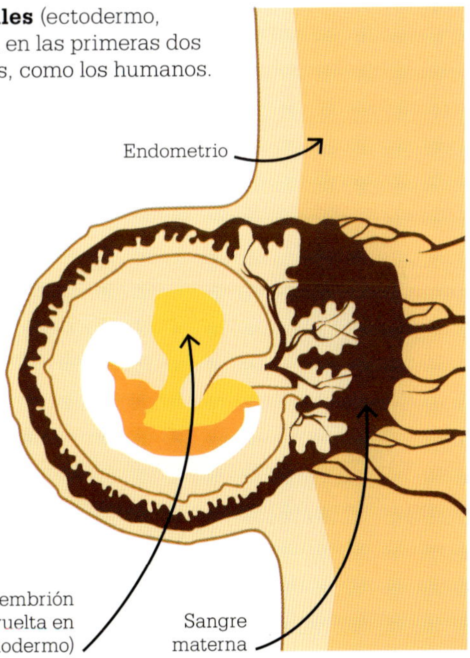

Karl Ernst von Baer

Baer, de familia aristocrática prusiana, nació en 1792 en la localidad estonia de Piibe (entonces del Imperio ruso). Estudió medicina en la Universidad de Dorpat, y se licenció en 1814. En 1815 continuó sus estudios en Wurzburgo (Baviera), donde conoció al fisiólogo y anatomista Ignaz Döllinger, quien le animó a investigar el desarrollo en pollos. La mayoría de las aportaciones de Baer a la embriología llegaron entre los años 1819 y 1834, periodo en el que llevó a cabo varios hallazgos importantes, entre ellos, la blástula (fase hueca temprana del embrión) y la notocorda (estructura que se convierte en parte de la columna vertebral). En 1834 se trasladó a San Petersburgo, e ingresó en la Academia de Ciencias. En 1862 se retiró como miembro activo para dedicarse a la exploración, principalmente del norte del Imperio ruso. Baer murió en Dorpat en 1876.

Obras principales

1827 *Sobre la génesis del óvulo en los mamíferos y el hombre.*
1828 *Sobre la historia del desarrollo de los animales.*

LA UNION DE LAS CELULAS DE OVULO Y ESPERMATOZOIDE

LA FECUNDACIÓN

EN CONTEXTO

FIGURA CLAVE
Oscar Hertwig (1849–1922)

ANTES

Siglo II A. C. Según la teoría predominante sobre la concepción, machos y hembras producen semillas que juntas crean un nuevo ser humano.

1761–1766 Joseph Gottlieb Kölreuter muestra que la descendencia híbrida presenta rasgos de las estructuras reproductivas masculina y femenina en las plantas.

1781 Lazzaro Spallanzani demuestra que el semen de sapo filtrado para retirar los espermatozoides no fecunda los huevos.

DESPUÉS

1902 El biólogo alemán Theodor Boveri estudia el comportamiento de los cromosomas del óvulo y del espermatozoide tras la fecundación.

La cuestión de la reproducción animal fue objeto de muchas teorías durante los siglos XVII y XVIII, aunque el óvulo humano no se descubriera hasta 1827. En 1677, Antoni van Leeuwenhoek estudió semen de especies animales, y vio moverse espermatozoides bajo la lente del microscopio. Hasta entonces, los científicos suponían que un vapor u olor del semen fecundaba el huevo, y el hallazgo de Van Leeuwenhoek animó un largo debate acerca de la función de los espermatozoides. Algunos especularon que estaban relacionados con la fecundación, mientras que el propio Van Leeuwenhoek creyó que eran parásitos y, más tarde, que en las cabezas podía haber adultos preformados en miniatura.

El ciclo vital del erizo de mar empieza con la emisión de gametos al agua. Los óvulos fecundados eclosionan como larvas, se posan sobre el lecho marino y se aferran a las rocas.

La unión de óvulo y espermatozoide

En 1768, los experimentos del biólogo italiano Lazzaro Spallanzani con anfibios demostraron la necesidad del contacto entre óvulo y espermatozoide para la fecundación. En esta época, los científicos estaban estudiando la fecundación en los animales que emplean la fecundación externa, en la que se liberan los espermatozoides y óvulos y se combinan fuera del cuerpo de la hembra. En la fecundación interna, el macho insemina a la hembra, y el espermatozoide se une al óvulo dentro del cuerpo de la hembra.

En el siglo XIX, muchos de los científicos que estudiaban la fecundación externa usaron erizos de mar, cuyos óvulos y embriones son relativamente transparentes, y a los que es fácil incitar a liberar gametos femeninos y masculinos para poder observar la fecundación al microscopio.

Aunque la penetración del espermatozoide en el óvulo era algo que se sospechaba desde bastante

Véase también: Crear vida 34–37 ▪ La epigénesis 184–185 ▪ El desarrollo embrionario 196–197 ▪ Las leyes de la herencia 208–215 ▪ Cromosomas 216–219

La fecundación es la fusión de los gametos (espermatozoides y óvulos). Hertwig halló que solo es necesario un espermatozoide para fecundar un óvulo, y que, una vez dentro del óvulo, este forma una membrana de fecundación que impide entrar a otros.

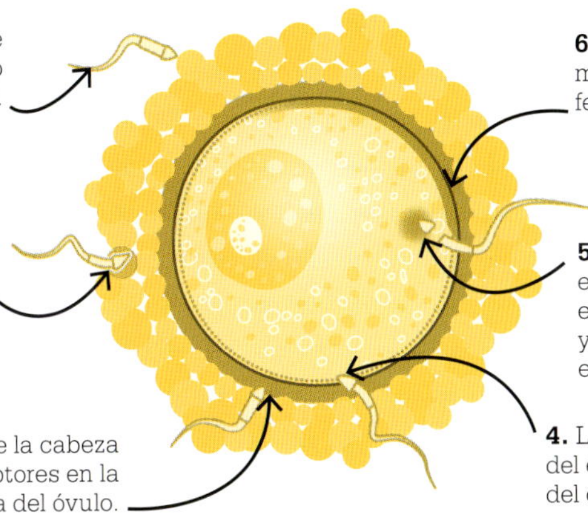

antes, fue el zoólogo alemán Oscar Hertwig, estudiando erizos de mar en 1875, el primero en observar microscópicamente el momento de la fecundación. Vio un único espermatozoide entrar en un óvulo de erizo de mar, ambos núcleos fundirse en uno y la formación de un óvulo fecundado, el cigoto.

El papel del núcleo

Hertwig fue testigo de la formación de un solo núcleo donde había dos, y escribió que «surge hasta completarse como un sol dentro del huevo», imagen que transmite la belleza del momento de la fecundación. Comprendió que el embrión se forma a partir de la división del núcleo recién formado, y fue el primero en proponer que el núcleo es el responsable de la transmisión de los rasgos heredados a la descendencia. En 1885, Hertwig escribió que creía que hay una sustancia en el núcleo que «no solo fecunda, sino que además transmite características hereditarias».

Casi simultáneamente, pero de forma independiente de Hertwig, el zoólogo suizo Hermann Fol confirmó el proceso de la fecundación. En 1877, usando estrellas de mar, Fol observó un único espermatozoide entrando en la membrana del óvulo y el progreso del núcleo del espermatozoide hacia el del óvulo para la fusión. Al emplear huevos grandes y transparentes, Hertwig y Fol realizaron descubrimientos pioneros que aportaron las primeras pruebas del papel del núcleo celular en la herencia, o transmisión de características de una generación a la siguiente. ■

> La propia célula es un organismo, formado por muchas pequeñas unidades vitales.
> **Oscar Hertwig**

Oscar Hertwig

Nacido en 1849 en Friedberg (Hesse, actual Alemania), Oscar Hertwig asistió a la Universidad de Jena con su hermano Richard, donde tuvo como maestro al destacado anatomista comparativo Ernst Haeckel. Empezó a estudiar el desarrollo embrionario, y después el proceso de la fecundación. En 1875, en un viaje de estudio con Haeckel por el Mediterráneo, descubrió la fecundación de los erizos de mar, y comenzó a documentar sus observaciones. En 1890, estudiando las estrellas de mar, fue el primero en observar en animales la partenogénesis (el desarrollo de un embrión a partir de un óvulo no fecundado). Hertwig fue el primer catedrático de citología y embriología de la Universidad de Berlín, de 1888 a 1921, y director del nuevo Instituto Anatómico-Biológico de Berlín, ciudad donde murió en 1922.

Obras principales

1888 *Libro de texto de la embriología del hombre y los mamíferos.*
1916 *El origen de los organismos: una refutación de la teoría del azar de Darwin.*

LA CELULA MADRE SE DIVIDE IGUALMENTE ENTRE LOS NUCLEOS HIJOS

LA MITOSIS

EN CONTEXTO

FIGURA CLAVE
Walther Flemming
(1843–1905)

ANTES
1665 Robert Hooke revela la existencia de las células, las menores unidades de la vida, en *Micrographia*.

1858 Rudolf Virchow populariza el dicho *omnis cellula e cellula* («toda célula proviene de otra célula»).

DESPUÉS
1951 El biólogo estadounidense George Gey y su equipo consiguen cultivar y mantener células en el laboratorio, usando sin su consentimiento células cancerosas de la paciente de cáncer afroamericana Henrietta Lacks, que se emplean aún hoy en la investigación médica.

1970 El biólogo británico John Gurdon logra clonar una rana *Xenopus*, aunque no pasó de la fase de renacuajo.

Toda la vida consiste en células, y el crecimiento y reparación de un organismo requieren la reproducción y reemplazo de las células que lo componen. Esto se logra por el crecimiento y división de las células existentes, en la secuencia llamada ciclo celular. El proceso de división celular, que produce dos células hijas con la misma constitución genética de la célula progenitora, se llama mitosis.

En 1831, el botánico británico Robert Brown descubrió una estructura en todas las células vegetales que estudiaba. La llamó núcleo, pero se desconocía su papel en la célula. En 1838, el botánico alemán Matthias Schleiden propuso que todas las plantas están constituidas por células y proceden de una sola célula. En 1839, el fisiólogo Theodor Schwann concluyó lo mismo acerca de los animales. Schleiden y Schwann creyeron erróneamente que la formación de las células nuevas era análoga a la de los cristales. El patólogo Rudolf Virchow amplió la teoría celular de Schleiden y Schwann en 1858, y propuso que todas las células surgen a partir de células vivas preexistentes, idea recogida en su divisa «toda célula proviene de otra célula».

División del núcleo

Los intentos de estudiar las células en detalle se habían visto frustrados por la naturaleza transparente de las mismas, lo cual dificultaba distinguir estructura interna alguna.

El proceso de la mitosis

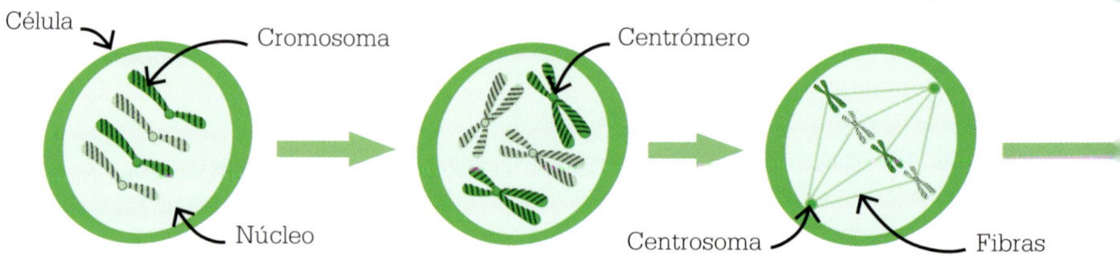

La célula duplica su ADN, y realiza las reparaciones necesarias antes de comenzar la mitosis.

En la profase se ven dos copias exactas de cada cromosoma (cromátidas), unidas por un centrómero.

En la metafase, los pares de cromátidas se alinean en el centro de la célula, unidas por fibras.

Véase también: La naturaleza celular de la vida 28–31 ▪ Cómo se producen las células 32–33 ▪ La meiosis 190–193 ▪ Cromosomas 216–219 ▪ La química de la herencia 221 ▪ ¿Qué son los genes? 222–225

Al descubrirse que los tintes sintéticos se combinaban con algunas estructuras celulares y no con otras, se pudo empezar a distinguir la estructura interna. En 1875, el botánico Eduard Strasburger informó de que había visto material dentro del núcleo de una célula vegetal al dividirse. En 1882 concluyó que de la división de un núcleo existente surgían nuevos núcleos celulares. El mismo año, el biólogo alemán Walther Flemming escribió *Sustancia celular, núcleo y división celular*, donde detallaba sus observaciones de células embrionarias de salamandra usando tintes de anilina, producto obtenido del alquitrán de hulla. Describió el proceso de la división celular cuando el material del interior del núcleo, al que Flemming llamó cromatina, se reúne en filamentos (más tarde llamados cromosomas). Llamó al proceso de división celular mitosis, nombre derivado de «hilo» o «tejido» en griego.

Una serie de fases

Flemming describió cómo la mitosis se despliega en dos fases, en las que los cromosomas se forman y, luego, se separan. La ciencia actual distingue cuatro fases. La fase en la que el material del núcleo se condensa en una forma compacta y los cromosomas son por primera vez visibles se llama profase. Cada cromosoma consiste en un par de cromátidas hermanas, conectadas a un punto llamado centrómero. Más tarde se determinó que las cromátidas contienen la misma secuencia genética. Entre divisiones celulares, la mayoría de las células animales tienen una estructura llamada centrosoma, situada cerca del núcleo. Al comenzar la división, el centrosoma se divide, y cada parte se sitúa en extremos opuestos del núcleo. Un sistema complejo de fibras se extiende desde cada centrosoma hacia los centrómeros; las fibras conectan las cromátidas gemelas de cada cromosoma. En la fase siguiente, llamada metafase, las cromátidas duplicadas se disponen de modo que quedan listas para separarse.

Los centrosomas se mueven hacia afuera, tirando de cada una de las cromátidas hacia extremos opuestos de la célula. La separación de los pares de cromátidas se llama anafase. Al comenzar la telofase, empieza a formarse una nueva membrana nuclear alrededor de cada conjunto de cromátidas separadas. Una vez formada, cada nueva membrana envuelve un conjunto completo de cromosomas, y se crean dos células hijas duplicadas. ■

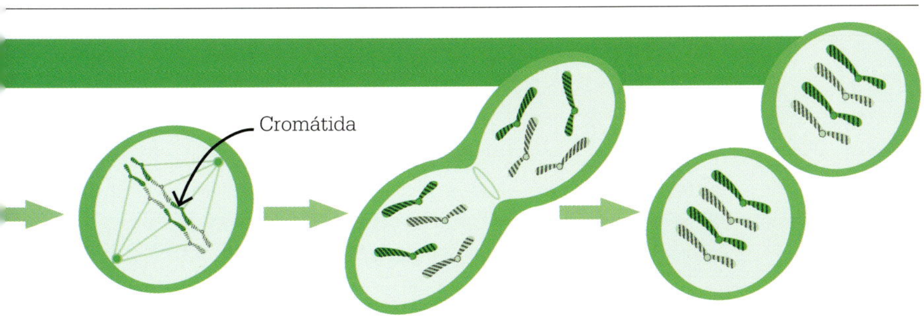

En la anafase (separación), las fibras tiran de las cromátidas y se llevan una mitad de cada par a extremos opuestos de la célula.

Durante la telofase, se forma una envoltura nuclear alrededor de cada grupo de cromosomas.

Se forman dos células hijas, con una copia exacta del ADN de la célula progenitora cada una.

Walther Flemming

Nacido en la localidad alemana de Sachsenberg, en 1843, Flemming se licenció en medicina por la Universidad de Praga en 1868. Fue médico militar en la guerra franco-prusiana (1870–1871), después de la cual ocupó puestos en la Universidad de Praga y la de Kiel (Imperio alemán). Fue un pionero del empleo de tintes para revelar las estructuras celulares.

Conocido por su gran generosidad, Flemming donó alimentos a las personas sin hogar y una considerable cantidad de dinero a los albergues. También enseñó matemáticas y ciencias a niños demasiado pobres para asistir a la escuela. Antes de cumplir 50 años desarrolló una enfermedad neurológica de la que nunca se recuperó, y murió en 1905 a los 62 años.

Obra principal

1882 *Sustancia celular, núcleo y división celular.*

DE ESTO DEPENDE LA SEMEJANZA DEL NIÑO CON SU PROGENITOR

LA MEIOSIS

EN CONTEXTO

FIGURA CLAVE
August Weismann
(1834–1914)

ANTES
1840 El suizo Rudolf Albert von Kölliker establece la naturaleza celular de espermatozoides y óvulos.

1879 Walther Flemming estudia sistemáticamente el comportamiento de los cromosomas en la mitosis.

DESPUÉS
1909 Con su estudio de las moscas de la fruta, Thomas Hunt Morgan confirma que los cromosomas contienen los genes.

1953 James Watson y Francis Crick descubren la estructura del ácido desoxirribonucleico (ADN), la molécula que codifica la información genética.

En 1882, Walther Flemming observó los cromosomas en el núcleo de células al dividirse estas, y eso le llevó a especular con la idea de que pudieran ser los portadores de la herencia. Un año después, el embriólogo alemán Wilhelm Roux fue uno de los primeros en proponer que el óvulo fecundado recibe sustancias que representan distintas características del organismo, y que estas se alinean sobre los cromosomas cuando tiene lugar la división celular. En 1885, estudiando células de salamandra, el anatomista austriaco Carl Rabl descubrió que sus cromosomas eran constantes en número y adoptaban una disposición similar poco antes y después de la división celular. Ba-

Véase también: La naturaleza celular de la vida 28–31 ▪ Crear vida 34–37 ▪ El descubrimiento de los gametos 176–177 ▪ La fecundación 186–187 ▪ La mitosis 188–189 ▪ Las leyes de la herencia 208–215 ▪ Cromosomas 216–219

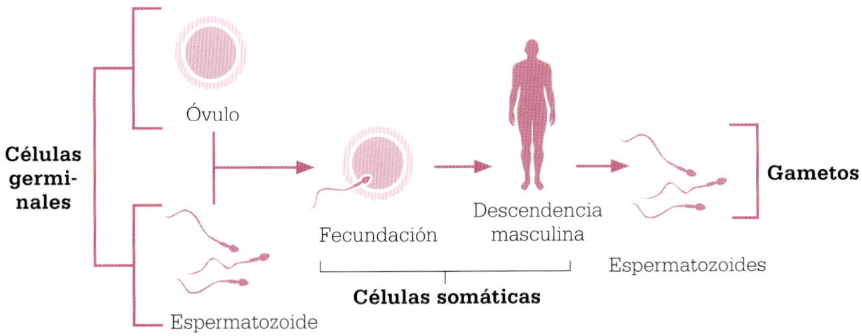

Una línea germinal es el linaje de las células germinales (óvulos y espermatozoides) de un organismo, que transmiten la información genética a la generación siguiente. El individuo resultante de la unión de los gametos produce óvulos o espermatozoides, no ambos.

sándose en estos hallazgos, propuso que los cromosomas eran elementos permanentes de la célula que conservaban su individualidad, aunque solo resultaran visibles durante la división celular.

En 1890, Roux describió una serie de experimentos en los que mataba una de las células resultantes de la primera división de un óvulo fecundado de rana. Roux observó que la otra célula se desarrollaba como medio embrión, y concluyó que cada una de las dos células debía contener solo la mitad del conjunto completo de cromosomas. Roux propuso que el desarrollo de un embrión es el resultado de la distribución de porciones de los cromosomas en función del tipo particular de célula del que contienen la información hereditaria, como las del tejido nervioso o muscular, por ejemplo.

La teoría de Roux planteaba una pregunta fundamental: si solo una porción del conjunto completo de cromosomas pasa a las células nuevas durante el desarrollo, ¿cómo se transmite el conjunto completo de una generación a la siguiente? Este fue el problema que el biólogo evolutivo alemán August Weismann se propuso resolver.

Teoría del plasma germinal

En 1885, Weismann propuso la teoría del plasma germinal como fundamento físico de la herencia, y siete años más tarde desarrolló la idea en *El plasma germinal*. Weismann mantenía que hay dos clases de células, las germinales (o reproductivas), que producen gametos (óvulos y espermatozoides), y las somáticas, que forman los órganos y tejidos. Aunque aceptaba la idea de Roux de que las células somáticas solo contienen conjuntos parciales de cromosomas, Weismann creía que las germinales contienen un conjunto completo, que son por tanto los portadores de la información hereditaria. Más tarde se demostraría que Roux se equivocaba acerca de las células somáticas: todas las células tienen un conjunto completo de cromosomas, pero se especializan empleando solo parte del mismo.

Según la teoría del plasma germinal, en un organismo multicelular, la herencia solo se produce por medio de las células germinales, y »

Una célula sufre una **mutación somática** en el **embrión en desarrollo**. → La **mutación** solo afecta a las **células hijas** de la **célula mutada**. → **No se transmite a la generación siguiente.**

Hay una **mutación** en la **línea germinal** de un gameto **antes de la fecundación**. → Afecta al **organismo entero** y está presente en **todas sus células**. → **La mitad de los gametos producidos transmite la mutación a la generación siguiente.**

August Weismann

Nació en Fráncfort (entonces Confederación Germánica) en 1834. Hijo de un profesor de enseñanza media, sería uno de los teóricos evolutivos más importantes del siglo XIX. Se licenció como médico en la Universidad de Gotinga en 1856, y ejerció la medicina durante un tiempo. Tras leer *El origen de las especies*, de Charles Darwin, fue un firme defensor de la teoría evolutiva. En 1861 comenzó a estudiar el desarrollo de los insectos en la Universidad de Giessen.

En 1863, Weismann se unió a la facultad de medicina de la Universidad de Friburgo, donde enseñó zoología y anatomía comparada, y donde se crearon un instituto y un museo zoológico en 1865, de los que fue nombrado director. Permaneció en Friburgo hasta su jubilación en 1912. Al perder visión, su esposa le ayudó con las observaciones mientras él se dedicaba a tareas más teóricas. Murió en Friburgo en 1914.

Obras principales

1887 *Ensayos sobre la herencia y los problemas biológicos afines.*
1892 *El plasma germinal.*

las células somáticas no operan como agentes de la herencia. El efecto tiene lugar en un solo sentido: las células germinales producen células somáticas, y no les afecta nada que experimenten o aprendan las células somáticas durante la vida del organismo. Esto supone que la información genética no puede pasar de las células somáticas a las germinales, ni a la siguiente generación, por lo que se conoce como barrera Weismann.

En la obra *El plasma germinal*, Weismann acuñó cuatro términos: bióforos, determinantes, ides e idantes. Los bióforos eran las menores unidades de la herencia; los determinantes eran bióforos combinados, presentes inicialmente en las células germinales, pero transmisibles a las somáticas, cuya estructura y función determinan; los ides eran grupos de determinantes, derivados de células germinales y repartidos durante el desarrollo entre las células de tejidos diversos; las unidades más complejas eran los idantes, portadores de ides, y conocidos más tarde como cromosomas.

Weismann predijo que, en la reproducción sexual, el número de idantes normalmente presente en las células debe reducirse a la mitad, de modo que la descendencia reciba la mitad de los idantes de la célula germinal materna, y la otra mitad de la paterna. Esto explicaba por qué la descendencia tiene algunos rasgos semejantes a los de la madre y otros a los del padre, y la clave para ello estaba en la meiosis.

> Demos las vueltas que demos, volveremos siempre a la célula.
> **Rudolf Virchow**

La perspectiva de Weismann influyó mucho en la concepción de los mecanismos de la evolución de los biólogos. Contradecía directamente la teoría de los caracteres adquiridos del naturalista francés Jean-Baptiste Lamarck, cuya explicación tenía numerosos adeptos entonces. En 1809, Lamarck había postulado que las características adquiridas durante la vida del individuo podían transmitirse a la descendencia. En

El proceso de la meiosis

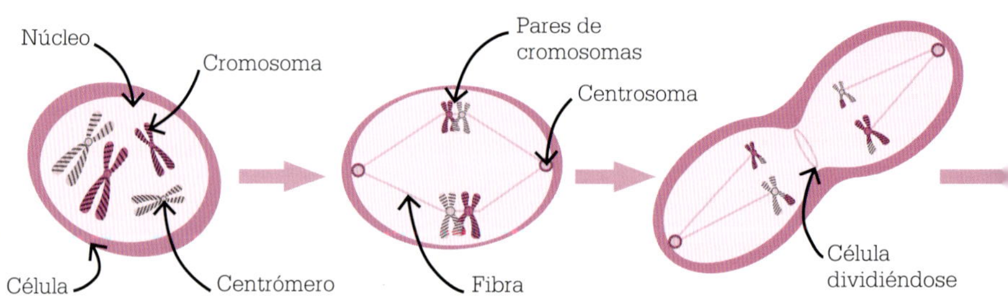

La meiosis comienza con una célula progenitora diploide cuyos pares de cromosomas hacen copias idénticas de sí mismas (replicación).

Antes de la división, los cromosomas de similar longitud y situación del centrómero se emparejan, e intercambian segmentos de ADN.

Núcleo y célula empiezan a dividirse. Las fibras unidas a los centrosomas tiran de los cromosomas hacia extremos opuestos.

1888, Weismann demostró que esto era falso; lo hizo cortando la cola a 900 ratones a lo largo de cinco generaciones y comprobando que los descendientes la seguían desarrollando. Weismann entendía que las variaciones entre individuos de una especie son el resultado de combinaciones distintas de determinantes en las células germinales. Los determinantes más fuertes se imponen a los débiles, que son gradualmente eliminados. Este proceso de selección sería adaptativo, y no meramente azaroso.

Weismann era un partidario entusiasta de la teoría de la selección natural, pero su teoría de las células germinales desmentía otra de las ideas de Darwin, la de la pangénesis, según la cual cada órgano del cuerpo produce pequeñas partículas llamadas gémulas que contienen información del órgano. Las gémulas viajarían por el organismo y se acumularían en los óvulos y espermatozoides en los órganos reproductores. Darwin creyó incorrectamente que así se transmitía la información relativa a los órganos de una generación a la siguiente.

Definir la meiosis

Quedaba la cuestión clave de cómo se produce la división celular en la línea germinal. En 1876, el biólogo alemán Oscar Hertwig había observado la fusión de óvulos y espermatozoides de erizo de mar durante la fecundación, y había concluido que los núcleos de una y otra célula contribuyen a los rasgos heredados por la descendencia. Cuando el zoólogo belga Edouard van Beneden estudió el nematodo *Ascaris*, un organismo que tiene solo dos cromosomas, descubrió que cada progenitor aporta un cromosoma al óvulo fecundado. En 1890, Weismann observó que los espermatozoides y óvulos contienen exactamente la mitad del número de cromosomas presente en las células somáticas. Era esencial, observó, reducir el número de cromosomas en la célula germinal a la mitad, pues de otro modo el número de cromosomas en la fecundación seguiría doblándose a lo largo de sucesivas generaciones, y esta reducción se logra a través del proceso de la meiosis.

La meiosis tiene tanto semejanzas como diferencias con la mitosis, en la que una célula progenitora se divide en dos células hijas idénticas. La meiosis produce cuatro gametos, en cada uno de los cuales el número de cromosomas se reduce a la mitad. Durante la reproducción, cuando espermatozoide y óvulo se unen para formar una sola célula, el número de cromosomas se completa (se dobla) en la descendencia. La meiosis comienza por una célula progenitora diploide, es decir, que tiene dos copias de cada cromosoma. Esta pasa por una fase de replicación del ADN seguida por dos ciclos separados de división nuclear. El resultado del proceso son cuatro células hijas haploides, es decir, que contienen la mitad del número de cromosomas que la célula progenitora diploide.

Aunque era mucho lo que aún no podía saber Weismann, la teoría del plasma germinal fue clave para explicar el proceso físico de la herencia a través de la división celular meiótica. ■

> La célula es en sí un organismo, constituido por muchas pequeñas unidades vitales.
> **Oscar Hertwig**

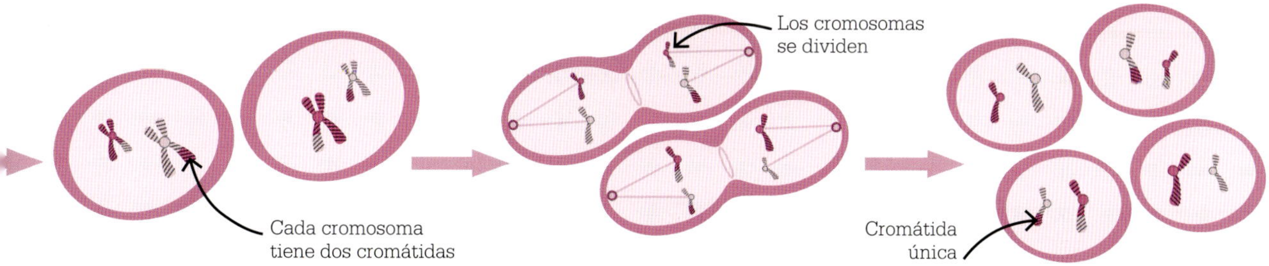

Los pares de cromosomas se dividen en células hijas haploides, que tienen solo la mitad de los cromosomas de la diploide. Las células nuevas se distinguen una de otra y de la progenitora.

Los cromosomas se separan por los centrómeros, y se forma una envoltura nuclear alrededor de cada conjunto de cromosomas.

La citocinesis (proceso físico de la división celular) es completa. La meiosis produce cuatro células haploides genéticamente distintas (gametos).

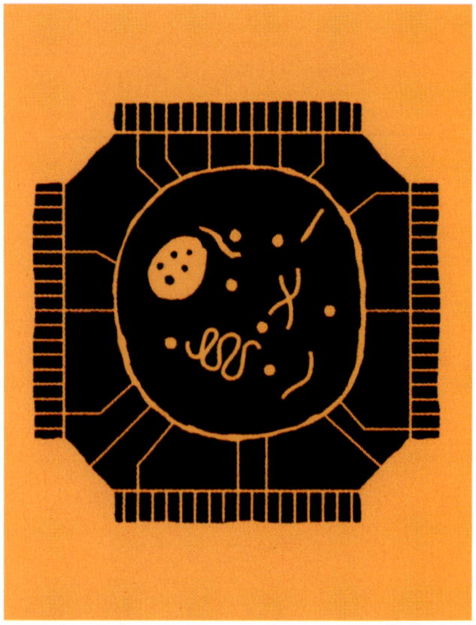

PRIMERA PRUEBA DE LA AUTONOMIA DE LA VIDA

CÉLULAS MADRE

EN CONTEXTO

FIGURA CLAVE
Hans Driesch (1867–1941)

ANTES
1855 El patólogo alemán Rudolf Virchow afirma que toda célula procede de otra célula.

1888 Wilhelm Roux observa que el daño celular en el embrión afecta al desarrollo.

DESPUÉS
1909 Aleksandr Maksímov, histólogo ruso, propone que todas las células sanguíneas derivan de las mismas células madre multipotentes.

1952 Robert Briggs y Thomas King, biólogos de EEUU, clonan ranas leopardo trasplantando el núcleo de una célula de un adulto a un óvulo no fecundado.

2010 En EEUU, se utiliza la técnica iPS para tratar el párkinson en ratas, empleando neuronas obtenidas a partir de células cutáneas humanas.

Las células madre tienen la capacidad única de diferenciarse en células de otros tipos. Son clave en el desarrollo embrionario de los organismos multicelulares, y también en su sistema de reparación interna, para sustituir otras células.

Las células madre de fase embrionaria temprana, capaces de diferenciarse en todos los demás tipos de células del organismo, se llaman totipotentes. A medida que el embrión se va desarrollando, esta capacidad de diferenciación se va restringiendo a tipos determinados de células. Por lo general, las células madre adultas solo generan las células propias del órgano del que proceden. Fue el biólogo alemán Ernst Haeckel, en 1868, el primero en mencionar lo que llamó *Stammzelle* (célula troncal), la célula única del óvulo fecundado de la que surgirá un ser vivo multicelular maduro.

En 1888, el embriólogo alemán Wilhelm Roux publicó los resultados de experimentos en los que tomó embriones de rana de dos y cuatro células y destruyó la mitad de las células de cada embrión. Las células restantes se convertían en medios embriones, y concluyó que el papel de las células en el desarrollo había sido determinado ya en esta fase tan temprana.

Células embrionarias totipotentes

En 1891, el biólogo alemán Hans Driesch realizó un experimento similar al de Roux, con dos embriones bicelulares de erizo de mar. En lugar de destruir una de las células, las se-

Hans Driesch agitó embriones bicelulares de erizo de mar para separar las células, colocó estas en agua de mar y observó su desarrollo como larvas multicelulares sanas.

Véase también: Cómo se producen las células 32–33 ▪ La metástasis del cáncer 154–155 ▪ La epigénesis 184–185 ▪ El desarrollo embrionario 196–197 ▪ La fecundación *in vitro* 198–201 ▪ La clonación 202–203 ▪ Edición genómica 244–245

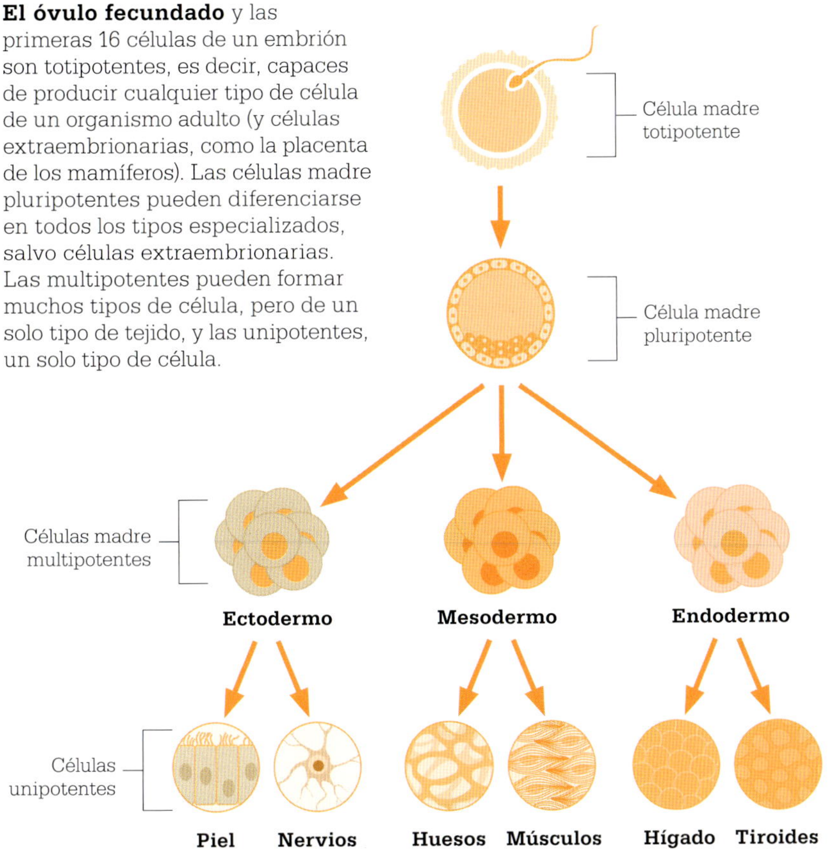

El óvulo fecundado y las primeras 16 células de un embrión son totipotentes, es decir, capaces de producir cualquier tipo de célula de un organismo adulto (y células extraembrionarias, como la placenta de los mamíferos). Las células madre pluripotentes pueden diferenciarse en todos los tipos especializados, salvo células extraembrionarias. Las multipotentes pueden formar muchos tipos de célula, pero de un solo tipo de tejido, y las unipotentes, un solo tipo de célula.

paró, y, mientras que una de ellas a menudo moría, la célula superviviente se desarrollaba como una larva de erizo completa, pero menor de lo normal. Esto indicaba que Roux se equivocaba, y que el destino del desarrollo de las células embrionarias no estaba predeterminado. Driesch concluyó que las células embrionarias son totipotentes en las fases tempranas del desarrollo, y sus estudios confirmaron que cada célula del incipiente embrión tiene un conjunto completo de instrucciones genéticas y la capacidad de formar un organismo completo.

En EEUU, el investigador Leroy Stevens estaba experimentando con tejidos cancerosos en ratones en 1953 cuando halló que algunos tumores contenían mezclas de células indiferenciadas y diferenciadas, como las de cabello, huesos o intestinos. Concluyó que las células cancerosas eran pluripotentes, es decir, capaces de diferenciarse en cualquier tipo de célula, pero no de formar un organismo completo.

En 1981, los británicos Martin Evans y Matt Kaufman identificaron, aislaron y cultivaron con éxito células madre embrionarias de ratones. Esto permitía a los científicos manipular los genes de ratones y estudiar su función en la enfermedad. Hoy es posible modificar el genoma de un ratón en sus células madre embrionarias e inyectar las células modificadas en un embrión. Al madurar este, cada una de sus células habrá sido modificada.

> Todo esfuerzo por controlar los avances científicos está condenado al fracaso [...]. Pero no debemos olvidar el respeto básico a la vida.
>
> **Joseph E. Murray**
> **Pionero de la cirugía de trasplantes humanos (1919–2012)**

Un gran avance

En 1998, el embriólogo estadounidense James Thomson obtuvo células de embriones humanos, los cultivó en el laboratorio y estableció la primera línea de células madre embrionarias, aún existente hoy. Aunque solo empleara embriones de donantes que ya no querían usarlos para tener hijos, su trabajo resultó polémico.

Más tarde, en 2006, científicos japoneses dieron con el modo de convertir células cutáneas adultas de ratones en células madre, llamadas células madre pluripotentes inducidas (células iPS). Los investigadores médicos han usado desde entonces células iPS reprogramadas en ensayos clínicos para tratar trastornos neurológicos, cardiacos y de la retina, y también se han usado para cultivar tejidos nuevos y hasta órganos para trasplantes. El potencial médico de este tratamiento es enorme. ■

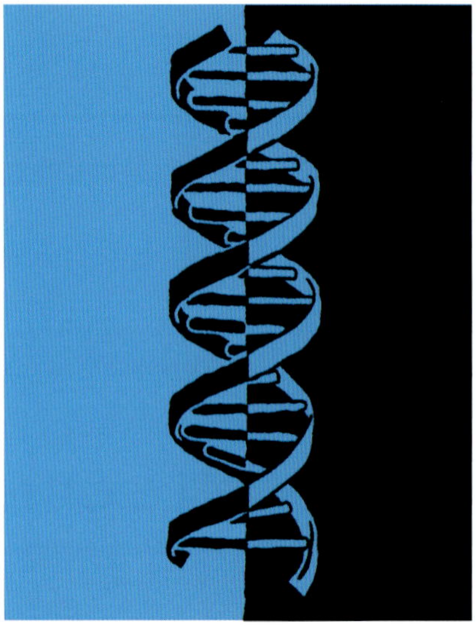

GENES DE CONTROL MAESTRO

EL DESARROLLO EMBRIONARIO

EN CONTEXTO

FIGURA CLAVE
Lewis Wolpert (1929–2021)

ANTES
Siglo IV A. C. En la teoría de la epigénesis de Aristóteles, el embrión comienza como masa indiferenciada, a la que el desarrollo va añadiendo partes.

1600 El físico italiano Gerónimo Fabricio publica *De formato foetu*.

DESPUÉS
1980 La genetista alemana Christiane Nüsslein-Volhard y el estadounidense Eric Wieschaus clasifican quince genes que determinan la diferenciación celular en el desarrollo embrionario de la mosca de la fruta.

2012 En Japón, Shinya Yamanaka descubre que las células maduras de ratón pueden reprogramarse como células madre inmaduras y pluripotentes.

En 1891, el biólogo alemán Hans Driesch demostró que el óvulo fecundado de erizo de mar se puede partir en dos en la fase bicelular y obtener larvas normales, aunque más pequeñas. Driesch creía que el embrión tenía un sistema de coordenadas, como los ejes *x* e *y* de un gráfico, que especificaba la posición de las células en el embrión, y que esa posición determinaba el modo en que se desarrollaría cada célula. También creyó que una fuerza, a la que llamó entelequia, guiaba el desarrollo de las células embrionarias.

Tratando de explicar las ideas de Driesch, otros embriólogos postularon que parte del embrión actuaba como «organizador», guiando el desarrollo de las células. El alemán Hans Spemann estudió la gastrulación, el rápido proceso por el que un embrión se divide en tres capas germinales de células que acaban formando todos los tejidos y órganos de un ser vivo; y en 1918 descubrió que las células trasplantadas de una parte del embrión a otra antes de la gastrulación pueden convertirse en cualquiera de los principales tipos de célula. Después de la gastrulación, las células embrionarias ya no podían cambiar de identidad.

En 1924, Spemann y su alumna de doctorado Hilde Mangold comunicaron el hallazgo de un grupo de células, posteriormente llamadas organizador de Spemann-Mangold, responsable del desarrollo del tejido nervioso en los embriones de los anfibios.

> No es el nacimiento, el matrimonio ni la muerte, sino la gastrulación el momento verdaderamente más importante de la vida.
> **Lewis Wolpert**

Morfogénesis

La forma cambiante de un embrión nuevo –proceso llamado morfogénesis– se da sobre todo durante la gastrulación, en la que la reorganización de las capas celulares y el movimiento dirigido de células de una parte a otra transforman una hoja bidimensional de células en el complejo cuerpo multicelular tridimensional de un ser vivo multice-

Véase también: La naturaleza celular de la vida 28–31 ▪ Cómo se producen las células 32–33 ▪ Crear vida 34–37 ▪ La epigénesis 184–185 ▪ La fecundación 186–187 ▪ La meiosis 190–193 ▪ Células madre 194–195 ▪ ¿Qué son los genes? 222–225

lular. Los investigadores entendían que el desarrollo de las células en el embrión estaba coordinado de algún modo en patrones espaciales, como propusiera Driesch, y se fue definiendo la idea de que esto se lograba con variaciones de la concentración de sustancias, o propiedades químicamente transmisibles, de una a otra parte del embrión. Sin embargo, la naturaleza de las señales desencadenantes del desarrollo no se conocía.

El cigoto, tras una rápida división celular, forma una bola hueca de células, la blástula. A esto sigue la gastrulación, en la que la blástula se pliega sobre sí misma y las células se reorganizan en tres capas, formando la gástrula. A partir de las capas se formarán distintos órganos y tejidos.

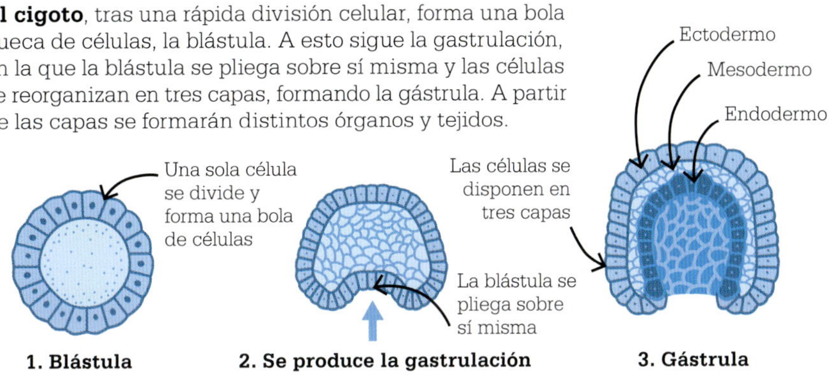

Organización celular

En 1952, el matemático británico Alan Turing desarrolló un modelo de embrión en crecimiento con el que exploró cómo las señales uniformemente distribuidas en las células pueden difundirse, autoorganizarse y formar patrones para convertir un grupo de células idénticas en una colección organizada de células diversas. Turing llamó a las señales morfógenos. Sus ideas fueron recibidas con escepticismo, y por lo general ignoradas durante casi dos décadas.

En 1969, el biólogo británico Lewis Wolpert describió lo que llamó el modelo de bandera francesa: sea cual sea el tamaño de la bandera (en este modelo, la francesa), esta sigue siempre el mismo patrón de franjas, como los embriones divididos en dos de Driesch, que se desarrollan como erizos normales. La hipótesis de Wolpert era que es la posición de las células en el embrión la que dicta cómo se comportan –por ejemplo, cuáles de sus genes se activan o desactivan– y cómo responden a las señales externas, dando lugar a la correcta formación y al correcto posicionamiento de la anatomía. Según Wolpert, el destino de cada célula venía dado por variaciones en la concentración de un mensajero químico entre unas y otras, y estipuló que los efectos de tales señales químicas se dan en distancias pequeñas de cien células o menos, a las que llamó campos posicionales.

La idea de Wolpert de que la información posicional de las células embrionarias se podía determinar por la concentración de sustancias químicas en difusión era innovadora. La ciencia que subyace a este modelo ha sido discutida, pero sigue siendo importante para comprender cómo opera la morfogénesis. ■

Lewis Wolpert

Wolpert nació en Johannesburgo (Sudáfrica) en 1929. Estudió ingeniería civil en la Universidad de Witwatersrand, y trabajó en mecánica de suelos para el National Building Research Institute. Tras mudarse a Reino Unido, se matriculó en el Imperial College de Londres para estudiar mecánica de suelos, antes de cambiarse al King's College y completar su doctorado sobre la mecánica de la división celular. En 1966 fue profesor de biología en la escuela médica del Hospital de Middlesex, y luego enseñó biología del desarrollo en el University College de Londres. Como autor y presentador televisivo, fue un gran divulgador de la ciencia y contribuyó a concienciar de los problemas del envejecimiento y los trastornos mentales. Murió en 2021.

Obra principal

1969 «La información posicional y el patrón espacial de diferenciación celular».

LA CREACION DE LA MAYOR FELICIDAD

LA FECUNDACIÓN *IN VITRO*

EN CONTEXTO

FIGURAS CLAVE
Robert Edwards (1925–2013),
Patrick Steptoe (1913–1988)

ANTES
1678 Los científicos neerlandeses Antoni van Leeuwenhoek y Nicolaas Hartsoeker son los primeros en observar espermatozoides al microscopio.

1838 El médico francés Louis Girault informa de la primera inseminación artificial humana con éxito.

DESPUÉS
1986 Robert Edwards y Patrick Steptoe celebran los mil niños nacidos por FIV en su clínica, Bourn Hall.

1992 Nace el primer bebé por ICSI (inyección intracitoplasmática de espermatozoides), la inyección de un solo espermatozoide en el óvulo.

Durante la mayor parte de la historia humana, la capacidad de la mujer para procrear fue el criterio que determinaba su valor, y tales actitudes persistieron hasta bien entrado el siglo XX. La fecundación *in vitro* (FIV) es un método de reproducción asistida que ofrece la posibilidad de procrear a cualquiera que no pueda concebir de forma natural.

El fisiólogo británico Robert Edwards fue celebrado como «creador de la mayor felicidad» por su papel en superar el desafío de la FIV en 1978, en colaboración con el obstetra y ginecólogo Patrick Steptoe y la enfermera y embrióloga Jean

Véase también: Crear vida 34–37 ▪ La epigénesis 184–185 ▪ La fecundación 186–187 ▪ El desarrollo embrionario 196–197

La futura madre recibe medicación para **suprimir** el **ciclo menstrual** y la **ovulación** espontánea.

Un **tratamiento** de **fertilidad** hace **aumentar** la **producción** de **óvulos**.

Los médicos **controlan** por ultrasonidos el tamaño y la cantidad de folículos (sacos de fluido con un óvulo inmaduro) de la madre.

Se **retiran óvulos maduros** de los ovarios de la madre, y se obtiene una **muestra de semen** de la pareja o donante.

Los espermatozoides y óvulos se **combinan en el laboratorio** y se dejan varias horas en incubadora para que tenga lugar la **fecundación**.

Tras varios días, se **transfieren** de uno a tres de los mejores **óvulos fecundados** (embriones) al **útero materno**. Si el embrión se implanta con éxito, probablemente se convierta en un bebé.

Purdy. La fecundación *in vitro* («en vidrio») se estudió primero en animales con fecundación externa, como las ranas. Para los animales que emplean la fecundación interna, incluidos los humanos, era necesario resolver muchos problemas prácticos antes de poder aplicar dicha técnica. El primer intento de FIV con mamíferos lo realizó el embriólogo vienés Samuel Leopold Schenk en 1878, empleando espermatozoides y óvulos de conejo y cobaya al microscopio, pero el control de sus experimentos fue deficiente, y no tuvo éxito. Schenk y sus contemporáneos no eran conscientes de la importancia de la temperatura, el pH y las hormonas reproductivas, y comprender estos elementos de la fecundación sería fundamental para poder manipular la reproducción humana fuera del cuerpo. En 1934, investigando con conejos, los »

Robert Edwards

Robert Edwards nació en 1925 en Yorkshire (Reino Unido). La Segunda Guerra Mundial interrumpió sus estudios de agricultura en el University College of North Wales, en Bangor (Gales). Tras servir en el ejército regresó a Bangor, pasando a estudiar zoología, y recibió luego el doctorado en genética reproductiva.

En la década de 1960 trabajó con los líderes de la fisiología reproductiva animal Alan Parkes y Colin «Bunny» Austin. En esta época conoció también el trabajo de Patrick Steptoe, y la colaboración de ambos iniciada en 1968 culminó en el nacimiento del primer bebé por FIV en 1978. Edwards siguió investigando como director de la primera clínica de FIV en el mundo. Fue galardonado en 2010 con el premio Nobel de fisiología o medicina, y fue nombrado caballero un año más tarde.

Obras principales

1970 *Fecundación y división* in vitro *de ovocitos humanos madurados* in vivo.
2005 «Ética y filosofía moral en el inicio de la FIV, el diagnóstico preimplantacional y las células madre».

biólogos estadounidenses Gregory Pincus y Ernst Enzmann introdujeron espermatozoides en óvulos fuera del cuerpo, y después los volvieron a implantar en el útero. Se producía el embarazo, pero, más que probablemente, los óvulos se habían implantado antes de producirse realmente la fecundación, que debió tener lugar dentro del cuerpo del animal, y era por tanto *in vivo*, y no *in vitro*.

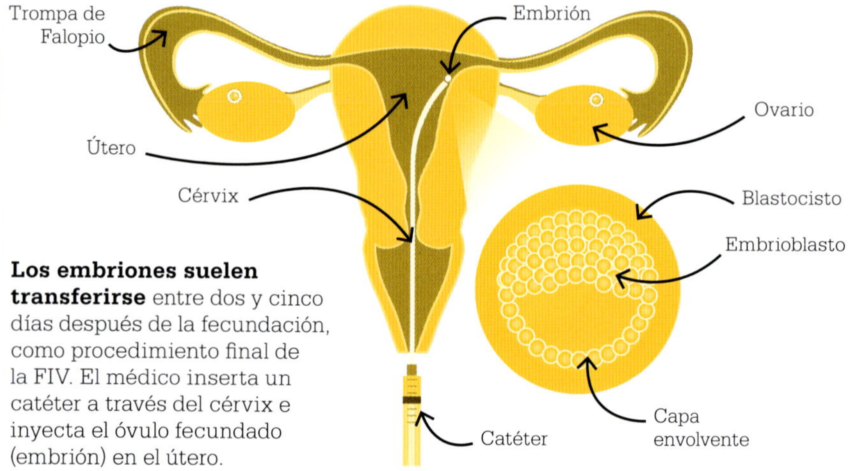

Los embriones suelen transferirse entre dos y cinco días después de la fecundación, como procedimiento final de la FIV. El médico inserta un catéter a través del cérvix e inyecta el óvulo fecundado (embrión) en el útero.

La función de las hormonas

A finales del siglo XIX, los biólogos observaron que la glándula pituitaria del cerebro se agranda durante el embarazo. Después, en 1926, el ginecólogo alemán-israelí Bernhard Zondek y el endocrinólogo estadounidense Philip Edward Smith, independientemente y casi a la vez, descubrieron que las hormonas segregadas por la glándula pituitaria controlan el funcionamiento de los órganos reproductores.

Una década más tarde, Pincus describió los cambios fisiológicos (o maduración) que deben experimentar los óvulos humanos antes de la fecundación. No fue hasta 1951 cuando el científico chino-estadounidense Min Chueh Chang y el profesor británico Colin «Bunny» Austin descubrieron que también los espermatozoides debían madurar en el tracto reproductivo femenino antes de adquirir la capacidad de penetrar en el óvulo, en la fase llamada de capacitación. Una vez conocidos los procesos necesarios para preparar a los espermatozoides y óvulos para la fecundación, la FIV se volvió mucho más factible.

Chang procedió a demostrar que se podían fecundar *in vitro* los óvulos de una coneja negra con espermatozoides de un conejo negro y luego transferir los óvulos a una hembra blanca, con el resultado de una camada de conejos negros. El ingenioso empleo que hizo Chang de conejos de distinto color le ahorró los problemas a los que se habían enfrentado Pincus y Enzmann en 1934, que no pudieron confirmar si la fecundación se había producido *in vitro* o *in vivo*.

Obtención de óvulos

En la década de 1950, Edwards entró en el emocionante campo de la biología reproductiva como estudiante de doctorado en Edimburgo (Escocia), donde estudió el desarrollo de embriones de ratón. Durante sus

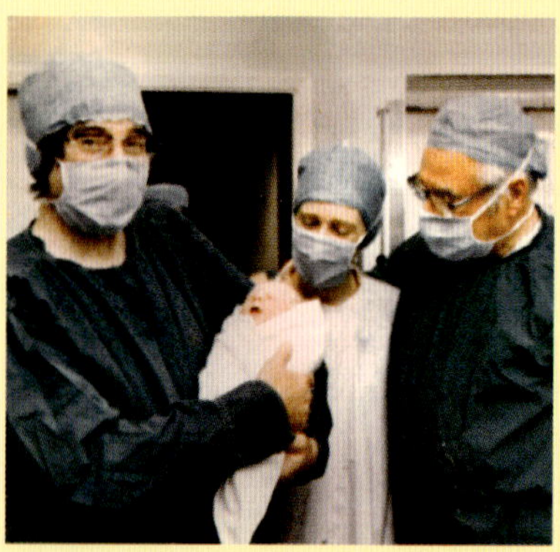

Desde el nacimiento de Louise Brown, las técnicas de FIV diseñadas por Edwards y Steptoe se han adoptado en todo el mundo.

Louise Brown

En 1978, el nacimiento de Louise Brown, el primer bebé por FIV, en el Hospital General de Oldham (Inglaterra), fue todo un hito de la biología reproductiva y una sensación mediática mundial. Hasta entonces Robert Edwards y Patrick Steptoe fueron muy criticados, por el estamento médico y la opinión en general, por emprender lo que algunos consideraban investigación peligrosa y poco ética. Los líderes religiosos les acusaron de «jugar a ser Dios», y otros juzgaron deshumanizadora la técnica. Había inquietud acerca de técnicas emergentes como la clonación, la ingeniería genética y los «bebés de diseño», y de si la pérdida de embriones sobrantes era moralmente problemática. Para responder a las especulaciones, Edwards y Steptoe consideraron su deber hablar con la prensa, lo cual dio relieve público a su trabajo. El nacimiento de Louise, sana tras un embarazo a término, silenció a muchos críticos, y muchas mujeres infértiles encontraron una esperanza.

seis años en Edimburgo publicó 38 trabajos, producción prolífica que lo convirtió en una de las estrellas en ascenso en este campo. La verdadera pasión de Edwards era comprender la reproducción humana, pero se veía frustrado por el acceso limitado a los óvulos humanos, hasta que leyó un trabajo de Steptoe, pionero en el uso del laparoscopio en cirugía ginecológica. La técnica de Steptoe permitía obtener óvulos humanos con incisiones mínimas, comparado con la cirugía abierta. Edwards empezó a colaborar con Steptoe en 1968, y el mismo año contrató a Jean Purdy como asistente de laboratorio.

Asegurada una fuente fiable de óvulos humanos, Edwards y su equipo de investigación experimentaron con las condiciones ideales para lograr la fecundación. El alumno de posgrado Barry Bavister demostró que aumentar los niveles alcalinos del medio de cultivo –una solución que favorece el crecimiento celular– producía tasas superiores de fecundación. En 1969, Edwards, Bavister y Steptoe publicaron un trabajo describiendo la fecundación de óvulos humanos *in vitro*. El siguiente desafío era determinar el modo de reimplantar el óvulo fecundado en una mujer, de modo que el embrión resultante pudiera desarrollarse en un embarazo sano.

Los primeros procedimientos

Edwards, Purdy y Steptoe comenzaron a transferir embriones a mujeres ya en 1972, pero Edwards no esperaba una tasa de éxito tan baja en los implantes. En 1976, el equipo se entusiasmó cuando una de sus pacientes quedó embarazada tras una transferencia de embrión, pero la alegría duró poco, ya que el embrión quedó implantado en la trompa de Falopio –un embarazo llamado ectópico–, y fue necesario inducir el aborto.

En 1976, Lesley Brown, después de nueve años intentando concebir y tras recibir el diagnóstico de tener las trompas de Falopio obstruidas, fue remitida a Steptoe para un tratamiento de infertilidad. Analizando los niveles hormonales de Lesley, Edwards y Steptoe determinaron su ciclo natural de ovulación. En noviembre de 1977, Steptoe le extrajo a Lesley un óvulo, Edwards lo fecundó con esperma de su marido en una placa de Petri, y después Purdy esperó a que el óvulo fecundado se dividiera. Una vez se hubo desarrollado hasta un embrión de ocho células, lo implantaron. La noticia de que Edwards y Steptoe habían logrado un embarazo causó sensación en los medios. Luego, al enterarse la prensa de que estaba programado un parto por cesárea, Steptoe adelantó el procedimiento un día para guardar el secreto del nacimiento. Lesley dio a luz a una niña sana llamada Louise el 25 de julio de 1978, y los periódicos de todo el mundo celebraron su llegada como un triunfo del valor de la perseverancia.

Actualmente, la FIV sigue siendo la principal tecnología de reproducción asistida para ayudar a personas infértiles a lograr un embarazo. En el 40.° aniversario del nacimiento de Louise Brown, en 2018, ya habían nacido más de ocho millones de bebés empleando la FIV y otros métodos similares de concepción asistida. ■

> No soy un brujo ni un Frankenstein. Solo quiero ayudar a mujeres con mecanismos reproductivos ligeramente defectuosos.
> **Patrick Steptoe**

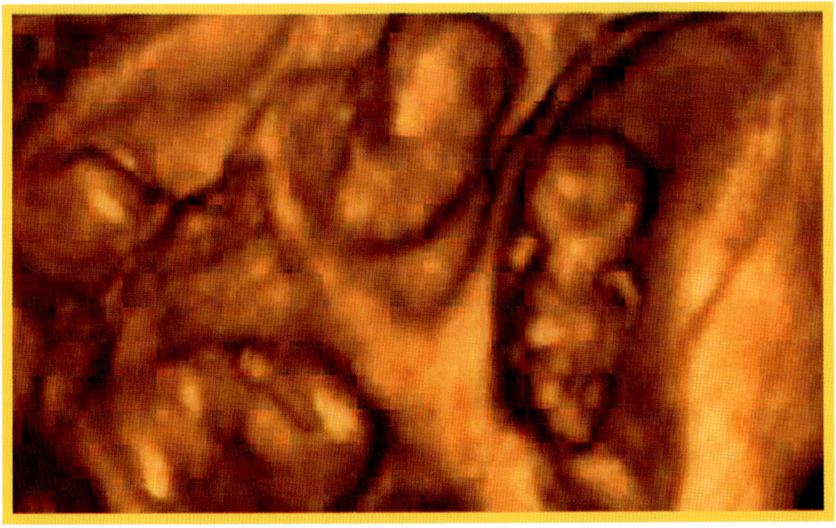

Al fecundarse hasta cuatro óvulos, pueden darse cuatrillizos. Este es el caso en 1 de cada 700 000 embarazos naturales. En la FIV, por el contrario, se implantan varios embriones en el útero, y casi el 30 % de los embarazos son múltiples.

DOLLY, EL PRIMER CLON DE UN ANIMAL ADULTO

LA CLONACIÓN

EN CONTEXTO

FIGURA CLAVE
Keith Campbell (1954–2012)

ANTES
1903 El fisiólogo vegetal estadounidense Herbert Webber acuña el término «clon» para organismos producidos por reproducción asexual.

1952 Robert Briggs y Thomas King, biólogos estadounidenses, logran clonar ranas leopardo transfiriendo núcleos celulares de embriones en desarrollo a óvulos no fecundados.

DESPUÉS
2003 En el zoológico de San Diego nacen de una vaca doméstica dos terneros de la rara especie banteng, clonados a partir de células congeladas, lo cual da esperanzas de poder conservar especies en peligro.

2003 Se clona a partir de células cutáneas un bucardo, subespecie de cabra montés ibérica declarada extinta.

Un clon es un ser vivo con una copia exacta del genoma –el conjunto completo de instrucciones genéticas– de otro. Los clones se dan en la naturaleza, sobre todo en plantas e invertebrados, y menos habitualmente en algunas especies de peces, reptiles y anfibios. Los clones naturales se forman por reproducción asexual de la hembra, sin intervención alguna del macho. En la reproducción sexual, las células sexuales (óvulo y espermatozoide) contienen cada una la mitad del material genético requerido para crear un nuevo individuo. Uno y otro conjunto se combinan al fecundarse el óvulo, que se transforma en cigoto, primera célula del nuevo organismo. Por lo general, en la reproducción asexual, la hembra produce un óvulo con un conjunto completo de genes, una copia exacta de su propio ADN, y por tanto la célula funciona como cigoto.

La oveja Dolly

El término clon se usa más a menudo para referirse a organismos creados siguiendo un proceso artificial. La tecnología en cuestión permite tomar información genética de un organismo y crear copias idénticas que se pueden implantar en los óvulos de otro. El proceso convierte el óvulo en cigoto, que después se desarrolla de modo normal. La clonación se logró por primera vez con ranas en 1952, pero el gran avance llegó en 1996, el año en que una oveja llamada Dolly fue el primer mamífero clonado.

Dolly fue creada empleando una técnica llamada transferencia nuclear de células somáticas. Durante el proceso, tuvo tres madres, y ningún padre. Primero se obtuvo un

El nacimiento de Dolly abrió la perspectiva de nuevos modos de combatir la enfermedad, pero planteó también cuestiones éticas, en particular por el temor a la clonación humana, objeto de una prohibición global.

Véase también: Cómo se producen las células 32–33 ▪ Crear vida 34–37 ▪ La reproducción asexual 178–179 ▪ La fecundación 186–187 ▪ Células madre 194–195 ▪ El desarrollo embrionario 196–197 ▪ La fecundación *in vitro* 198–201

Padre y madre aportan el conjunto único de genes de un **óvulo fecundado naturalmente**.

→

El **óvulo** también puede fecundarse transfiriendo un **conjunto completo de genes** de una célula **de uno de los padres**.

→

El óvulo se desarrolla como clon del adulto, con una copia exacta de sus genes.

óvulo de una oveja, al que se le retiró el núcleo con la mitad de un conjunto completo de ADN, pero dejando intacto el citoplasma. Este incluía las mitocondrias, que suministran energía a la célula y portan una pequeña cantidad de ADN propio. El ADN mitocondrial de Dolly, por tanto, lo aportó esta primera oveja.

A continuación se tomó una célula de la ubre de una segunda oveja. El núcleo de esta, con un conjunto completo de ADN, se introdujo en el óvulo vacío, creando así el cigoto de Dolly. Con una descarga eléctrica, se estimuló la división del cigoto hasta formar una bola de células, y esta se implantó en el útero de una tercera oveja, que sirvió como vientre de alquiler. Dolly fue creada en el Instituto Roslin de Edimburgo (Escocia), donde el equipo de investigación realizó 277 intentos de clonación. De estos se desarrollaron 29 embriones y nacieron tres corderos, siendo Dolly la única superviviente. Vivió seis años y parió seis crías. Cuatro ovejas, clonadas en 2007 de la misma línea celular de la glándula mamaria que Dolly, sobrevivieron más tiempo. La técnica estrenada con Dolly se ha usado para clonar a otros mamíferos, incluidos monos en 2017, mientras que la clonación humana está prohibida en todo el mundo.

Células madre clonadas

La aplicación más importante de la tecnología de clonación se ha producido en la investigación de células madre. Las células madre clonadas pueden formar cualquier célula o tejido del cuerpo, sirviendo para regenerar y reparar tejidos dañados o enfermos, y quizá incluso órganos enteros. Con ello se ha abierto un nuevo y emocionante campo de la medicina. ▪

> El camino a la inmortalidad no pasa por la clonación.
>
> **Arthur L. Caplan**
> **Profesor de bioética**

Keith Campbell

Campbell nació en Birmingham (Inglaterra) en 1954, y estudió en el King's College de Londres. Tuvo una carrera de éxito en la microbiología antes de empezar a investigar en el Instituto Roslin de Edimburgo en 1991. Cuatro años más tarde, junto con Bill Ritchie, creó a Megan y Morag, ovejas desarrolladas por separado a partir de células de un solo embrión. Eran clones genéticos, obtenidos por un procedimiento más afín a crear artificialmente gemelos idénticos que a clonar un animal adulto. Campbell, Ian Wilmut y Shinya Yamanaka formaban el equipo de investigación que creó a Dolly en 1996. Wilmut dijo más tarde que Campbell merecía «el 66 % del mérito» por el éxito del proyecto.

En 1998, Campbell se trasladó a la Universidad de Nottingham para ocupar una cátedra. Trabajó también para empresas privadas, con una de las cuales produjo los primeros cerdos clonados en 2000. Murió en 2012.

Obra principal

2006 «Reprogramar células somáticas en células madre».

LA HERE

NCIA

1866 Los experimentos de Gregor Mendel muestran que los **rasgos heredados** pueden **saltarse una generación**, indicio de la acción de «partículas» luego llamadas **genes**.

1904 Thomas Hunt Morgan muestra que las **partículas de la herencia** descritas por Mendel se encuentran en los **cromosomas**.

1905 Nettie Stevens descubre los **dos tipos de cromosoma** que determinan el sexo del óvulo fecundado.

1928 Experimentos con **bacterias** realizados por Frederick Griffith muestran que los **rasgos heredados** se deben a **sustancias químicas**.

1941 George Beadle y Edward Tatum demuestran que los genes determinan la **producción de enzimas**, y que cada **gen codifica** una **proteína** particular.

1950 Barbara McClintock describe la **acción de genes** que «saltan» de un cromosoma a otro, y la capacidad de los cromosomas para **activar** o **desactivar genes**.

Desde muy antiguo es conocido que los hijos tienden a parecerse físicamente y en la personalidad a sus padres, pero los motivos de la herencia tardaron mucho tiempo en comprenderse. Teorías erróneas sobre la reproducción, como la idea de la preformación, ya fuera en el óvulo o el espermatozoide, eran incompatibles con la aportación evidente de ambos padres a los rasgos de la descendencia.

Más cercana a la verdad resultó ser la teoría mucho más antigua de la pangénesis, que se remonta a los antiguos griegos, y en la que la «semilla» de ambos progenitores se mezcla para producir la descendencia. Biólogos del siglo XVIII volvieron a considerar esta idea en experimentos con híbridos de plantas y cruces de animales de especies diversas.

Genética

Gregor Mendel aportó la clave para desentrañar el problema de la herencia, inaugurando con ello el campo de la genética. En un estudio sobre los rasgos de la planta del guisante, tales como la altura, mostró que estos no se heredan por una mera mezcla de material procedente de los progenitores, dado que ciertas formas (rasgos), como ser alta o baja, se saltan a veces una generación. En lugar de una mezcla, propuso que estos rasgos heredados son determinados por pares de partículas, o lo que hoy llamamos genes. Mendel publicó su teoría en 1866, pero su importancia no fue reconocida hasta principios del siglo siguiente.

En sus estudios de cromosomas al microscopio, tanto Walter Sutton como Theodor Boveri identificaron los cromosomas como portadores de los pares de partículas descritos por Mendel, y esto lo confirmó el estudio de la herencia en las moscas de la fruta realizado por Thomas Hunt Morgan. En 1905, Nettie Stevens halló dos tipos de cromosomas en espermatozoides de escarabajos, los cromosomas sexuales (luego llamados cromosomas X e Y), que determinan el sexo de los óvulos fecundados.

Comprender el ADN

En 1928, Frederick Griffith mostró que las características heredadas de las bacterias podían alterarse con sustancias químicas, lo cual implicaba que eran estas la causa de las características heredadas mismas. Más tarde, George Beadle y Edward Tatum descubrieron que mohos con genes defectuosos eran incapaces de producir una determinada enzima, de lo cual dedujeron que un gen

1953
James Watson y Francis Crick crean una maqueta de la **estructura de doble hélice del ADN**.

1964
Marshall Nirenberg y Philip Leder establecen que el **ADN encarna** el **código genético** de todos los seres vivos.

1973
Herbert Boyer y Stanley Cohen producen las **primeras células genéticamente modificadas (GM)**.

1979
Frederick Sanger aplica su **técnica para descifrar** la secuencia de moléculas biológicas de cadena larga a la **secuenciación** del **ADN**.

2000
El Proyecto Genoma Humano, dirigido por Francis Collins, presenta el **primer borrador** del mapa del **genoma humano**.

2011
Jennifer Doudna introduce una **terapia genética** con genes editados de bacteria que **cortan genes** humanos **defectuosos**.

es un segmento de ADN que codifica una enzima particular, o bien, de modo más general, que un gen codifica una proteína determinada.

El vínculo entre cromosomas y genes quedó firmemente establecido en la década de 1930, cuando Barbara McClintock comenzó a estudiar el comportamiento de los cromosomas. Habiendo mostrado que los genes que porta un cromosoma pueden cambiar de posición durante la meiosis (la división celular en la reproducción sexual), describió los elementos transponibles, o «genes saltarines» que se trasladan a otro cromosoma. También descubrió que los genes no están siempre activos, sino que pueden encontrarse activados o desactivados.

Sin embargo, faltaba por explicar cómo el ADN es capaz de autorreplicarse. James Watson y Francis Crick lo atribuían a una cualidad inherente a la estructura de la molécula de ADN, y, partiendo de la fotografía por difracción de rayos X de Rosalind Franklin, crearon un modelo tridimensional de la molécula del ADN en 1953. Este mostraba la hoy célebre estructura en forma de doble hélice, que explica su capacidad de replicarse al desenrollarse.

Secuenciación genética

Dada la definición básica del gen como lo que dirige la síntesis de una proteína dada, el siguiente objetivo era determinar la relación entre una secuencia de unidades (bases) del ADN y la secuencia de la proteína en cuestión, es decir, cómo codifican las bases para determinar un aminoácido. Marshall Nirenberg y Philip Leder descubrieron que, en todos los seres vivos, el código genético consiste en tres bases que codifican para un aminoácido específico. Otro avance en la comprensión del papel de los genes en todos los organismos vivos llegó con el desarrollo de la secuenciación, o análisis de la secuencia de unidades de moléculas de cadena larga, como las proteínas y el ADN. Frederick Sanger, pionero de la técnica, logró secuenciar el ADN de un virus en 1979, y esto despejó el camino para estudios como el Proyecto Genoma Humano, con el fin de secuenciar el genoma humano entero.

Con un conocimiento mayor de la estructura y del comportamiento de los genes, se hallaron aplicaciones prácticas que hicieron posibles técnicas como la ingeniería genética para modificar la composición genética de las células, así como la edición genética para combatir enfermedades. ■

IDEAS SOBRE ESPECIES, HERENCIA Y VARIACION

LAS LEYES DE LA HERENCIA

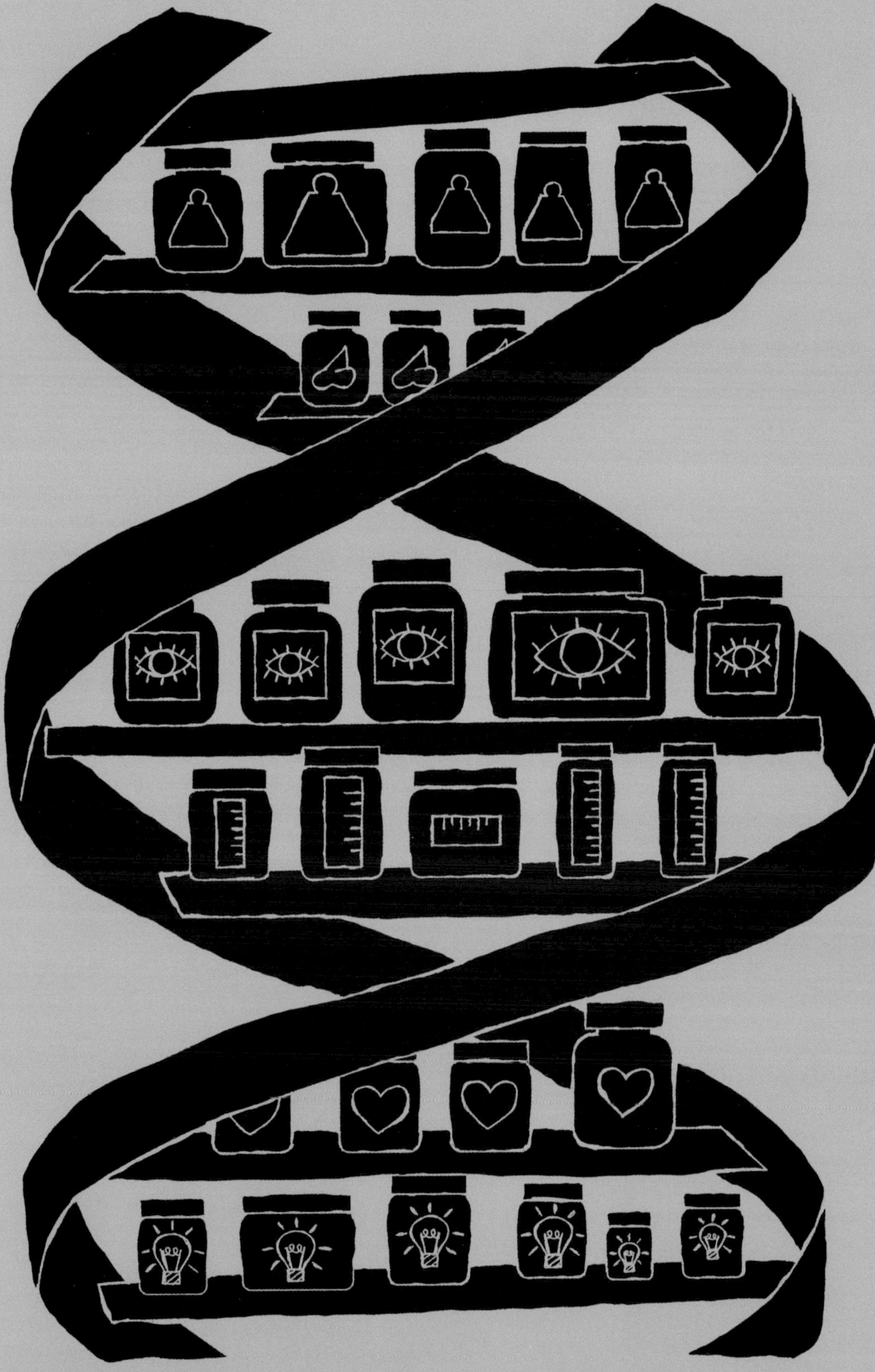

EN CONTEXTO

FIGURA CLAVE
Gregor Mendel (1822–1884)

ANTES
Siglo IV a. C. Hipócrates propone que los padres transmiten «semillas», una base material para la herencia.

Década de 1760 El botánico alemán Joseph Kölreuter prueba que los rasgos de la descendencia en las plantas proceden de aportaciones iguales de ambos progenitores.

DESPUÉS
1900 Otros replican los resultados de los experimentos de Mendel con guisantes, entre ellos el neerlandés Hugo de Vries.

1902–1903 Dos biólogos, el alemán Theodor Boveri y el estadounidense Walter Sutton, demuestran independientemente que las partículas de la herencia –luego llamadas genes– se hallan en los cromosomas.

Durante gran parte de la historia de la biología, la herencia fue el mayor de los misterios. Hasta el siglo XVIII, muchos dudaban de que en la reproducción sexual ambos progenitores contribuyeran por igual a la descendencia, pese a que esta presente semejanzas obvias tanto con la madre como con el padre. Fue una idea muy difundida la de la descendencia ya preformada –o bien en los espermatozoides, o bien en los óvulos–, y algunos biólogos estaban convencidos de haber visto pruebas de ello al microscopio. Otros eran partidarios de una idea cuyo origen se atribuye al médico griego Hipócrates: material, o «semilla», procedente de todas las partes del cuerpo afluye a los órganos sexuales, y la mezcla produce la descendencia. Esta teoría, llamada pangénesis, era más acertada, pero estaba aún lejos de la noción moderna de genes.

Cría e híbridos

Entre mediados y finales del siglo XVIII, los enfoques prácticos propiciaron un conocimiento mayor de la herencia, ya fuese revisando orígenes en los árboles genealógicos u observando los resultados de experimentos de cría. El botánico alemán Joseph Kölreuter, por ejemplo, cruzó plantas para obtener híbridos intermedios con una aportación igual de cada progenitor, una prueba en contra de la preformación. Los híbridos de especies distintas solían ser estériles, y los híbridos estériles apoyaban la idea de Kölreuter de unas especies fijas basadas en un tipo ideal, y cuyas variaciones naturales eran accidentales y carecían de importancia.

Muchas figuras eminentes compartieron esta postura, llamada esencialista, entre ellos el sueco Carlos Linneo, el arquitecto de la clasificación biológica que se sigue usando hoy en día. Según Linneo, las varie-

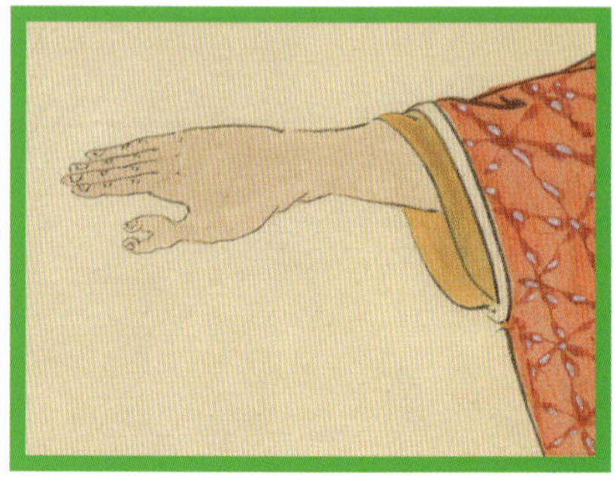

La polidactilia consiste en tener un dedo de más en la mano o en el pie. En 1751, los franceses Pierre Maupertuis y René de Réaumur estudiaron su herencia y determinaron que era dominante.

Gregor Mendel

Nacido en 1822 en Silesia (Imperio austriaco) en una familia campesina checa de lengua alemana, Johann Mendel ingresó en el monasterio de Brno (hoy en la República Checa); allí cambió su nombre de pila por el de Gregor, y fue ordenado en 1847, antes de formarse en ciencias naturales en la Universidad de Viena para licenciarse como docente. Influido por el interés de su profesor por el origen de las especies, Mendel tenía una gran curiosidad por la naturaleza, y esta, unida a su pasión por la horticultura, orientó su actividad cuando empezó a cultivar plantas –en particular, guisantes– para poner a prueba ideas acerca de la herencia. Aunque publicó sus hallazgos en 1866, estos pasaron prácticamente desapercibidos mientras vivió, pero más tarde fue reconocido como padre de la genética. Murió en 1884.

Obra principal

1866 «Experimentos sobre hibridación de plantas».

Véase también: La polinización 180–183 ▪ La fecundación 186–187 ▪ Cromosomas 216–219 ▪ La química de la herencia 221 ▪ ¿Qué son los genes? 222–225 ▪ La doble hélice 228–231 ▪ El código genético 232–233 ▪ La selección natural 258–263

dades vegetales pueden explicarse por el lugar donde crecen –el suelo o el clima–, y estas revierten al «tipo» al corregirse dichos factores. Esta concepción era un freno para cualquier progreso en la comprensión de cómo opera la herencia: si las variedades eran mera consecuencia del entorno local, no tenía sentido buscarles explicación en el árbol genealógico.

En el siglo XIX, naturalistas como Charles Darwin transformaron esa perspectiva: la variación en las especies no solo era un fenómeno general, sino que también era de gran importancia como materia prima de la evolución. Su idea de que podían surgir especies nuevas alentó a los criadores y cultivadores de plantas a estudiar la herencia para averiguar cómo ocurría exactamente eso.

La elección que hizo Mendel de los guisantes *(Pisum sativum)* para sus experimentos fue deliberada: tienen varias características observables, y resulta fácil cruzarlos.

El enfoque correcto

En 1866, el monje agustino Gregor Mendel publicó un trabajo sobre su investigación del llamado problema de las especies, el cual probablemente le animaron a emprender mientras estudiaba en la Universidad de Viena. Su maestro allí, Franz Unger, había propuesto que surgían nuevas especies de la variación dentro de una especie existente. El trabajo tanto tiempo ignorado de Mendel, que este comenzó en 1856, acabaría revolucionando la biología en otro sentido, pero esto tardaría casi medio siglo en ocurrir. En vida de Mendel, sus experimentos con la cría de guisantes pasaron desapercibidos.

> La genética, una rama importante de la ciencia biológica, nació de los humildes guisantes plantados por Mendel en el huerto de un monasterio.
>
> **Theodosius Dobzhansky**
> **Genetista ucraniano-estadounidense**

El éxito de Mendel se debió a su enfoque, en el que consideraba la herencia como un problema más que nada numérico, cosa atribuible sin duda a su formación universitaria, en la que la física había ocupado una parte considerable. Consciente de que la abundancia de datos mejoraba la fiabilidad estadística, Mendel replicó cruces de plantas a lo largo de muchas generaciones, y contó las variaciones heredadas para revelar patrones de herencia. Acabó trabajando con 10000 plantas de guisante, cultivadas en una parcela de 1,6 ha en la abadía de Santo Tomás, en Brno (en la actual República Checa). Mendel contaba con el pleno apoyo del abad, quien hizo incluso construir un invernadero para facilitarle el trabajo. Fue decisivo en particular que Mendel estudiara la herencia de los rasgos de uno en uno, pues esto revelaría los patrones fundamentales.

Cruces de guisantes

Mendel estudió por turnos siete características de los guisantes, cada una con dos formas (o caracteres), como alta o baja para la altura de la planta, o amarillo o verde para el color de las semillas. Para ello cruzó plantas con formas distintas, como altas con bajas, y crió a la generación siguiente a partir de las semillas que producían. En cada cruce contaba el » número de plantas con cada forma del rasgo, y luego repetía el proceso numerosas veces. Aunque criadores de plantas anteriores, como Kölreuter, habían mostrado que los híbridos pueden tener formas claramente intermedias entre ambos progenitores, esto solo era así considerando las plantas en conjunto, con todas sus características combinadas. Al estudiar cada característica por separado, Mendel vio que un rasgo se imponía al otro, así que, cuando se cruzaban, solo aparecía el dominante entre la descendencia. En cuanto a la altura de las plantas, ser altas predominaba sobre ser bajas: toda la descendencia de un cruce de una planta alta con una baja eran plantas altas. Análogamente, los guisantes amarillos predominaban sobre los verdes. En estos casos, Mendel llamó a la forma o el carácter oculto «recesivo».

Rasgos que reaparecen

Mendel procedió a cruzar la descendencia híbrida para obtener otra generación; en esta ocasión, el carácter recesivo de uno de los progenitores originales reapareció, saltándose una generación. Esto no era algo nuevo, pues cultivadores anteriores sabían que parte de la descendencia de los híbridos podía revertir al tipo parental. En el caso de Mendel, la novedad era que estaba al tanto de los números, y al contarlos fue emergiendo un patrón: el rasgo recesivo aparecía en una cuarta parte de la descendencia, y el dominante, en las tres cuartas partes restantes.

Mendel propuso que las características estaban determinadas de algún modo por partículas físicas, a las que llamó «elementos». Cada tipo de elemento era responsable de un rasgo particular, como la altura de las plantas, y los elementos se daban en pares formados en la fecundación: uno heredado a través del polen, y otro a través del óvulo. Esto significaba que las plantas de genealogía pura tenían dos dosis (el número de copias de un gen), o del elemento alto o del elemento bajo. En la generación siguiente, todas las plantas heredan un elemento de cada tipo, pero solo el elemento alto afecta a la altura en todas. Sin embargo, en la generación siguiente a esta, algunas plantas reciben dos dosis del elemento corto, y con ello vuelven a aparecer algunas plantas cortas. Según la hipótesis de partículas por pares de Mendel, si los progenitores tienen elementos para alto y para bajo, la probabilidad de que se unan dos elementos bajos es de ½ × ½ = ¼, y esto lo respaldaba el recuento, pues una cuarta parte de la descendencia eran plantas bajas.

> Los rasgos desaparecen del todo en los híbridos, pero en su progenie reaparecen sin cambios.
> **Gregor Mendel**

Las leyes de la herencia

Una vez identificados los rasgos dominantes y recesivos que explicaban las distintas características de los guisantes, Mendel estudió cómo se heredan múltiples características juntas: por ejemplo, si la altura afecta al color de las semillas, o viceversa. Para averiguarlo, cruzó plantas con dos rasgos dominantes (altas con semillas amarillas) con otras con dos rasgos recesivos (bajas con semillas verdes), y, como antes, siguió cruzando las generaciones siguientes.

Mendel descubrió que cada rasgo se hereda independientemente del otro, como sería de esperar si dependían de pares independientes de elementos. Todas las plantas de la primera generación eran doble dominantes (altas con semillas amarillas), y todas las combinaciones surgían en la gene-

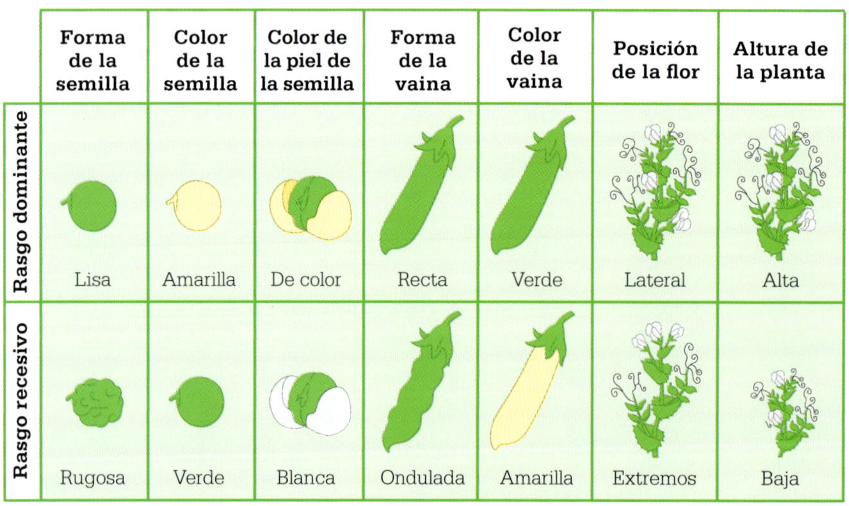

Mendel escogió siete rasgos de los guisantes para sus estudios. Halló que algunos eran dominantes y otros recesivos; por ejemplo, las semillas lisas y amarillas eran dominantes, y las rugosas y verdes, recesivas.

Primera ley de la segregación

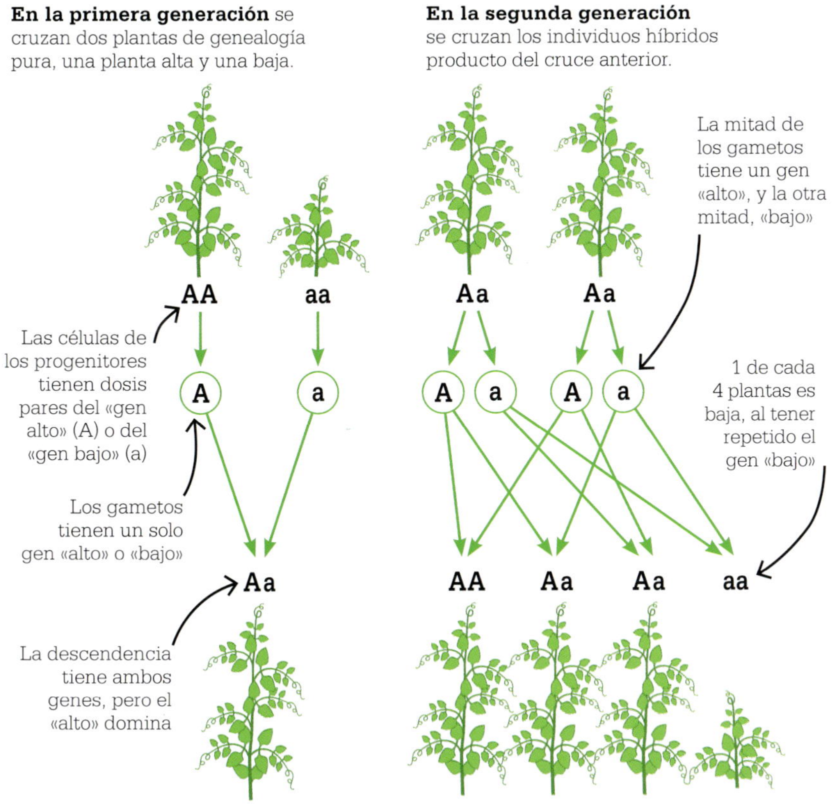

ración posterior a esta. Pero al considerar cada rasgo por sí solo, la cuarta parte seguía siendo baja, y la cuarta parte tenía semillas verdes.

De los hallazgos de Mendel pueden extraerse dos leyes principales. Primero, las características heredadas son determinadas por pares de partículas (genes), que se separan en los óvulos y los espermatozoides (o el polen) hasta volverse a emparejar en la fecundación. Segundo, cada característica la determina un par de genes heredado independientemente de otros cualesquiera.

Oscuridad y redescubrimiento

Antes de la época de Mendel, la mejora de los microscopios había empezado a revelar más sobre la naturaleza de la vida, y especialmente que los organismos están compuestos por células que contienen núcleos. Gracias a otros avances, para cuando Mendel murió en 1884, los biólogos creían que una sustancia en los núcleos se transmitía a través de las divisiones celulares, y que la fecundación consistía en la fusión de este material procedente de cada progenitor. La concepción mendeliana de las partículas habría refinado esta perspectiva, de haber sido reconocido en vida el trabajo de Mendel.

En 1900, el neerlandés Hugo de Vries, el alemán Carl Correns y el austriaco Erich von Tschermak obtuvieron independientemente los mismos resultados que Mendel, y los tres, tras revisar la literatura existente, reconocieron la prioridad de Mendel en el »

Control de la polinización

En los experimentos con cruces para estudiar la herencia es necesario saber exactamente qué descendencia producen qué progenitores. Esto no siempre está claro en las plantas, en las que el polen de una sola flor puede esparcirse y polinizar indiscriminadamente a otras muchas. Algunas –entre ellas, los guisantes– también se autopolinizan.

Para controlar la polinización, se retiran los estambres de las flores, mientras que los estigmas o las flores enteras se cubren con pequeñas bolsas para impedir la contaminación accidental. Se utilizan pinceles para transferir el polen de los estambres de un progenitor conocido al estigma de otro; de este modo, el investigador sabe que todas las semillas que se formen serán producto de este cruce particular. Mendel empleó esta técnica. Hoy día, los agricultores que necesitan controlar la polinización al cultivar variedades nuevas para uso comercial emplean bolsas de aislamiento.

Muchos cultivadores controlan la polinización transfiriendo polen de una a otra flor con un pincel pequeño.

descubrimiento. Esto generó un progreso rápido en la comprensión de la herencia en los años siguientes, y en veinte años quedó establecida más allá de cualquier duda razonable la realidad de los pares de partículas (genes) de Mendel, como componentes interconectados transportados en filamentos, llamados cromosomas.

Cada célula del cuerpo humano contiene más de 20 000 genes distintos, emparejados para formar un total de más de 40 000. Los guisantes contienen aún más: los siete de Mendel eran solo una fracción minúscula de los 45 000 (90 000 pares) estimados para esta especie. Como propuso Mendel, cada par se constituye en la fecundación, cuando cada gen de un óvulo se combina con su equivalente en el espermatozoide o polen. Esto ocurre para cada uno de los miles de genes implicados en la conformación de un humano o un guisante, aunque Mendel no tuviera idea alguna de la verdadera escala del número de «elementos» implicado.

Revisar a Mendel

La idea de Mendel de la naturaleza particulada de la herencia satisfizo sobre todo a los biólogos que consideraban que eran cambios repentinos, o mutaciones, los principales impulsores de la evolución; pero no todos quedaron convencidos desde el principio. Los partidarios de la idea de Darwin de que la evolución se produce por la selección gradual de variaciones pequeñas y continuas no podían reconciliar esto con los elementos particulados de Mendel.

Las características heredadas se dan en diferentes **formas**, o **rasgos**.

↓

Al **cruzar** plantas de **genealogía pura**, un rasgo puede ser **dominante** en la **descendencia híbrida**, mientras que el otro –recesivo– **permanece oculto**.

↓

Al cruzar la **descendencia híbrida**, los **rasgos recesivos** reaparecen en una cuarta parte de la **generación siguiente**.

↓

Las características son determinadas por pares de partículas (genes) que se separan en la reproducción sexual y se transmiten a la generación siguiente.

> En los 50 años desde el espectacular redescubrimiento de las leyes de Mendel, la genética se ha transformado [...] en una disciplina rigurosa y multifacética.
> **Julian Huxley**

El propio Darwin había creído que la materia heredada de los progenitores se mezclaba en parte, lo cual ayudaba a explicar los intermedios y la variación continua, pero esta herencia combinada suponía también una dilución gradual de la variación a lo largo de las generaciones, lo cual haría imposible la evolución como Darwin la entendía. Incluso después de Mendel, nadie podía explicar la variación continua a partir de partículas. Gran parte del problema consistía en que la constitución genética y las características heredadas se consideraban más o menos equivalentes. La claridad llegó en 1909, con el trabajo del botánico danés Wilhelm Johannsen. Criando alubias autopolinizantes, genéticamente uniformes, logró igualmente que hubiera variación alterando la fertilidad del suelo, la luz y otros factores, pero esta variación inducida por el ambiente no se transmitía a la descendencia.

Además de introducir el término gen, Johannsen acuñó los de fenotipo y genotipo: el primero designaba las características observadas, y el segundo aludía a la conformación genética de un organismo. El fenotipo tiene características que pueden variar de forma continua –como la

La mayoría de las personas del mundo tiene los ojos marrones. Un 10 % los tiene azules, y el 12 % restante, castaños, verdes o ámbar.

La herencia en los humanos

Toda característica heredada del modo que descubrió Mendel –la alternancia de rasgos dominantes y recesivos determinados por versiones de un único gen– se llama rasgo mendeliano. Lo son algunas enfermedades humanas: la fibrosis quística, por ejemplo, es recesiva, y la enfermedad de Huntington, dominante. Muchas otras características humanas consideradas ejemplos de herencia mendeliana se transmiten en realidad de forma más compleja. Por ejemplo, el color azul de los ojos suele considerarse un rasgo recesivo, y el marrón, dominante; pero esta es una simplificación excesiva: los biólogos han identificado al menos ocho genes implicados en el control de la producción de pigmento en el iris, y el color final del ojo depende de interacciones entre todos ellos. Esto explica por qué son posibles otros colores, como el castaño o el verde, y por qué es posible que padres de ojos azules tengan niños de ojos marrones.

altura en humanos– o darse en categorías discretas, discontinuas, como las flores blancas o moradas de los guisantes. Algunas variaciones del fenotipo (continuas o no) se deben directamente a la influencia del ambiente, como las plantas mayores en tierra más fértil. El resto se debe a la influencia del genotipo.

Por contraste, los genotipos –con sus genes particulados– son siempre discretos y nunca se mezclan. Quedaba una gran cuestión por resolver: ¿cómo pueden los genotipos particulados determinar variaciones continuas que son obviamente heredadas? ¿Cómo pueden explicar que los antepasados de cuello corto de la jirafa evolucionaran hasta sus descendientes de cuello largo, según la selección natural darwiniana?

Emparejado de elementos

El propio Mendel había propuesto una explicación para la variación continua, sugiriendo que podía ser causada por más de un solo par de elementos (genes) que afectaran a la característica en cuestión. En 1908, el científico sueco Herman Nilsson-Ehle crió plantas de trigo con semillas rojas de tonos diversos, debidos a la interacción de tres pares de genes. Cada par de genes se heredaba del modo descrito por Mendel, y eran los efectos combinados de unos pares con otros los que hacían que la rojez de la semilla pareciera una variación continua producto de la mezcla.

En 1909, mientras Johannsen y Nilsson-Ehle contribuían a validar a Mendel a satisfacción de los seguidores de Darwin, otros biólogos que estudiaban el comportamiento de las células y las estructuras que contienen vinieron a respaldar la noción de la herencia por pares de partículas. Dieron con el fundamento físico de las partículas mendelianas en filamentos llamados cromosomas, portadores de los genes como cuentas en un collar. Con ello establecieron firmemente una nueva rama de la biología –la genética– que despejó el camino para que otros esclarecieran los fundamentos químicos de la herencia y el papel crucial de la doble hélice. Los genes ya no eran entes meramente teóricos, sino partículas reales hechas de ADN autorreplicante. ■

Muchas características dependen de factores genéticos y ambientales; así, en la constitución física de los humanos influyen los genes, la dieta y el ejercicio.

EL FUNDAMENTO FÍSICO DE LA HERENCIA

CROMOSOMAS

EN CONTEXTO

FIGURAS CLAVE
Theodor Boveri (1862–1915), **Walter Sutton** (1877–1916), **Thomas Hunt Morgan** (1866–1945)

ANTES
1866 Gregor Mendel establece que pares de «unidades» controlan los rasgos heredados.

1879 El biólogo alemán Walther Flemming llama cromatina al material del interior de las células; al dividirse, este forma filamentos, más tarde llamados cromosomas.

1900 Los botánicos Hugo de Vries, Carl Correns y William Bateson redescubren por su cuenta las leyes de la herencia de Mendel.

DESPUÉS
1913 Alfred Sturtevant, genetista estadounidense, presenta la primera secuencia de genes en un cromosoma.

A finales del siglo XIX, los microscopios eran lo bastante potentes como para revelar que los seres vivos se componen de estructuras llamadas células, y que estas contienen estructuras aún menores, que los científicos creían que podían contener las claves de la herencia. Los biólogos descubrieron que las células en proceso de división contienen filamentos de una sustancia que podría teñirse con tintes, lo cual dio pie a Walther Flemming a llamarla cromatina, que significa «sustancia coloreada».

Esta fue también la época en que los biólogos empezaron a comprender que las características heredadas dependían de partículas físicas que parecían transmitirse de generación

Véase también: La mitosis 188–189 ▪ La meiosis 190–193 ▪ Las leyes de la herencia 208–215 ▪ ¿Qué son los genes? 222–225 ▪ El código genético 232–233

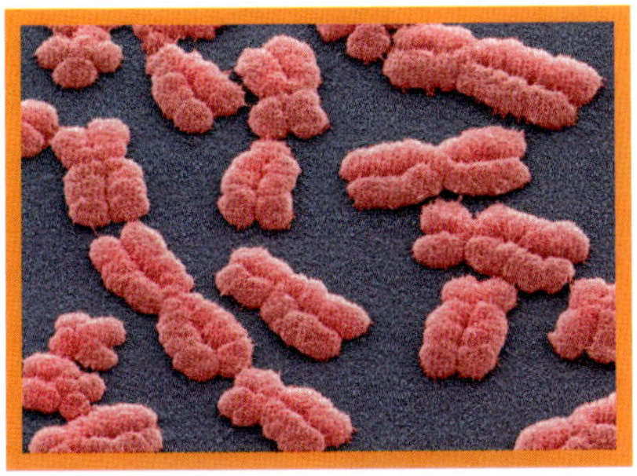

Pares de cromosomas humanos vistos en una micrografía electrónica de barrido. Un cromosoma de cada par se ha replicado en la división celular y ha formado una copia idéntica, o cromátida.

en generación a través de las células –espermatozoides y óvulos incluidos. Gregor Mendel confirmó esto experimentalmente, lo cual fue generalmente ignorado; pero otros científicos acabaron teniendo las mismas ideas. Entre ellos destaca el biólogo alemán August Weismann, quien propuso que las partículas heredadas se hallaban en unidades a las que llamó idantes. Estos fueron llamados más tarde cromosomas, término acuñado en 1889 por otro alemán, Wilhelm von Waldemeyer, para los filamentos de cromatina teñidos de Flemming.

Continuidad de los cromosomas

Los cromosomas como transmisores de partículas heredables planteaban un problema potencial: solo aparecen al dividirse las células. En las células que no se están dividiendo, parecen disolverse, y los biólogos se preguntaban cómo podían transmitirse intactas de una a otra generación las partículas que portan. En 1885, con la ayuda de una técnica de tinción y un microscopio potente, el anatomista austriaco Carl Rabl notó algo importante: los filamentos cromosómicos de la célula no son azarosos ni desordenados, sino que cada tipo de organismo tiene un conjunto particular. El número de cromosomas en las células permanece fijo, y los cromosomas individuales tienen incluso identidades únicas –y longitudes determinadas– que se conservan a través de una y otra división celular. Hoy sabemos que los cromosomas de las células que terminan de dividirse se desenrollan, para volver a enrollarse y engrosarse en la próxima división. Para los biólogos de finales del siglo XIX, esta continuidad de los cromosomas suponía que eran en verdad candidatos a ser vehículos de transmisión de unas partículas intactas de la herencia: los genes.

La teoría Boveri–Sutton

En la década de 1860, los experimentos de Mendel con guisantes indicaron que las partículas de la herencia se daban por pares, heredándose una de cada progenitor. Al redescubrirse su trabajo en 1900, los biólogos que estudiaban las células vieron en los cromosomas un fundamento físico para la idea de Mendel. En la primera década del siglo XX, esto fue corroborado desde ambas orillas del »

> Donde un espermatozoide contenga cromosomas de tamaño y forma características, habrá cromosomas correspondientes en el óvulo.
> **Theodor Boveri**

Walter Sutton

Nacido en 1877 y criado en la granja de sus padres en el Medio Oeste de EEUU, la habilidad de Walter Sutton reparando maquinaria agrícola le llevó a estudiar ingeniería en Kansas. Sin embargo, se pasó a biología, y para su tesis estudió la producción de espermatocitos en los saltamontes de su granja familiar, continuando después sus estudios en la Universidad de Columbia, en Nueva York. Allí hizo un descubrimiento que contribuyó a establecer el papel de los cromosomas como portadores de los genes.

Tras un breve regreso a la ingeniería para desarrollar un aparato que extrajera petróleo de pozos profundos, volvió a sus estudios en Columbia, donde se doctoró en 1907. Durante la Primera Guerra Mundial fue cirujano jefe del American Ambulance Hospital en Francia. Murió en 1916 por complicaciones de una apendicitis.

Obras principales

1900 «Las divisiones espermatogoniales de *Brachystola Magna*».
1903 «Los cromosomas en la herencia».

Atlántico. En Italia, el zoólogo alemán Theodor Boveri estudió los erizos de mar, animales cuya fecundación y desarrollo embrionario eran fácilmente observables al microscopio, y descubrió que, para que se desarrolle un embrión sano es necesario un juego completo de 36 cromosomas de erizo de mar. Mientras, en EEUU, el alumno de biología Walter Sutton dedujo que los cromosomas de los saltamontes se daban en pares que se separaban durante la formación de los espermatozoides. Sutton reconoció el paralelismo con el comportamiento de las partículas de Mendel, y vio en ello una prueba más de que los cromosomas son los portadores de los genes. Su trabajo mostró que cada cromosoma tenía una identidad única –como había propuesto Rabl dos décadas antes–, lo que sugería que sus genes eran únicos también.

La división celular funciona de tal modo que toda célula nueva acaba teniendo un juego completo de cromosomas y genes. De hecho, las células somáticas tienen dos dosis, o pares, de ambos. La meiosis, tipo especial de división celular que crea los espermatozoides y los óvulos, separa los pares, quedando el número de cromosomas en la mitad. La fecundación restaura los pares, al combinarse el polen o el espermatozoide con el óvulo. Esto es lo que había propuesto August Weismann en 1887, y Mendel, antes incluso. Por contraste, cuando las células somáticas se dividen por mitosis, se duplica el conjunto completo de cromosomas cada vez, y esto es lo que recibe cada célula hija; el número de cromosomas se mantiene.

Genes unidos

En la primera década del siglo XX, algunos estudiosos percibieron un vínculo sorprendente entre determinados cromosomas y ciertas características: los machos, al menos en las especies que estudiaban, tenían un conjunto de cromosomas distinto al de las hembras. Este descubrimiento de los cromosomas sexuales fue el primer vínculo evidente entre cromosomas y características heredadas, y una fuente en particular no tardaría en aportar abundantes pruebas experimentales de cómo se disponen los genes en los cromosomas.

En 1909, el biólogo estadounidense Thomas Hunt Morgan comenzó a estudiar la herencia por medio de experimentos con moscas de la fruta, inspirado por la investigación del botánico neerlandés Hugo de Vries, que había estudiado las variaciones heredadas en plantas, las cuales llamó «mutaciones». Las moscas de la fruta resultaron ser perfectas para estudiar

> Nos interesa la herencia, pero no tanto como formulación matemática, sino como un problema relativo a la célula, al óvulo y al espermatozoide.
> **Thomas Hunt Morgan**

la herencia. Al criarlas se dan rasgos que varían a simple vista, como el color del cuerpo y la forma de las alas. En la «sala de moscas» de la Universidad de Columbia, Morgan y su equipo cruzaron un gran número de variedades de mosca de la fruta, y, como Mendel, contaron las variaciones entre la descendencia para deducir patrones de herencia.

Para Morgan, la disposición de los genes en los cromosomas era una consideración esencial. La primera variación –ojos blancos, en vez de los rojos habituales– se daba más a menudo entre los machos que entre las hembras. Esto llevó a Morgan a deducir que los genes del color de los ojos y del sexo estaban unidos –literalmente– en el mismo cromosoma sexual.

Morgan y su equipo fueron identificando otras características vinculadas de modo similar, y determinaron que los genes se daban en cuatro grupos, correspondientes a los cuatro pares de cromosomas en las células de la mosca de la fruta. Luego

La mosca de la fruta *Drosophila melanogaster* es perfecta para estudiar la herencia: se reproduce rápido, tiene muchos rasgos visibles y solo cuenta con cuatro cromosomas.

Herencia de los genes del cromosoma X

En este primer ejemplo, una mosca hembra normal (de ojos rojos) se cruza con un macho mutante (de ojos blancos).

En el segundo cruce, una hembra mutante (de ojos blancos) se cruza con un macho normal (de ojos rojos).

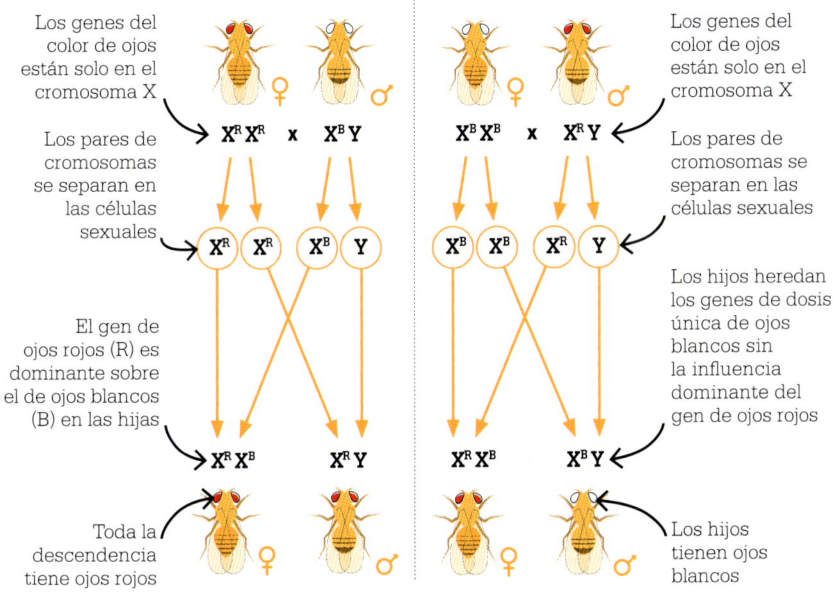

averiguaron el orden exacto de los genes a lo largo de los cromosomas.

Lo cierto era que los cromosomas no se conservan de modo tan fiel e indivisible como antes habían supuesto Rabl y Weismann. Durante la meiosis –la división celular que produce las células sexuales–, los pares de cromosomas portadores de conjuntos similares de genes, llamados homólogos, se unen temporalmente para intercambiar partes, con el resultado de que genes antes unidos se separan. Los genes que se encuentran más separados tienen mayores probabilidades de intercambiarse de este modo, mientras que los contiguos pueden no desvincularse en absoluto. Cuanto más próximos están, menos probable es que los separe un corte, y, por tanto, más probable es que se hereden juntos, así como las características que controlan.

Manteniendo un registro del número de veces que esto ocurre con dos características dadas cualesquiera, los biólogos de la sala de moscas dedujeron las posiciones relativas de los genes en los cromosomas. Un miembro del equipo de Columbia, Alfred Sturtevant, realizó el primer análisis de este tipo, y en 1913 presentó el primer mapa cromosómico, el del cromosoma sexual X de la mosca de la fruta.

El genoma humano

A medida que se iba revelando la disposición física de los genes en las células, la genética empezaba a convertirse en una parte cada vez más tangible de la biología. Este progreso anunciaba desarrollos posteriores a una escala entonces inimaginable, como el Proyecto Genoma Humano, completado menos de un siglo después. ■

La reina Victoria transmitió la hemofilia a tres de sus nueve hijos. Con 30 años, su hijo Leopoldo se desangró y murió tras una caída menor.

Herencia ligada al sexo

La hemofilia es un trastorno ligado al sexo que fue conocido como «enfermedad de la realeza», por transmitirla la reina Victoria (1819–1901) del Reino Unido a sus hijos y nietos. La causa de la enfermedad es una mutación del gen que produce el factor sanguíneo IX, una proteína coagulante. La mutación impide la coagulación normal, y quienes la tienen son susceptibles a las hemorragias. El gen responsable está en el cromosoma X, lo cual hace especialmente vulnerables a los varones, pues, a diferencia del par XX de las hembras, el gen se empareja con un cromosoma Y, que no puede portar un gen dominante que se imponga al defecto.

Como no parece que ninguno de los antepasados de Victoria padeciese hemofilia, es probable que se originara en ella, por mutación. Su hijo varón menor murió debido a la enfermedad, y dos de sus hijas, Alicia y Beatriz, portadoras, la transmitieron al menos a seis de sus propios hijos.

EL ELEMENTO X

LA DETERMINACIÓN DEL SEXO

EN CONTEXTO

FIGURA CLAVE
Nettie Stevens (1861–1912)

ANTES
1891 Hermann Henking halla una estructura oscura en la cabeza de los espermatozoides, y la llama «X».

1901 Clarence McClung identifica la «X» de Henking como un cromosoma que determina el sexo.

1902–1904 Walter Sutton y Theodor Boveri demuestran que los cromosomas portan genes que determinan rasgos heredables.

DESPUÉS
1909 El zoólogo Edmund Wilson llama a los cromosomas sexuales X e Y.

1966 La zoóloga Madeleine Charnier describe que de los huevos de los lagartos *Agama* que reciben más calor salen machos, y demuestra así la determinación del sexo por la temperatura en reptiles.

En 1891, el biólogo alemán Hermann Henking vio una diferencia celular entre los sexos, una estructura oscura presente solo en las cabezas de los espermatozoides. No supo qué era, y la llamó simplemente «X». En 1901, el zoólogo estadounidense Clarence McClung decidió que «X» era un cromosoma determinante del sexo; lo tenían la mitad de los espermatozoides, y creyó que determinaba el sexo masculino, pero se equivocaba.

Aclaró la cuestión la bióloga estadounidense Nettie Stevens, en su estudio de 1905 de los escarabajos *Tenebrio*. Los cromosomas se dan en pares semejantes, pero Stevens encontró un par desigual en los machos, con un cromosoma corto y rechoncho junto a otro más largo. Al separarse los pares en la meiosis, la mitad de los espermatozoides tienen el cromosoma corto, y la otra mitad, el largo. El más largo era la «X» de Henking, y al más corto se le llamó Y. Stevens estableció que era la presencia de Y la que determina el sexo masculino, y no la de X, como creyó McClung. En las hembras hay dos cromosomas X, y todos los óvulos son cromosómicamente semejantes.

Hicieron falta más de una década y microscopios mejores para dar con el mismo sistema X-Y en los cromosomas más minúsculos de las células humanas, que hoy se sabe que determina el sexo en todos los mamíferos y muchos insectos. Un gen del cromosoma Y hace que los órganos sexuales embrionarios se desarrollen como masculinos, y si falta este, serán femeninos. Pero esto no es algo universal: en las aves, las hembras tienen cromosomas desiguales, y los machos pares exactos. En otros animales, el sexo lo determina solo el medio. ■

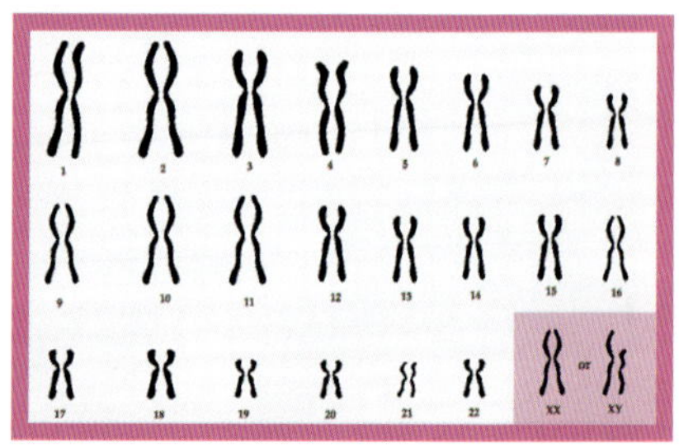

El cariotipo humano es un patrón de 23 pares de cromosomas, que incluyen un par de cromosomas sexuales que pueden ser XX (hembra) o XY (varón).

Véase también: La fecundación 186–187 ▪ El desarrollo embrionario 196–197 ▪ Las leyes de la herencia 208–215 ▪ ¿Qué son los genes? 222–225

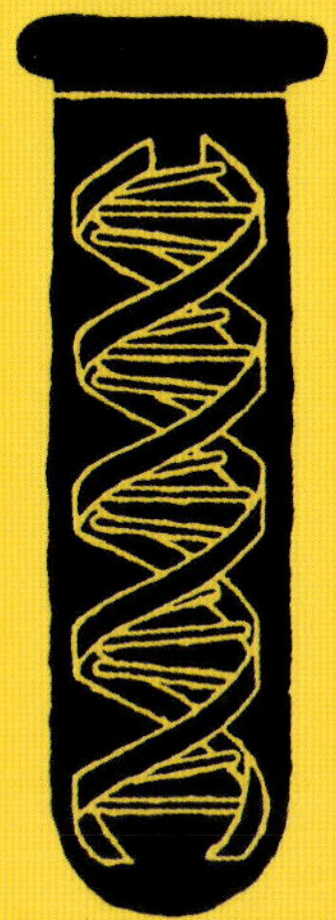

EL ADN ES EL PRINCIPIO TRANSFORMADOR

LA QUÍMICA DE LA HERENCIA

EN CONTEXTO

FIGURA CLAVE
Frederick Griffith (1877–1941)

ANTES
1869 Friedrich Miescher aísla una sustancia química del núcleo celular a la que llama nucleína (ácido nucleico).

1909, 1929 Phoebus Levene analiza la composición química del ácido nucleico e identifica dos tipos: ARN y ADN.

DESPUÉS
1944 Un equipo de genetistas de EE UU muestra que el ácido nucleico en forma de ADN transforma las propiedades de las células, lo cual prueba que se trata de material genético.

1953 Los biólogos James Watson y Francis Crick muestran la estructura de doble hélice del ADN, que contribuye a explicar la autorreplicación del material genético.

En 1869, el médico suizo Friedrich Miescher, pionero del estudio químico de la genética, descubrió una sustancia nueva en el núcleo de las células, a la que llamó nucleína. Sabía que era importante para el funcionamiento celular, pero no comprendía por qué. La nucleína empezó a llamarse ácido nucleico en 1889, y, a principios del siglo XX, el bioquímico estadounidense Phoebus Levene halló que contenía azúcares, ácido fosfórico y unidades llamadas bases, y que se daba en dos formas distintas: ácido ribonucleico (ARN) y desoxirribonucleico (ADN).

Levene subestimó el potencial del ADN, que le parecía demasiado simple para ser el material genético que determina la estructura de los organismos. Los primeros experimentos para determinar qué eran exactamente los genes fueron los del biólogo británico Frederick Griffith. Después de la pandemia de gripe de 1918, a Griffith le interesaba cómo la neumonía podía pasar de cepas virulentas a otras benignas. Logró un importante avance en 1928, al descubrir que un «principio transformador» químico extraído de bacterias muertas alteraba la cepa. Parecía que podía tratarse de material genético.

> Los ácidos nucleicos [...] inducen cambios predecibles y hereditarios en las células.
> **Oswald Avery**

En 1944, en el Instituto Rockefeller de Nueva York, los genetistas Oswald Avery, Colin MacLeod y Maclyn McCarty demostraron que el principio transformador y el ácido nucleico eran una sola cosa. Al mostrar cómo la virulencia de una cepa infecciosa de neumococos podía transferirse con ADN puro a una bacteria no infecciosa, revelaron la identidad química de los genes. ■

Véase también: Las leyes de la herencia 208–215 ▪ ¿Qué son los genes? 222–225 ▪ La doble hélice 228–231 ▪ El código genético 232–233

UN GEN, UNA ENZIMA

¿QUÉ SON LOS GENES?

EN CONTEXTO

FIGURAS CLAVE
George Beadle (1903–1989), **Edward Tatum** (1909–1975)

ANTES
1885 August Weismann propone la herencia «dura» de partículas fijas e indivisibles transmitidas de una generación a otra.

1902 El médico británico Archibald Garrod propone que las partículas hereditarias pueden adquirir defectos, lo cual causa desequilibrios químicos.

1909 Wilhelm Johannsen llama «genes» a las partículas de la herencia.

DESPUÉS
1961 Los bioquímicos estadounidenses Marshall Nirenberg y Philip Leder y el alemán Heinrich Matthaei establecen cómo el «código» de la secuencia de bases del gen se «traduce» en una secuencia de aminoácidos de una proteína.

La idea de que las características heredadas dependen de partículas físicas se desarrolló en el siglo XIX. Los biólogos no solo revelaron que los seres vivos están constituidos por unidades de vida minúsculas, las células, sino que estas, a su vez, contienen estructuras complejas aún menores. En 1875, el zoólogo alemán Oscar Hertwig determinó que la fecundación consistía en la fusión de un único espermatozoide y un único óvulo, y que esta es la ruta microscópica por la que transitan las partículas de una generación a la siguiente. En la década de 1940, los biólogos estadounidenses George Beadle y Edward Tatum descubrirían cómo funcionaban estas partículas.

Véase también: Cómo funcionan las enzimas 66–67 ▪ Las leyes de la herencia 208–215 ▪ La química de la herencia 221 ▪ Genes saltarines 226–227

Una secuencia de **componentes** químicos, o **bases**, conforma los **genes**.

El **orden de las bases** en un gen **dicta el orden** de los componentes (aminoácidos) de la **proteína** fabricada por una célula.

Esta **cadena proteica** se dobla de forma específica para realizar una **función determinada**.

Esta función afecta a una característica.

En 1868, el naturalista Charles Darwin afirmó que las células contenían corpúsculos formadores de rasgos que se dividían con la célula. Estos ponían en circulación productos que se depositarían en los órganos reproductores de los padres, desde donde se transmitirían a la descendencia. Pero Darwin también propuso que los efectos del medio y el uso y desuso de partes del cuerpo podían alterar los corpúsculos en alguna medida. El biólogo alemán August Weismann no estaba de acuerdo con esto, y en 1885 propuso la teoría de la herencia «dura», de partículas fijas de una generación a otra. Weismann estaba más cerca de la verdad que Darwin: los genes, como hoy se comprenden, suelen replicarse fielmente de una generación a la siguiente. Weismann creía que, de algún modo, distintos tipos de célula acaban teniendo tipos de partícula distintos, y que esto podía explicar las diferentes partes del cuerpo; pero se equivocaba. El botánico neerlandés Hugo de Vries tenía una explicación más precisa. En su *Pangénesis intracelular* (1889) defendió que todas las células tienen el mismo conjunto completo de partículas necesario para una especie, pero estas solo se activan, o «encienden», en algunas partes del cuerpo, y no en otras.

Esto es efectivamente así, y ayuda a explicar cómo las células pueden desarrollarse de formas diferentes »

George Beadle

Nacido en una familia de granjeros de Nebraska (EEUU) en 1903, George Beadle estudió en la Universidad de Nebraska, donde se doctoró con un estudio de la genética del maíz. Mientras trabajaba en el Instituto Tecnológico de California se interesó en cómo funcionan los genes a nivel bioquímico, y más adelante ocupó sucesivamente las cátedras de genética de Harvard y Stanford.

Fue en Stanford donde colaboró con Edward Tatum, en estudios de la bioquímica del moho que mostrarían que los genes funcionan haciendo que las células fabriquen enzimas específicas. Recibió por ello, conjuntamente con Tatum, el Nobel de fisiología o medicina en 1958, así como muchos otros premios a lo largo de su vida, entre ellos su nombramiento como miembro de la Academia Estadounidense de las Artes y las Ciencias en 1946. Murió en 1989.

Obras principales

1930 «Estudios genéticos y citológicos de la asinapsis mendeliana en *Zea mays*».
1945 «Genética bioquímica».

por todo el cuerpo, pese a ser genéticamente idénticas. De Vries llamó a estas partículas «pangenes»; y, en 1909, el botánico danés Wilhelm Johannsen acuñó el término «genes».

Errores metabólicos

En 1900, De Vries redescubrió el trabajo de Gregor Mendel sobre la herencia en los guisantes. En 1865, este aportó pruebas de que cada característica heredada se debía a un par de un único tipo de partícula (o gen), pero ¿cómo ejercían los genes su influencia? Los seres vivos, y sus células, están constituidos por sustancias químicas que tienen reacciones complejas, y esto es clave para comprender cómo funciona un organismo. Los genes no son diferentes en este sentido, así que debería ser posible descifrar su comportamiento a nivel químico. Algunas de las primeras pistas las aportaría el estudio de las enfermedades hereditarias. Si estas se heredaban del modo descrito por Mendel, cada enfermedad podría atribuirse a un gen defectuoso, y sus síntomas podrían revelar qué era lo que estaba haciendo o no dicho gen.

El británico Archibald Garrod publicó en 1902 uno de tales estudios sobre la alcaptonuria. Desde que nacen, quienes padecen esta enfermedad producen orina que se vuelve negra, y en la edad adulta surgen complicaciones graves, como la osteoartritis. Según Garrod, la enfermedad estaba relacionada con la acumulación de un pigmento, que él mantuvo que se producía por la incapacidad del cuerpo para realizar una reacción química que procesa el pigmento y lo elimina. Garrod sabía que las reacciones del metabolismo requieren un catalizador en forma de enzima, y propuso que la alcaptonuria se debía a un defecto en un gen que controlaba la producción de la enzima procesadora del pigmento. Luego atribuyó otros trastornos o alteraciones hereditarios, como el albinismo, a deficiencias enzimáticas similares, a las que llamó «errores congénitos del metabolismo». Décadas después se demostró que estaba en lo cierto en lo relativo a la alcaptonuria, y hasta 1958 no fue aceptada su idea de que la causa era la ausencia de cierta reacción química.

Experimentar con genes

El vínculo entre genes y enzimas de Garrod requería pruebas, y estas llegaron en la década de 1940 con el trabajo de George Beadle y Edward Tatum con un moho del pan del género *Neurospora*, que, como otros organismos, necesita de un conjunto dado de nutrientes, como aminoácidos y vitaminas, y que fabrica el resto por medio de reacciones químicas. Exponiendo el moho a rayos X, Beadle y Tatum podían crear cepas mutadas, carentes de la capacidad de fabricar determinados nutrientes. Si los rayos X dañaban un gen, este era incapaz de fabricar su enzima, lo cual bloqueaba la reacción química necesaria para fabricar un nutriente, y el moho dejaba de crecer. Estudiando una cepa mutada tras otra, Beadle y Tatum identificaron los genes específicos responsables de la manufactura de ciertos nutrientes, y confirmaron que cada gen controlaba la producción de una enzima específica.

> Los genes son los átomos de la herencia.
> **Seymour Benzer**
> **Físico estadounidense (1921–2007)**

Un gen, una proteína

La noción de «un gen, una enzima» fue clave para comprender la naturaleza de los genes. En la década de 1950, los avances en la bioquímica estaban componiendo un cuadro de los componentes moleculares de los seres vivos, así como revelando lo esenciales que son los genes para su funcionamiento. Las enzimas per-

El albinismo es una alteración genética de la producción de melanina, el pigmento de la piel, el cabello y los ojos.

El experimento con moho de Beadle y Tatum demostró que un hongo normal tiene un conjunto completo de genes funcionales para fabricar todos sus nutrientes vitales, de modo que sus esporas pueden crecer en un medio carente de ellos. Cuando un hongo mutado es incapaz de fabricar un nutriente, sus esporas solo crecerán si lo aporta el medio en el que crece.

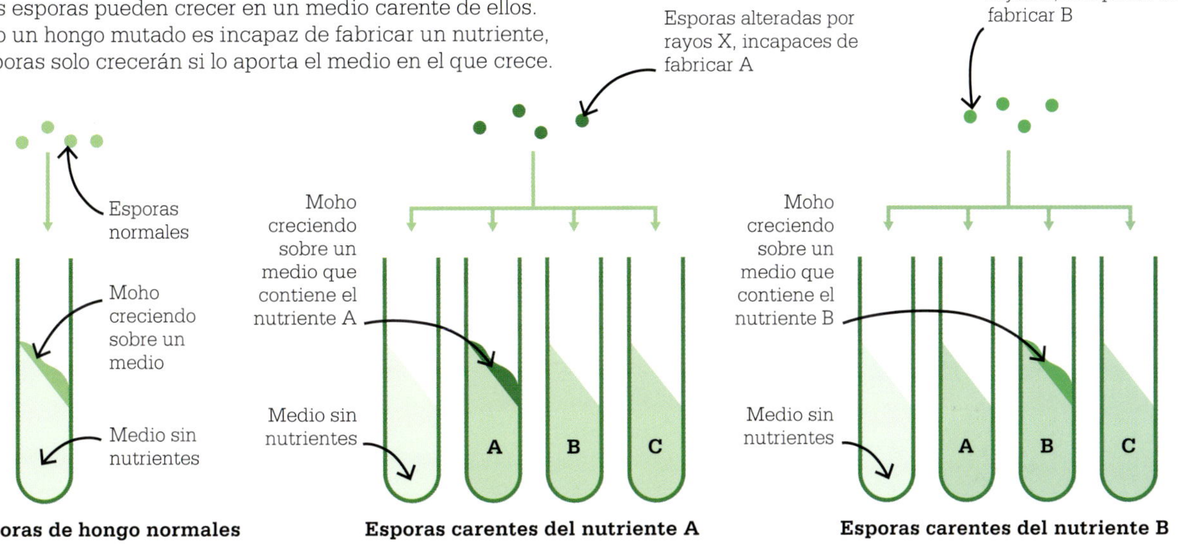

tenecen a una clase de sustancias complejas, las proteínas. Cada tipo de organismo produce miles de proteínas diferentes, cada una con un papel propio en el metabolismo. Las enzimas catalizan reacciones, mientras que otras proteínas actúan como señales, receptores y anticuerpos, entre otras muchas funciones, y los genes son el origen de todas ellas. La aceptación creciente del ADN como material del que están hechos los genes también contribuyó a fundamentar el vínculo entre genes y proteínas. Un gen es un segmento de ADN que codifica para producir una proteína. El ADN y las proteínas son moléculas de cadena larga, constituidas a partir de secuencias de componentes menores, y esta disposición secuenciada común a ambas es clave. Las células «leen» el orden de los componentes (o bases) a lo largo del ADN de un gen, y traducen esta información al orden de los aminoácidos a lo largo de una proteína. La forma en que esta cadena de proteínas se dobla depende de la secuencia de aminoácidos, y la forma afecta a la función.

En 1865, Gregor Mendel había planteado la hipótesis de que características de los guisantes se debían a partículas heredadas, invisibles con los microscopios de la época. Hoy es posible ver, y comprender incluso, cómo se expresan estos genes (cómo la información codificada de un gen se convierte en proteína). En 2010, biólogos neozelandeses identificaron un gen productor de una enzima como responsable del color de las flores del guisante. La enzima cataliza una reacción que fabrica pigmento, y este vuelve morada la flor. Cambiar un solo componente del ADN del gen impide funcionar a la enzima, dando flores blancas como resultado.

Los rápidos avances en el campo de la genética han aportado información clave sobre cómo están constituidos los seres vivos. ■

Experimentos de bloqueo

El bloqueo (o *knockout*) de genes es un tipo de experimento en el que los genes de un organismo se desactivan deliberadamente para observar los efectos. La actividad del gen cuando es funcional puede deducirse comparando los resultados con los de organismos normales.

En un principio, los biólogos emplearon factores causantes de mutaciones como los rayos X, como hicieron Beadle y Tatum al estudiar los efectos de los genes en el moho del pan. Hoy es posible trabajar de forma más precisa, empleando técnicas de ingeniería genética que retiran o sustituyen un gen en ciertos seres vivos. Estos organismos *knockout* son muy valiosos para estudios médicos como los del cáncer. Los ratones *knockout* de laboratorio han servido para comprobar que genes como BRCA1 están implicados en la supresión de tumores cancerosos, así como para hallar tratamientos potenciales de los cánceres de mama y de ovario.

PODRIA CONVERTIR EL OVULO DE UN CARACOL EN UN ELEFANTE

GENES SALTARINES

EN CONTEXTO

FIGURA CLAVE
Barbara McClintock
(1902–1992)

ANTES
1902–1904 Walter Sutton y Theodor Boveri publican independientemente pruebas de que los cromosomas son los portadores del material genético.

1909 Frans Alfons Janssens observa que las cromátidas materna y paterna intercambian segmentos durante la meiosis.

Década de 1910 Los estudios con moscas de la fruta del equipo de Thomas Hunt Morgan muestran cómo afecta el entrecruzamiento cromosómico a los patrones de la herencia.

DESPUÉS
1961 Gracias a su trabajo con las bacterias, François Jacob y Jacques Monod descubren cómo la información genética se activa y desactiva en función de la necesidad.

El hecho de que los genes se encuentren juntos en el mismo cromosoma haría pensar que las características que determinan se transmiten siempre juntas, pero sucede que la conformación de los cromosomas en una célula no es algo fijo. Los cromosomas se rompen de forma natural en la división celular, e intercambian segmentos. La idea de rotura de los cromosomas surgió en 1909, cuando el biólogo belga Frans Alfons Janssens observó que los cromosomas se dividen en la meiosis y que cromátidas maternas y paternas se intercambian, o entrecruzan. Janssens propuso correctamente que intercambiaban secciones al romperse por determinados lugares y volverse a unir con partes cromosómicas vecinas. Es decir, los genes portados por estos cromosomas cambiaban de posición, separándose los anteriormente unidos y formando cromosomas con combinaciones nuevas.

Barajado genético

Entre 1910 y 1915, el genetista estadounidense Thomas Hunt Morgan y su equipo de investigadores de la Universidad de Columbia estudiaron los efectos de este barajado genético en la herencia de características de las moscas de la fruta. A mediados de la década de 1920, otra genetista estadounidense, Barbara McClintock, trabajaba en algo similar con distintas variedades de maíz. Al cruzar plantas que producían granos marrones con otras que los tenían amarillos, obtuvo una descendencia con colores mixtos. Como hizo Morgan con las moscas de la fruta, mantuvo un registro de los granos de las mazorcas para deducir los patrones de herencia.

McClintock combinó sus propios experimentos de cría con estudios microscópicos de cromosomas

Los cruces del maíz producen granos de distinto color, lo cual se debe a cambios en el comportamiento de las antocianinas (pigmentos) en las células de la reserva de alimento del grano.

Véase también: Las leyes de la herencia 208–215 ▪ Cromosomas 216–219 ▪ La determinación del sexo 220 ▪ La química de la herencia 221 ▪ ¿Qué son los genes? 222–225 ▪ La doble hélice 228–231 ▪ El código genético 232–233

del maíz, y mostró no solo que los genes cambian de posición por entrecruzamiento convencional, sino que algunos se trasladan a cromosomas completamente diferentes. Estos «genes saltarines» –después llamados elementos transponibles, o transposones– afectan a las características heredadas, indicando que la posición en un cromosoma puede ser tan importante como los propios genes.

Un transposón (o gen saltarín) cambia de posición en los cromosomas, afectando al comportamiento de un gen en el nuevo emplazamiento, al activarlo o desactivarlo.

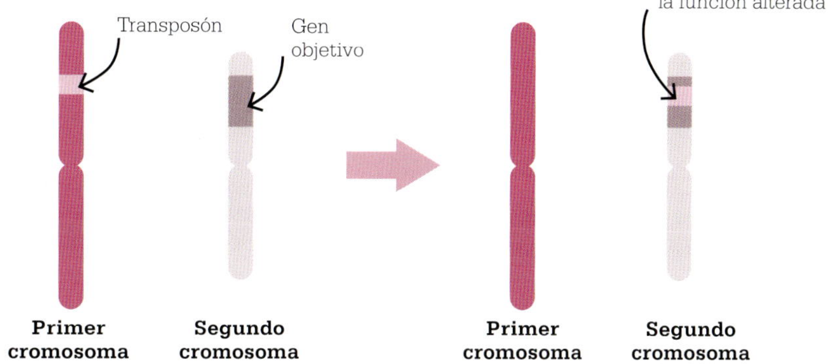

Genes controladores

McClintock dedujo que algunos de estos genes saltarines estaban causando la rotura de los cromosomas, y por tanto el entrecruzamiento allá donde fueran. De este modo contribuían a barajar el genoma, incrementando el grado de diversidad genética. McClintock también demostró que no todas las partes de los cromosomas estaban directamente implicadas en la determinación de las características, sino que, de modo más sutil, podían afectar al funcionamiento de otros genes. Concretamente, descubrió que algunos segmentos eran capaces de activar o desactivar genes. La idea de que algunos genes activen otros ayudaba a explicar otra cuestión: si todas las células de un embrión, copiadas del óvulo fecundado original, eran genéticamente idénticas, ¿cómo era posible que se diferenciaran para formar órganos y partes del cuerpo? Por ejemplo, las células del páncreas acaban produciendo insulina, y no así las del cerebro, aunque todas contengan el gen de la insulina. Las pruebas de que solo se activan ciertos genes –dependiendo del lugar que ocupen en un embrión en desarrollo– ofrecían una explicación. En 1961, trabajando con bacterias, los genetistas franceses François Jacob y Jacques Monod publicaron pruebas de que los genes pueden activarse y desactivarse, al mostrar que un gen de una bacteria produce una enzima que metaboliza la lactosa, pero solo cuando el medio proporciona este azúcar de la leche. Jacob y Monod identificaron un conjunto de componentes –incluido el activador– que regulaban el gen, dependiendo del entorno. ■

Barbara McClintock

Nacida en 1902 en Hartford, en Connecticut (EEUU), e hija de un homeópata, Barbara McClintock estudió genética y botánica en la década de 1920 en la Universidad de Cornell, donde permaneció hasta 1936 investigando y colaborando con la genetista Harriet Creighton sobre el entrecruzamiento de segmentos en los cromosomas.

McClintock siguió investigando en la Universidad de Misuri, y más tarde, en el laboratorio de Cold Spring Harbor, donde, en la década de 1940, descubrió que unas partes de los cromosomas –hoy llamados transposones– eran capaces de cambiar de posición. La importancia del trabajo genético de McClintock no fue reconocida entonces, pero acabó siendo galardonada con la Medalla Nacional de Ciencia de EEUU, en 1971, y con el premio Nobel de fisiología o medicina en 1983. Murió en 1992.

Obras principales

1931 «Una correlación del cruce citológico y genético en *Zea mays*».
1950 «Origen y comportamiento de los loci mutables en el maíz».

DOS ESCALERAS ESPIRALES ENTRETEJIDAS

LA DOBLE HÉLICE

EN CONTEXTO

FIGURAS CLAVE
James Watson (n. en 1928), **Francis Crick** (1916–2004), **Rosalind Franklin** (1920–1958)

ANTES
1869 Friedrich Miescher aísla el ADN, al que llama nucleína, y propone que interviene en la herencia.

1905–1929 Phoebus Levene identifica los componentes químicos del ARN y del ADN.

1944 Oswald Avery muestra que los genes son secuencias de ADN en los cromosomas.

DESPUÉS
1973 Los genetistas Herbert Boyer y Stanley N. Cohen muestran que es posible modificar el material genético.

2000 El Proyecto Genoma Humano publica la secuencia completa de las bases del ADN en los cromosomas humanos.

A inicios de la década de 1950, un gran reto de la biología era desentrañar la estructura del ácido desoxirribonucleico (ADN), sustancia que muchos biólogos creían constituía el fundamento físico de los genes, las unidades de la herencia. Era ya mucho lo que se comprendía acerca del ADN. Se sabía que es un componente principal de las estructuras llamadas cromosomas, las cuales residen en los núcleos de las células vivas, y que se trata de una molécula muy grande compuesta por subunidades llamadas nucleótidos. Cada nucleótido consiste en un ión llamado grupo fosfato, unido a un azúcar llamado desoxirribosa, unido este a su vez a una sustancia llamada

Véase también: Las leyes de la herencia 208–215 ▪ Cromosomas 216–219 ▪ ¿Qué son los genes? 222–225 ▪ El código genético 232–233 ▪ Ingeniería genética 234–239 ▪ La secuenciación del ADN 240–241 ▪ El Proyecto Genoma Humano 242–243

Los nucleótidos son los elementos constituyentes de la molécula de ADN. Cada nucleótido consiste en un azúcar (desoxirribosa) y grupos fosfato, enlazados a su vez con una de las cuatro bases nitrogenadas: adenina (A), citosina (C), guanina (G) o timina (T). Watson y Crick descubrieron la disposición 3D de las bases.

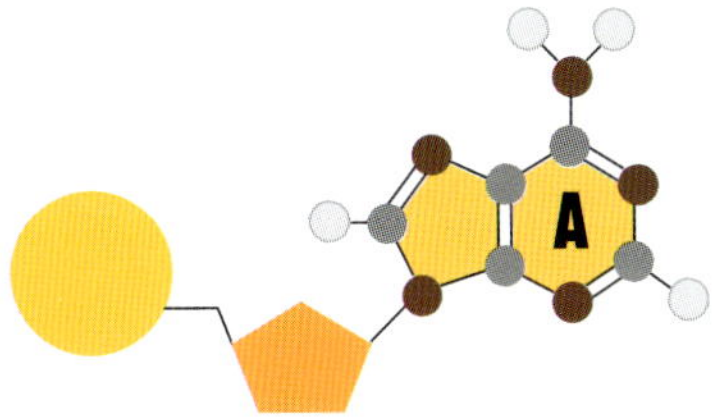

Nucleótido de adenina (A)

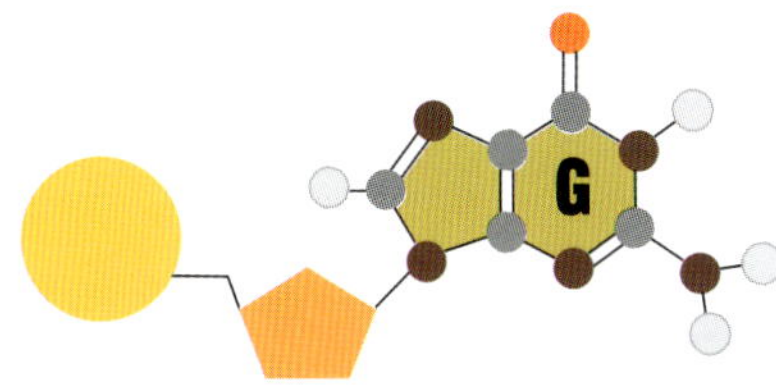

Nucleótido de guanina (G)

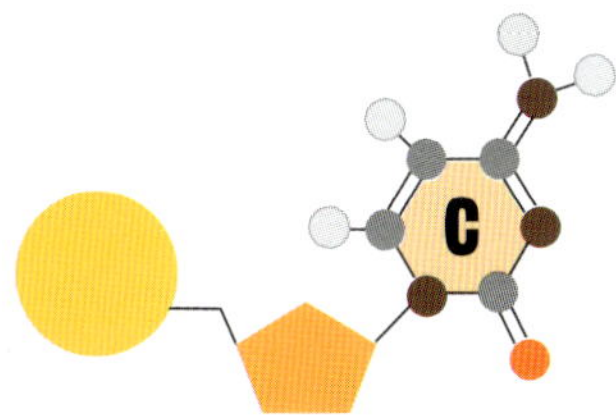

Nucleótido de citosina (C)

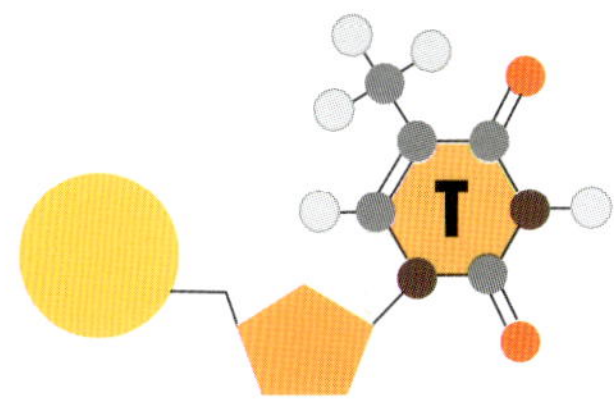

Nucleótido de timina (T)

Clave

- Átomo de carbono
- Átomo de hidrógeno
- Átomo de nitrógeno
- Átomo de oxígeno
- Azúcar (desoxirribosa)
- Fosfato

base nitrogenada. Esta última puede ser de cuatro tipos: adenina (A), citosina (C), guanina (G) o timina (T).

También se sabía que el fosfato y el azúcar de los nucleótidos están conectados en una cadena (o cadenas) que se creía formaba la «columna» (o columnas) de la molécula de ADN. Lo que no se sabía era cómo se disponían las bases A, C, G y T dentro de la estructura. Una pregunta en particular a la que querían responder los científicos era la de cómo se replica el ADN de una célula al dividirse esta, de modo que cada célula hija recibe una copia exacta del ADN de la célula original.

Competencia entre equipos

Entre mayo de 1950 y finales de 1951 se formaron varios equipos de científicos con el objetivo de desentrañar la estructura del ADN. Uno de ellos, establecido en el King's College de Londres y dirigido por el biofísico británico Maurice Wilkins, se centró en estudiar el ADN por medio de la técnica de la difracción de rayos X, consistente en dirigir un haz de estos sobre filamentos de ADN y medir cómo los átomos del ADN desvían los rayos. En 1950, Wilkins obtuvo una imagen de rayos X de filamentos de ADN de calidad razonable, demostrando que la técnica podía servir para obtener información útil. En 1951 se unió al equipo un nuevo experto en difracción de rayos X, la química británica Rosalind Franklin, y obtuvo imágenes aún mejores. Más tarde aplicaría sus habilidades al estudio de los virus.

Desde mediado el año 1951, el químico estadounidense Linus Pauling dirigía un grupo de estudio de la estructura del ADN en el Instituto Tecnológico de California (Caltech). Poco antes, Pauling había propuesto, correctamente, que las moléculas de proteína tienen una estructura en parte helicoidal o espiral. En noviembre de 1951, Wilkins postulaba que el ADN tiene también una estructura helicoidal. En un informe publicado en febrero del año siguiente, Franklin proponía que el ADN tiene una densa estructura helicoidal que probablemente contiene dos, tres o cuatro cadenas de nucleótidos. Mientras tanto, otros dos científicos se habían sumado a la carrera por resolver el rompecabezas, y formaron un equipo en la Universidad de Cambridge, en Reino Unido. Eran Francis Crick, físico británico con experiencia en »

James Watson y Francis Crick colaboraron para hallar la estructura del ADN en el Laboratorio Cavendish, en Cambridge (Reino Unido).

las técnicas de difracción de rayos X, y James Watson, biólogo estadounidense especializado en genética. En lugar de realizar experimentos nuevos, Crick y Watson optaron por reunir los datos ya disponibles sobre el ADN, y luego aplicar su creatividad para resolver el misterio de su estructura. Siguiendo el ejemplo de Pauling en su trabajo sobre la estructura de las proteínas, decidieron intentar construir un modelo 3D de parte de una molécula de ADN a partir de sus subunidades conocidas. Crick y Watson se mantenían en contacto con Wilkins y Franklin.

La solución al rompecabezas

El primer intento de Watson y Crick de construir una maqueta del ADN no fue un éxito: construyeron una estructura helicoidal de tres filamentos con las bases nitrogenadas por fuera. Cuando se la mostraron a Franklin, ella señaló algunas inconsistencias con sus propios hallazgos en los estudios de difracción de rayos X, y también, en particular, propuso que las bases nitrogenadas debían estar en el interior.

A inicios de 1953, Crick y Watson comenzaron a construir un segundo modelo, esta vez con los grupos de azúcar-fosfato por fuera. También revisaron todos los datos descubiertos acerca del ADN en la década precedente. Un dato sobre el que cavilaron fue que el ADN contiene enlaces interatómicos relativamente débiles, llamados enlaces de hidrógeno. Otra pista que resultó ser vital fue una característica de la composición del ADN conocida como ley de Chargaff (recuadro), según la cual la cantidad de adenina (A) en el ADN es muy similar a la de timina (T), mientras que las cantidades de guanina (G) y citosina (C) son también similares. Esto indicaba que el ADN podía contener pares de bases nitrogenadas, A con T, y G con C.

Entonces, Watson y Crick tuvieron un golpe de suerte. Wilkins les mostró una imagen de difracción de rayos X del ADN obtenida por un alumno de Franklin en mayo de 1952. La imagen indicaba que el ADN contiene dos columnas helicoidales de azúcar y fosfato, y a partir de ello pudieron calcular parámetros fundamentales para las dimensiones de las espirales. Así, lo único que faltaba por averiguar era la disposición de las bases nitrogenadas en los espacios entre las columnas.

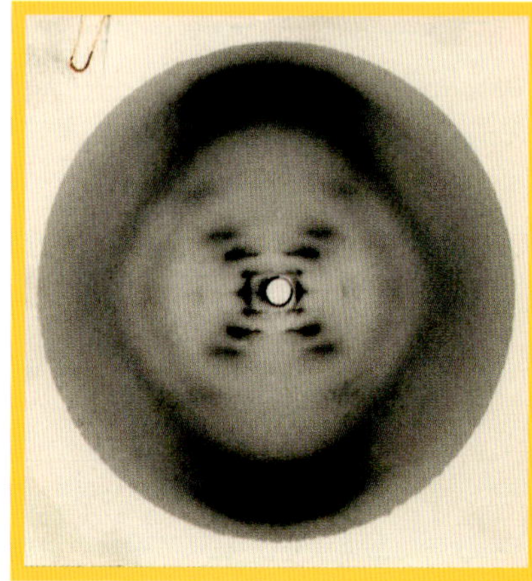

En la Fotografía 51, imagen por cristalografía de rayos X del ADN tomada por Ray Gosling, alumno de Rosalind Franklin en 1952, la equis listada indica la estructura helicoidal del ADN.

Watson preparó recortes de cartón de las bases, y las fue barajando, tratando de determinar si había algún modo revelador en el que podrían encajar en la molécula de ADN. El método no daba ningún resultado, hasta que un colega señaló que lo que suponía Watson sobre la estructura de dos de las bases era ya anticuado, y probablemente erróneo.

Emparejar las bases

El 28 de febrero de 1953, Watson corrigió los recortes afectados, y volvió a barajar; así comprendió que la adenina (A), cuando se une por enlaces de hidrógeno con la timina (T), adquiere una forma muy semejante a la de combinar guanina (G) y citosina (C). El hecho de que A se emparejara siempre con T, y C con G, no solo explicaba la ley de Chargaff, sino que, además, explicaba que los pares encajaran bien en el espacio entre las dos columnas helicoidales de azúcar-fosfato. Los pares de bases debían ir dispuestos como peldaños en una escalera de caracol.

Tras la revelación acerca de los pares de bases, Watson y Crick completaron su modelo de doble hélice de

La ley de Chargaff

A finales de la década de 1940, estaba claro que el ADN constituye el material hereditario de animales y plantas. Erwin Chargaff, bioquímico estadounidense, quiso investigar si había alguna diferencia en la composición del ADN entre diversas especies, y halló que las proporciones de las diferentes bases de los nucleótidos (adenina [A], citosina [C], guanina [G] y timina [T]) variaban de forma considerable. Se suponía que las bases se dan en algún tipo de serie en la molécula de ADN, y esto significaba que no se repiten indefinidamente en el mismo orden en todas las especies, sino que se dan en secuencias que varían de una a otra especie. Chargaff también observó que la cantidad de A en las especies que estudió era muy similar a la cantidad de T, y que la cantidad de G era semejante que la de C. Este hallazgo, llamado ley de Chargaff, fue vital para el trabajo de Watson y Crick, pues apuntaba a que A y T, y G y C, podían darse como estructuras pares en el ADN.

En el modelo de Watson y Crick, el ADN contiene dos columnas helicoidales de cadenas de azúcar-fosfato enrolladas una sobre otra. Los pares de bases nitrogenadas van en el espacio entre columnas, como peldaños en una escalera espiral. La adenina (A) siempre se empareja con timina (T), y la guanina (G), con citosina (C). Las dos cadenas de fosfato y azúcar discurren en sentido opuesto, hacia «arriba» y «abajo», respectivamente.

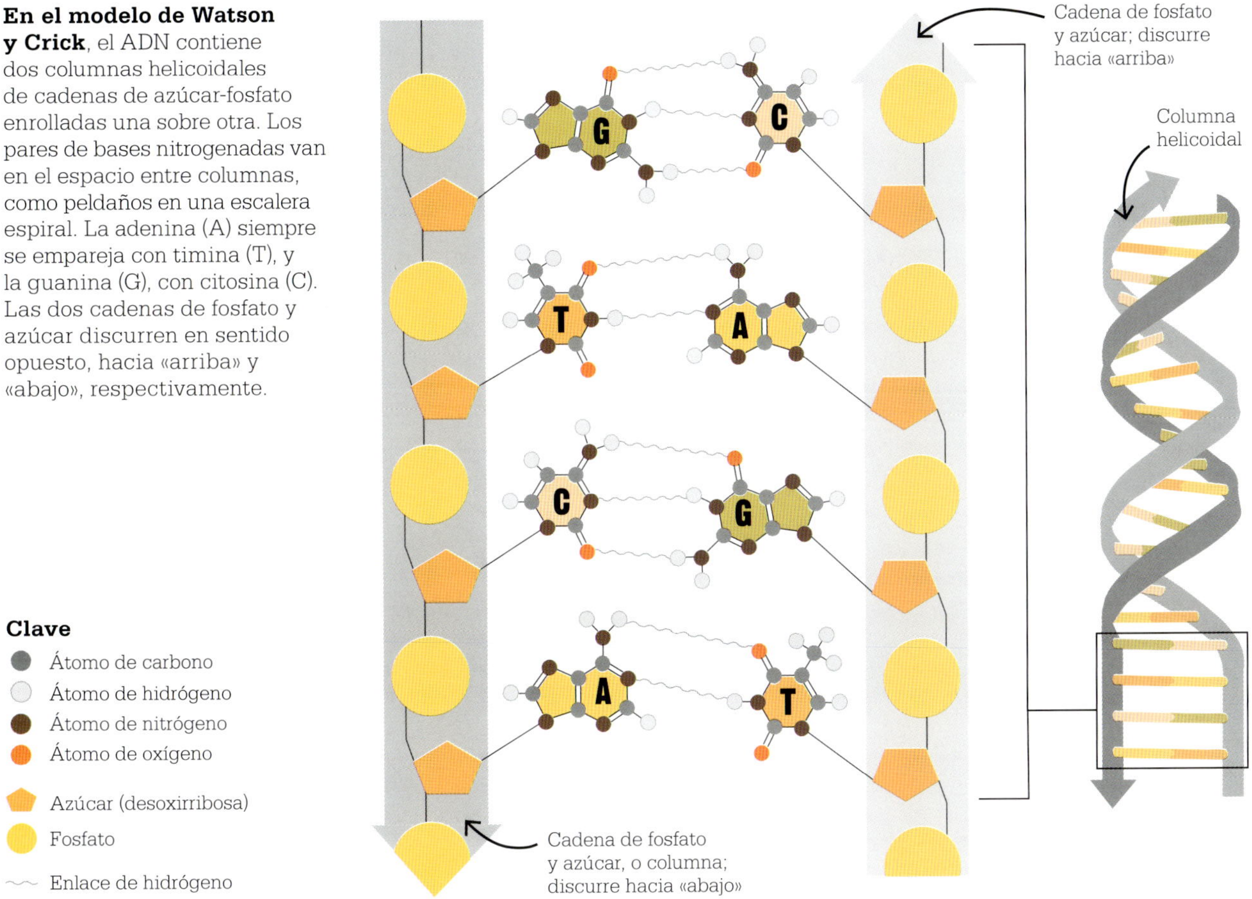

la estructura del ADN en marzo de 1953, y publicaron sus hallazgos en la revista británica *Nature* en abril. Un aspecto clave del modelo –además de un indicio de que era correcto– era que los emparejamientos de bases indicaban claramente un mecanismo de replicación del ADN. Dada la secuencia de bases en uno de los filamentos, la secuencia de bases del otro quedaba automáticamente determinada: si dos filamentos se separan, cada uno sirve de plantilla para una nueva cadena complementaria.

En 1958, los investigadores del Caltech Matthew Meselson y Franklin Stahl mostraron que, cuando el ADN se replica, cada una de las dos nuevas doble hélices formadas consiste en un filamento de la doble hélice original y otro de nueva síntesis. Esta observación demostró que la interpretación de Crick y Watson de cómo se replica el ADN era correcta.

Preguntas sin respuesta

El hallazgo de la estructura del ADN era un claro avance de enorme dimensión para la biología, pero no respondía a la cuestión de cómo el ADN controla la actividad celular y produce la expresión de las características heredadas. Algunos científicos especularon de inmediato que la secuencia de bases de nucleótidos (A, C, G, T) del ADN debía ejercer algún papel en este aspecto, pero los detalles exactos de cómo sucede estaban por esclarecer, aunque se conocerían más tarde, al descifrarse el código genético. Aun así, el descubrimiento de la estructura del ADN transformó de modo fundamental la concepción científica de la vida, y con ello empezó la era actual de la biología. ■

> Jim Watson y yo hemos descubierto probablemente algo de gran importancia.
> **Francis Crick**

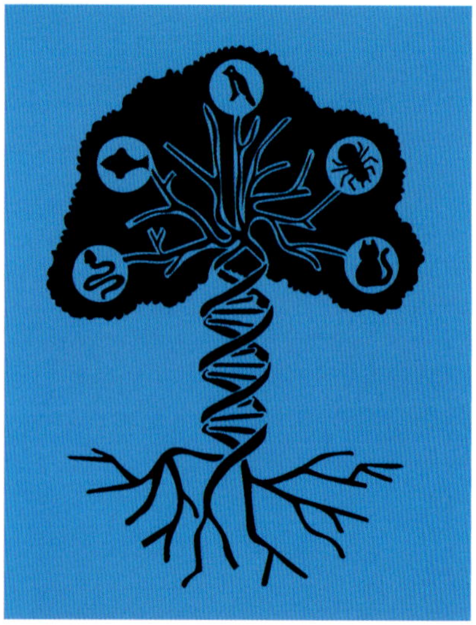

EL ADN ENCARNA EL CODIGO GENETICO DE TODOS LOS SERES VIVOS

EL CÓDIGO GENÉTICO

EN CONTEXTO

FIGURA CLAVE
Marshall Nirenberg
(1927–2010)

ANTES
1941 Los genetistas George Beadle y Edward Tatum demuestran que los genes determinan las enzimas que fabrican las células de un organismo.

1944 El médico canadiense-estadounidense Oswald Avery muestra que los genes son segmentos de ADN en los cromosomas.

1953 James Watson y Francis Crick descubren la estructura de doble hélice del ADN.

DESPUÉS
1973 Los científicos estadounidenses Herbert Boyer y Stanley Cohen muestran que puede modificarse el material genético (ingeniería genética).

2000 Se publica un primer borrador de la secuencia completa de bases del ADN del genoma humano.

A inicios de la década de 1940, genetistas de EEUU mostraron que los genes (unidades discretas de la herencia) ejercen sus efectos en los seres vivos haciendo fabricar a sus células enzimas (un tipo de proteínas), las cuales afectan a las características del organismo. Más tarde, el concepto se generalizó a la regla de que genes particulares dirigen la síntesis de cada proteína.

Siendo claro ya desde 1944 que los genes son segmentos de ADN, en 1953, los biólogos moleculares Francis Crick y James Watson explicaron la estructura del ADN como consistente en dos filamentos ligados de sustancias llamadas nucleótidos. Estos son de cuatro tipos, conteniendo cada uno las bases adenina (A), citosina (C), guanina (G) o timina (T). Los genetistas comprendieron enseguida que la secuencia de estas cuatro bases en una cadena de ADN contiene instrucciones codificadas para que las células fabriquen proteínas. Los detalles del código, sin embargo, no se conocían, y descifrarlo era el siguiente obstáculo a superar para la ciencia.

> El hombre puede ser capaz de programar sus propias células antes de tener la sabiduría suficiente para usar este conocimiento en beneficio de la humanidad.
> **Marshall Nirenberg (1967)**

Descifrar el código

El reto era averiguar cómo una secuencia larga de los cuatro tipos de bases del ADN (A, C, G y T) codifica una proteína, constituida a su vez por una serie de subunidades, los aminoácidos. Se emplean veinte aminoácidos distintos para hacer proteínas, y los científicos comprendieron que sucesiones cortas de bases del ADN podían codificar para aminoácidos específicos. Una sucesión de dos bases (consistente cada base en A, C, G y T) solo puede darse en 16 (4 × 4) combinaciones, lo cual no basta para codificar 20 aminoácidos. Un triplete de bases del ADN, en cambio, puede darse en 64 (4 × 4 × 4) combinaciones, más que suficientes.

Véase también: Las enzimas como catalizadores biológicos 64–65 ▪ ¿Qué son los genes? 222–225 ▪ La doble hélice 228–231 ▪ Ingeniería genética 234–239 ▪ La secuenciación del ADN 240–241 ▪ El Proyecto Genoma Humano 242–243

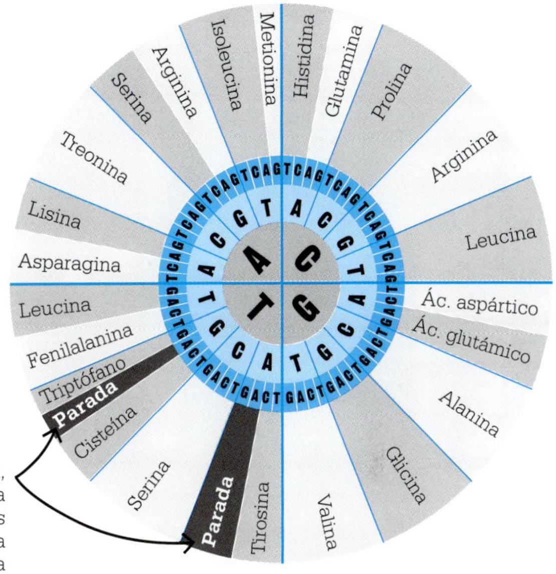

La rueda del código genético del ADN muestra los aminoácidos que codifica cada una de las 64 combinaciones posibles de tripletes de ADN. La primera letra se toma del círculo interior; la segunda, del anillo azul claro; y la tercera, de la parte adyacente del anillo azul más oscuro.

Los tripletes de bases TAA, TAG y TAA no codifican para aminoácidos; son señales para que se detenga la síntesis de una proteína

En 1961, Crick y el biólogo sudafricano Sydney Brenner pusieron a prueba la idea con un gen tomado de un virus, y lo que hallaron apuntaba a que las células vivas decodifican la secuencia de bases del ADN en tripletes, o de tres en tres bases.

El siguiente paso era averiguar qué tripletes de bases del ADN codifican para qué aminoácidos de una proteína. Entre 1961 y 1966 se decodificaron los 20 aminoácidos, en gran medida gracias al trabajo de dos genetistas estadounidenses, Marshall Nirenberg y Philip Leder, y el bioquímico alemán Heinrich Matthaei. Primero, Nirenberg y Matthaei realizaron algunos experimentos ingeniosos con bacterias para tratar de averiguar para qué codifican los tripletes de bases del ADN formados por un solo tipo de base (como TTT, CCC y AAA). Estos experimentos les sirvieron para determinar que el triplete de bases TTT codifica para el aminoácido fenilalanina, y CCC, para la prolina. Experimentos posteriores de Nirenberg y Leder establecieron para qué aminoácidos codifica la mayoría de las restantes combinaciones de tripletes. Su trabajo confirmó también que los tripletes de bases se leen de modo secuencial, sin solapamiento entre uno y otro.

La importancia del código

Descifrar el código genético fue un paso clave para avances posteriores en genética y biotecnología. Ha hecho posible manufacturar proteínas nuevas –para ensayos de medicamentos potenciales– insertando secuencias de ADN artificial en microorganismos. Hoy se sabe que casi todos los seres vivos emplean el mismo código genético, con solo algunas diferencias en formas de vida primitivas, y este conocimiento ha proporcionado pruebas contundentes del origen común de toda la vida en la Tierra. ■

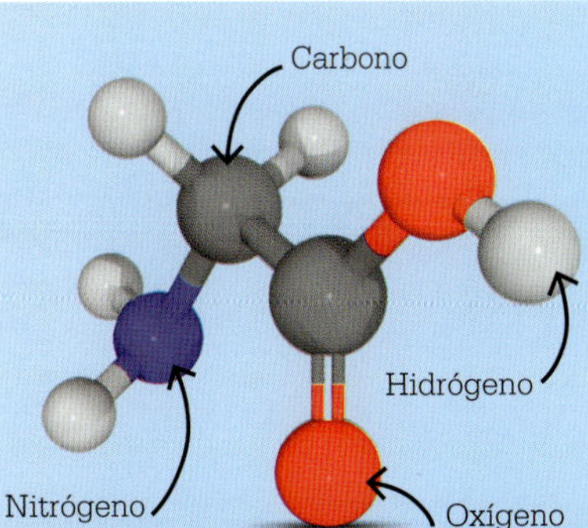

La estructura molecular del aminoácido glicina fue descubierta por el químico francés Henri Braconnot en 1820. Codifican para ella tripletes de bases como GGC.

¿Qué son los aminoácidos?

Los aminoácidos son una clase de compuestos orgánicos (basados en el carbono), y los elementos constituyentes de las proteínas. Contienen un átomo de nitrógeno unido a dos de hidrógeno (en lo que se llama grupo amino), otro grupo de átomos llamado grupo carboxilo (formado por un carbono, un hidrógeno y dos oxígenos) y al menos un átomo de carbono más.

Veinte tipos de aminoácido se enlazan en las células para formar moléculas largas, los polipéptidos. Estos son subunidades de enzimas y otras proteínas. El proceso de enlace lo lleva a cabo la química celular, y la secuencia de aminoácidos en un polipéptido la determina en último término una secuencia de bases del ADN.

Muchas células reciben los aminoácidos necesarios para construir polipéptidos y proteínas principalmente a partir de la descomposición de las proteínas en sus fuentes de nutrición, aunque algunos aminoácidos pueden sintetizarse a partir de otras sustancias.

UNA OPERACION DE CORTAR, PEGAR Y COPIAR

INGENIERÍA GENÉTICA

EN CONTEXTO

FIGURAS CLAVE
Stanley N. Cohen (n. en 1935), **Herbert Boyer** (n. en 1936)

ANTES
1968 El genetista suizo Werner Arber propone que las bacterias producen enzimas que cortan el ADN, usadas luego como enzimas de restricción en la ingeniería genética.

1971 Paul Berg une con éxito moléculas de ADN de dos especies distintas de virus.

DESPUÉS
1975 En el Hotel Asilomar, en California, la conferencia sobre problemas éticos de la ingeniería genética conduce a acuerdos aún en vigor décadas después.

1977 Herbert Boyer usa con éxito bacterias genéticamente modificadas para producir hormona del crecimiento de potencial uso terapéutico.

Durante unos 10 000 años, desde que los cazadores-recolectores comenzaron a domesticar plantas silvestres y animales salvajes, la humanidad ha modificado deliberadamente seres vivos para que le resulten más útiles. La cría selectiva –la elección de linajes con las características más deseadas, para que el proceso de la herencia las transmita a la generación siguiente– mejoró el rendimiento de los cultivos, así como el de la producción de carne, leche y lana.

En el siglo XX, a medida que se iba revelando el fundamento físico de los genes heredables en los ámbitos celular y químico, los biólogos comprendieron que podía haber un modo más específico y preciso de obtener organismos útiles: alterar directamente su constitución genética.

Hacia la década de 1970, los biólogos sabían que los genes están hechos de una sustancia química repleta de información, el ADN. También comprendían cómo se replica este ADN antes de la división celular, y cómo los genes se «leen» dentro de las células para elaborar proteínas y afectar a las características.

Como otras reacciones metabólicas en cadena, estas las impulsan catalizadores llamados enzimas, y los biólogos creían poder usarlas para trasladar genes de un organismo a otro. Escogiendo genes específicos para producir características útiles, era posible modificar genéticamente organismos de forma más precisa –y rápida– que con la cría selectiva, que suele requerir muchas generaciones.

> Los ingenieros genéticos no hacen genes nuevos, reorganizan los existentes.
> **Thomas E. Lovejoy**
> **Biólogo estadounidense**

Modificar microbios

En la aventura de comprobar si la ingeniería genética funcionaba, los biólogos comenzaron por los microbios. Al tener menos genes que las plantas y animales, los organismos unicelulares son más fáciles de controlar. Además, las bacterias cuentan ya con un modo de intercambiar genes entre sus células únicas: intercambian minúsculos anillos móviles y autorreplicantes de ADN, llamados plásmidos. Esta mezcla de genes crea variedad, lo cual mejora las probabilidades de supervivencia de una especie. El hallazgo de este proceso –llamado conjugación– en 1946 ofreció a los científicos la ocasión de manipular bacterias genéticamente. En 1973, los genetistas estadounidenses Herbert Boyer y Stanley N. Cohen dieron el primer paso.

Además de las enzimas que emplean habitualmente las células para construir y replicar su ADN, las bac-

La **ingeniería genética** consiste en la **transferencia de material genético** de un ser vivo a otro.

↓

Aporta al organismo receptor **características útiles**.

↓

Los organismos modificados de este modo se llaman **organismos genéticamente modificados (OGM)**.

Véase también: ¿Qué son los genes? 222–225 ▪ La secuenciación del ADN 240–241 ▪ El Proyecto Genoma Humano 242–243 ▪ Edición genómica 244–245

terias tienen otras enzimas que cortan el ADN en segmentos. Esto les sirve para incapacitar a otros microbios invasores, en particular, virus. Estas enzimas afectan a lugares muy limitados del ADN, cortando la doble hélice solo allí donde porta una secuencia específica de bases. Boyer y Cohen se dieron cuenta de que estas llamadas enzimas de restricción, en una forma purificada, podían servir para recortar genes útiles y extraerlos de sus células. Propusieron usar las enzimas constructoras de ADN para integrar los genes en el genoma de un organismo objetivo.

Dos años antes, el bioquímico estadounidense Paul Berg había usado las enzimas para cortar y empalmar ADN de diversos virus, pero nadie había comprobado aún si la ingeniería del ADN funcionaría en células vivas. Como ensayo, Boyer y Cohen usaron las enzimas para cortar genes de los plásmidos responsables de la resistencia antibiótica en una cepa de bacterias, y los insertaron en plásmidos de otras bacterias no resistentes. Estas prosperaron en presencia del antibiótico, demostrando que la técnica funcionaba.

Genes útiles

La modificación genética de microbios ya existentes tenía posibilidades apasionantes. Como los genes funcionan instruyendo a las células para fabricar proteínas específicas, los científicos comprendieron que un gran cultivo de bacterias con el tipo adecuado de genes podía ser una fábrica biológica y producir proteínas en la cantidad necesaria para obtener fármacos a escala industrial.

La insulina, por ejemplo, se usa para tratar la diabetes. En el pasado había que obtenerla del páncreas de cerdos y vacas, método poco eficiente que rinde un volumen bajo de insulina utilizable, y además con riesgo de transmisión de enfermedades infecciosas de animal a humano. Los científicos vieron que, si podían usar la ingeniería genética para insertar en bacterias genes codificantes de ciertas proteínas, como la insulina o las hormonas del crecimiento humano, la rápida división y simple separación »

La transferencia de plásmidos en las bacterias

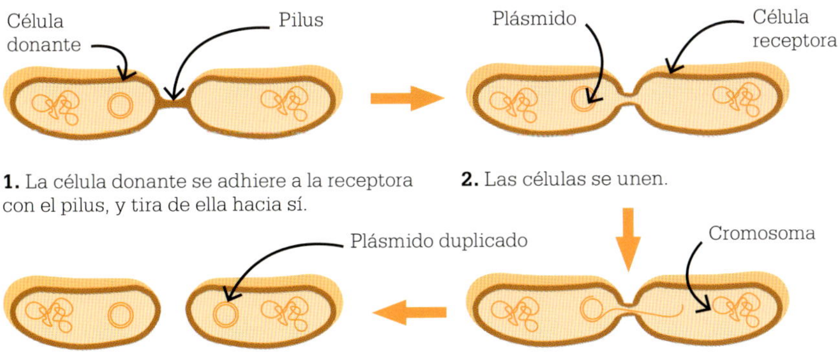

1. La célula donante se adhiere a la receptora con el pilus, y tira de ella hacia sí.

2. Las células se unen.

3. Una cadena de ADN del plásmido pasa a la receptora.

4. Tras la separación, la célula donante fabrica una cadena complementaria para restaurar el plásmido. La receptora fabrica otra cadena complementaria, y es una nueva donante.

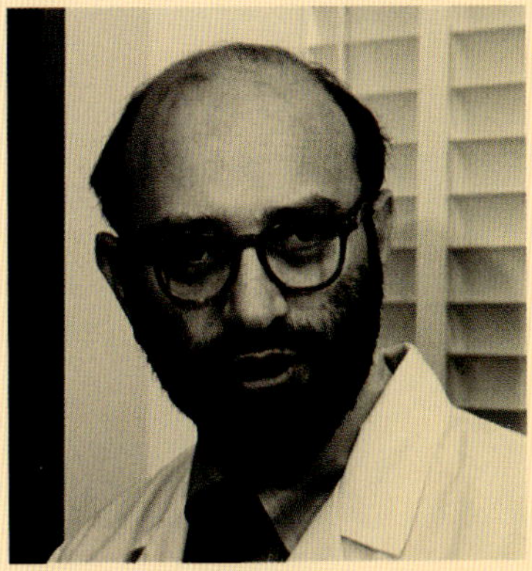

Stanley N. Cohen

Stanley N. Cohen nació en Nueva Jersey (EEUU) en 1935. Se formó en medicina en la Universidad de Pensilvania, y después se trasladó a la de Stanford, en California. Allí trabajó con los plásmidos, anillos de ADN intercambiables entre bacterias.

En 1972, durante una conferencia sobre genética bacteriana, conoció a Herbert Boyer, de la Universidad de San Francisco, quien ya había trabajado con enzimas para cortar ADN. Colaboraron en experimentos diseñados para alterar el ADN de bacterias, y, al año siguiente, su éxito inauguró el campo de la ingeniería genética. En 1988, Cohen fue galardonado con la Medalla Nacional de Ciencia de EEUU por su trabajo (y Boyer la obtuvo en 1990). Cohen y Boyer registraron la patente de sus técnicas en 1974, lo cual benefició a sus universidades, aunque fue criticado.

Obras principales

1973 «Construcción de plásmidos bacterianos biológicamente funcionales *in vitro*».
1980 «Elementos genéticos transponibles».

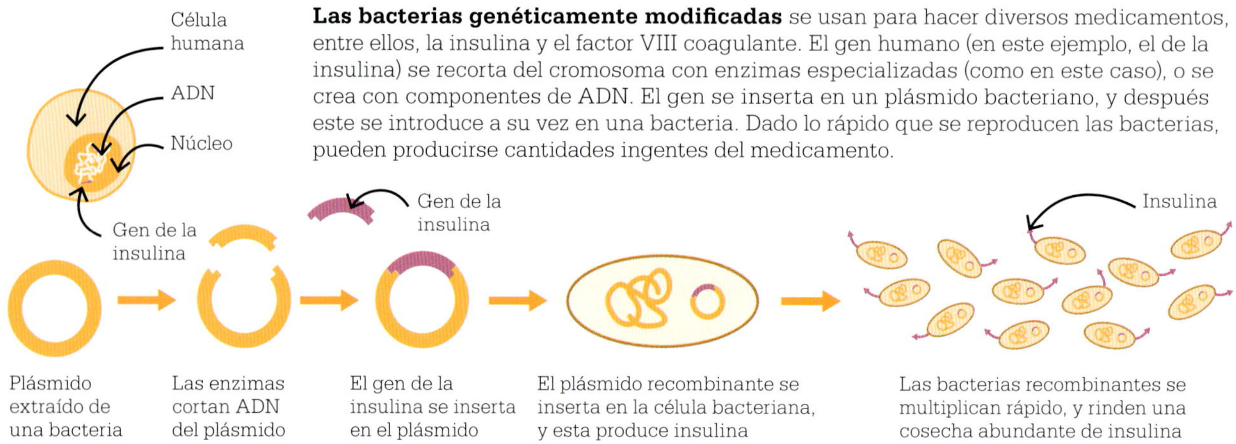

Las bacterias genéticamente modificadas se usan para hacer diversos medicamentos, entre ellos, la insulina y el factor VIII coagulante. El gen humano (en este ejemplo, el de la insulina) se recorta del cromosoma con enzimas especializadas (como en este caso), o se crea con componentes de ADN. El gen se inserta en un plásmido bacteriano, y después este se introduce a su vez en una bacteria. Dado lo rápido que se reproducen las bacterias, pueden producirse cantidades ingentes del medicamento.

produciría proteína en cantidad superior, y de uso más seguro. Boyer estableció una empresa para hacer exactamente eso. Al principio, el objetivo fue una proteína más simple que la insulina, la hormona del crecimiento somatostatina. Sin embargo, usar una fuente natural del gen –presente en las células humanas– era una tarea mucho más formidable que usar plásmidos bacterianos. Así, Boyer dio el paso de fabricar el gen desde cero, usando la ingeniería genética para unir las bases del ADN en el orden correcto y obtener el gen de la somatostatina. Luego insertó este en plásmidos bacterianos, como había hecho con el gen del antibiótico. En 1977, el equipo de Boyer contaba con un cultivo de bacterias que generaba somatostatina viable, y un año más tarde usó esta tecnología para producir insulina. Toda la insulina usada hoy para tratar a los diabéticos se produce de este modo.

> La consecuencia más profunda de la tecnología del ADN recombinante ha sido el mayor conocimiento de procesos vitales fundamentales.
>
> **Paul Berg**
> **Bioquímico estadounidense**

Genes mayores

La técnica de manufactura de genes que animaba el proceso de ingeniería de Boyer era posible gracias a que los genes implicados eran pequeños y manejables. Un gen de insulina lo forman unas 150 unidades de bases de ADN, y deben ir unidas en el orden exacto para que las células «lean» la información y fabriquen insulina. Algunos genes son mucho mayores, y no es realista producirlos desde cero. Así, el gen que produce el factor VIII –con el que se trata el trastorno de la coagulación de la hemofilia– es 50 veces mayor que el de la insulina.

La empresa de Boyer decidió adoptar un enfoque distinto para fabricar el factor VIII. Las enzimas de restricción cortadoras de ADN ofrecían la esperanza de extraer genes grandes de una fuente natural, como las células humanas, pero, aun en el caso de poder localizar el gen en el vasto genoma humano, había un problema técnico que impedía colocar un gen tal en una bacteria. Los genes de las complejas células humanas (y de todos los demás animales y las plantas) tienen tramos de ADN no codificante, llamados intrones. Estos se eliminan cuando las células usan los genes para generar proteínas, pero las bacterias carecen de intrones y de la capacidad de manejarlos, no pudiendo así leer el ADN de células complejas. Sin embargo, cuando una célula fabrica una proteína a partir de un gen, primero crea una copia de este, llamada ARN mensajero, del que se eliminan los intrones.

La empresa de Boyer aisló el ARN mensajero, y usó una enzima de un virus para convertirlo en ADN, de modo que la bacteria lo pueda leer. Después se insertó el gen en la bacteria con ingeniería genética convencional, y en 1983 ya se estaba tratando a los hemofílicos con factor VIII producido por bacterias.

Modificar plantas y animales

Hoy se usa la ingeniería genética para modificar organismos objetivo más complejos, las plantas y animales. Los plásmidos o microbios sirven como vectores para trasladar genes a las células de una planta o animal y alterar sus características.

El arroz dorado es una forma OGM del arroz blanco *Oryza sativa* (arriba, izda.). Es una fuente de vitamina A importante para la visión, y refuerza el sistema inmunitario y la salud de los órganos.

Especialmente útil ha resultado un microbio, una bacteria que infecta a las plantas llamada *Agrobacterium*, durante cuyo ciclo natural de infección inserta segmentos de ADN en su hospedadora, comportamiento que explotan los biólogos para sustituir el ADN por genes útiles. En 2000 se empleó la técnica en la producción de arroz genéticamente modificado para combatir la deficiencia de vitamina A, causante de ceguera infantil. Infectando el arroz con *Agrobacterium* portador de un gen para el pigmento betacaroteno, se creó una variedad nueva, el arroz dorado, que produce y almacena el pigmento en sus granos. Al consumirlo, el organismo humano convierte el betacaroteno en vitamina A.

Investigación médica

Algunas de las aplicaciones más ambiciosas de la ingeniería genética se han dado en la investigación médica. Un ejemplo es la creación de los ratones *knockout*, genéticamente modificados en la fase embrionaria, en la que se bloquean determinados genes para que no sean funcionales. Esto permite estudiar los efectos de genes específicos. De media, las regiones codificantes de proteína de los genomas del ratón y del humano son idénticas en un 85 %; por tanto, el trabajo con ratones es útil para comprender cómo un gen determinado puede causar enfermedades humanas, como varios tipos de cáncer, párkinson y artritis.

Actualmente, la ingeniería genética va mucho más allá de modificar microbios, generar fármacos útiles o mejorar recursos alimentarios. Sus técnicas han permitido a los científicos –entre ellos los implicados en el Proyecto Genoma Humano– cerrar el círculo y comprender mejor los genes mismos. ■

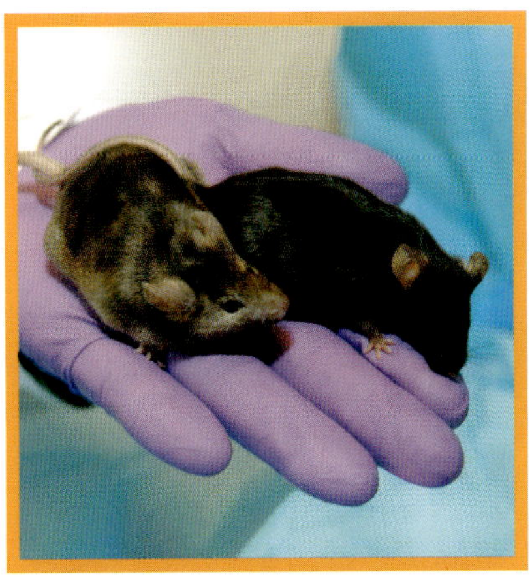

Los ratones *knockout* sirven como modelos para la investigación genética en humanos. Al ratón de la izquierda se le desactivó un gen determinado, afectando al color del pelaje.

Amplificación del ADN

El bioquímico estadounidense Kary Mullis desarrolló en 1984 una técnica que permitía copiar rápidamente (amplificar) genes o cadenas específicos para uso en la ingeniería genética. Este avance transformó el ritmo de la investigación y trajo todo un modo nuevo de trabajar con los genes. Llamada reacción en cadena de la polimerasa (PCR), esta técnica imita la replicación del ADN en las células, pero con ciclos de calor y enfriado. Primero, el gen o fragmento de ADN que se quiere amplificar se mezcla con la enzima ensambladora de ADN polimerasa y unidades de bases de ADN. La mezcla se calienta hasta casi el punto de ebullición para separar los filamentos de la doble hélice. Después se deja enfriar el sistema hasta una temperatura óptima que permita a las unidades de bases de ADN unirse a los filamentos únicos de ADN. La enzima ayuda a enlazar estas unidades y crear una réplica del gen o fragmento de ADN. La cantidad del gen o ADN producida se dobla en cada repetición del ciclo.

La invención de Mullis le valió el premio Nobel de química en 1993. Hoy en día se usa la PCR siempre que se requiere amplificar muestras minúsculas de ADN para analizar, como en la ciencia forense, las investigaciones del Proyecto Genoma Humano y el estudio del ADN antiguo de fósiles y restos de yacimientos arqueológicos. La PCR es capaz de detectar también cantidades minúsculas de ARN viral para indicar una infección, y en 2020 fue de uso general para detectar el virus causante de la COVID-19.

LA SECUENCIA DE LA BESTIA

LA SECUENCIACIÓN DEL ADN

EN CONTEXTO

FIGURA CLAVE
Frederick Sanger (1918–2013)

ANTES
1902 Los químicos alemanes Emil Fischer y Franz Hofmeister proponen independientemente que las moléculas de las proteínas son cadenas de aminoácidos unidas por enlaces peptídicos.

1951–1953 Frederick Sanger publica la secuencia de aminoácidos de ambas cadenas de la proteína insulina.

1953 El biólogo molecular británico Francis Crick y el estadounidense James Watson determinan que la molécula de ADN es una doble hélice con dos cadenas de unidades emparejadas.

DESPUÉS
2000 El Proyecto Genoma Humano produce el primer borrador de la secuenciación del genoma humano.

Las moléculas de mayor tamaño de los seres vivos, como las proteínas o el ADN, son cadenas de unidades menores unidas en un orden determinado. Esta secuencia de unidades que recorre la cadena determina la actividad de la molécula. Los genes (segmentos de ADN) actúan como código para formar proteínas, las cuales determinan los rasgos de cada individuo, cómo sobrevive su cuerpo y cómo se comporta. Los biólogos interesados en descifrar los mecanismos de la vida buscan pistas en las secuencias químicas de las proteínas y los genes que las codifican.

El bioquímico británico Frederick Sanger fue el pionero de la secuenciación de moléculas biológicas de cadena larga, y estableció que tales moléculas tienen una composición específica. Los genes y las proteínas pueden medir cientos de unidades, y basta una fuera de lugar para perturbar el funcionamiento de la molécula.

Sanger comenzó por una proteína cuyos efectos eran bien conocidos: la hormona insulina. Dividió sus dos cadenas en sus aminoácidos constituyentes de tal modo que estos se liberaban del extremo de su cadena de uno en uno, y así se fueron aislando e identificando. Para que el proceso fuese más eficiente, usó secciones cortas de la molécula, y luego buscó áreas de solapamiento para averiguar cómo estaban ensambladas. En 1953 conocía la secuencia exacta de aminoácidos que conformaba cada cadena de insulina, y en 1955 determinó cómo estaban unidas. Su método revolucionó el estudio de las proteínas.

Decodificar el ADN

A partir de 1962, Sanger se centró en secuenciar el ARN (ácido ribonucleico), antes de pasar al ADN, una molécula mayor. Ambas son mucho mayores que la insulina, así que San-

Frederick Sanger fue una de las cuatro personas laureadas con el Nobel más de una vez, con el Nobel de química en 1958 y 1980, por su trabajo en la secuenciación de la insulina y del ADN.

Véase también: Las hormonas regulan el organismo 92–97 ▪ La química de la herencia 221 ▪ ¿Qué son los genes? 222–225 ▪ El código genético 232–233 ▪ Ingeniería genética 234–239 ▪ El Proyecto Genoma Humano 242–243

Al secuenciarse una proteína, los aminoácidos se van desprendiendo uno a uno de un extremo de la cadena, y se van identificando en el orden en que se desprenden.

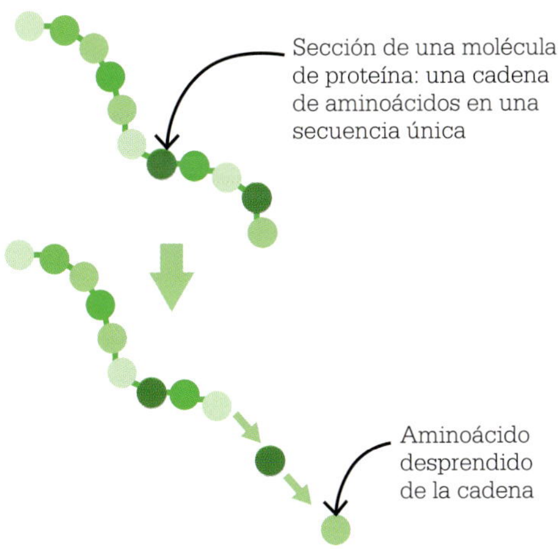

Al secuenciarse ADN, las encimas hacen que la cadena se corte, y los filamentos de ADN se replican añadiendo bases de una en una a cada cadena «plantilla». Las bases se identifican en el orden en que se añaden.

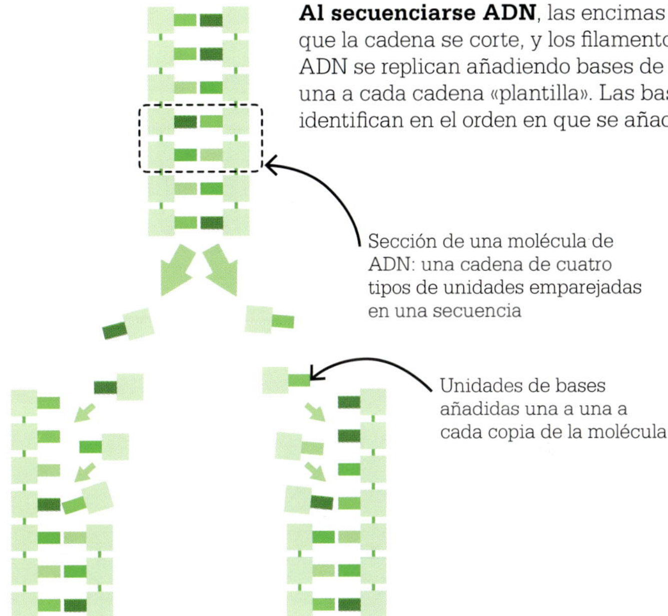

ger buscó el menor ADN disponible en la naturaleza. Lo encontró en un virus que infecta bacterias, pero incluso este medía 5386 unidades. (Por contraste, la molécula de la insulina humana la forman 51 aminoácidos.)

Sanger necesitaba una técnica de secuenciación nueva y más rápida, y buscó inspiración en la naturaleza. Las células se dividen constantemente para hacer nuevas células, replicando su ADN cada vez. Esto sucede a una velocidad increíble, añadiéndose 50 unidades de bases por segundo. Sanger se preguntó si había algún modo de identificar las unidades de bases a medida que se añaden en la replicación. Los biólogos habían aislado la enzima impulsora de la replicación, que funcionaba bien en tubos de ensayo al mezclarse con los cuatro tipos de unidades de bases del ADN: adenina (A), citosina (C), guanina (G) y timina (T).

Sanger mezcló una muestra de ADN vírico con la enzima, y controló la mezcla con una versión modificada de A, cuyo efecto era detener el proceso de replicación en un punto determinado de la cadena. Al repetir el procedimiento con versiones modificadas de C, G y T, pudo leer la secuencia entera de la cadena de ADN. En 1977, fue la primera persona en determinar la composición genética completa a nivel químico de cualquier ADN. El método Sanger –el principio de interrumpir la replicación del ADN– fundamentó planes computarizados mucho más ambiciosos de secuenciación del ADN, como el Proyecto Genoma Humano. ■

Comparación de muestras de ADN

Mientras que el objetivo de la secuenciación del ADN es reunir un conjunto completo y único de información, hay otros tipos de análisis de ADN con fines de identificación. Estos no requieren determinar secuencias completas: basta comparar muestras para evaluar la semejanza. El «código de barras» del ADN sirve para identificar especies, por ejemplo, y se usan otros métodos para determinar la paternidad y en las pruebas forenses.

El genetista británico Alec Jeffreys desarrolló en 1984 el método llamado huella genética para identificar individuos. Depende del hecho de que la secuencia del ADN contiene secciones repetidas, como tartamudeos en el habla. Algunos individuos tienen más que otros, y comparando el número de repeticiones de dos muestras se puede evaluar la probabilidad de que estén genéticamente emparentadas o incluso de que sean coincidentes.

EL PRIMER BORRADOR DEL LIBRO HUMANO DE LA VIDA

EL PROYECTO GENOMA HUMANO

EN CONTEXTO

FIGURAS CLAVE
Francis Collins (n. en 1950),
Craig Venter (n. en 1946)

ANTES
1977 Frederick Sanger publica la secuencia de unidades de bases del virus bacteriófago Phi X174, el primer genoma publicado.

1995 Craig Venter secuencia el genoma de la bacteria *Haemophilus influenzae*, primer organismo celular secuenciado.

DESPUÉS
2004 El Consorcio Internacional para la Secuenciación del Genoma Humano lanza un recurso *online* que detalla proyectos de genoma en marcha de muchas especies.

2016 Se lanza el Proyecto Genoma Humano-Escrito para estudiar la síntesis del genoma de muchas especies de plantas y animales.

La cantidad de información genética en los seres vivos es imponente. Hasta las células únicas más simples, como las bacterias, pueden tener miles de genes, cada uno compuesto de cientos o miles de unidades de bases. La secuencia completa de bases y genes del ADN de un organismo se llama genoma, y documentar la constitución genética ayuda a los biólogos a comprender cómo funcionan –y cómo a veces fallan– las células. Después de la secuenciación del genoma de un virus por el bioquímico británico Frederick Sanger en 1977, otros biólogos se propusieron objetivos más complejos. El genetista estadounidense Craig Venter, armado con un ordenador para analizar fragmentos minúsculos de ADN, secuenció en 1995 el genoma de la bacteria *Haemophilus influenzae*, el primero de un organismo celular.

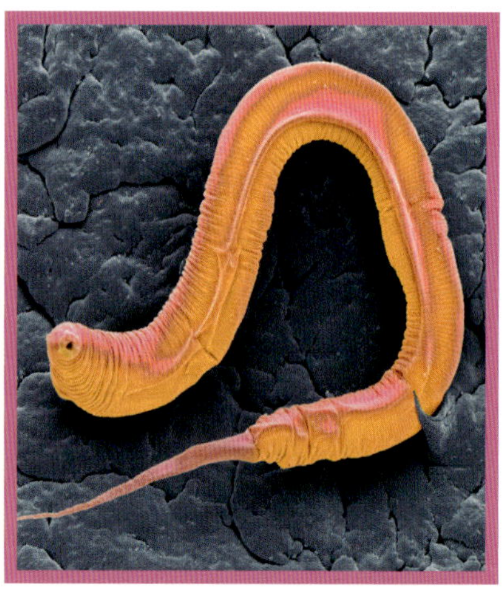

El nematodo *Caenorhabditis elegans* se cultiva fácilmente en el laboratorio, una de las razones que lo hacen ideal como objetivo de estudios genómicos.

Objetivos mayores

Los genomas de los organismos multicelulares, como los animales y las plantas, son mucho más vastos que los de las bacterias unicelulares. Controlar la actividad de sus células para formar tejidos y órganos requiere mucha más información genética. En 1998, un gusano nematodo de 1 mm de largo, *Caenorhabditis elegans*, fue el primer animal cuyo genoma se secuenció. Se comprobó que tenía casi 20000 genes.

Los genetistas comenzaron a concebir como factible el mapa del genoma humano en la década de 1980. Se predijo que semejante proyecto costaría 3000 millones de dólares y que, aunque trabajaran en el mil técnicos, podría tardar hasta 50 años en completarse. Iniciado en 1989, se convirtió en una colabora-

Véase también: Cromosomas 216–219 ▪ ¿Qué son los genes? 222–225 ▪ Ingeniería genética 234–239 ▪ La secuenciación del ADN 240–241 ▪ Edición genómica 244–245

> Es difícil sobreestimar la importancia de leer nuestro propio libro de instrucciones, y en eso consiste el Proyecto Genoma Humano.
> **Francis Collins**

ción internacional guiada por los Institutos Nacionales de Salud de EE UU (NIH), en último término dirigida por el genetista estadounidense Francis Collins. En el equipo del NIH estaba el bioquímico estadounidense Craig Venter, quien luego estableció su propia empresa de secuenciación del genoma. Ambas partes acabaron trabajando en paralelo, con enfoques ligeramente distintos. En junio de 2000, Collins y Venter anunciaron un primer borrador en un acto en la Casa Blanca. Tres años más tarde, pero todavía antes de lo programado, se publicó una edición más completa del genoma humano entero.

El genoma humano

El genoma humano entero lo forman 3200 millones de bases. Representado por sus letras (A, T, C y G) e impreso en orden, llenaría más de cien volúmenes de buen grosor, aun usando una fuente minúscula. Según los conocimientos actuales, los humanos tienen 20687 genes, dispuestos a lo largo de 23 pares de cromosomas. El primer gen del cromosoma número uno (así numerado por ser el mayor) interviene en el control del sentido del olfato; el último gen del cromosoma X actúa en el control del sistema inmunitario. Entre uno y otro se disponen miles de otros genes de un modo que parece azaroso, pero que de hecho es crítico para la vida. El Proyecto Genoma Humano ofreció algunas sorpresas también, como que el 98 % de la secuencia de bases está formado por largos tramos no codificantes entre los genes funcionales o que hay «ADN basura» entre los genes. Hoy se sabe que parte del ADN no codificante determina cuándo se activan o desactivan los genes codificantes.

Pese a no comprenderse completamente, el Proyecto Genoma Humano está ayudando a los biólogos a realizar investigaciones importantes. Un mapa del ADN humano y su secuencia de bases hace más que ayudar a localizar los genes que intervienen en enfermedades como la fibrosis quística, la hemofilia y el cáncer. Al comprender exactamente cómo las células emplean los genes y qué ocurre cuando fallan, los biólogos se acercan un paso más al descubrimiento de tratamientos de los síntomas de la enfermedad, e incluso a posibles curas. ■

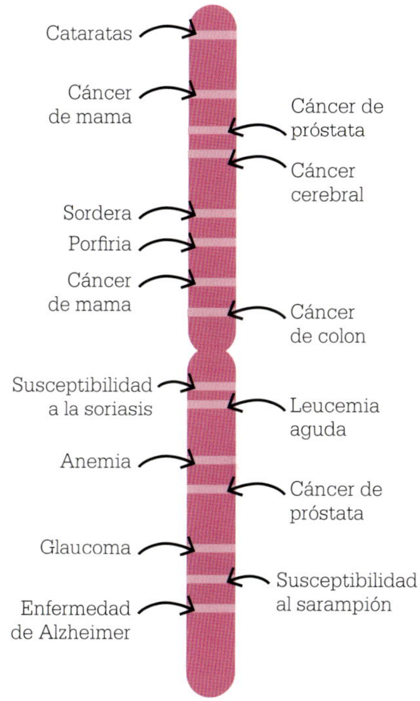

Los efectos de muchos genes se revelan con frecuencia cuando fallan, causando enfermedades. Aquí se ven algunas de las enfermedades causadas por genes clave en el primer (y más largo) cromosoma del genoma humano. Muchas enfermedades, como cánceres, pueden deberse a más de un gen.

El Proyecto 100 000 Genomas

La publicación de la primera secuencia del genoma humano solo fue posible tras más de una década de cooperación internacional. El proyecto fue un logro enorme, pero tenía sus limitaciones, no siendo la menor que las muestras de ADN procedían de un número muy reducido de personas, y por lo tanto dicen poco de la variación genética en una población.

Una empresa fundada por el gobierno británico lanzó en 2012 el Proyecto 100 000 Genomas para secuenciar los genomas de 100 000 afectados por trastornos genéticos, completándose el último a finales de 2018. Esta impresionante labor solo fue posible gracias a los avances tecnológicos: ahora se tarda solo unos días en secuenciar a un individuo, y cuesta poco más de mil euros. Esta información se está usando para determinar cómo adecuar los tratamientos a pacientes específicos en función de su constitución genética.

TIJERAS GENETICAS: UNA HERRAMIENTA PARA REESCRIBIR EL CODIGO DE LA VIDA

EDICIÓN GENÓMICA

EN CONTEXTO

FIGURAS CLAVE
Jennifer Doudna (n. en 1964), **Emmanuelle Charpentier** (n. en 1968)

ANTES
1980 El genetista Martin Cline usa controvertidamente la primera terapia génica para tratar un trastorno hereditario de la sangre. Los resultados del ensayo no se publican.

2003 China es el primer país en aprobar una terapia génica basada en un virus, para tratar un tipo de cáncer.

2010 Los biólogos franceses Philippe Horvath y Rodolphe Barrangou descubren un sistema genético –CRISPR-Cas9– en bacterias para atacar a virus invasores.

DESPUÉS
2017 Éxito de CRISPR-Cas9 como tratamiento de la distrofia muscular en ratones de laboratorio.

Los genes defectuosos son la causa de muchos trastornos hereditarios, como la fibrosis quística y la distrofia muscular. Tradicionalmente solo era posible aliviar los síntomas, no curar la enfermedad. Como el gen responsable es endémico en el cuerpo –lo portan la mayoría de las células–, parecía imposible una cura completa, pero comprender cómo funcionan los genes en lo químico acercó algo más a los biólogos al hallazgo de una cura.

Dado que los genes son secciones de ADN que codifican para proteínas, podía ser posible tratar el cuerpo con una versión normal del gen, o incluso corregir (editar) el gen defectuoso, para que el cuerpo fabrique la proteína normalmente.

> La adopción inusualmente rápida de [CRISPR-Cas9] ilustra cuánto necesitaban los biólogos una herramienta mejor para manipular genes.
> **Emmanuelle Charpentier**

Terapia génica

Manipular la conformación genética para tratar o curar enfermedades genéticas se conoce como terapia génica, o terapia genética. Sus orígenes se encuentran en los ensayos iniciados en la década de 1980 para tratar trastornos genéticos de la sangre mediante la transfusión de genes terapéuticos dentro de linfocitos modificados o células madre de la médula ósea, o tuétano. El vehículo para transferir el gen normal al núcleo de la célula es un virus modificado. Pese a los reveses iniciales, llegado el nuevo milenio, la terapia génica basada en virus se estaba empleando con éxito en ensayos para tratar enfermedades.

Los obstáculos para administrar genes de forma eficaz y segura son tan diversos como los propios trastornos. La técnica con virus falló con la fibrosis quística, por no poder superar las defensas inmunitarias de los pulmones. Otro método consistió en usar un nebulizador para inhalar genes envueltos en microgotas de lípido. Esto funcionó algo mejor, pero seguía siendo limitado. Algunos trastornos

Véase también: Las enzimas como catalizadores biológicos 64–65 ▪ Cómo funcionan las enzimas 66–67 ▪ La metástasis del cáncer 154–155 ▪ Los virus 160–163 ▪ La meiosis 190–193 ▪ ¿Qué son los genes? 222–225 ▪ El código genético 232–233

Técnica de edición genómica CRISPR-Cas9

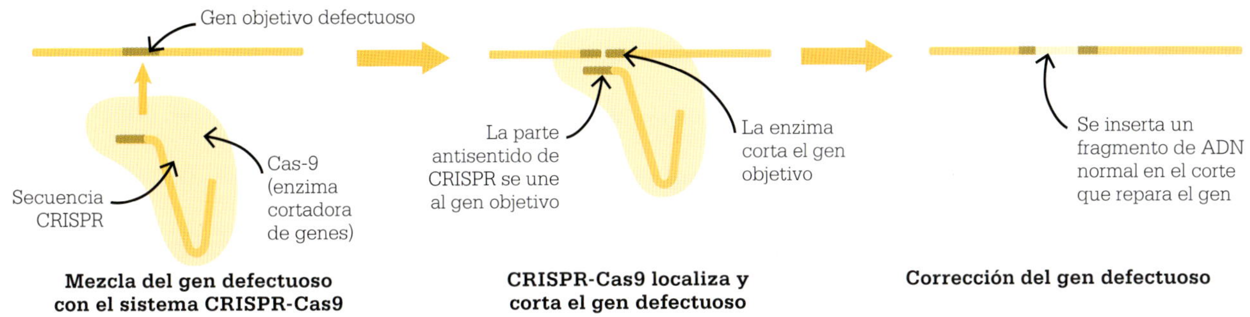

pueden ser tratables si se bloquea un gen defectuoso para que no afecte a las células usando un oligonucleótido antisentido: en lugar de con genes normales, se trata a los pacientes con cadenas con una secuencia de bases opuesta a la del gen defectuoso, al que se unen para impedir que funcione. La terapia antisentido ha resultado eficaz para bloquear algunos tipos de genes generadores de cáncer.

El objetivo último es corregir el gen defectuoso. En 2012, las biólogas Jennifer Doudna (estadounidense) y Emmanuelle Charpentier (francesa) desarrollaron una técnica inspirada en algo que se da de forma natural en algunos microbios. Las bacterias siempre están expuestas al ataque de los virus. Para defenderse, usan un tipo de estrategia antisentido: primero silencian los genes del virus con una secuencia de ADN, y luego los destruyen con una enzima especial cortadora de genes llamada Cas9.

La secuencia repetitiva de ADN que utilizan las bacterias para hacer esto se conoce por el acrónimo CRISPR. Doudna y Charpentier vieron la posibilidad de modificar el sistema CRISPR-Cas9 y usarlo contra genes defectuosos humanos, en vez de virales. Esto tenía el potencial de inactivar dichos genes, pero añadir ADN corrector ofrecía además la esperanza de reparar la secuencia mutada. En 2020, Doudna y Charpentier recibieron el Nobel de química.

Por primera vez, los biólogos disponían de una tecnología para editar errores en los genes. Los experimentos iniciales con la tecnología CRISPR-Cas9 fueron prometedores, y ahora hay en marcha ensayos humanos para tratar trastornos genéticos como la ceguera infantil, cánceres, trastornos sanguíneos e incluso la fibrosis quística. ■

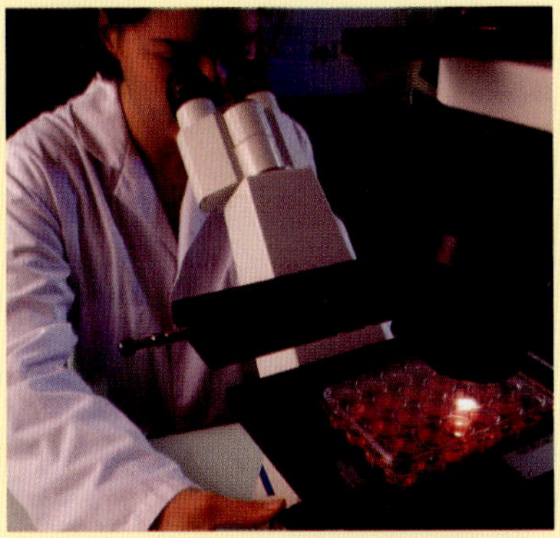

Se han realizado ensayos de terapia génica germinal en casi treinta países del mundo, en su mayoría en China y EE UU.

Terapia génica germinal

Cuando Herbert Boyer y Stanley N. Cohen transfirieron ADN de una cepa de bacterias a otra por ingeniería genética en la década de 1970, los biólogos vieron que técnicas similares de modificación genética podían tratar o incluso llegar a curar trastornos genéticos humanos. Una cura completa –una que corrija el gen defectuoso en todo el cuerpo– solo es posible por ingeniería genética en la fuente, es decir, en el óvulo fecundado o embrión. El uso de esta técnica, llamada terapia génica germinal, resulta polémico porque despierta temores acerca de los llamados «bebés de diseño», y está prohibida en muchos países. Pero el potencial de técnicas como la CRISPR-Cas9 para corregir genes defectuosos ha generado peticiones para que se relajen las restricciones legales. Desde 2015, en China se ha empleado la tecnología CRISPR-Cas9 en ensayos con embriones humanos. Entre los éxitos comunicados se cuentan «correcciones» de genes implicados en enfermedades cardiacas congénitas y cáncer.

DIVERS
DE LA V
EVOLUC

DAD
DA Y
ION

1753

Carlos Linneo publica *Species plantarum*, y después, en 1758, la 10.ª edición de *Systema naturæ*, que introduce el **sistema** de nomenclatura binomial para **clasificar especies**.

1796

A partir de **pruebas fósiles**, Georges Cuvier identifica **especies extintas** distintas de las que hoy viven.

Década de 1800

Jean-Baptiste Lamarck desarrolla una teoría sobre el cambio evolutivo por la **herencia de las características adquiridas**.

1859

Se publica *El origen de las especies*, donde Charles Darwin expone la **teoría de la evolución** por el proceso de la **selección natural**.

1900–1903

Hugo de Vries plantea su **teoría mutacionista**, en la que propone una **evolución discontinua**, en saltos debidos a mutaciones.

Existe una diversidad extraordinaria de formas de vida en la Tierra, desde los organismos unicelulares más simples hasta los animales y plantas de la mayor complejidad. Esta diversidad de la vida ha sido fuente de asombro a lo largo de los tiempos, y, hasta época muy reciente, la respuesta a la pregunta de cómo llegó a existir vino de la religión, en la cual es obra de un dios creador.

La idea de que la vida tal como la conocemos es una creación divina y, por tanto, inmutable, ejerció una influencia dominante sobre el pensamiento acerca de la diversidad de la vida hasta la Ilustración, en los siglos XVII y XVIII, cuando se plantearon las primeras teorías científicas que apuntaban a un proceso evolutivo. Hasta entonces, la tarea no fue explicar la diversidad, sino clasificar todas las especies conocidas por la ciencia. En la década de 1750, Carlos Linneo creó el sistema taxonómico (de clasificación de especies) usado aún hoy en día, y para ello partió del supuesto de que las especies son fijas, y las variaciones que se observan en ellas, aberraciones accidentales. Sin embargo, hacia el final del siglo XVIII fueron surgiendo nuevas ideas, y el saber aceptado al respecto hasta entonces se demostró insatisfactorio a la luz de las pruebas del cambio evolutivo que iban apareciendo, como el descubrimiento por Georges Cuvier de fósiles de especies antiguas, hoy inexistentes, y muy diferentes de especie actual alguna.

Cambio gradual

La idea de que las especies cambian con el tiempo comenzó a arraigar en el siglo XIX. Uno de los primeros en ofrecer una explicación del cambio evolutivo en las especies fue Jean-Baptiste Lamarck, quien lo atribuyó a la herencia de las características adquiridas por los individuos al interactuar con el medio, transmitidas de generación en generación.

El lamarckismo tuvo sus seguidores, pero fue solo un paso en el desarrollo de una teoría que explicara el cambio evolutivo. La percepción decisiva de Charles Darwin en la cuestión fue la de la selección natural como mecanismo de la evolución: los individuos mejor adaptados a su medio prosperan y se reproducen, los peor adaptados, no, y esto determina qué variaciones se transmiten y difunden y cuáles no. En *El origen de las especies*, publicado en 1859, Darwin socavó nociones religiosas como la de una creación divina in-

1918

Ronald Fisher muestra que la **evolución darwiniana** y la **genética mendeliana** son compatibles, y despeja así el camino para integrar ambas teorías en lo que luego se llamaría **síntesis moderna**.

1942

Ernst Mayr explica cómo aparecen **nuevas especies** cuando una población está reproductivamente aislada y sus miembros desarrollan características que les **impiden cruzarse** con otras poblaciones.

1950

Willi Hennig funda la **cladística**, un método alternativo de clasificación que agrupa a las **especies** en función de su **parentesco evolutivo**.

Década de 1960

Emil Zuckerkandl y Linus Pauling descubren que las **tasas evolutivas** de secuencias de ADN de especies similares sirven como **«reloj molecular»**.

1976

En su libro *El gen egoísta*, Richard Dawkins propone que el **gen** es la **unidad fundamental** de la selección en el cambio evolutivo.

1980

Luis y Walter Alvarez, padre e hijo, proponen que la **extinción masiva** de los dinosaurios se debió al **impacto de un asteroide**.

mutable cuya obra culminante era la humanidad.

En aparente contradicción con la teoría de Darwin, Hugo de Vries propuso otra explicación a principios del siglo siguiente, en la que la variación se debía principalmente a la mutación genética, y no siempre al proceso lento y gradual que había descrito Darwin. De Vries pensaba que el cambio se produce en brotes repentinos en los que aparecen variedades nuevas de manera espontánea. Estudios posteriores confirmaron que la mutación es un factor en la variación genética, pero que tiene lugar a una tasa constante y medible.

Otro factor que afecta al ritmo y continuidad del cambio –factor externo en este caso– fue señalado por Luis y Walter Alvarez en 1980, cuando hallaron pruebas del impacto de un asteroide masivo con la Tierra, coincidente con la desaparición repentina del registro fósil de todos los dinosaurios (salvo aquellos de los que evolucionaron las aves actuales). Supusieron que el impacto fue la causa de esta extinción masiva, lo cual planteaba la posibilidad de otros desastres ambientales causantes de cambios repentinos en la continuidad de la evolución.

Combinación de ideas

Las teorías aparentemente rivales de la selección natural de Darwin y de la mutación de De Vries resultaron no ser incompatibles. Fue Ronald Fisher quien mostró que eran complementarias, y, junto con la idea de Mendel de la herencia particulada, las combinó en una teoría sobre la evolución que se conocería posteriormente como síntesis moderna. La inclusión de la genética mendeliana fue clarividente, pues más adelante Richard Dawkins defendería que es el gen –al que aludió como *El gen egoísta* en el título de su libro de 1976 al respecto–, y no el organismo, la unidad fundamental de la selección en el cambio evolutivo.

A la luz de las pruebas abrumadoras que respaldan la evolución, a mediados del siglo xx hubo quienes propusieron revisar el sistema taxonómico de Linneo, basado en el supuesto de un orden invariable de la vida. Una propuesta alternativa fue el sistema cladístico de Willi Hennig, según el cual todas las especies con un antepasado común –incluido dicho antepasado– se clasifican juntas en un grupo, denominado clado. ■

EL PRIMER PASO ES CONOCER LAS COSAS MISMAS

NOMBRAR Y CLASIFICAR LA VIDA

EN CONTEXTO

FIGURA CLAVE
Carlos Linneo (1707–1778)

ANTES
***C.* 320 a. C.** Aristóteles agrupa los organismos en una jerarquía ascendente.

1551–1558 Conrad Gessner divide el reino animal en cinco grupos.

1753 Linneo introduce el sistema binomial para nombrar plantas en *Species plantarum*.

DESPUÉS
1866 Ernst Haeckel publica un «árbol de la vida» que ilustra la evolución de los linajes de animales, plantas y protistas.

1969 Robert Whittaker, ecólogo estadounidense, propone una estructura de cinco reinos, añadiendo los hongos.

1990 Carl Woese crea el sistema de tres dominios que hoy usa la mayoría de los taxónomos.

Cuando el naturalista sueco Carlos Linneo publicó la décima edición de *Systema naturæ* in 1758, cambió el modo en que se clasificaba a los seres vivos. La obra agrupaba sistemáticamente a los animales del mundo en clases, órdenes, géneros y especies, y daba a cada animal un nombre compuesto latino, con el género seguido de un nombre propio. Hasta entonces, los nombres de los seres vivos solían ser engorrosos y descriptivos, además de variar tanto de un país a otro como dentro de un mismo país. Los binomios de Linneo, en cambio, funcionaban como etiquetas universalmente reconocibles. Al agrupar las especies por géneros, la clasificación

Véase también: Células complejas 38–41 ▪ Especies extintas 254–255 ▪ La selección natural 258–263 ▪ La mutación 264–265 ▪ La especiación 272–273

Sin saber los nombres de los seres vivos, todo **conocimiento de ellos** se pierde.

↓

A **todas las especies vivas** se les da un **nombre compuesto en latín** que las sitúa en una **jerarquía taxonómica**.

↓

En la jerarquía se agrupó originalmente a las especies en función de **rasgos físicos básicos comunes**.

↓

Hoy, las especies vivas se clasifican en función de su constitución genética, lo cual informa de su grado de parentesco.

sugería de modo implícito el grado de parentesco entre diversas especies. La Comisión Internacional de Nomenclatura Zoológica considera el 1 de enero de 1758 como el inicio de la nomenclatura de los animales; a partir de esa fecha, esos nombres tienen prioridad sobre todos los anteriores.

Raíces antiguas

La taxonomía es la ciencia de identificar, nombrar y clasificar a los seres vivos. Aristóteles, el primero en acometer la tarea en el siglo IV a. C., dividió los seres vivos en plantas y animales, y clasificó unas quinientas especies animales según sus rasgos anatómicos. A partir de estos estudios construyó una jerarquía, escala o cadena de los seres, con los humanos en la cima, seguidos en orden descendente por los tetrápodos (animales de cuatro extremidades) vivíparos, cetáceos, aves, tetrápodos ovíparos, animales de concha dura, insectos, esponjas, gusanos, plantas y minerales. El sistema, en muchos aspectos inexacto, fue generalmente aceptado hasta el siglo XVI.

El médico suizo Conrad Gessner publicó su *Historia animalium* en cuatro volúmenes entre 1551 y 1558. En lo que era el primer gran catálogo de animales desde los tiempos de Aristóteles, Gessner incluyó descripciones de viajeros que habían visitado muchas partes del mundo. Los distintos volúmenes se ocupaban de los cuadrúpedos ovíparos, cuadrúpedos vivíparos, aves, peces y otros animales acuáticos. Un quinto volumen sobre serpientes se publicó póstumamente, y antes de morir Gessner había estado preparando otro sobre »

Carlos Linneo

El celebrado como padre de la taxonomía Carl Nilsson Linnaeus (castellanizado como Carlos Linneo) nació en el sur de Suecia en 1707. Después de estudiar medicina y botánica en las universidades suecas de Lund y Uppsala, pasó tres años en los Países Bajos, para luego regresar a Uppsala. En 1741 fue nombrado profesor de medicina y botánica, puesto desde el que enseñó, organizó expediciones botánicas e investigó. En sus expediciones participaron muchos de sus alumnos, el más famoso de los cuales fue el naturalista sueco Daniel Solander. La variedad de especímenes recogidos permitió a Linneo convertir *Systema naturæ* en una obra en varios volúmenes en la que describía más de seis mil especies de plantas y unos cuatro mil animales. Tras su muerte en 1778 fue enterrado en la catedral de Uppsala, donde sus restos son el espécimen tipo (el representante de una especie) de *Homo sapiens*.

Obras principales

1753 *Species plantarum*.
1758 *Systema naturæ* (10.ª edición).

insectos. Pese a la rara inclusión de unicornios e hidras mitológicos, fue la obra taxonómica de referencia.

Otro gran avance fue la publicación en 1682 de *Methodus plantarum nova* del botánico inglés John Ray, la primera obra que insistió en la importancia de distinguir entre monocotiledóneas y dicotiledóneas (plantas cuyas semillas germinan con una o dos hojas, respectivamente), y que estableció también que la especie es la unidad última de la taxonomía. Ray catalogó las especies disponiéndolas en grupos basados en el aspecto y las características. Más adelante, entre 1686 y 1704, publicó los tres volúmenes de su *Historia plantarum*, con descripciones de unas 18 000 especies de Europa, Asia, África y América.

Una clasificación nueva

Systema naturæ de Linneo agrupa al reino animal en seis clases: mamíferos, anfibios, peces, aves, insectos y vermes (gusanos). Las clases se distinguen por rasgos anatómicos –como la estructura del corazón, los pulmones, las agallas, las antenas y los tentáculos– además del aspecto físico. Muchas de las divisiones –no todas– han superado la prueba del tiempo. Linneo estableció una serie de subgrupos, u órdenes, dentro de cada clase, planteando, por ejemplo,

> Hay muchas especies en la naturaleza de las que nunca ha dado cuenta el hombre.
> **John Ray**
> **Botánico inglés (1691)**

ocho órdenes de mamíferos, entre ellos, *Primates*, *Ferae* (perros, gatos, focas y osos) y *Bestiae* (cerdos, erizos, topos y musarañas). También dividió cada orden en géneros. Los cuatro géneros de primates eran *Homo* (humanos), *Simia* (monos y simios), *Lemur* (lémures) y *Vespertilio* (murciélagos). Linneo fue el primero en clasificar como primates a los humanos, pero hoy se sabe que los murciélagos no forman parte de este orden. La clase *Amphibia* incluía incorrectamente a reptiles y tiburones; Linneo agrupó erróneamente a las arañas en la misma clase que los insectos; y la clase *Vermes* era una extraña mezcla de gusanos, babosas, medusas y otros animales «de sustancia blanda» que hoy se sabe que no están emparentados. Con todo, la impresionante edición de 1753 de la obra describía más de 4200 especies.

Al año siguiente, Linneo publicó un segundo volumen con todas las especies de plantas que conocía. En una época en la que los naturalistas no habían accedido a áreas muy extensas del globo, ni al uso de microscopios de muchos aumentos, su clasificación era un logro extraordinario.

El sistema de Linneo fue muy bien recibido entre los zoólogos y biólogos, y, aunque muy modificado desde el siglo XVIII, sigue siendo hoy la base de la clasificación de las formas de vida. Todo organismo tiene un lugar específico en varios niveles de la jerarquía de clasificación. Por ejemplo, el lince eurasiático, *Lynx lynx*, pertenece al reino animal, al filo de los cordados (tiene notocorda durante el desarrollo embrionario), a la clase de los mamíferos (cuyas hembras amamantan a las crías), al orden de los carnívoros (se alimenta de carne), a la familia de los félidos (es un cazador especializado, principalmente nocturno) y al género *Lynx* (es un félido de cola corta). Cada una de estas categorías se denomina taxón. El sistema aporta

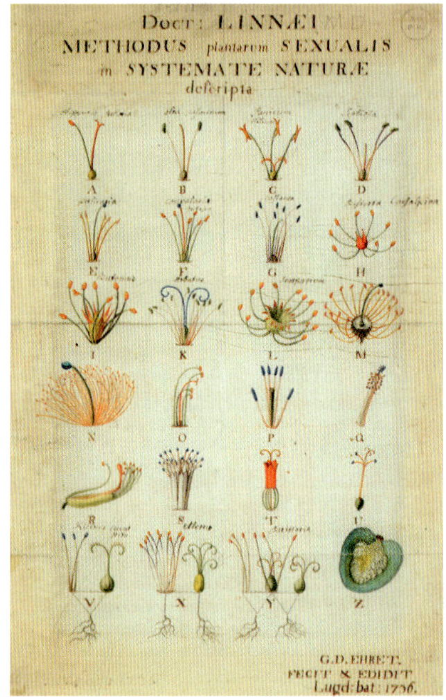

Estas acuarelas que ilustran *Systema naturæ* muestran el método usado por Linneo para clasificar las plantas con flores, método basado en los órganos reproductores.

mucha información acerca del animal sin necesidad de una descripción, y en este caso, muestra el parentesco estrecho del lince eurasiático con otros tres félidos del género *Lynx*.

Nuevas especies

El hecho de que algunas especies sean similares, mientras que otras son totalmente diferentes, desconcertó a los biólogos hasta la publicación de *El origen de las especies*, de Charles Darwin (1859), cuya explicación de la evolución de especies nuevas como resultado de la selección natural, la mutación, la variación física y la especiación casa con la jerarquía linneana: las especies con un antepasado común reciente tienden a asemejarse. Así, hoy se sabe que las cuatro especies de *Lynx* son descendientes del extinto *Lynx issiodorensis*. Los animales y las plan-

El lince eurasiático *(Lynx lynx)* es el tercer mayor depredador de Europa. Vive en los bosques caducifolios de Europa y Asia, y caza ciervos y rebecos.

tas de aspecto semejante no guardan necesariamente un parentesco estrecho. La evolución convergente puede conferir rasgos anatómicos similares a especies con antepasados distintos cuando estos les proporcionan una ventaja evolutiva.

Inspirado por Darwin, el biólogo alemán Ernst Haeckel emprendió el estudio del parentesco entre los seres vivos. En 1866 dibujó un árbol genealógico para ilustrar cómo los animales supervivientes descendían de formas de vida «inferiores». Haeckel propuso añadir a las plantas y animales un tercer reino para la vida unicelular, el de los protistas. En 1925, el biólogo francés Edouard Chatton distinguió a los procariotas de los eucariotas.

El enfoque cladístico

En 1966, el biólogo alemán Willi Hennig propuso clasificar las formas de vida estrictamente en función de su parentesco evolutivo. En este sistema, cada grupo (o clado) de seres vivos contiene todas las especies conocidas que desciendan de un mismo antepasado, incluido este, enfoque que subvierte muchos de los supuestos linneanos.

A la clasificación de las formas de vida según el parentesco han contribuido las mejoras en la microscopía y los análisis de ADN, que tiende a presentar menos diferencias entre las especies más estrechamente emparentadas. La mayoría de los taxónomos emplea hoy el sistema de tres dominios del microbiólogo estadounidense Carl Woese, que reconoce la enorme diversidad de la vida microbiana presente en la Tierra. ■

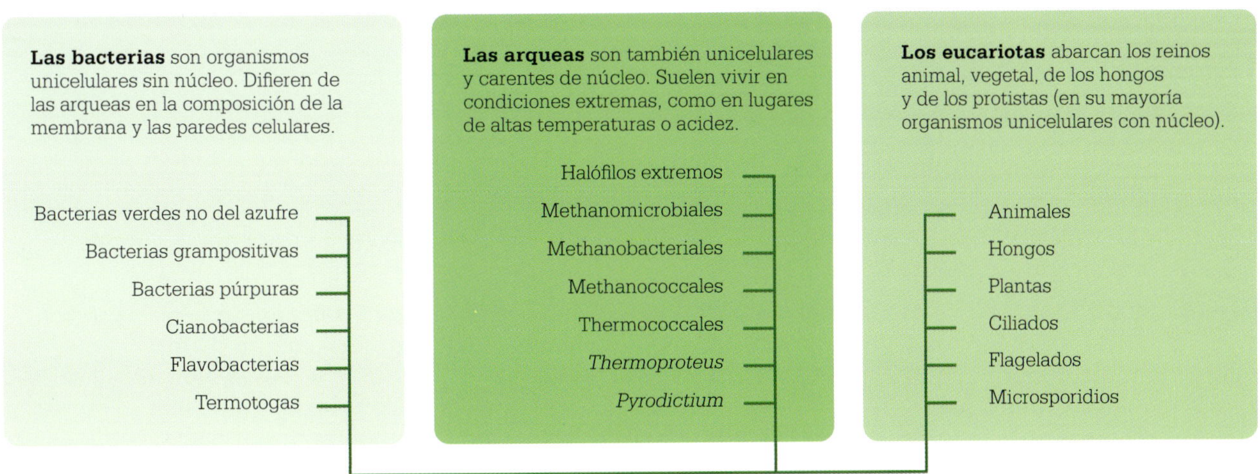

Woese descubrió que había tres linajes primarios en lugar de dos: bacterias, arqueas y eucariotas. Las arqueas se habían agrupado antes con las bacterias en el reino Monera.

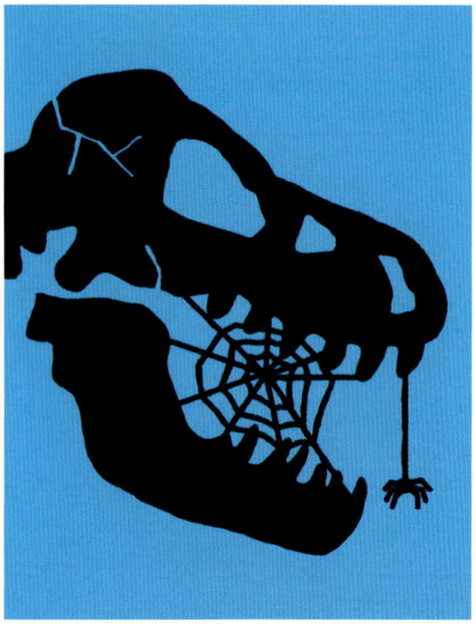

RELIQUIAS DE UN MUNDO PRIMIGENIO

ESPECIES EXTINTAS

EN CONTEXTO

FIGURA CLAVE
Georges Cuvier (1769–1832)

ANTES
***C.* 500 a. C.** En la antigua Grecia, el filósofo Jenófanes de Colofón describe peces y moluscos fosilizados.

Siglos xvi y xvii Leonardo da Vinci, el geólogo danés Nicolás Steno y el polímata inglés Robert Hooke comprenden que los fósiles son restos de seres vivos.

DESPUÉS
1815 El mapa geológico de Inglaterra y Gales de William Smith, primero de su clase, identifica los estratos por los fósiles que contienen.

1859 Darwin aporta pruebas de la evolución de la vida en *El origen de las especies*.

1907 El radioquímico estadounidense Bertram Boltwood mide la edad de las rocas por la desintegración de las impurezas radiactivas que contienen.

Las rocas conservan pruebas de la vida prehistórica en forma de huesos, madrigueras y hasta excrementos que dejan marcas duraderas. Estos fósiles indican que muchos de los seres vivos que vivieron en el pasado eran muy distintos de los actuales. Los paleontólogos interpretan esto de dos maneras: las formas de vida fosilizadas se extinguieron –toda la población murió en un momento dado–; o evolucionaron, convirtiéndose en otras especies.

Si bien los antiguos filósofos griegos identificaron los fósiles como restos de animales y plantas, y se preguntaron por los fósiles marinos hallados en tierra firme, en la Edad Media fue común creer que nacían de las rocas y que parecían seres vivos por mero capricho. Cuando ya fue más aceptado su origen orgánico, las autoridades eclesiásticas cristianas atribuyeron los fósiles a las víctimas del diluvio universal, aunque algunos estudiosos, como Leonardo da Vinci, dijeran que no procedían todos de una única catástrofe.

El registro fósil

La diversidad de la vida a lo largo de más de 4000 millones de años (Ma) es abrumadoramente mayor que la actual, pero la gran mayoría de sus representantes no dejaron restos. A medida que se desarrollaba la geología y se descubrían nuevos fósiles, los investigadores iban observando mayores discrepancias entre sus formas. Distintos fósiles se daban en distintos estratos –capas de roca sedimentaria depositadas en eras geológicas diferentes–, siendo los más

Este *Archaeopteryx* se descubrió en una cantera alemana en 1874. Por los rasgos de ave y dinosaurio no aviar de la especie, es probablemente una forma de transición evolutiva entre ambos.

Véase también: Anatomía 20–25 ▪ Nombrar y clasificar la vida 250–253 ▪ La vida evoluciona 256–257 ▪ La selección natural 258–263 ▪ La especiación 272–273 ▪ La cladística 274–275 ▪ Extinciones masivas 278–279

profundos los más antiguos. El patrón por capas se repetía en distintos lugares, lo cual indicaba que pueden conservarse registros de las mismas épocas prehistóricas en todas partes.

En 1815, el geólogo británico William Smith usó el patrón de estratos rocosos para crear el primer mapa geológico del mundo, de Inglaterra y Gales, con implicaciones enormes para la biología: si los fósiles variaban según la profundidad a la que aparecían en el suelo, la propia vida había cambiado también a lo largo de los tiempos.

Extinciones catastróficas

A inicios del siglo XIX, el estudio de los fósiles fue dominado por el zoólogo francés Georges Cuvier, cuyo conocimiento de la anatomía le sirvió para mejorar la clasificación científica, tanto de especies vivas como desaparecidas. Se convirtió en un experto en saber qué mamíferos fósiles podían hallarse en los diferentes estratos del área de París. Y, al ver abundantes pruebas de lo mucho que diferían las especies fósiles de las vivas, defendió que los fósiles eran restos de seres vivos extintos. En 1812 resumió estas ideas en *Recherches sur les ossemens fossiles de quadrupèdes* («Estudios sobre las osamentas fósiles de cuadrúpedos»), y mantuvo que una serie de acontecimientos catastróficos habían exterminado comunidades enteras de especies, luego sustituidas por otras.

Cuvier ofreció argumentos convincentes de que la extinción había trazado la historia de la vida en la Tierra, pero no concretó detalles sobre la procedencia de las nuevas especies que sucedían a las extintas. Rechazó la noción de evolución de las especies que posteriormente sería respaldada con pruebas por otras ramas de la biología –pruebas aportadas primero por Jean-Baptiste Lamarck, y luego por Charles Darwin. La historia de los organismos biológicos es el relato de un origen común. Cuvier no se equivocaba en cuanto a las catástrofes: hubo extinciones periódicas por acontecimientos de impacto global, pero en todos los casos sobrevivieron algunas especies que evolucionaron y originaron una nueva diversidad biológica. ■

Cómo se forman los fósiles

La fosilización se da en diferentes formas: las plantas o animales pueden reducirse a una película oscura de carbono en la roca, o, como algunos de los insectos y pequeñas criaturas fósiles mejor conservados, quedar atrapados en ámbar –resina de árbol endurecida.

Muchos fósiles se forman por mineralización. Los organismos muertos quedan enterrados en sedimentos, que ralentizan la descomposición, dando tiempo al proceso. A lo largo de los miles de años siguientes, los minerales disueltos en el agua se solidifican y ocupan los intersticios del hueso, de los órganos e incluso de células individuales. El resultado es un molde de piedra de la forma de vida original. Tales fósiles solo se dan en las rocas sedimentarias. Su edad se puede estimar por datación radiométrica de las piedras volcánicas de estratos adyacentes, consistente en analizar la composición de elementos radiactivos que se descomponen.

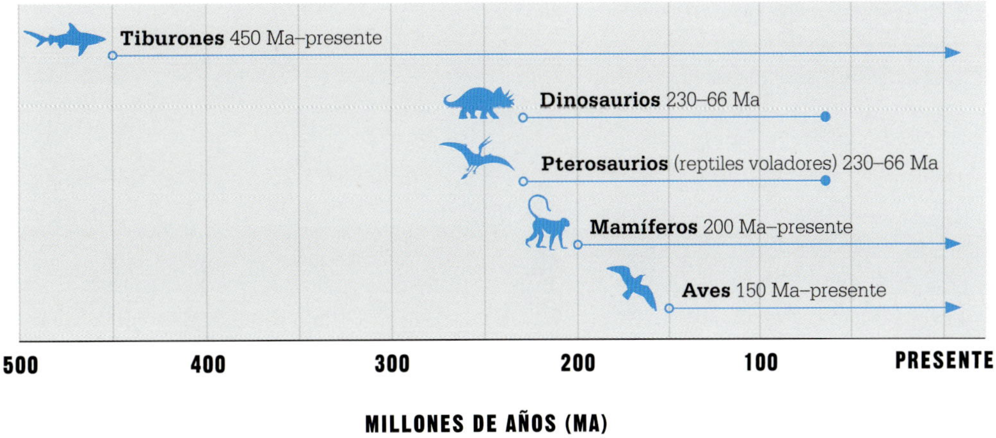

La edad de los fósiles puede saberse por el estrato de roca y por datación radiométrica. Los datos de tales estudios ayudan a determinar cuándo vivieron grupos de organismos en edades prehistóricas, y por cuánto tiempo.

Clave
- ● Grupo extinto
- ► Grupo superviviente

LOS ANIMALES HAN CAMBIADO PROFUNDAMENTE A LO LARGO DEL TIEMPO

LA VIDA EVOLUCIONA

EN CONTEXTO

FIGURA CLAVE
Jean-Baptiste Lamarck (1744–1829)

ANTES
***C.* 400–350 a. C.** Platón mantiene que los seres vivos tienen una esencia fija e inmutable, idea que dominará el pensamiento durante los dos milenios siguientes.

1779 El conde de Buffon estima que la Tierra es mucho más antigua de lo que pueda deducirse de la Biblia.

DESPUÉS
1859 Charles Darwin publica *El origen de las especies*, donde expone que la evolución tiene lugar por la selección natural.

Década de 1930 Los biólogos integran la selección natural y las ideas de Mendel sobre la herencia, formando la síntesis moderna que explica la mecánica de la evolución.

La premisa de la evolución biológica –que las formas de vida cambian a lo largo de muchas generaciones– es clave para explicar por qué los organismos son como son. Durante gran parte de la historia de la biología, esta idea fue ajena hasta a los pensadores más brillantes, por varias razones. La evolución parece contraria a la lógica, pues las especies tienen descendencia de su propia especie: ¿cómo puede conducir esto al cambio? Asimismo, las especies también se veían como el producto invariable de un solo acto de creación, noción compatible con la concepción de formas ideales fijas de Platón, y que fue reforzada por la enseñanza religiosa. Además, según las escrituras, el mundo no era lo bastante antiguo como para que la evolución pudiera haber tenido lugar.

Pruebas contra la creación

En el siglo xvii, los geólogos se familiarizaron con los estratos rocosos horizontales y los distintos

Los estratos de roca del Gran Cañón, en Arizona (EE UU), de entre 270 y 1800 Ma de antigüedad, representan seis periodos geológicos.

Véase también: Nombrar y clasificar la vida 250–253 ▪ Especies extintas 254–255 ▪ La selección natural 258–263 ▪ La mutación 264–265 ▪ La síntesis moderna 266–271 ▪ La especiación 272–273

fósiles que contenían, y algunos comenzaron a sospechar que la historia de la Tierra era más larga de lo que se creía. En los cada vez más comunes viajes a otros continentes, se descubrieron muchos animales y plantas nuevos no mencionados en la Biblia, y los microscopios revelaron la existencia de los microbios.

En la Francia del siglo XVIII, el conde de Buffon, uno de los naturalistas más eminentes de la época, dividió la historia cambiante de la Tierra en siete épocas, en la primera de las cuales se crearon los planetas, y en la última, la humanidad. Buffon fue cauto y evitó divulgarlo, pero estimó una edad de la Tierra, basada en su amplio conocimiento de los animales, de medio millón de años, cientos de veces más antigua que las estimaciones derivadas de la interpretación literal de la Biblia.

Buffon clasificó a los animales más por región que por estructura, como había hecho el botánico sueco Carlos Linneo. Con ello mostró que las especies no se distribuyen al azar, sino que en distintas regiones hay animales y plantas diferentes, lo cual no encaja bien con la idea de un único jardín de la creación.

Pese a tales intuiciones, tampoco Buffon era evolucionista. Aunque se fueran acumulando los datos en conflicto con la idea de unas especies inmutables, las creencias religiosas de la mayoría de los naturalistas les impidieron concluir que la vida cambia continuamente.

Una teoría evolutiva

A principios del siglo XIX, el naturalista francés Jean-Baptiste Lamarck dio el paso crucial de abandonar el creacionismo. Taxónomo escrupuloso con un conocimiento detallado de especies de invertebrados, le impresionaron las semejanzas entre los animales vivos y extintos, y notó que algunos fósiles parecían de transición, es decir, formas intermedias entre especies diferentes. Esto le llevó a descartar la idea de especies invariables y a concebir una teoría de la evolución.

La idea de Lamarck fue que las partes del cuerpo cambian para adaptarse al entorno, y que las características adquiridas en vida por los individuos se transmiten a la descendencia. Los cambios en el cuerpo del individuo los atribuyó al efecto del uso o desuso en la fisiología. La constante persecución de presas por depredadores, por ejemplo, hace que ambos desarrollen una musculatura que favorece la velocidad; si una parte del cuerpo no se usa, en cambio, se debilita, reduce, y acaba por desaparecer.

La idea de Lamarck parecía plausible en la época, y su teoría fue el primer intento de explicar el mecanismo de la evolución, pero los biólogos pronto comprenderían que las características adquiridas no se heredan. Lamarck acertaba en cuanto a que las especies cambian con el tiempo, pero estaba equivocado en el detalle de cómo ocurre. Pasó más de medio siglo antes de que Charles Darwin ofreciera una explicación mejor, con la selección natural como mecanismo. ■

Lamarck creía que cuanto más usara un animal una parte del cuerpo, más se desarrollaba esta. Así, si una jirafa estira constantemente el cuello hacia arriba, el cuello se hará más largo.

Jean-Baptiste Lamarck

Jean-Baptiste Lamarck, el más joven de los once hijos de una familia humilde, nació en la región de Picardía (Francia) en 1744. A los 17 años se alistó para combatir contra Prusia en la guerra de los Siete Años, antes de pasar unos años como escritor. Su pasión por la historia natural le motivó para escribir un libro muy alabado sobre las plantas de Francia, y el conde de Buffon le procuró un lugar en el museo de historia natural de París, desde el que ascendió hasta profesor de los «insectos, gusanos y animales microscópicos» del museo en 1793. Allí desarrolló su teoría de la evolución, que presentó en su discurso de Floreal en 1800, y que luego elaboró en varios libros. Su trabajo se vio impedido por la pérdida de visión, y murió ciego y en la pobreza en 1829.

Obras principales

1778 *Flora francesa.*
1809 *Filosofía zoológica.*
1815–1822 *Historia natural de los animales invertebrados.*

LOS MAS FUERTES SOBREVIVEN Y LOS MAS DEBILES MUEREN

LA SELECCIÓN NATURAL

EN CONTEXTO

FIGURAS CLAVE
Charles Darwin (1809–1882), **Alfred Russel Wallace** (1823–1913)

ANTES
1809 En su obra *Philosophie zoologique*, Jean-Baptiste Lamarck desarrolla su teoría de la evolución por la herencia de las características adquiridas, que más tarde se demostrará errónea.

DESPUÉS
1900 Varios biólogos, entre ellos Hugo de Vries y William Bateson, redescubren los estudios experimentales de Gregor Mendel que explican el mecanismo de la herencia.

1918 El estadístico británico Ronald Fisher muestra la compatibilidad de la evolución por selección natural darwiniana con el carácter particulado de la herencia de Mendel.

"Hay en la naturaleza una tendencia a la progresión continua de ciertas variedades, cada vez más alejadas del tipo original."
Alfred Russel Wallace

Todos los individuos de una población tienen características heredades distintas, o **variaciones**.

↓

Debido a estas variaciones, algunos individuos están mejor adaptados al medio y tienen **mayores probabilidades de sobrevivir y reproducirse**.

↓

Las **características ventajosas** se transmiten a la **generación siguiente**.

↓

A lo largo de generaciones, las características de una población cambian.

Charles Darwin fue el primer científico en explicar la evolución de manera coherente con los datos de la biología. Su concepto clave, la selección natural, se basa en la idea de que las poblaciones de seres vivos se componen de individuos que no son idénticos. Debido a las características variables que heredan, ciertos individuos tienden a sobrevivir y a reproducirse más que otros en determinadas condiciones, y transmiten las características ventajosas a la generación siguiente. Si las condiciones cambian, las características más favorables a la supervivencia también cambian. Como resultado, a lo largo del tiempo, las poblaciones evolucionan y se adaptan al medio. De hecho, es el medio el que selecciona a los organismos.

La selección natural sigue siendo la mejor explicación de por qué los seres vivos son como son. Pero la gran teoría de Darwin tardó mucho en ser aceptada. No era solo que la idea de unas especies mutables estuviera en conflicto con el creacionismo aún imperante en el siglo XIX; los propios naturalistas creían que cada especie tenía una «esencia» que no variaba. Esta idea de unas especies estáticas e invariables se remontaba a las enseñanzas de Platón en la antigua Grecia, y aún estaba profundamente arraigada.

Un viaje de descubrimiento

Al principio, como sus contemporáneos cristianos, Darwin era creacionista. Sus ideas fueron cambiando a bordo del bergantín de la marina británica *Beagle*, en el que se embarcó en 1831 tras haberse licenciado por la Universidad de Cambridge. La misión de la nave, capitaneada por Robert Fitzroy, era cartografiar la costa de América del Sur, y la expedición fue un punto de inflexión en la vida de Darwin: asentó su reputación como naturalista y le empujó a reconsiderar su visión del mundo y

Véase también: Cromosomas 216–219 ▪ Nombrar y clasificar la vida 250–253 ▪ La vida evoluciona 256–257 ▪ La mutación 264–265 ▪ La síntesis moderna 266–271

a desarrollar su teoría de la evolución. Le llamaba mucho la atención que en las diferentes partes del mundo vivieran comunidades singulares de animales y plantas, y los fósiles que obtuvo en sus excavaciones mostraban que la vida cambiaba también con el tiempo. Sin embargo, esto contradecía el relato bíblico de que el mundo y todo lo que contenía había sido creado en seis días.

A su regreso a Inglaterra en 1836, Darwin comenzó a especular con la idea de que no todas las especies permanecían inalterables, sino que podían surgir otras nuevas a partir de poblaciones que estuvieran aisladas, por ejemplo, por una cordillera o por vivir en una isla. Son famosas las aves que coleccionó en las islas Galápagos, que parecían haberse diversificado a partir de antepasados comunes. En 1837, el ornitólogo británico John Gould señaló que varias de ellas, con picos muy distintos, eran de especies emparentadas de pinzones, evidentemente adaptadas de manera distinta a los diversos hábitats de cada isla. Las consecuencias de tal observación serían enormes.

El mismo año, Darwin comenzó un cuaderno secreto sobre la «transmutación» de las especies. Pensar en términos de poblaciones le ayudó a comprender cómo podían evolucionar las especies. Sabía que los agricultores y criadores de animales conocían la importancia de identificar a los individuos que tenían características convenientes para crear variedades domésticas, y fue comprendiendo que las especies salvajes eran también variables.

La lucha por la existencia

El trabajo de Darwin sobre los cirrípedos (1846–1854) fue otro componente clave en su concepción de la variación natural en las poblaciones. Pero ya en 1838 le causó gran impacto la obra *Ensayo sobre el principio de la población*, del economista Thomas Malthus. Este explicaba que, sin factores que las controlen, las poblaciones humanas tenderían a aumentar, pero, dado que los recursos no podrían satisfacer la demanda, el hambre y la enfermedad serían consecuencias inevitables. En el siglo anterior, los »

Las Galápagos están aisladas en el Pacífico. Darwin estuvo allí en 1835, y el estudio de los seres vivos que halló puso los cimientos de la teoría de la evolución.

Charles Darwin

Darwin nació en 1809, y, según él mismo, era un «naturalista nato». Espantado por la cruenta cirugía de su época, dejó los estudios de medicina en la Universidad de Edimburgo por los de teología en Cambridge. En 1831 fue invitado a unirse a la expedición del *Beagle* para que el capitán tuviera compañía de su clase. Lo que observó viajando por el hemisferio sur le llevó a rechazar la creencia extendida en las especies creadas e invariables. De vuelta en Inglaterra siguió reuniendo pruebas para su teoría de la selección natural, que publicó 20 años después en su obra seminal *El origen de las especies*. Esta y otras obras posteriores garantizaron el lugar de Darwin como uno de los naturalistas más destacados de la historia. Murió en 1882, y fue honrado con un entierro en la abadía de Westminster, en Londres.

Obras principales

1839 *Viaje de un naturalista alrededor del mundo.*
1859 *El origen de las especies por medio de la selección natural.*
1871 *El origen del hombre y la selección en relación al sexo.*

naturalistas Georges-Louis Leclerc (conde de Buffon) y Carlos Linneo advirtieron lo potencialmente prolíficos que son los seres vivos. Los estudios posteriores de Christian Ehrenberg, quien observó que la duplicación de microbios unicelulares en cada generación producía en poco tiempo un número enorme, también impresionaron a Darwin, que comprendió que incluso las plantas y los animales más complejos tienen el mismo potencial para la sobrepoblación.

En un contexto de naturalistas contrarios a la evolución y que consideraban que las especies estaban en armonía con su mundo, Darwin empezó a centrar su atención en la lucha por la existencia. Si las poblaciones tienen tal potencial para crecer, pero unos recursos finitos las limitan, en la competencia pierden los peor adaptados.

Los individuos más débiles tienen mayor probabilidad de ser víctimas de un depredador –como esta gacela cazada por un león–, y los fuertes, de sobrevivir.

Cómo cambian las especies

La idea de que los individuos débiles mueren y los fuertes sobreviven no era novedosa. Algunos teólogos y científicos esgrimieron esto para rechazar la evolución y defender la invariabilidad de las especies. Entre otros muchos que mantuvieron correspondencia con Darwin, el zoólogo Edward Blyth quiso ver en ello un medio para reforzar el «tipo»: si los individuos más débiles, o «inferiores», mueren, esto beneficia a la perfección de la especie. Darwin, en cambio, concebía la lucha por la existencia sobre el fondo de un mundo cambiante. Los geólogos hallaban pruebas de que la propia Tierra no es estática: emergen islas, los hábitats cambian y se revelan fósiles de especies distintas en los estratos rocosos. Para Darwin, esto era incompatible con la idea de unas especies fijas en armonía con el entorno. Lo que propuso es que, cuando las especies se enfrentan a circunstancias nuevas, solo los mejor adaptados a estas sobreviven y crían. A lo largo de las generaciones, las características predominantes varían en función de circunstancias cambiantes, y la selección desplaza determinadas características a uno u otro extremo de la variedad que muestra la especie (recuadro, izda.).

La publicación

Darwin era consciente de que hacer públicas tales ideas en la Inglaterra de la época causaría indignación, y no se dio prisa por publicar. Durante dos décadas siguió trabajando y reuniendo pruebas, hasta que, en 1858, otro naturalista británico no le dejó más remedio que actuar. Alfred Russel Wallace, de viaje por el Sudeste Asiático, le escribió para comunicarle una teoría que venía a ser la suya misma. La experiencia de Wallace en

Modos de la selección natural

Selección direccional
Una característica se desplaza en un solo sentido. Las jirafas de cuello corto y largo compiten por el alimento, la ventaja es de las segundas, y la curva (o pico) se desplaza a la derecha.

Selección estabilizadora
En los pavos reales, los extremos en la longitud de las plumas de cola traen problemas: las aves de plumas largas son víctimas de los tigres, y las de plumas cortas no atraen pareja. El rango de longitud se reduce en las generaciones posteriores.

Selección diversificadora
Para evitar a los depredadores, el color de la concha del caracol rayado diverge en dos o más variantes para camuflarse sobre fondos distintos.

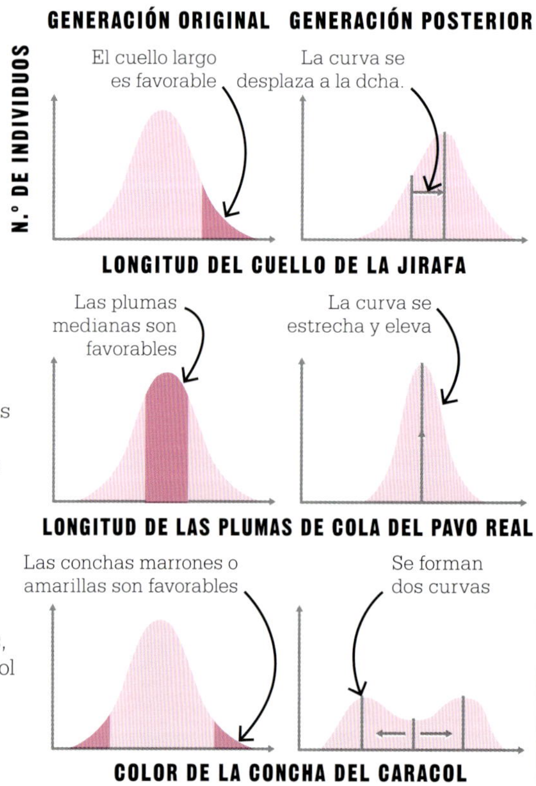

los trópicos de Sudamérica y Asia le había convertido también en evolucionista, y, como le pasaba a Darwin, la noción de la lucha por la existencia de Malthus había sido decisiva. En un principio, Wallace pensaba en términos de perfeccionamiento del tipo, como Blyth, pero al fin había comprendido que la selección daba como resultado el cambio de las especies.

Darwin y Wallace acordaron presentar sus ideas de forma conjunta, aunque en trabajos separados, ante la Sociedad Linneana de Londres en julio de 1858. Darwin amplió su tesis al año siguiente en un libro, *El origen de las especies por medio de la selección natural*, que pretendía ser un resumen de su teoría, pero que le volvería famoso y sellaría su legado.

Pruebas genéticas

A principios del siglo xx, los científicos refinaron el concepto de la selección natural a la luz de los descubrimientos en materia de cromosomas, genes y herencia. Los biólogos que estudiaban poblaciones de todo tipo hallaron innumerables pruebas de la selección natural, y hasta fueron testigos de la misma en tiempo real. En EE UU, el biólogo Theodosius Dobzhansky estudió las moscas de la fruta, complementando así el trabajo de Thomas Hunt Morgan sobre la genética de estos insectos. Mantuvo un gran número de ellas en «jaulas de población» con condiciones diferentes, y comprobó cómo determinados genes proliferaban o escaseaban por efecto de la selección natural.

En la década de 1950, el genetista británico Bernard Kettlewell explicó por medio de la selección natural el aumento del número de polillas moteadas *(Biston betularia)* negras en las ciudades cubiertas de hollín de la revolución industrial. Al descender el nivel de contaminación como consecuencia de la aplicación de la Ley de Aire Limpio de 1956, las polillas de color claro volvieron a abundar.

El estudio de la polilla moteada muestra cómo la selección puede ser direccional, desplazando las características a los extremos. Otros estudios revelaron que puede ser estabilizadora si tiende a eliminar las variaciones extremas de una característica (recuadro, p. anterior). Los zoólogos británicos Arthur Cain y Philip Sheppard mostraron el potencial para la diversificación de la selección natural, en casos en los que más de una variedad resulte favorable y sean seleccionadas a la vez. Su estudio del caracol rayado *Cepaea nemoralis* demostró que el color de la concha influía mucho en la probabilidad de ser comido por un depredador en distintos hábitats, y por ello habían evolucionado colores distintos.

Hoy la selección natural es una piedra angular de la biología, y constituye el único modo en que la evolución produce la adaptación en un mundo cambiante. ■

Los caracoles rayados *(Cepaea nemoralis)* tienen distintos colores y patrones de concha, lo cual es un ejemplo de evolución divergente.

Un ave del paraíso de Victoria *(Lophorina victoriae)*, de Queensland (Australia), hincha las plumas para atraer a una hembra.

Selección sexual

Darwin comprendía que, además de la lucha por la existencia, la competencia por hallar pareja también impulsa la evolución. Consideró esta selección sexual como un mecanismo diferente al de la selección natural, pero, en términos de aptitud evolutiva, es el mismo: los individuos con mayor éxito en aparearse producen más descendencia.

Se cree que la selección sexual tiene un papel importante en la evolución de las diferencias entre los sexos. Los rasgos atractivos que hacen que un individuo sea elegido como pareja más a menudo se transmiten a la descendencia. Así, las plumas de la cola del pavo real no mejoran las probabilidades de sobrevivir, pero sí las de reproducirse. Los machos vistosos que escapan de los depredadores también pueden ser físicamente más fuertes.

En general, las hembras son el sexo más exigente, probablemente por ser mayor su inversión en la generación siguiente, en términos del coste físico de producir huevos y los riesgos del embarazo.

LAS MUTACIONES APORTAN FORMAS NUEVAS Y CONSTANTES

LA MUTACIÓN

EN CONTEXTO

FIGURA CLAVE
Hugo de Vries (1848–1935)

ANTES
1859 En *El origen de las especies*, Darwin explica la evolución como un proceso gradual de cambios pequeños por selección natural.

1900 Hugo de Vries y otros biólogos redescubren el trabajo de Gregor Mendel publicado en 1866, que explica que la herencia de características se debe a «partículas», después llamadas genes.

DESPUÉS
1942 El biólogo británico Julian Huxley combina la selección natural de Darwin, la herencia particulada de Mendel y la mutación de De Vries en la llamada síntesis moderna.

1953 El descubrimiento de la doble hélice por Francis Crick y James Watson aporta el fundamento de la composición química del material heredado.

Para que la evolución biológica tenga lugar, tiene que haber variación, pero ¿cómo se produce esta?

Desde la Antigüedad, los naturalistas, incluido Charles Darwin, eran conscientes de «variedades» que surgían de forma repentina, aparentemente espontánea, y que se heredaban. Esto lo sabían muy bien los agricultores y criadores de animales, dedicados a la selección artificial para obtener mejores variedades. Las palomas, por ejemplo, pueden desarrollar plumas color lavanda en lugar de gris; los ratones pardos producen a veces ratones blancos; o puede salir un rosal con flores más densas. Al botánico neerlandés Hugo de Vries, las variedades que crecían entre sus onagras le impresionaron tanto que en 1900–1903 publicó una teoría de la evolución basada en ellas. Llamó a sus variedades «mutaciones» –término que se ha seguido usando hasta hoy–, y mantuvo que hay una producción constante de mutaciones al azar que no solo explica el origen

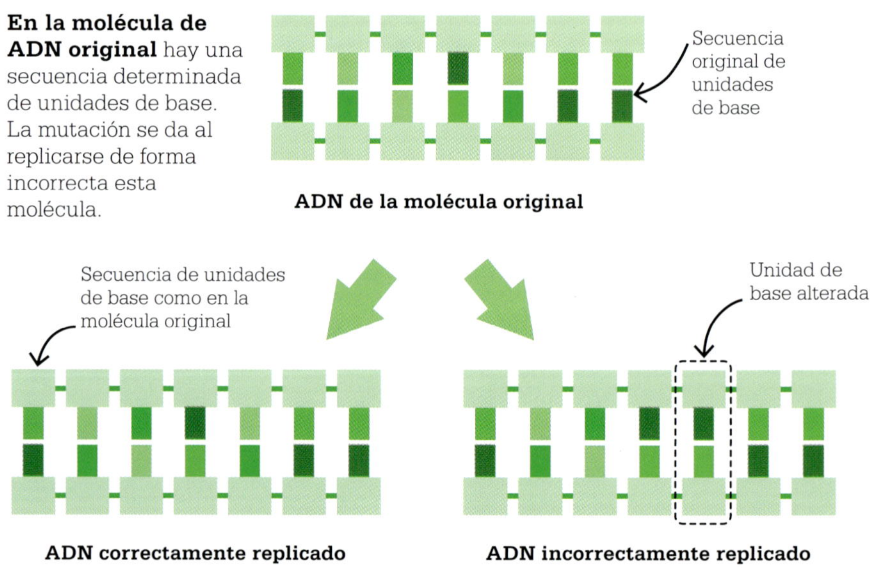

Véase también: Las leyes de la herencia 208–215 ▪ ¿Qué son los genes? 222–225 ▪ La doble hélice 228–231 ▪ La síntesis moderna 266–271

de la diversidad de la vida, sino que funciona incluso como fuerza impulsora de la evolución. Dado el carácter repentino de las mutaciones, de Vries propuso que la evolución progresa a saltos, en un proceso más tarde conocido como «saltacionismo». Esta concepción de la evolución contrastaba marcadamente con el cambio gradual que contempla la teoría de la selección natural de Darwin.

De Vries encontró apoyo para su idea en las leyes de la herencia publicadas más de 30 años antes por el monje austriaco Gregor Mendel. Mendel había realizado experimentos de cría con guisantes, y propuso que las características heredadas son determinadas por partículas, luego llamadas genes. Si las mutaciones se dan en forma de genes discretos, argumentaba de Vries, claramente el cambio evolutivo se produce en saltos también discretos.

Causas y efectos

De Vries acertaba en parte, y en parte se equivocaba, pero los biólogos tardarían otro medio siglo en comprender exactamente por qué. Al estudiar la herencia con mayor detalle, los genetistas vieron que muchas características se debían a la acción conjunta de los genes particulados y sus formas mutadas. Esto tenía el efecto de mitigar gran parte de la variación, de modo que es continua en lugar de discreta, y esto explica los cambios graduales de Darwin. A la vez, los biólogos que escudriñaban las células y su contenido estaban revelando la naturaleza de las mutaciones al nivel químico de su ADN.

Las mutaciones espontáneas surgen por errores al copiar el ADN (el material genético). Son raras, pues se predice que se dan en un gen dado una vez de cada millón

> La selección natural explica la supervivencia de los más aptos, pero no el surgimiento de los más aptos.
> **Hugo de Vries**

que se divide una célula, pero son la fuente última de la diversidad genética de la vida en la Tierra. Miles de millones de años de errores de copia, aunque se den a una tasa tan baja, explican cómo ha podido surgir tanta variación a partir de un solo antepasado común.

Las distintas variedades de genes surgidos por mutación se llaman alelos, y son los responsables de la conocida herencia familiar, como los ojos azules o marrones en los humanos, o las vainas verdes o amarillas de los guisantes de Mendel. Al ser cambios azarosos en un ser vivo por lo demás finamente ajustado, muchas mutaciones son dañinas. Otras no parecen afectar en nada a la supervivencia, mientras que un número pequeño, pero importante, son beneficiosas. Las mutaciones dañinas son limitadas por la selección natural, que promueve las beneficiosas, dependiendo todo de lo que el medio determine como favorable o no. De Vries estaba en lo cierto en cuanto a que las mutaciones producen variedad, pero es la selección natural la que se encarga del resto, y esto explica por sí solo cómo los organismos se adaptan al medio, lejos de ser creados al azar. ■

Tipos de mutación

Las mutaciones son errores al azar en la transmisión del material genético –el ADN– al dividirse las células. Un error de copia al autorreplicarse el ADN produce un gen con una secuencia de unidades de base alterada, una mutación genética; las cadenas enteras de ADN mal alineadas o rotas producen mutaciones cromosómicas.

Las células tienen sistemas naturales de corrección de errores, pero algunos escapan inevitablemente, y ciertas influencias dañinas, como los rayos X, los multiplican. Una mutación en los órganos sexuales puede acabar en los espermatozoides u óvulos, y copiarse así a todas las células de la descendencia. Tales mutaciones de la línea germinal se transmiten a las generaciones futuras, pero otras mutaciones en las células del cuerpo no son parte de la línea germinal. Estas mutaciones somáticas afectan a tejidos localizados, pudiendo ser cancerosas, pero no se transmiten a la descendencia.

Este gato atigrado polidáctilo tiene más de cinco dedos en cada pata por una mutación genética heredada.

LA SELECCION NATURAL DIFUNDE LAS MUTACIONES FAVORABLES

LA SÍNTESIS MODERNA

EN CONTEXTO

FIGURAS CLAVE
Ronald Fisher (1890–1962),
Theodosius Dobzhansky (1900–1975)

ANTES

1859 Darwin expone la teoría de la evolución en *El origen de las especies.*

1865 Mendel redacta como borrador para una conferencia «Experimentos sobre hibridación de plantas», detallando su trabajo con guisantes y tres leyes de la herencia.

1900–1903 En *Die mutationstheorie,* Hugo de Vries mantiene que la evolución procede a grandes saltos repentinos.

DESPUÉS

1942 Ernst Mayr publica *Systematics and the origin of species*, y define «especie» como un grupo de organismos reproductivamente aislados (solo sus miembros pueden tener descendencia fértil).

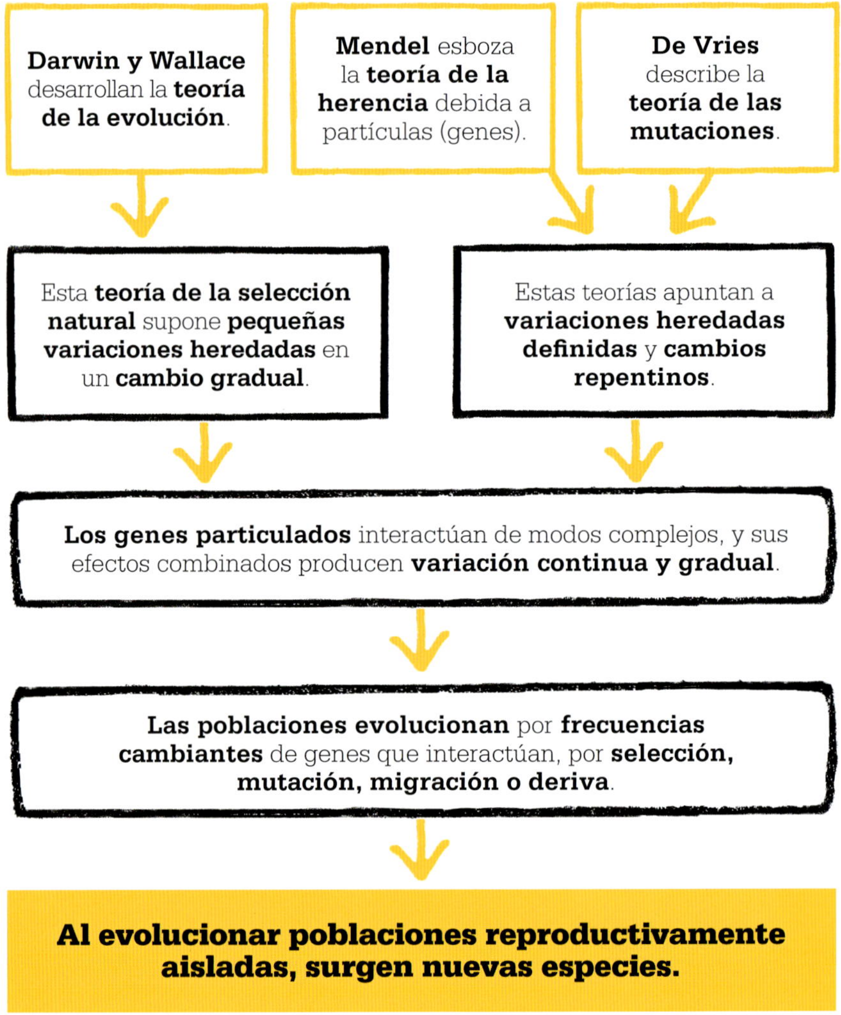

> La evolución [...] es la idea más potente y abarcadora que haya surgido alguna vez en la Tierra.
> **Julian Huxley**
> **(1887–1975)**

El siglo XIX fue testigo del surgimiento de dos de las ideas más importantes de la biología: la teoría de la evolución por selección natural de Charles Darwin y Alfred Russel Wallace, y la teoría de Gregor Mendel de la herencia a través de «partículas», hoy llamadas genes. Combinados, estos conceptos iban a permitir explicar la historia de la vida en la Tierra; pero, en los inicios, sus respectivos partidarios estaban enfrentados.

En las décadas siguientes a la publicación de *El origen de las especies* de Darwin, la mayoría de los biólogos aceptaron la idea de especies emparentadas que evolucionan, pero a pocos les convencía la idea de la selección natural. Darwin creía que la evolución se daba por la selección de variaciones muy leves, en un proceso gradual. En su concepción, los grandes cambios repentinos –como el albinismo– eran aberraciones, y no resultaban significativos. En cambio, otros –incluso su aliado el biólogo británico Thomas Huxley– creían erróneo descontar tales fenómenos; así, al salir a la luz la teoría de la herencia de Mendel en 1900, ignorada durante décadas, los oponentes de Darwin se

Véase también: Las leyes de la herencia 208–215 ▪ ¿Qué son los genes? 222–225 ▪ La selección natural 258–263 ▪ La mutación 264–265 ▪ La especiación 272–273 ▪ Genes egoístas 277

sintieron respaldados. Mendel había demostrado que ciertas características discretas –como el color de las vainas de los guisantes– se debían a unidades heredadas, lo cual les llevó a considerar errónea la idea de selección gradual de Darwin.

Mutaciones

En 1894, el genetista británico William Bateson publicó un estudio en profundidad de lo que entonces se sabía sobre la variación genética, insistiendo en que la variación heredada típica se materializaba de modo discontinuo. Bateson creía que la variación continua y gradual –como la que Darwin entendía que operaba en la selección natural– se debía a las influencias ambientales, y, aunque no estaba al tanto del trabajo de Mendel, consideraba incompatible la discontinuidad con la teoría de Darwin. Bateson era partidario de una evolución a base de grandes saltos, muestra de la escuela de pensamiento llamada «saltacionismo». Al difundirse el trabajo de Mendel en 1900, Bateson lo vio como prueba de su postura. En los Países Bajos, el saltacionista Hugo de Vries propuso que las nuevas especies surgían por la aparición espontánea de nuevas variantes, llamadas mutaciones. Su trabajo, publicado entre 1900 y 1903, fue muy influyente, aunque su idea se basara en pruebas procedentes de una sola especie vegetal: la onagra. El saltacionismo atraía a los científicos que trataban de comprender la herencia por medio de experimentos de cría, mientras que los naturalistas de campo, como lo fuera Darwin, veían variación gradual por todas partes, y muchos consideraban que desmentía la herencia mendeliana.

Acervo genético

La evolución es un fenómeno que afecta a las poblaciones, cuya composición genética cambia con las generaciones. Aunque los miembros de una especie compartan los mismos tipos de genes, hay diferentes versiones de cualquier gen para un rasgo dado, como las vainas verdes o amarillas del guisante. Esas versiones, llamadas alelos, surgen por mutación genética. Las poblaciones con una gran diversidad genética –o muchos alelos diferentes– tienen un acervo genético grande, y la frecuencia o abundancia relativa de los distintos alelos varía a medida que evoluciona una especie.

El acervo genético de una población se simula en ocasiones con una bolsa de habas de colores, en la que los colores representan los distintos alelos, y una muestra al azar de habas representa la siguiente generación. Aunque esta forma de enfocar la genética ha sido criticada, resulta muy útil como modelo del cambio evolutivo a nivel genético.

Genética de poblaciones

Los biólogos quizá mejor situados para resolver la cuestión eran los genetistas con conocimientos de historia natural. En Suecia, Herman Nilsson-Ehle comenzó por estudiar la taxonomía vegetal, pero más adelante mostró que los genes individuales –heredados del modo descrito por Mendel– interactúan de formas complejas, de tal modo que las características que controlan no siempre emergen como discretas. Los biólogos también empezaban a considerar que, para comprender cómo funciona realmente la evolución, era necesario estudiar los genes en poblaciones enteras, y no solo en experimentos.

Muchos genetistas adoptaron el enfoque matemático de Mendel para aplicarlo al estudio de los genes en poblaciones. En cuanto identificaban un gen que controlaba una característica dada, podían averiguar »

La onagra (género *Oenothera*) era una prueba de que la evolución procede por saltos, según Hugo de Vries. Mientras que la mayoría de las especies de onagra son amarillas, *Oenothera rosea* es rosa.

cuánto abundaba en una población y observar cómo cambiaba de una generación a la siguiente. Entre los pioneros en este campo estaban el matemático británico Godfrey Hardy y el médico alemán Wilhelm Weinberg. En 1908, trabajando cada uno por su cuenta, demostraron matemáticamente que –en una población grande– nada en la herencia por sí sola hace cambiar la frecuencia de los genes, y que la evolución solo tendrá lugar si algo perturba el equilibrio genético. La idea de que la variación genética permanece constante a falta de factores externos se conocería como equilibrio de Hardy-Weinberg.

Este principio permitió cuantificar los cambios en la frecuencia de los genes de una generación a la siguiente. Así, un gen que determine el color del pelaje puede tener distintas formas (alelos) para pelaje marrón o blanco. Una población puede comenzar con una proporción igual de estas formas, del 50 % respectivamente. Después de varias generaciones, si la frecuencia es del 30 % para marrón y del 70 % para blanco, la población ha evolucionado, y esto puede significar que la selección natural está favoreciendo el pelaje blanco.

El oso polar ilustra bien el fenómeno de la adaptación de las especies a su medio. El pelaje grueso aporta aislamiento y también camuflaje, una ventaja a la hora de cazar presas.

Efectos combinados

En 1915, el matemático británico Harry Norton halló que incluso un gen que aporte una ventaja minúscula puede producir un gran cambio en una población por selección natural. En 1918, el genetista y estadístico británico Ronald Fisher fue un paso más allá. Consciente de la interacción compleja de los genes, mostró que el efecto combinado de muchos puede explicar la variación continua y gradual –por ejemplo, del tamaño corporal o de los tonos de un pigmento–, creando así las pequeñas diferencias necesarias para que opere la selección natural darwiniana. El trabajo de Fisher hizo mucho por demostrar falsa la supuesta incompatibilidad de las teorías de Mendel y Darwin. Otra figura clave a la hora de conci-

La frecuencia de los genes cambia con el tiempo, por selección o evolución no adaptativa

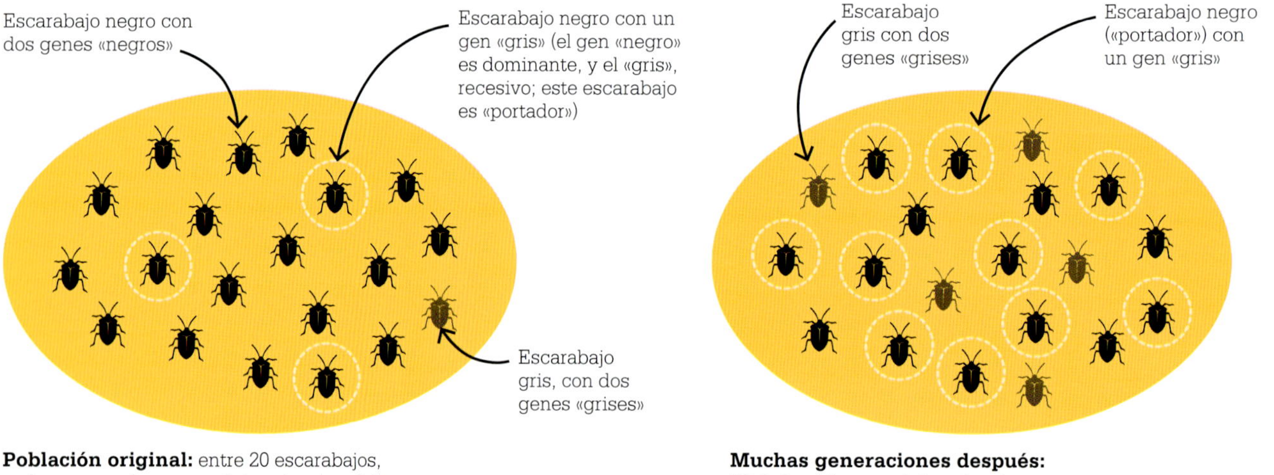

Población original: entre 20 escarabajos, cada uno con dos genes determinantes del color, hay 5 genes «grises».

Muchas generaciones después: 20 de los 40 genes determinantes del color son ahora «grises».

> La selección natural depende de una sucesión de azares favorables.
> **Ronald Fisher**

liar ambas escuelas de pensamiento fue el biólogo ruso Serguéi Chetverikov, quien se centró en la mutación genética –los nuevos genes resultantes de, por ejemplo, errores en la replicación del ADN–, aunque él prefería el término «genovariación». Chetverikov halló que estas mutaciones, si bien no generaban automáticamente nuevas especies del modo que había creído De Vries, podían ejercer su influencia de maneras más sutiles. Algunas eran beneficiosas o dañinas, en mayor o menor grado. Muchas eran también recesivas, término acuñado por Mendel para los alelos que, al combinarse con alelos dominantes, no se manifiestan como características, pero que sí se expresan al emparejarse entre sí. La implicación de todo ello era que la variación genética en las poblaciones era mucho más amplia de lo que nadie –incluido Darwin– había creído, y esto hizo el potencial para la evolución mucho mayor.

Evolución no adaptativa

La selección natural no es el único mecanismo del cambio genético en las poblaciones; intervienen otros factores, como las mutaciones nuevas y la migración o flujo genético (la transferencia de genes de una población a otra). Otro factor es la deriva genética, proceso descrito en 1931 por el estadounidense Sewall Wright. Como cada generación hereda una serie de genes de sus padres, y a menudo el hecho de que un individuo sobreviva y se reproduzca se debe al azar, tales factores pueden causar cambios pequeños en la frecuencia de los genes. En poblaciones muy pequeñas, el cambio puede tener consecuencias relevantes en pocas generaciones. Las poblaciones minúsculas –como las endémicas de una isla– pueden evolucionar rápidamente por efecto del azar. El flujo genético, la mutación y la deriva son procesos azarosos. La selección, en cambio, depende tanto de las características de los organismos como del entorno que habitan, y es el único mecanismo evolutivo que explica satisfactoriamente la adaptación, un fenómeno patente en todo el mundo natural. Esto, por sí solo, es una prueba contundente a favor de la selección natural de Darwin.

Una nueva síntesis

Las nuevas perspectivas de cómo opera la evolución culminaron en 1937 con la publicación de *Genética y el origen de las especies*, del biólogo estadounidense de origen ucraniano Theodosius Dobzhansky, quien sintetizaba los conceptos clave que se habían podido establecer: la evolución procede gradualmente a través de cambios genéticos pequeños, en gran medida debido a la selección natural; y también surgen nuevas especies en poblaciones reproductivamente aisladas, tan distintas genéticamente que solo los cruces dentro del grupo producen descendencia. En la década de 1940, la vieja idea del saltacionismo fue abandonada en favor de esta teoría más amplia, luego conocida por el nombre que le dio en 1942 el biólogo británico Julian Huxley: la síntesis moderna. ■

La tortuga gigante de las Galápagos es un ejemplo del cambio evolutivo rápido que puede darse en islas menores, con rasgos extremos en ocasiones.

La unidad de evolución

El trabajo de Ronald Fisher y otros genetistas de poblaciones se centró en cómo la selección natural favorece o reduce la frecuencia de genes específicos, que por tanto eran unidades importantes de la evolución. Este enfoque ayuda a explicar el modo en que la composición genética de toda una población cambia de una generación a la siguiente, y fue llevado al extremo en la teoría del «gen egoísta» del británico Richard Dawkins en 1976, según la cual los genes dictan el comportamiento de los seres vivos. En cambio, para otros biólogos evolutivos, como el estadounidense de origen alemán Ernst Mayr, centrar la evolución en el gen no es lo más adecuado, y la unidad más importante en la evolución sería el organismo individual. Los genes no operan de forma aislada, siendo el individuo el que responde a las influencias selectivas del medio y, en último término, el que contribuye a la generación siguiente.

EN POBLACIONES AISLADAS SE DAN CAMBIOS DRASTICOS

LA ESPECIACIÓN

EN CONTEXTO

FIGURA CLAVE
Ernst Mayr (1904–2005)

ANTES
1859 Darwin introduce la idea de que las especies evolucionan por selección natural en *El origen de las especies*.

Década de 1930 La síntesis moderna explica la evolución como fusión de la selección natural de Darwin y la herencia mendeliana.

1937 George Ledyard Stebbins, Jr., describe cómo surgen nuevas especies vegetales por mutación cromosómica.

DESPUÉS
1951 George Simpson, paleontólogo estadounidense, define especie como un linaje evolutivo que se mantiene en el tiempo.

1976 En *El gen egoísta*, el biólogo evolutivo Richard Dawkins populariza la evolución centrada en el gen, o selección natural al nivel de los genes.

La teoría de la evolución por selección natural de Charles Darwin, tal como la plantea en *El origen de las especies*, es una explicación formidable de cómo cambia gradualmente la vida a lo largo de muchas generaciones, pero arroja una luz limitada sobre el fenómeno concreto de la especiación, o cómo surgen especies nuevas a partir de otras existentes.

Las variaciones pequeñas dentro de las especies pueden ofrecer una pista. En 1833, el zoólogo alemán Constantin Gloger notó que las especies de aves que habitan en un espectro amplio de latitudes suelen tener el plumaje más oscuro en los trópicos cálidos y húmedos que en las regiones templadas, más frías y secas. La idea, llamada regla de Gloger, planteaba la posibilidad de que estas variantes geográficas fueran nuevas especies incipientes. Tanto Darwin como el biogeógrafo británico Alfred Russel Wallace creían que la separación geográfica podía ser la clave del origen de nuevas especies, pero dudaban que fuera siempre el caso. Darwin, desde luego, creía que el aislamiento geográfico explica la evolución en las islas algo que corroboran los actuales análisis del ADN. Por ejemplo, los pinzones de las Ga-

Los lobos árticos y rojos canadienses son dos razas de la especie lobo. Pese a sus diferencias físicas, pueden cruzarse, pero podrían convertirse en especies distintas en el futuro.

Véase también: La reproducción asexual 178–179 ▪ Las leyes de la herencia 208–215 ▪ Cromosomas 216–219 ▪ Nombrar y clasificar la vida 250–253 ▪ La selección natural 258–263 ▪ La mutación 264–265 ▪ La síntesis moderna 266–271

Cuando la población de una especie queda dividida por una barrera física, la evolución a uno y otro lado de dicha barrera toma caminos diferentes –sea por selección o por deriva–, y pueden acabar siendo especies distintas.

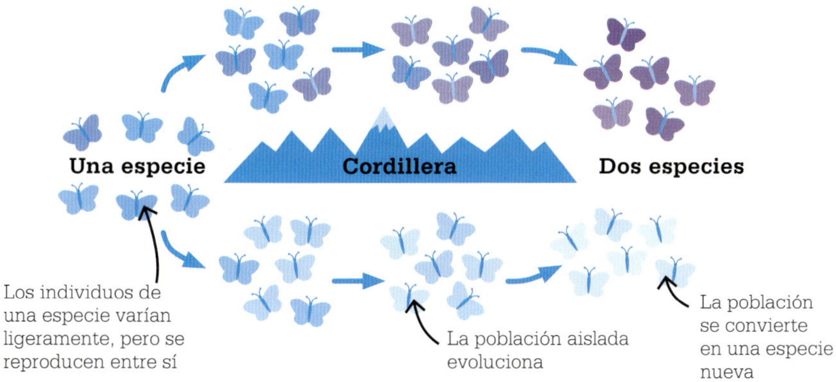

lápagos tienen la mayor afinidad con especies de la América del Sur continental y del Caribe. Hace al menos dos millones de años, miembros de una especie ancestral volaron hacia el mar abierto, colonizaron las islas y evolucionaron gradualmente hasta las aves que los ornitólogos describieron como pinzones de las Galápagos. El análisis del ADN ha mostrado que las poblaciones de animales separadas por cordilleras u otras barreras físicas también divergen y forman especies diferentes.

Aislamiento reproductivo

El aislamiento geográfico por sí solo no basta para explicar la aparición de nuevas especies. En 1942, el biólogo estadounidense de origen alemán Ernst Mayr planteó el concepto de «especie biológica», según el cual los miembros de una especie casi siempre crían dentro de la misma, y solo muy raramente se cruzan con otras. También explicó que la especiación tiene que consistir en la evolución de nuevas características que impiden a algunos individuos de una especie cruzarse con otros. Por ejemplo, un ave puede desarrollar un comportamiento de cortejo ligeramente distinto y que algunos miembros de la especie no reconocen como mecanismo de aislamiento reproductivo.

Mayr creía que es más probable que esto ocurra cuando una población queda separada geográficamente. Una vez aisladas a ambos lados de la divisoria, las dos poblaciones evolucionan por separado y, con el tiempo, llegan a ser tan diferentes que, incluso en el caso de que miembros de ambas se encuentren de nuevo, no podrían procrear: se habrían convertido en especies diferentes.

La evolución en las plantas

Aunque generalmente se atribuye el papel dominante en el surgimiento de nuevas especies a los efectos graduales de la separación geográfica, estos no son el único factor que impulsa la evolución. En la década de 1930, el botánico estadounidense George Ledyard Stebbins, Jr., describió cómo surgen rápidamente nuevas especies vegetales debido a mutaciones repentinas, idea que desarrolló en *Variation and evolution in plants*, publicado en 1950.

Muchas plantas experimentan una multiplicación espontánea de su número de cromosomas, en un proceso llamado poliploidía. En los animales suele causar la muerte, pero algunas plantas prosperan gracias a la poliploidía, que les impide cruzarse con la generación parental en una única generación. Es un proceso tan común que probablemente al menos un tercio de las plantas con flores evolucionó de este modo. ■

Conceptos de especie

Durante siglos, los naturalistas consideraron a los seres vivos de la misma especie si compartían ciertos rasgos físicos. En el siglo XVII, los biólogos comprendieron las limitaciones de esta visión morfológica: uno y otro sexo pueden ser de distinto tamaño y color, y muchos animales se transforman en la metamorfosis. En el siglo XIX, Gloger, Darwin y otros atendieron a la variación natural en las poblaciones de animales que se reproducen entre sí, y a cómo esta es clave para la evolución. El concepto biológico de especie de Mayr –en el que las distintas especies están reproductivamente aisladas– aclaró algo las cosas, pero no funciona en todos los casos, como el de los organismos que únicamente se reproducen asexualmente. Hoy, la mayoría de los biólogos emplea el concepto «filogenético», que define especie como grupo de organismos con un antepasado común con el que comparten determinados rasgos.

TODA VERDADERA CLASIFICACION ES GENEALOGICA

LA CLADÍSTICA

EN CONTEXTO

FIGURA CLAVE
Willi Hennig (1913–1976)

ANTES
1753, 1758 *Species plantarum* y *Systema naturæ*, de Carlos Linneo, son el punto de partida de la clasificación y nomenclatura de las especies.

1859 Charles Darwin aporta pruebas de las relaciones evolutivas entre especies en *El origen de las especies*.

1939 La clasificación de Alfred Sturtevant de las especies de mosca de la fruta según múltiples características correlacionadas anuncia la taxonomía numérica difundida en las décadas de 1950 y 1960.

DESPUÉS
1968 La teoría neutral de la evolución molecular, introducida por Motoo Kimura, apoya la idea de que puede ser posible determinar cuándo divergió una especie en la historia evolutiva de un grupo.

En *El origen de las especies*, Charles Darwin defendió la clasificación de las especies según sus relaciones evolutivas. Señaló que la mejor manera de descubrir estas relaciones era comparar los rasgos observables de distintas especies, pero reconocía que algunas características son más importantes que otras, y que también pueden resultar engañosas: una columna vertebral ósea identifica inequívocamente a los vertebrados como descendientes de un antepasado común, pero no puede decirse lo mismo de las alas, que han evolucionado independientemente en grupos distintos de especies, como aves, murciélagos e insectos.

Los biólogos eran conscientes de que la elección de las características que usa la taxonomía (la clasificación de las especies) y su valoración son subjetivas. En 1939, el genetista estadounidense Alfred Sturtevant aplicó un sistema estrictamente numérico a la clasificación de especies de mosca de la fruta. Analizó 27 características en 42 especies, buscando la correlación de rasgos de unas y otras e indicando relaciones genéticas probables. Las 42 especies se dividían en tres grupos.

Con el respaldo de estudios posteriores, este enfoque cuantitativo –llamado fenética– se difundió. Con la invención del ordenador, los biólogos de la década de 1950 pudieron manejar la cantidad enorme de datos necesaria para estudiar grupos taxonómicos mayores. La técnica culminó en 1963, cuando los

Las alas de especies genéticamente lejanas son estructuras análogas, pero evolucionaron por separado: las de los murciélagos y las aves, a partir de «manos» óseas; las de los insectos, sin relación con los miembros.

Véase también: Nombrar y clasificar la vida 250–253 ▪ La vida evoluciona 256–257 ▪ La selección natural 258–263 ▪ La especiación 272–273 ▪ Extinciones masivas 278–279

En este cladograma de los vertebrados terrestres vivos, las aves se consideran un subgrupo de los reptiles, por descender de los dinosaurios y tener como parientes más próximos a los cocodrilos. La clase tradicional de los reptiles modernos, sin embargo, no incluye a las aves.

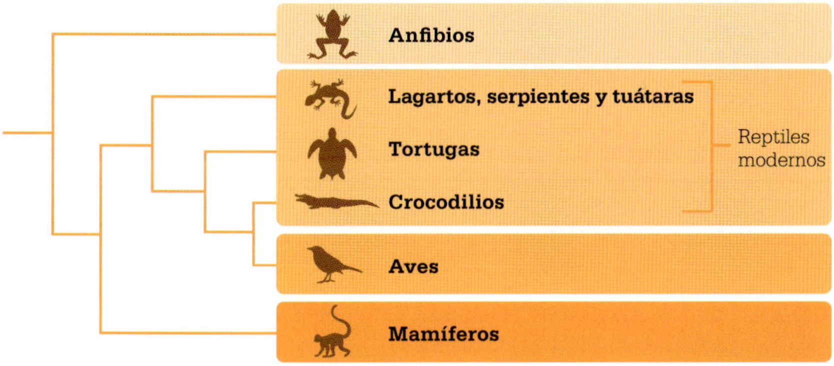

biólogos Robert Sokal y Peter Sneath publicaron *Principles of numerical taxonomy*.

Clasificación por linajes

Aunque las técnicas estadísticas de la taxonomía numérica demostraron su utilidad, el método fenético no considera explícitamente las pruebas del linaje evolutivo común, que es precisamente de lo que se ocupó una escuela de clasificación rival. En 1950, el zoólogo alemán Willi Hennig publicó su trabajo sobre lo que llamaba sistemática filogenética. Partía del supuesto de que la evolución procede por separación dicótoma, en la que una especie se ramifica en dos. Estos puntos de ramificación, que representan un antepasado común hipotético, se infieren de la observación de características observables. Para Hennig, todas las especies que descienden de un antepasado común –incluido este– deben clasificarse juntas en un mismo grupo, o «clado». La historia evolutiva se representa como diagrama, en lo que se conoce como árbol filogenético, o cladograma.

El método de Hennig, la cladística, reforzado por los métodos más avanzados de análisis de datos hoy posibles, es el método de uso predominante en la actualidad. Múltiples secuencias de ADN se consideran un indicador más fiable del linaje que la morfología (la forma y estructura de los organismos) por sí sola.

Sin embargo, y pese al claro afán de objetividad, el método cladístico plantea problemas: las especies no siempre se separan de manera dicótoma, y algunos linajes evolucionan más rápido que otros. Por ejemplo, el punto de origen de todas las aves se encuentra en el árbol evolutivo de los reptiles, y, por tanto, según la lógica cladística, las aves son un subgrupo de los reptiles. Algunos defienden que los rasgos característicos que evolucionaron en las aves en un periodo relativamente corto de tiempo –como las plumas y el pico sin dientes– justifican clasificarlas como grupo distinto de los reptiles. Por tanto, pese a la tendencia creciente a emplear grupos cladísticos, no han dejado de usarse otras clasificaciones más tradicionales. ■

Terminología cladística

Cuando describió su sistema para clasificar a los seres vivos, Willi Hennig inventó mucha terminología nueva. Al aceptarse más generalmente la cladística, los biólogos adoptaron algunos términos, hoy parte del léxico taxonómico. Dos términos cruciales son apomorfia y plesiomorfia: la primera es una innovación evolutiva, una característica ausente en los antepasados, y útil para definir un grupo; la segunda, una característica ancestral conservada, que por tanto informa poco de las relaciones dentro de un grupo. Los taxónomos definen más los rasgos considerando grupos externos, es decir, especies más lejanamente emparentadas. Las uñas, por ejemplo, son una apomorfia de los primates, exclusiva de las especies del grupo. El pelaje, en cambio, es una plesiomorfia en los primates, por ser común a otros grupos externos de mamíferos, como roedores o cánidos.

> La cladística fue motivada por la necesidad de eliminar la subjetividad y la arbitrariedad de la clasificación.
>
> **Ernst Mayr**
> **Biólogo estadounidense (1904–2005)**

LA CUALIDAD CRONOMETRICA DE LA EVOLUCION

EL RELOJ MOLECULAR

EN CONTEXTO

FIGURAS CLAVE
Emil Zuckerkandl (1922–2013), **Linus Pauling** (1901–1994)

ANTES
1905 El físico neozelandés Ernest Rutherford inventa una técnica para datar rocas analizando sus isótopos, adaptada luego a la datación de fósiles.

1950 Willi Hennig describe un método de clasificación por árboles genealógicos (cladística).

DESPUÉS
1968 El biólogo japonés Motoo Kimura introduce la teoría neutral de la evolución molecular, por la que mucha variación genética surge por mutación a una tasa constante.

2000 Los biólogos introducen los términos cronograma y *timetree* para los árboles filogenéticos calibrados a fin de mostrar las fechas de los puntos de divergencia evolutiva.

A medida que la vida evoluciona, el ADN acumula cambios por errores de copia, o mutaciones, que alteran la secuencia de sus elementos constructivos. En 1962, el biólogo austriaco Emil Zuckerkandl y el químico estadounidense Linus Pauling hallaron –nada inesperadamente– secuencias semejantes en especies emparentadas. En 1965, situando fósiles datados en un árbol evolutivo de las especies estudiadas, estimaron el ritmo al que habían variado las secuencias. Más tarde, propusieron que estos datos podían mostrar la tasa de mutación en un periodo determinado, y servir como «reloj molecular» para saber cuándo divergieron dos especies.

> [...] uno de los conceptos más simples y poderosos de la evolución.
> **Roger Lewin**
> ***Patrones en la evolución* (1997)**

La constancia del reloj

Estimar el tiempo transcurrido desde la divergencia requiere una tasa de cambio constante, pero los biólogos saben que la selección natural puede acelerarla. Por tanto, el «reloj» debe basarse en genes que cambien al azar, y no por la selección.

En 1967, el bioquímico estadounidense Emanuel Margoliash dio con un gen tal: el que produce la proteína citocromo *c*, necesaria para reacciones críticas que liberan energía en prácticamente toda las formas de vida, desde bacterias a plantas y animales. Margoliash elaboró árboles evolutivos basados en la distancia mutacional entre los genes del citocromo *c* de distintas especies. En la actualidad se emplea una versión refinada de esta técnica, fundamental para comprender la cronología de las ramas divergentes del árbol evolutivo de los seres vivos. ■

Véase también: El código genético 232–233 ▪ La secuenciación del ADN 240–241 ▪ Especies extintas 254–255 ▪ La selección natural 258–263 ▪ La mutación 264–265

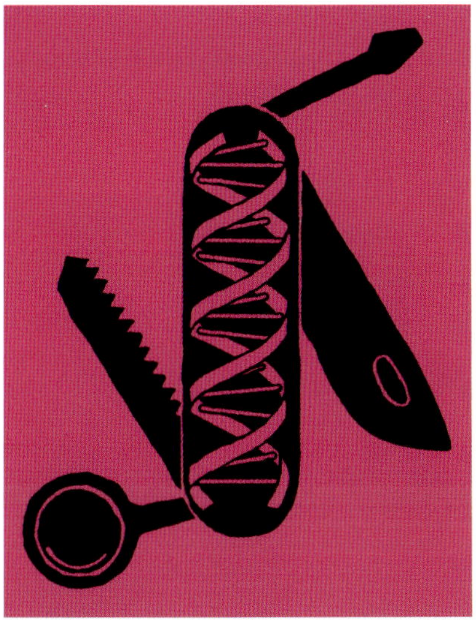

SOMOS MAQUINAS DE SUPERVIVENCIA

GENES EGOÍSTAS

EN CONTEXTO

FIGURA CLAVE
Richard Dawkins (n. en 1941)

ANTES
1859 Darwin desvela la teoría de la evolución por selección natural, en la que los organismos se comportan de modos que benefician a la especie.

1930 Ronald Fisher propone un mecanismo para explicar la selección de parentesco, en la que los animales se sacrifican en beneficio de la supervivencia de sus parientes.

DESPUÉS
Década de 1980 La memética, basada en cómo define Richard Dawkins los memes, trata de explicar cómo se difunden los fenómenos culturales por selección natural.

Década de 1990 Nace la epigenética, que estudia estructuras bioquímicas adquiridas en vida que controlan la expresión de los genes y que son heredables.

El concepto de «gen egoísta» supone una perspectiva evolutiva centrada en el gen –en lugar de en el individuo o la especie– como unidad de la selección natural. Para Darwin, esta actuaba sobre los individuos: los bien adaptados al medio sobreviven y se reproducen, y en cada siguiente generación aumenta la prevalencia de sus rasgos útiles. Los individuos peor adaptados tienen menos probabilidades de sobrevivir y criar, y con ello los rasgos desventajosos se vuelven menos comunes.

La hipótesis centrada en el gen se contrapone a la explicación original de Darwin de la evolución en beneficio de un grupo o especie del comportamiento animal. Cuando un suricato centinela emite una llamada de alarma al detectar a un depredador, beneficia a la colonia, pero corre menos riesgo de ser la presa, pues los centinelas permanecen junto a la madriguera. Si no fuera así, la selección natural beneficiaría a los suricatos que no avisen del peligro. En la perspectiva centrada en el gen, comportamientos como el del suricato evolucionan porque los miembros del grupo comparten una proporción elevada de los mismos genes. Las adaptaciones fruto de la selección natural maximizan la prevalencia de genes, no de individuos ni especies, aunque este sea el resultado directo.

Los suricatos viven en grupos de hasta treinta individuos. Uno o más miembros de cada grupo permanece alerta, listo para avisar de cualquier amenaza.

Richard Dawkins popularizó esta idea en 1976 en *El gen egoísta*, y el apelativo alude a que toda la actividad biológica deriva del imperativo químico del ADN de replicarse. ■

Véase también: Las leyes de la herencia 208–215 ▪ ¿Qué son los genes? 222–225 ▪ La selección natural 258–263 ▪ La mutación 264–265

LA EXTINCION COINCIDE CON EL IMPACTO

EXTINCIONES MASIVAS

EN CONTEXTO

FIGURAS CLAVE
Luis Alvarez (1911–1988),
Walter Alvarez (n. en 1940)

ANTES

1694 El astrónomo Edmund Halley propone que el impacto de un cometa causó el diluvio universal, y es censurado por la Royal Society.

1953 En una publicación privada, los geólogos Allan O. Kelly y Frank Dachille plantean que los dinosaurios fueron exterminados por el impacto de un asteroide.

DESPUÉS

1990 El geólogo canadiense Alan Hildebrand halla que muestras del cráter de Chicxulub exhiben metamorfismo de impacto, como cristales llamados tectitas y cuarzo de impacto.

2020 El británico Gareth Collins muestra que el asteroide exterminador impactó en un ángulo de 60°, maximizando el tamaño de la nube de escombros.

A lo largo de la historia de la vida en la Tierra ha habido varias extinciones masivas que se deducen claramente del registro fósil. Todas se han estudiado concienzudamente, pero la que atrapa la imaginación de científicos y legos por igual ocurrió hace 66 millones de años, al final del periodo Cretácico. En este acontecimiento, tres cuartas partes de las especies de la Tierra –entre ellas los dinosaurios, con la excepción de los que evolucionaron hasta las actuales aves– desaparecieron en un abrir y cerrar de ojos geológico. La posible causa de esta aniquilación de especies fue largo tiempo debatida, sin solución debido a la ausencia de pruebas físicas, hasta la publicación en 1980 de un trabajo que presentaba nuevos hallazgos geológicos. El físico estadounidense Luis Alvarez y su hijo, el

El asteroide que impactó en la Tierra hace 66 millones de años medía unos 10 km de diámetro. El número de asteroides próximos a la Tierra de ese tamaño hace probable un impacto cada 100 millones de años.

Véase también: La fotosíntesis 50–55 ▪ Especies extintas 254–255 ▪ La especiación 272–273 ▪ Cadenas tróficas 284–285

Luis Alvarez fue premiado con el Nobel de física en 1968 por su trabajo con partículas subatómicas. En 1979 usó un método de química nuclear para medir el iridio en la arcilla sedimentaria.

geólogo Walter Alvarez, afirmaban que esta extinción masiva fue consecuencia del impacto en el planeta de un asteroide, un gran objeto rocoso en órbita alrededor del Sol.

Polvo de iridio

La hipótesis de los Alvarez se basaba en el descubrimiento en Gubbio, en el centro de Italia, de niveles extremadamente altos del metal iridio en una capa arcillosa de roca sedimentaria correspondiente a la época de la extinción de los dinosaurios. La concentración de iridio era 30 veces superior a la normal, y estudios posteriores detectaron el mismo fenómeno en otras partes del mundo; en Dinamarca, el iridio en la capa de arcilla era de 160 veces el nivel de fondo. Dado que los elementos del grupo del platino, como el iridio, son raros en la corteza terrestre, se dedujo que la arcilla procedía del polvo de un objeto extraterrestre.

Una posibilidad era que viniera de una supernova, la explosión de una estrella. La composición de la arcilla, sin embargo, era demasiado semejante a los materiales de nuestro propio sistema solar, y las supernovas se dan muy lejos de este. La causa más probable, por tanto, era el impacto de un gran asteroide. Una colisión tal habría generado una vasta nube de roca pulverizada, de 60 veces la masa del asteroide, que habría impedido a la luz solar alcanzar la superficie del planeta durante varios años. Esto habría suprimido la fotosíntesis, provocando un colapso catastrófico de las cadenas tróficas y una extinción masiva.

A partir de los datos del iridio, se calculó el tamaño del asteroide en unos 10 km de ancho, pero no se había encontrado el cráter de impacto. En 1990 se encontraron nuevas pruebas de que un cráter inmenso próximo a la localidad de Chicxulub (México) era de impacto, y su tamaño y edad, los del presunto culpable.

Erupciones volcánicas

La hipótesis del asteroide fue recibida con escepticismo por quienes creían que el declive de los dinosaurios, y también el cambio de la flora terrestre en la época, eran demasiado graduales para deberse a un suceso repentino. Una influyente teoría rival atribuía lo ocurrido a las erupciones volcánicas masivas al final del periodo Cretácico, que crearon uno de los mayores rasgos volcánicos del planeta –los traps del Decán, en el centro-oeste de India–, y pudieron transformar las condiciones de la vida en la Tierra. La emisión de gases sulfurosos a la atmósfera pudo volver ácidos los océanos, y el dióxido de carbono expulsado habría causado un aumento en las temperaturas mundiales. Otra teoría es que el impacto del asteroide intensificó la actividad volcánica.

Los modelos climáticos y ecológicos, sin embargo, respaldan la hipótesis del asteroide, indicando que el largo invierno inducido habría vuelto inhabitable el planeta para los dinosaurios, pero habría sido mitigado por los efectos de calentamiento del vulcanismo, contribuyendo a la recuperación ecológica: de no ser por el vulcanismo, se habría extinguido un número de especies aún mayor. ■

> Soñamos con hallar nuevos secretos de la naturaleza tan importantes y emocionantes como los revelados por nuestros héroes científicos.
>
> **Luis Alvarez**
> **Discurso del Nobel (1968)**

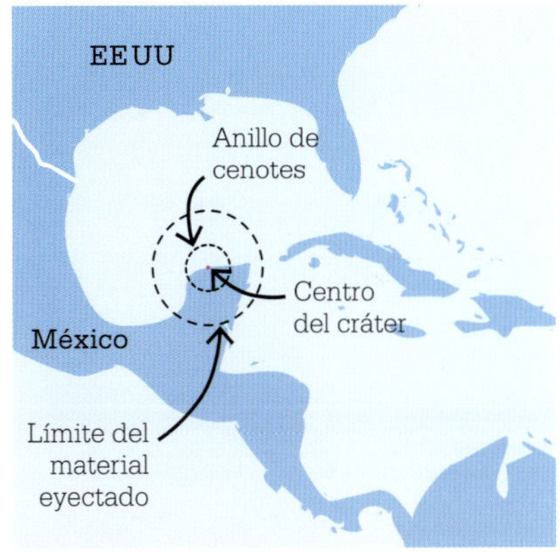

El cráter de Chicxulub, creado por el impacto del asteroide, se extiende por el golfo de México desde la península de Yucatán. Su borde lo marca un anillo de dolinas –o cenotes, en la lengua maya.

ECOLOG

A

1718
Richard Bradley describe cómo **plantas y animales** dependen unos de otros en **cadenas tróficas**.

1799
La **expedición** de Alexander von Humboldt a Sudamérica sienta las bases de la **biogeografía de plantas**.

1916
Frederic Clements propone el concepto de **sucesión** dentro de una comunidad local de **especies diversas**.

1925
Alfred Lotka propone un modelo de la **relación simbiótica depredador-presa**, y Vito Volterra lo duplica al año siguiente de forma independiente.

1926
En su obra *La biosfera*, Vladímir Vernadski explica cómo los **organismos vivos reciclan** la materia del medio ambiente terrestre.

1934
Georgy Gause presenta el **principio de exclusión competitiva**: si dos especies compiten, la más débil **se extinguirá o se adaptará** para no tener que competir.

Mientras que la mayor parte de la biología se ocupa del estudio de los propios seres vivos –su anatomía y fisiología, y el proceso mismo de la vida–, un área importante de los estudios biológicos es la ecología, que estudia las relaciones complejas entre los seres vivos y su medio externo. La ecología surgió como campo definido en los siglos XVII y XVIII, en plena revolución científica, cuando los científicos y filósofos naturales ilustrados buscaron explicaciones racionales a los fenómenos naturales.

La idea de estudiar a los seres vivos en su hábitat natural no era nueva: los naturalistas habían observado y comentado las plantas, los animales y el mundo que habitan desde la época de Aristóteles, en el siglo IV a. C. Fue en el siglo XVIII, sin embargo, cuando la aplicación del método científico comenzó a proporcionar información acerca de las interacciones de los seres vivos con su medio ambiente.

Entre los primeros científicos en estudiar este aspecto de la biología se cuenta Richard Bradley, quien comprendió la interdependencia de organismos diversos en lo que llamó cadenas alimenticias. La idea de estudiar a los seres vivos no como individuos, sino como participantes en una comunidad de organismos que ocupan un medio ambiente dado, no fue adoptada de inmediato por los biólogos, y su importancia no sería plenamente reconocida hasta el siglo XX.

En el siglo XIX, los viajes de exploración de naturalistas como Alexander von Humboldt, Charles Darwin y Alfred Russel Wallace hicieron revivir el interés por este enfoque. Sus expediciones revelaron una enorme diversidad de vida, y mostraron cómo habían evolucionado distintas especies para adecuarse a las condiciones geográficas –y en particular climáticas– en las que viven.

Una disciplina nueva

Al quedar establecido el vínculo entre las especies y su medio, se fundó la ecología moderna como disciplina. A través del estudio de todos los seres vivos de un lugar determinado –lo que llamó comunidad–, Frederic Clements mostró cómo los seres vivos reaccionan ante las condiciones y los cambios. Alfred Lotka y Vito Volterra estudiaron también el comportamiento de los animales en una comunidad atendiendo a la relación entre depredadores y presas, y a las fluctuaciones de sus respectivas poblaciones debido a esta simbio-

1935

Arthur Tansley introduce el concepto de **ecosistemas** y la **interacción** dentro de ellos entre los **seres vivos** y su entorno **no vivo**.

1941

Raymond Lindeman describe el **flujo de la energía de la luz solar** por los diversos niveles de las cadenas alimenticias (o **niveles «tróficos»**).

1957

G. Evelyn Hutchinson define el **nicho** de una especie –su **papel** en el medio ambiente– en función de **múltiples factores** relativos a la supervivencia y la reproducción.

1962

En *Primavera silenciosa*, Rachel Carson advierte del **daño** que causa la **actividad humana** a los ecosistemas.

1967

En su teoría de la **biogeografía de islas**, Robert MacArthur y Edward Wilson presentan un **modelo del equilibrio** entre la extinción y la inmigración de especies en los **ecosistemas** isleños.

1974

La **hipótesis Gaia** de James Lovelock propone que el ecosistema terrestre se comporta como un **superorganismo** autorregulado.

sis. Georgy Gause mostró cómo la más débil de dos especies en competencia se ve forzada a adaptarse o a extinguirse. G. Evelyn Hutchinson mantuvo más tarde que el equilibrio se alcanza en una comunidad cuando cada especie ocupa un nicho particular, de modo que las especies cohabitan, más que compiten, en su medio ambiente.

Ecosistemas

De esta noción de comunidades de seres vivos surgieron gradualmente conceptos nuevos sobre el medio ambiente. Vladímir Vernadski habló de la biosfera en sus escritos para referirse al medio ambiente total en el que viven todos los organismos de la Tierra, y en el que interactúan con el mundo no vivo, reciclando continuamente materia. Arthur Tansley describió una idea similar de interacción entre los seres vivos y el medio, pero a una escala mucho menor: en lugar de operar a escala global, consideraba tales interacciones como divididas en distintas áreas, llamadas ecosistemas.

Asentada la noción de ecosistema, la atención de los biólogos se dirigió al funcionamiento de estos sistemas como unidades autorreguladas y al comportamiento de los organismos que los integran. Combinando lo anterior, en 1941, Raymond Lindeman retomó la noción de cadenas alimenticias (tróficas), explicando cómo la energía solar fluye por ellas a través de todos los organismos que componen un ecosistema.

El ecologismo

Quizá la teoría más abarcadora del ecosistema fue la hipótesis Gaia, propuesta por James Lovelock, en la década de 1970, que considera la Tierra entera –no únicamente la biosfera– como un ecosistema autorregulado en el que los seres vivos y el medio interactúan de manera constante, y que, tomados como conjunto, se comportan en ciertos aspectos como un superorganismo individual.

Las ideas de Lovelock tuvieron una gran influencia en el creciente movimiento ecologista, surgido en la década de 1960. Una de sus pioneras fue Rachel Carson, autora de la obra *Primavera silenciosa*, de 1962, donde describe el impacto dañino de la actividad humana en el delicado equilibrio de los ecosistemas terrestres. En la era actual de cambio climático global, la obra de Carson continúa resultando muy inspiradora. ■

TODOS LOS SERES TIENEN ALGUNA DEPENDENCIA DE OTROS

CADENAS TRÓFICAS

EN CONTEXTO

FIGURA CLAVE
Richard Bradley (1688–1732)

ANTES
Siglo IX El erudito árabe Al Jahiz describe cadenas tróficas en *El libro de los animales*.

1717 Antoni van Leeuwenhoek observa que las gambas comen animálculos; los eglefinos, gambas; y los bacalaos, eglefinos.

DESPUÉS
1749 Linneo esboza dos cadenas tróficas en su concepto de economía de la naturaleza.

1927 El zoólogo inglés Charles Elton trata las cadenas tróficas y ciclos alimenticios en *Animal ecology*.

2008 El paleobiólogo alemán Jürgen Kriwet muestra una cadena trófica antigua revelada por el contenido estomacal de un tiburón extinto: el tiburón se alimentaba de anfibios, y estos de peces.

Cómo interactúa la vida con la vida para obtener alimento? Las primeras ideas sobre cadenas tróficas, que documentaron la jerarquía alimenticia de diversos animales en un hábitat, se remontan al siglo IX, en el Imperio islámico. El concepto fue teorizado en mayor detalle a finales del siglo XVII por el botánico británico Richard Bradley. Bradley no tenía una educación científica formal, pero sí una gran pasión por las plantas, y escribió extensamente sobre horticultura. Observó que los insectos o sus larvas se alimentan de los cultivos, que cada especie vegetal tiene una serie propia de plagas y que estas a su vez son presa de

Las cadenas tróficas muestran la jerarquía alimenticia de los organismos de un hábitat, que se agrupan en categorías como productores, consumidores y descomponedores, y se alimentan en todos los niveles de la cadena. Casi todos los productores o autótrofos fabrican su propio alimento por fotosíntesis.

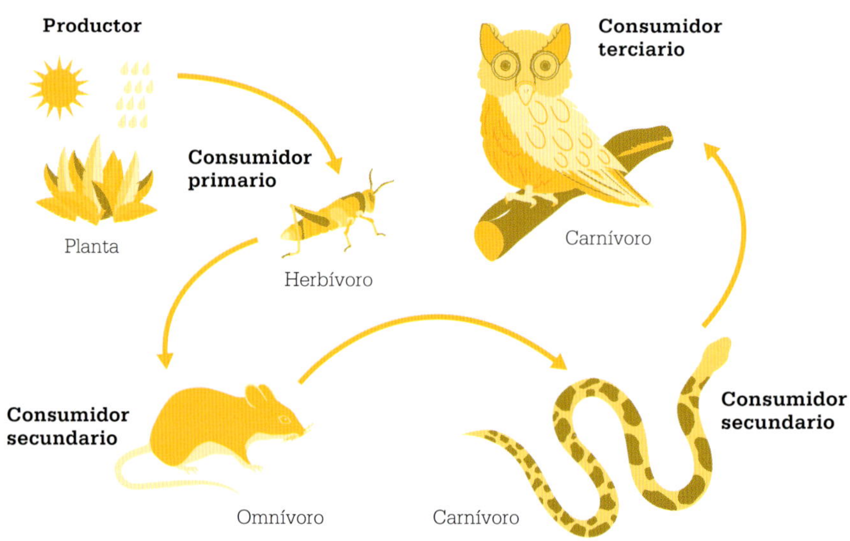

Véase también: La fotosíntesis 50–55 ▪ La sucesión ecológica 290–291 ▪ Relaciones depredador-presa 292–293 ▪ El principio de exclusión competitiva 298 ▪ Ecosistemas 299 ▪ Niveles tróficos 300–301 ▪ Nichos 302–303

depredadores como arañas y aves. En su obra de 1719–1720 *New Improvements of planting and gardening* («Nuevas mejoras de la siembra y horticultura»), propuso que todos los animales dependen unos de otros para el alimento en una cadena continua.

Productores y consumidores

En las cadenas tróficas tal como hoy se entienden, las plantas se hallan en la base, y se consideran los productores. Contienen clorofila, y emplean la energía solar para convertir dióxido de carbono y agua en azúcares en el proceso de la fotosíntesis, con el oxígeno como material de desecho. Los organismos fotosintéticos, que incluyen algas y bacterias además de plantas verdes, fabrican su propio alimento, y sin ellos sería muy poco más lo que existiría. De ellos se alimentan consumidores primarios herbívoros como bóvidos, conejos y orugas. Estos consumidores primarios son presa de carnívoros –los consumidores secundarios–, como zorros, búhos y serpientes. Más alto en la cadena trófica, depredadores cada vez mayores atrapan y consumen a los menores, ocupando la cima los animales sin depredadores (aunque no necesariamente sin parásitos), como depredadores alfa. En cada fase se transfiere energía de un eslabón al siguiente. La cadena se perpetúa al morir las plantas y los animales: los descomponedores se alimentan de sus restos, y también de los excrementos, y reciclan materias primas que quedan disponibles para los productores de la siguiente generación de la cadena.

Redes tróficas y simbiosis

En 1768, el pastor luterano y naturalista neerlandés John Bruckner comprendió que las cadenas tróficas no se dan de forma aislada, y que los seres vivos de unas y otras interactúan, formando una red trófica, descrita más tarde por Charles Darwin como una «red de relaciones complejas».

Dentro de una cadena o red trófica, el número de individuos de una especie determinada en un área geográfica se llama población, y cuando dos o más poblaciones están vinculadas a un área particular por una vegetación dada, por ejemplo, forman parte de una comunidad. Dentro de esta, los miembros de las especies de cada cadena trófica pueden interactuar de diversas maneras. Algunos comen a otros –depredación–; otros mantienen relaciones que benefician a ambas partes –mutualismo–, o a una de ellas a expensas de la otra, el anfitrión, que en algunos casos puede morir, en el llamado parasitismo. Cuando una especie se beneficia de otra sin perjudicar ni beneficiarla, se conoce como comensalismo. ■

> Los mosquitos nos recuerdan que no estamos tan alto como creemos en la cadena trófica.
>
> **Tom Wilson**
>
> **Autor y cómico canadiense**

Las chimeneas hidrotermales presentan ecosistemas únicos. Sus organismos resisten la falta de luz, la presión extrema y el agua caliente.

Cadena trófica del mar profundo

En 1976, en lo profundo del Pacífico, se descubrió una cadena trófica extraordinaria cuya energía no procede del Sol, sino del interior de la Tierra. Las chimeneas hidrotermales son grietas del lecho oceánico, como los géiseres, en las que el magma calienta el agua del mar. Algunas expulsan agua a más de 400 °C. Los dos tipos de chimeneas –fumarolas negras y blancas– se caracterizan por su contenido mineral. Las fumarolas negras contienen sulfuros que las bacterias convierten en energía por el proceso de la quimiosíntesis. Estas bacterias están en la base de una cadena trófica del mar profundo, que incluye gusanos de tubo gigantes, almejas y gambas ciegas, todos dependientes de las bacterias. Una criatura especialmente extraña, el gusano de Pompeya, mantiene su extremo delantero en agua a unos cómodos 22 °C, y el trasero, protegido por un paño de bacterias simbióticas, en agua de las fosas a 80 °C.

LOS ANIMALES DE UN CONTINENTE NO SE ENCUENTRAN EN OTRO

BIOGEOGRAFÍA DE PLANTAS Y ANIMALES

EN CONTEXTO

FIGURAS CLAVE
Alexander von Humboldt (1769–1859), **Alfred Russel Wallace** (1823–1913)

ANTES
Siglo IV A. C. Aristóteles describe diversas plantas y animales que viven en determinados lugares, y no en otros.

1749–1788 El conde de Buffon publica su *Historia natural* en 36 volúmenes, que incluye su teoría sobre la variación de las especies.

DESPUÉS
1967 Robert MacArthur y Edward O. Wilson, ecólogos estadounidenses, desarrollan un modelo matemático de la biogeografía de islas.

1975 El biogeógrafo húngaro Miklos Udvardy propone dividir los ámbitos biogeográficos en provincias menores.

Siempre se supo que no todos los seres vivos viven en los mismos lugares, pero antes del siglo XVIII pocos trataron de explicar por qué. En la década de 1780, el botánico y taxónomo sueco Carlos Linneo, influido por las escrituras cristianas, consideró que toda la vida se había originado en una «isla paradisiaca» en la que cada especie estaba adaptada a un hábitat particular, y que cuando descendieron las aguas del diluvio universal, esta diversidad de plantas y animales se extendió a todos los rincones de la Tierra.

El polímata francés conde de Buffon aplicó métodos científicos al estudio de la distribución de los fósiles y los animales, y describió cómo regiones de medio ambiente simi-

Véase también: Nombrar y clasificar la vida 250–253 ▪ La especiación 272–273 ▪ El principio de exclusión competitiva 298 ▪ Ecosistemas 299 ▪ El impacto humano sobre los ecosistemas 304–311 ▪ Biogeografía de islas 312–313

La **comunidad** que conforman las **especies** de la región A es muy **diferente** de la de la región B.

La **diferencia** puede deberse al **clima**, la **geología**, el **tipo de suelo** o la **actividad humana**.

Si el clima, la geología, el tipo de suelo o la actividad humana son similares, la **causa** probable es el **aislamiento geográfico**.

El **aislamiento geográfico** es **más probable** si una **barrera física**, como un mar o una cordillera, separa las dos regiones.

lar, pero aisladas, tienen grupos de mamíferos y aves comparables, pero distintos (ley de Buffon). Propuso que la adaptación al ambiente causaba la variación biogeográfica con el tiempo. Así, especuló que todos los elefantes descendían de mamuts siberianos lanudos que emigraron desde el norte de Asia y se adaptaron a condiciones ambientales nuevas. Los elefantes de los bosques de India habían perdido el pelaje para adaptarse a un medio cálido, y los elefantes africanos desarrollaron orejas grandes para disipar el calor de la sabana.

La expedición de Humboldt

El geógrafo y naturalista prusiano Alexander von Humboldt puso los cimientos de la biogeografía entre 1799 y 1804, durante una expedición por América del Sur, México y el Caribe. Junto con el botánico francés Aimé Bonpland, Humboldt mostró la interrelación entre la geografía, el clima, los seres vivos y la actividad humana analizando una cantidad enorme de datos. Reunieron 5800 especies de plantas (3600 de ellas desconocidas hasta entonces para la ciencia occidental), y realizaron incontables mediciones de la localización, altitud, temperatura, humedad y otros parámetros geográficos para explicar los factores que determinan qué plantas se dan en qué lugares.

En 1807, Humboldt publicó el *Tableau physique*, un diagrama transversal de la vegetación y las zonas climáticas de los Andes ecuatoriales, basado en los datos reunidos en la expedición en los volcanes Chimborazo y Antisan (actual Ecuador). En 1811 describió y nombró tres tipos de vegetación mexicana: la tierra caliente de bosque tropical perenne o caducifolio; la tierra templada de bosque templado de roble y pino-encino; y la tierra fría de bosque de pino y abeto. La clasificación se ha refinado mucho desde entonces, pero indica que Humboldt sabía que la distribución geográfica de las comunidades de plantas varía en función de factores como la altitud o el clima.

Humboldt comprendió que en distintas partes del mundo se daban zonas y vegetaciones similares, y analizó los datos reunidos y escribió sus conclusiones en su gran obra *Kosmos* (1845–1862).

Desde Humboldt, estudios posteriores examinaron factores como »

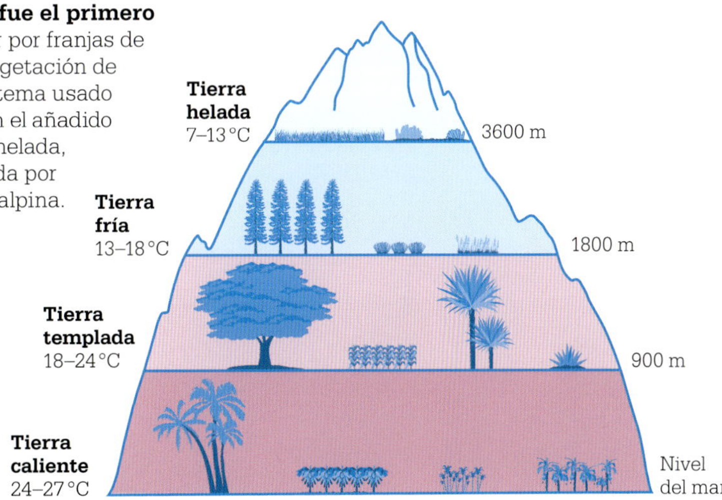

Humboldt fue el primero en clasificar por franjas de altitud la vegetación de México, sistema usado aún hoy, con el añadido de la tierra helada, caracterizada por vegetación alpina.

la latitud, el aislamiento, el aspecto, la evolución y la actividad humana que afectan a la distribución geográfica de las plantas (fitogeografía). El botánico alemán Adolf Engler destacó como factor la geología, y junto con su colega Oscar Drude redactó los múltiples volúmenes de *Die Vegetation der Erde* («La vegetación de la Tierra») publicados entre 1896 y 1928, la primera fitogeografía sistemática y global.

Zoogeografía

Después del trabajo pionero de Humboldt en la distribución de plantas, muchos contribuyeron al nuevo campo de la zoogeografía, el estudio de la distribución geográfica de los animales. En la expedición de 1831–1836 del *Beagle*, Charles Darwin estudió la distribución de especies isleñas, conocimiento que le resultaría útil más adelante para desarrollar sus ideas sobre evolución y selección natural. Darwin observó que muchos animales se encontraban en un solo lugar, y no en hábitats similares en otra parte, caso, por ejemplo, de algunas aves de las islas Malvinas y de las tortugas gigantes de las Galápagos.

En 1857, el ornitólogo británico Philip Sclater presentó un trabajo a la Sociedad Linneana de Londres en el que dividía el mundo en seis regiones biogeográficas, basadas en las especies de aves. Sclater señalaba que tenían más en común las especies de lugares distantes dentro de la Europa y el Asia templadas (región a la que llamó Paleártica) que entre las de esta región y las vecinas del África subsahariana o el Sudeste Asiático. Esto indicaba que el Paleártico tenía una fauna propia, no compartida con las regiones que la rodean.

> Me esforzaré por averiguar cómo actúan las fuerzas de la naturaleza una sobre otra, y cómo ejerce su influencia el entorno geográfico sobre los animales y las plantas.
>
> **Alexander von Humboldt**
> **Carta a Karl Freiesleben (1799)**

La aportación de Wallace

La mayor autoridad en distribución de animales del siglo XIX fue el británico Alfred Russel Wallace. En sus expediciones tomó minuciosas notas de cada especie animal y vegetal de todos los lugares que visitaba. En su segunda expedición, Wallace reunió más de 125 000 especímenes de animales, y describió más de 5000 especies nuevas para la ciencia.

Wallace observó también los hábitos alimenticios, reproductivos y migratorios de los animales, y considerando que la biogeografía podía respaldar sus ideas sobre la evolución, en la década de 1850 buscó paralelismos y variaciones en los seres vivos de las áreas que exploró.

En *The Malay archipelago (Viaje al archipiélago malayo)*, Wallace notó un contraste entre los animales del noroeste y sudeste de las islas. Las especies de Sumatra y Java se asemejan más a las del Asia continental, mientras que las de Célebes y Nueva Guinea se parecen a los animales de Australia. Encontró marsupiales en Célebes, pero no más al oeste. Hallazgos como este dieron forma a las ideas de Wallace sobre el origen de las especies, y en particular la del surgimiento de especies nuevas

Alfred Russel Wallace

Nació en 1823 en Monmouthshire (Reino Unido). Dejó la escuela a los 14 años, y tuvo diversos trabajos antes de embarcarse en dos grandes expediciones: a la cuenca del Amazonas en 1848–1852, y al archipiélago malayo (las actuales Indonesia y Filipinas) en 1854–1862. En ambos viajes estudió y reunió especímenes de animales y plantas. Durante la segunda de estas expediciones, desarrolló su teoría de la evolución por selección natural independientemente de Charles Darwin, al que envió su trabajo en 1858, precipitando la presentación conjunta de los trabajos de ambos ante la Sociedad Linneana de Londres. Además de un naturalista excepcional, Wallace fue un gran reformador social y agrario, y un defensor del medio ambiente y los derechos de las mujeres. Murió en 1913.

Obras principales

1869 *Viaje al archipiélago malayo.*
1870 *Contribuciones a la teoría de la selección natural.*
1876 *La distribución geográfica de los animales.*
1880 *Vida insular.*

Las seis regiones zoogeográficas de Wallace, con el añadido de Oceanía (las islas del océano Pacífico) y la Antártida, se conocen hoy como ecozonas.

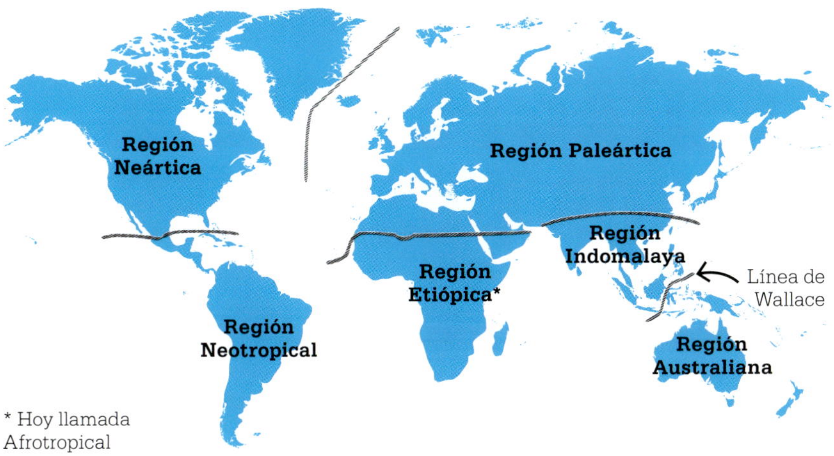

* Hoy llamada Afrotropical

cuando las poblaciones ancestrales quedan separadas por la formación de cordilleras y barreras oceánicas.

En la primera publicación exhaustiva sobre zoogeografía, *The geographical distribution of animals*, Wallace se valió de sus exploraciones y de las pruebas de Sclater y otros para trazar los límites de las zonas zoogeográficas del mundo (arriba).

La línea de Wallace, límite imaginario entre las regiones Indomalaya (u Oriental) y Australiana va desde el océano Índico hasta el mar de Filipinas, a través del estrecho de Lombok, entre las islas de Lombok y Bali, y el estrecho de Macasar, entre Borneo y Célebes. La línea marca el límite en la distribución de muchas especies de plantas y animales antes constatado por Wallace.

Tectónica de placas

A principios del siglo xx, el geofísico alemán Alfred Wegener consideró la distribución peculiar de algunos fósiles de plantas y animales. El reptil del Triásico *Cynognathus*, por ejemplo, estaba presente en las costas de Brasil (América del Sur) y también en Angola (África central), separados por miles de kilómetros. Otro ejemplo, descrito por Wallace, era la pteridofita o helecho con semillas *Glossopteris*, presente en Uruguay, Namibia, Madagascar, el sur de India, la Antártida y Australia.

Wegener dedujo que los continentes estuvieron antes unidos en un supercontinente al que llamó Pangea, y que acabaron por separarse y se estaban desplazando por la superficie del planeta. Su teoría de 1915 de la deriva continental, hoy llamada tectónica de placas, no fue confirmada hasta la década de 1960, pero supuso un gran avance para la biogeografía de fósiles (paleobiogeografía).

Aplicaciones actuales

Al indicar los cambios en la distribución de las especies, la biogeografía proporciona información vital acerca de los efectos del cambio climático global y la actividad humana. Por ejemplo, los botánicos descubrieron que las zonas de vegetación de Humboldt se habían desplazado entre 215 y 266 m más alto en las laderas del volcán Antisana en 2017, lo cual indica un claro calentamiento del clima. La biogeografía revela también cambios en las migraciones animales y las fechas de cortejo y cría, información útil a la hora de tomar medidas para la conservación de especies. ■

Biogeografía oceánica

Los océanos del mundo presentan retos únicos a los biogeógrafos, que se han esforzado por superar los desafíos tecnológicos de explorar espacios tan vastos. A 1000 m de profundidad no hay luz natural, y la presión del agua lo aplasta todo salvo los sumergibles más avanzados. El dinamismo del agua oceánica es otro problema: los límites entre el agua cálida y fría –o de distinta salinidad– cambian de un año a otro y con la estación.

La zonificación de las regiones biogeográficas de todos los océanos más completa hasta la fecha es la Clasificación Mundial de Océanos Abiertos y Fondos Marinos Profundos (GOODS, por sus siglas en inglés), de la Unesco, que identifica 30 comunidades pelágicas (de océano abierto), 38 bénticas (del lecho marino) y 10 de chimeneas hidrotermales. GOODS pretende ser una guía para proteger la biodiversidad marina y designar áreas de protección y caladeros. Se trata de un proyecto aún en curso y pendiente de poner al día.

La fosa de las Marianas está entre dos placas tectónicas, y es el lecho marino más profundo de la Tierra, muy rara vez visitado.

LA INTERACCION DE HABITAT, FORMAS DE VIDA Y ESPECIES

LA SUCESIÓN ECOLÓGICA

EN CONTEXTO

FIGURA CLAVE
Frederic E. Clements
(1874–1945)

ANTES
1863 El botánico austriaco Anton Kerner publica un estudio sobre sucesión de plantas en la cuenca del Danubio.

DESPUÉS
1916 William S. Cooper, botánico estadounidense, estudia cómo las plantas colonizan tierra nueva tras la retirada de un glaciar en la bahía de los Glaciares (Alaska).

1926 Henry A. Gleason se opone a la idea de comunidades clímax, afirmando que cada especie en una comunidad responde de forma individual a las condiciones ambientales.

1939 El botánico británico Arthur Tansley propone que en lugar de una única comunidad clímax, hay varios «policlímax», influidos por el clima y otros factores ambientales.

En ecología, un grupo de especies diferentes que viven en el mismo hábitat se conoce como comunidad. La sucesión consiste en el proceso de cambio de una comunidad con el tiempo, como la colonización de una isla volcánica por la vida: a medida que crece cada especie, va modificando el hábitat y favoreciendo el crecimiento de las especies subsiguientes. El naturalista francés Adolphe Dureau de la Malle acuñó el término en 1825, tras observar una sucesión de especies de plantas en el claro talado en un bosque, y preguntarse: «¿Es la sucesión una ley general de la naturaleza?».

Aunque la sucesión se centre en las comunidades vegetales y cómo transforman su medio, también cambian durante el proceso los microorganismos, hongos y animales con los que conviven.

Sucesión primaria

En 1899, el botánico estadounidense Henry Chandler Cowles desarrolló el trabajo de Dureau de la Malle con un estudio de las comunidades de las dunas de arena de la orilla del lago Michigan. Cowles propuso la noción

Las especies pioneras son las primeras en colonizar entornos yermos, rocosos o arenosos. Son, entre otras, líquenes o plantas que requieren pocos nutrientes y añaden materia orgánica al suelo al descomponerse. Acaban siendo sustituidas por herbáceas, arbustos y árboles.

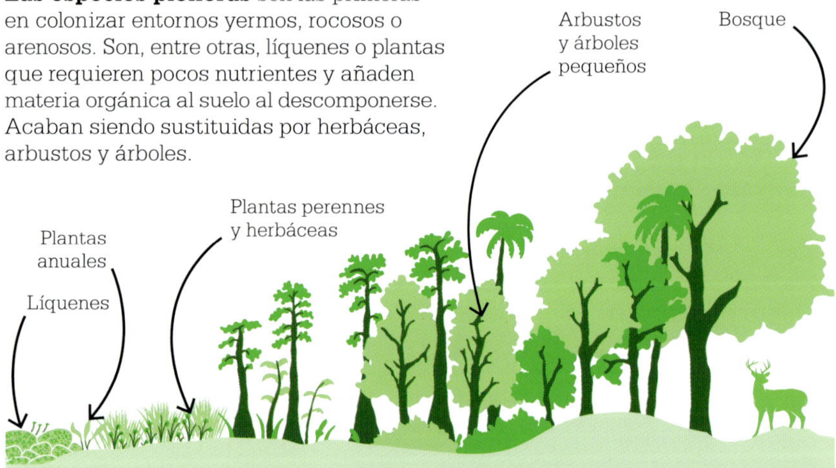

Véase también: Biogeografía de plantas y animales 286–289 ▪ Reciclaje y ciclos naturales 294–297 ▪ Ecosistemas 299 ▪ El impacto humano sobre los ecosistemas 304–311 ▪ Biogeografía de islas 312–313 ▪ La hipótesis Gaia 314–315

> La vegetación de un área es el mero resultado de dos factores: la inmigración fluctuante y fortuita de las plantas y un medio ambiente igualmente fluctuante y variable.
>
> **Henry A. Gleason**
> **Ecólogo estadounidense (1882–1975)**

de sucesión primaria, que describe cómo llegan las plantas a tierra sin vegetación previa, para luego cambiar y desarrollarse en fases de tamaño y complejidad crecientes, a lo largo de las cuales una sucesión de especies nuevas desplaza en la competencia a las preexistentes, y el suelo cambia debido a la erosión y la actividad biótica. Si el agua se acumula, forma un estanque y no se ve perturbada en muchos años; por ejemplo, el hábitat se convertirá gradualmente en bosque en una serie de fases: plantas acuáticas, musgos, herbáceas, arbustos y árboles. El estanque acaba convertido en suelo que sustenta la vegetación terrestre.

La fase final de la sucesión, descrita primero por Clements, es la comunidad clímax. En 1916 propuso que esta la conformaban las plantas mejor adaptadas al clima de la zona, como en los bosques antiguos de hoja caduca sin explotar de los climas templados. Es tentador considerar estable la vegetación clímax, pero en la naturaleza es poco lo que permanece inalterado. Clements comparó la comunidad de plantas con un organismo vivo, que crece, madura y se deteriora, y calificó como superorganismo el ecosistema entero.

Sucesión secundaria

Cuando una comunidad se ve perturbada o dañada, como en un incendio o tala, entra en juego la sucesión secundaria, que por definición es la recolonización de la comunidad. Cuando cae un árbol del bosque, como observara Dureau de la Malle, la luz alcanza el suelo, germinan con éxito semillas normalmente inactivas a la sombra del dosel arbóreo, y las plantas del sotobosque prosperan, junto con arbustos y árboles jóvenes, hasta que vuelvan a predominar los árboles. ■

Ejemplo de sucesión secundaria tras un incendio en el Parque Nacional Yellowstone: las piñas de *Pinus contorta* (arriba), especie adaptada al fuego, se abren y liberan las semillas al fundirse la resina.

Las islas del Krakatoa

Las tres islas supervivientes del volcán Krakatoa, en Indonesia, quedaron esterilizadas en la erupción volcánica de 1883, y su recolonización es un ejemplo de sucesión primaria. Dos meses después de la erupción no había vida alguna visible, pero poco tiempo más tarde crecieron cianobacterias en las costas, mientras el interior continuaba siendo lava pelada. A los tres años, las costas estaban cubiertas de musgo, herbáceas, helechos y plantas costeras del litoral, con algunas herbáceas en el interior. A los trece años había cocoteros y casuarinas cerca de la costa, y las hierbas cubrían el interior, con casuarinas aisladas. Diez años más tarde había árboles en ambas zonas, y el bosque denso predominaba pasados 47 años.

Se cree que las tres islas tardarán más de mil años en alcanzar una vegetación clímax de diversidad similar a la de la cercana tierra firme. Pero, en la activa isla de Anak Krakatoa, erupciones frecuentes han destruido en parte la vegetación muchas veces, y cada recuperación es un ejemplo de sucesión secundaria.

UNA COMPETENCIA ENTRE ESPECIES DE DEPREDADORES Y PRESAS

RELACIONES DEPREDADOR-PRESA

EN CONTEXTO

FIGURAS CLAVE
Alfred J. Lotka (1880–1949), **Vito Volterra** (1860–1940)

ANTES
1910 Alfred J. Lotka propone uno de los primeros modelos matemáticos para predecir fluctuaciones del número de depredadores y presas.

1920 El matemático soviético Andréi Kolmogórov aplica el modelo de Lotka a las plantas y herbívoros.

DESPUÉS
1973 La hipótesis de la Reina Roja de Leigh Van Valen explica la constante «carrera de armamentos» entre depredadores y presas.

1989 Los ecólogos matemáticos Roger Arditi y Lev R. Ginzburg introducen las ecuaciones de Arditi-Ginzburg, que incluyen el impacto del tamaño de las poblaciones de depredadores y presas.

Un depredador es un ser vivo que se alimenta de otros seres vivos, y la presa, el ser vivo del que se alimenta el depredador. La relación que mantienen, en la cual dos especies interactúan en el mismo medio ambiente, se va desarrollando con el tiempo a medida que las generaciones de ambas afectan una a la otra. Durante este proceso, la selección natural favorece las adaptaciones físicas, fisiológicas y del comportamiento que den como resultado depredadores más eficientes, y presas con mejores recursos para defenderse.

Las dos especies se encuentran inmersas en una carrera de armamentos evolutiva, y esta influye en el éxito y, por tanto, en la supervivencia de las especies y en la aptitud de sus poblaciones. Como al aumentar el número de presas abunda más el alimento para los depredadores, la población de estos también crece. El mayor número de depredadores, sin embargo, hace decaer la población de presas, y en poco tiempo el número de depredadores también se reduce. Estas fluctuaciones pueden darse en ciclos reconocibles a lo largo de meses o incluso años.

> La paradoja del sustento: para que la vida de un ser vivo continúe, la vida de otro ser vivo debe terminar.
> **Mokokoma Mokhonoana**
> **Autor sudafricano**

Matemáticas y ecología

Las fluctuaciones de población regulares, u oscilaciones, fueron formalizadas en la década de 1920 por dos matemáticos, el estadounidense Alfred J. Lotka y el italiano Vito Volterra. Ambos plantearon de forma casi simultánea, pero independiente, las hoy llamadas ecuaciones Lotka-Volterra. Estas ecuaciones, usadas para describir los cambios en las respectivas poblaciones de depredadores y presas, aparecieron por primera vez en el libro de Lotka *Elements of physical biology*, de 1925. Volterra publicó sus conclusiones un año después. El modelo Lotka-Volterra suponía que el medio permanecía

Véase también: Especies extintas 254–255 ▪ La selección natural 258–263 ▪ Cadenas tróficas 284–285 ▪ El principio de exclusión competitiva 298 ▪ La sucesión ecológica 290–291 ▪ Ecosistemas 299 ▪ Nichos 302–303

Guepardos y gacelas están trabados en una carrera de armamentos evolutiva: los guepardos han adquirido una gran velocidad para atrapar gacelas, que cambian rápidamente de sentido en la carrera.

constante, que las presas obtienen siempre alimento suficiente, que los depredadores tienen un apetito ilimitado –y nunca dejan de cazar– y que el medio no tiene impacto alguno sobre ambas especies.

La teoría a prueba

Los ciclos de depredador-presa se basan en una relación alimenticia entre dos especies. Al consumir presas, los depredadores corren el riesgo de exterminar el recurso que los sustenta; si no son tan eficientes, la población de las presas puede recuperarse, y la de los depredadores decae. Las ecuaciones Lotka-Volterra indicaban que los ciclos depredador-presa, aunque se vean interrumpidos por alteraciones al azar, siempre regresan al ritmo normal, y ello da lugar a un nuevo ciclo. Aunque no se había determinado cuánto pueden durar tales ciclos potencialmente sin fin.

Un equipo de investigadores de universidades de Canadá y Alemania dirigido por el alemán Bernd Blasius se propuso poner a prueba si los ciclos depredador-presa se sostienen en el mundo real, observando rotíferos (los depredadores), criaturas minúsculas de agua dulce que se alimentan de algas (las presas). Los estudios anteriores se habían limitado a unos pocos ciclos, pero en este experimento se observaron las oscilaciones de la población de rotíferos a lo largo de diez años, más de 50 ciclos y unas 300 generaciones. En 2019, el equipo confirmó los ciclos depredador-presa autogenerados a largo plazo. A pesar de las condiciones constantes, sin embargo, las oscilaciones regulares eran interrumpidas por breves periodos irregulares en los que no había influencias externas discernibles. Aunque los estudios sobre qué posibles factores puedan estar implicados continúa, el estudio demostró la tendencia de los ciclos depredador-presa a regresar a su estado original tras perturbaciones azarosas. ■

El lobo gris no vivía en isla Royale antes de finales de la década de 1940. Llegó atravesando el hielo en invierno, o a nado en otra época del año.

Los lobos de la isla Royale

En la isla Royale, en los Grandes Lagos (EEUU), viven dos especies cuya existencia está ligada de forma inextricable: el lobo gris (depredador) y el alce (presa). Han sido observados de cerca desde 1958, en un estudio continuo de un sistema depredador-presa que es el más largo conocido. Con el modelo Lotka-Volterra se han descrito las fluctuaciones de población de ambas especies, pero la dinámica es demasiado complicada. Además de los lobos, otros factores, tales como los inviernos duros, la escasez de alimento y un brote de garrapatas, han tenido un impacto en la población de alces. Esto ha causado una disminución del número de lobos, más drástica aún debido a otros factores, como una población envejecida, la parvovirosis canina y una deformación de la columna relacionada con la endogamia.

En 2012, el lobo gris estaba al borde de la extinción, hasta que un lobo llegado de Canadá renovó el acervo genético. En resumen, el auge y la caída de las poblaciones de lobos y alces en la isla Royale resulta impredecible.

LA MATERIA ORGANICA SE MUEVE, DESCOMPONE Y REFORMA INCESANTEMENTE

RECICLAJE Y CICLOS NATURALES

EN CONTEXTO

FIGURA CLAVE
Vladímir Vernadski
(1863–1945)

ANTES
1699 El naturalista inglés John Woodward comprende que el agua contiene algo esencial para el crecimiento vegetal.

1875 El geólogo austriaco Eduard Suess llama biosfera a la parte de la superficie terrestre donde habita la vida.

DESPUÉS
1928 El zoólogo ruso Vladímir Beklemíshev advierte de que el futuro de la humanidad depende de salvaguardar la biosfera.

1974 El científico británico James Lovelock y la bióloga estadounidense Lynn Margulis proponen la hipótesis Gaia, en la que la Tierra se comporta como un organismo vivo.

La Tierra contiene dos tipos de materia, la materia viva y la inerte, o inanimada. La primera, de la que se componen los seres vivos, no está aislada del medio ambiente. En vida, los seres vivos toman materiales del entorno y liberan productos de desecho, y al morir se descomponen. Los seres vivos están constituidos por los mismos tipos de átomos que existen en la materia inerte, y estos componentes –como átomos de carbono e hidrógeno– se van reciclando entre lo vivo y lo no vivo a través de procesos químicos. La cantidad total de los mismos no cambia, pero se combinan y recombinan de maneras diversas.

Uno de los primeros que exploró la naturaleza de la vida en relación con la Tierra fue el geoquímico Vladímir

Véase también: La respiración 68–69 ▪ Reacciones fotosintéticas 70–71 ▪ Ecosistemas 299 ▪ El impacto humano sobre los ecosistemas 304–311

La **roca expuesta** se parte por **meteorización química**.

Las raíces vegetales **amplían las grietas**.

Esta meteorización biológica **causa desprendimientos**.

«La materia viva es la fuerza geológica más potente.»

Vernadski, quien acuñó el término biogeoquímica para designar el estudio de los ciclos químicos de la Tierra y cómo influyen en ellos los seres vivos. Vernadski llamó la atención sobre estos procesos con su obra monográfica de 1926 *La biosfera*, cuyo título se refiere al área de la superficie terrestre en que existe la vida, en la tierra emergida y los océanos.

La Tierra contiene cuatro «esferas», o subsistemas: la biosfera, la atmósfera, la hidrosfera (el agua de la superficie terrestre, en la atmósfera y el subsuelo) y la litosfera (la corteza exterior rocosa). Vernadski explicó cómo los seres vivos dan forma a la biosfera, en un proceso en el que son claves varios ciclos naturales.

El ciclo del carbono

El carbono es el cuarto elemento más abundante del universo, así como el componente químico básico de la vida tal como la conocemos. En la Tierra, el carbono se recicla continuamente, y el ciclo del carbono consta de dos elementos: rápido y lento.

El ciclo lento del carbono consiste en el almacenamiento del carbono en las rocas, y un ciclo puede durar entre 100 y 200 millones de años. El carbono se halla en la atmósfera en forma de ácido carbónico diluido que es arrastrado por la lluvia y que meteoriza químicamente las rocas. Los ríos transportan los carbonatos liberados al océano, donde los incorporan los organismos marinos, que se depositan sobre el lecho marino al morir. A lo largo de millones de años, por compresión, esta materia muerta forma rocas sedimentarias carboníferas.

Este proceso aporta en torno a un 80 % del carbono en las rocas; el otro 20 % se da en forma de la materia orgánica presente en rocas sedimentarias arcillosas de grano fino, o bien como petróleo, carbón o gas, formados por efecto del calor y la presión. Al extraer y quemar estos combustibles fósiles, el carbono regresa a la atmósfera. El océano absorbe dióxido de carbono y lo libera también a la atmósfera; y lo hace a una tasa ligeramente más rápida que las rocas. »

Vladímir Vernadski

Nacido en San Petersburgo (Rusia) en 1863, Vladímir Vernadski tuvo por maestro en la universidad de dicha ciudad a Vasili Vasílievich Dokucháyev, el fundador de la edafología. Vernadski obtuvo la maestría en mineralogía, geología y química en 1887, y pasó luego tres años en Francia, Italia y Alemania estudiando cristalografía. De 1890 a 1911 enseñó cristalografía y mineralogía en la Universidad Estatal de Moscú, de la que fue catedrático a partir de 1898.

Después de la Revolución rusa, Vernadski estudió el potencial de la radiactividad como fuente de energía, así como el papel de los seres vivos en la configuración del planeta Tierra. Fundó y dirigió el Laboratorio Biogeoquímico de la Academia de Ciencias de Leningrado (la actual San Petersburgo) en 1928. Murió en Moscú en 1945, a los 81 años de edad.

Obras principales

1924 *Geoquímica*.
1926 *La biosfera*.
1943 *La biosfera y la noosfera*.
1944 «Problemas de bioquímica».

El ciclo rápido del carbono consiste en el movimiento de este a través de todos los organismos vivos de la Tierra, y no se mide en millones de años, sino en lo que dure una vida. Al respirar, los seres vivos absorben oxígeno de la atmósfera, y liberan energía, agua y dióxido de carbono. Las plantas y el fitoplancton (microorganismos marinos) emplean el dióxido de carbono como materia prima para la fotosíntesis, el proceso que usa la energía solar para fabricar azúcares de los que obtener energía, siendo el oxígeno un producto de desecho.

Los animales se alimentan de fitoplancton, plantas u otros animales, y al morir proporcionan alimento a otros animales, a hongos y a bacterias. El carbono atrapado se transfiere a estos organismos descomponedores, y después al suelo, perdiéndose parte en la respiración celular. Una parte del carbón almacenado se convierte en dióxido de carbono liberado a la atmósfera en los incendios forestales. Durante el otoño y el invierno en el hemisferio norte, muchas plantas pierden las hojas, y la reducción de la fotosíntesis hace aumentar los niveles atmosféricos de dióxido de carbono. En primavera brotan hojas nuevas, y el nivel desciende. Es como si las plantas y el fitoplancton fueran los pulmones del planeta.

El ciclo del carbono describe cómo los átomos de carbono circulan continuamente entre los componentes vivos y no vivos de los ecosistemas, siguiendo una serie de procesos complejos.

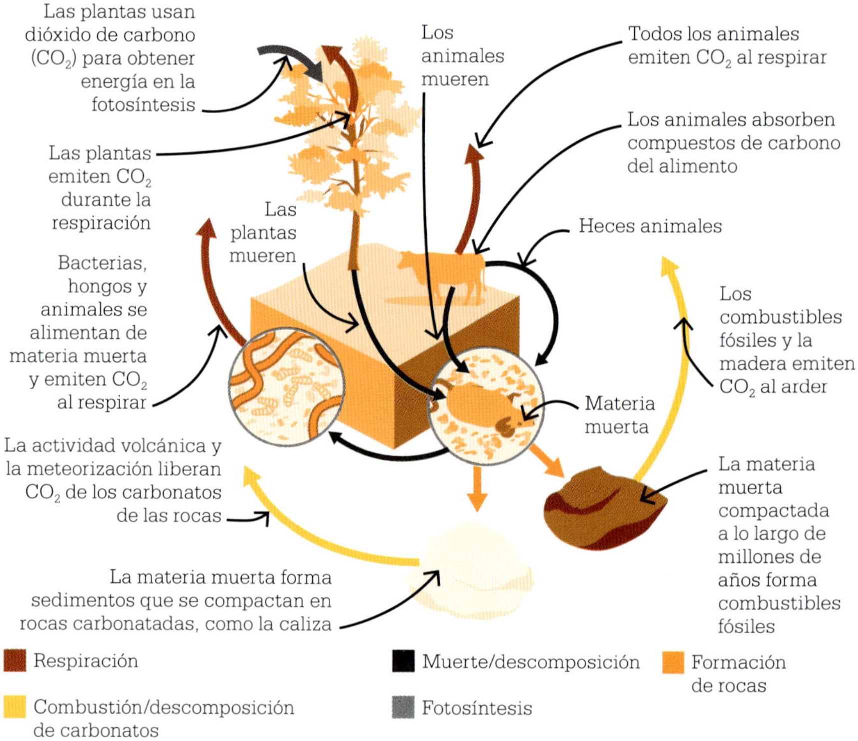

“
Tu morirás, pero el carbono no; su carrera no finaliza contigo. Volverá al suelo, y allí una planta podrá tomarlo de nuevo con el tiempo, con destino a un nuevo ciclo de vida vegetal y animal.

Jacob Bronowski

Matemático polaco-británico (1908–1974)
”

El ciclo del nitrógeno

Descubierto en 1772 por el médico escocés Daniel Rutherford, y nombrado en 1790 por el químico francés Jean-Antoine Chaptal, el nitrógeno constituye aproximadamente el 78 % de la atmósfera de la Tierra. Resulta esencial para la vida, y es un ingrediente clave de los elementos constituyentes de los seres vivos: el ADN, el ARN y las proteínas. El nitrógeno es un gas inerte (no reactivo), y por tanto, para que lo aprovechen los seres vivos, debe convertirse en otra forma, como amoniaco, nitratos o nitrógeno orgánico (urea).

El nitrógeno atmosférico puede fijarse en formas aprovechables por el efecto de los rayos, de bacterias fijadoras de nitrógeno del suelo o de las raíces de algunas plantas, como las legumbres (p. siguiente). También libera nitrógeno a los suelos la roca madre subyacente. Otras plantas obtienen así nitrógeno del suelo a través de las raíces, en forma de compuestos inorgánicos simples del nitrógeno, llamados nitratos.

El ciclo continúa al obtener los animales nitrógeno de las plantas o de otros animales que comen. Al morir y descomponerse las plantas y los animales, descomponedores como bacterias y hongos convierten una cantidad importante del nitrógeno de la materia orgánica muerta en amoniaco del suelo. Este amoniaco se convierte en nitratos en un proceso llamado nitrificación, descubierto en 1877 por los franceses Jean-Jacques Schloesing y Achille Müntz.

La nitrificación requiere oxígeno, y por tanto tiene lugar en corrientes de agua bien oxigenadas, en el océano y en las capas superficiales del suelo. El primer paso lo realizan dos grupos de microorganismos: las bacterias y las arqueas nitrificantes, que convierten el amoniaco en nitritos al combinarlo con oxígeno. El segundo paso es la oxidación de los nitritos por bacterias, las cuales los oxidan y convierten en nitratos del suelo que pueden ser absorbidos por las plantas.

La última fase del ciclo del nitrógeno, el proceso de la desnitrificación, fue descubierto en 1866 por los químicos franceses Ulysse Gayon y Gabriel Dupetit, quienes hallaron que las bacterias desnitrificantes del suelo convierten los nitritos y nitratos en nitrógeno atmosférico liberado al aire. Una pequeña parte del nitrógeno atmosférico se da en forma de óxidos de nitrógeno, que forman el esmog, o niebla contaminante, y otra parte es óxido de nitrógeno, un gas de efecto invernadero. La fase final del ciclo del nitrógeno retira el nitrógeno fijado de los ecosistemas y lo devuelve a la atmósfera; de esta forma, la cantidad producida equilibra aproximadamente la fijada al inicio del ciclo.

Los abonos nitrogenados elevan la concentración de nitratos en las fuentes de agua, haciendo proliferar algas que agotan el oxígeno del agua y la vuelven inhabitable para otros organismos.

La síntesis del amoniaco

En 1563, el ceramista francés Bernard Palissy defendió el uso del estiércol (una fuente de nitrógeno) en los cultivos, práctica que se remonta a la antigüedad. Pero la disponibilidad de abonos naturales es limitada, lo cual llevó a que, en 1913, los químicos alemanes Fritz Haber y Carl Bosch desarrollaran un proceso para fijar artificialmente el nitrógeno atmosférico y producir amoniaco. El gas sirve para fabricar nitrato de amonio, uno de los fertilizantes artificiales más comunes. Estos han sido esenciales para alimentar a una población mundial creciente, pero tienen inconvenientes: los nitratos de los fertilizantes artificiales se acumulan en los acuíferos, contaminando el agua potable y provocando un crecimiento excesivo de las algas, que agotan el oxígeno y la luz de los sistemas acuáticos. El científico estadounidense John H. Ryther llamó la atención sobre este fenómeno en 1954, y el impacto de esta y otras actividades humanas sobre los ciclos naturales tiene graves consecuencias para la vida en la Tierra. ■

Leguminosas como los guisantes, habas y tréboles tienen nódulos en las raíces cuyas bacterias fijan el nitrógeno.

Fijación del nitrógeno

El nitrógeno debe fijarse para que lo puedan aprovechar plantas o animales. Lo fijan los rayos, pero la mayor aportación natural es la de microorganismos, sobre todo bacterias del suelo.

Esto se comprendió en 1838, cuando el químico francés Jean-Baptiste Boussingault creó el primer centro de investigación agrícola y descubrió que las leguminosas fijaban su propio nitrógeno, aunque no comprendiera cómo. El microbiólogo y botánico neerlandés Martinus Beijerinck halló a los responsables en 1901: microorganismos de los nódulos radicales, órganos especializados presentes sobre todo en las leguminosas. Las bacterias del suelo y las de los nódulos producen amoniaco, que la planta convierte en moléculas orgánicas nitrogenadas, como aminoácidos y ADN.

Con ello pudo explicarse el mecanismo de la rotación de cultivos, una práctica que incrementa el rendimiento de plantas no leguminosas en campos en los que se habían cultivado antes estas.

UNA EXPULSARÁ A LA OTRA

EL PRINCIPIO DE EXCLUSIÓN COMPETITIVA

EN CONTEXTO

FIGURA CLAVE
Georgy Gause (1910–1986)

ANTES
1904 Joseph Grinnell, biólogo de campo, esboza el principio de exclusión competitiva.

1925–1926 Los matemáticos Alfred Lotka y Vito Volterra analizan con ecuaciones la dinámica de especies que compiten por los mismos recursos.

DESPUÉS
1958 Robert MacArthur, ecólogo estadounidense, explica cómo opera la exclusión competitiva entre un grupo de especies de aves reinitas con una dieta similar.

1967 MacArthur y el ecólogo Richard Levins usan la teoría de probabilidades y las ecuaciones Lotka-Volterra para describir la interacción de especies coexistentes cuando intervienen factores como la adaptación al nicho y la inmigración.

Cuando dos especies diferentes compiten por los mismos recursos, la que tenga una ventaja física o de comportamiento superará a la otra. La especie en desventaja, o bien se extingue, o bien se adapta de manera que ya no tenga que competir de manera directa. Este principio de exclusión competitiva se conoció como ley de Gause, por el microbiólogo ruso Georgy Gause, quien llevó a cabo experimentos de laboratorio en la década de 1930 para demostrar su validez. Cultivó dos especies distintas de paramecios, a las que proporcionó una cantidad constante de alimento. Ambas especies prosperaron cultivadas por separado; sin embargo, al juntarlas, la que era capaz de obtener alimento antes se reproducía más rápidamente, hasta predominar por completo. Con el paso del tiempo, la otra especie moría de inanición.

La competencia es la fuerza motriz de la selección: los individuos y especies mejor adaptadas a su medio prosperan, y los peor adaptados, no. La idea fue propuesta por Charles Darwin y Alfred Russel Wallace a mediados del siglo XIX, pero los experimentos de Gause fueron los primeros en demostrar su validez, en al menos una situación. Es difícil demostrar la exclusión competitiva en entornos naturales, al ser tantas las variables. Por ejemplo, los depredadores pueden mantener las poblaciones de presas que compiten por debajo del nivel en el que los recursos alimenticios sean un factor limitante; en tal caso, las especies competidoras pueden coexistir. ■

La ardilla roja ha sido desplazada en la mayor parte de Gran Bretaña por la gris, más eficaz en la competencia por el alimento y el hábitat.

Véase también: Cadenas tróficas 284–285 ▪ Relaciones depredador-presa 292–293 ▪ Niveles tróficos 300–301 ▪ Nichos 302–303

LAS UNIDADES BASICAS DE LA NATURALEZA EN LA TIERRA

ECOSISTEMAS

EN CONTEXTO

FIGURA CLAVE
Arthur Tansley (1871–1955)

ANTES
1872 El botánico alemán August Griesbach clasifica los patrones de la vegetación mundial en función del clima.

1899 Henry Cowles propone que la vegetación se desarrolla por fases, en lo que luego se llamaría sucesión ecológica.

1916 Frederic Clements propone la idea de comunidad clímax.

DESPUÉS
1942 Raymond Lindeman amplía la idea de ecosistema de Tansley para incluir todos los procesos físicos, químicos y biológicos en un espacio dado.

1969 Robert Paine, ecólogo estadounidense, propone el concepto de especie clave, y explica su lugar crítico en una cadena trófica natural.

Ecosistema es el nombre que recibe una comunidad de seres vivos que interactúan entre sí y con los componentes inertes de un entorno dado, sea este tan pequeño como un charco o tan grande como un océano. La idea la introdujo el botánico británico Arthur Tansley en 1935.

Los botánicos reconocían ya patrones de vegetación por todo el mundo que reflejaban factores como el clima. En 1899, el botánico estadounidense Henry Cowles describió cómo las plantas colonizan dunas en fases o sucesiones de tamaño y complejidad crecientes, y en 1916 su compatriota Frederic Clements desarrolló la idea de comunidades naturales. Para Clements, todas las plantas de un medio dado son un organismo completo.

Por el contrario, Tansley mantenía que las plantas y animales de un lugar dado no eran una comunidad, sino una asociación azarosa de individuos. Inspirándose en los sistemas físicos y termodinámicos, propuso que son flujos energéticos lo que los unifica. La naturaleza, creía, es una red de ecosistemas donde la energía se comunica entre lo vivo y lo no vivo. Por ejemplo, la energía del sol entra en el ecosistema a través de la fotosíntesis, y pasa a los animales que comen plantas y otros animales. Este concepto proporcionó a los ecólogos un método para estudiar la variedad compleja e impredecible de la vida. La idea de ecosistema de Tansley, central en la ecología moderna, ayuda a los científicos a comprender las interacciones profundas del mundo natural. ■

> “No podemos separar [a los organismos] de su medio especial, con el cual forman un solo sistema físico.”
> **Arthur Tansley**

Véase también: Biogeografía de plantas y animales 286–289 ▪ La sucesión ecológica 290–291 ▪ Niveles tróficos 300–301

REDES A TRAVES DE LAS CUALES FLUYE ENERGIA

NIVELES TRÓFICOS

EN CONTEXTO

FIGURA CLAVE
Raymond Lindeman
(1915–1942)

ANTES
1839 Charles Darwin describe una cadena trófica insular tras una visita a la pequeña isla de San Pablo, en el Atlántico, entre Brasil y África occidental.

1913 Victor Shelford, zoólogo estadounidense, crea una de las primeras cadenas tróficas ilustradas.

1926 Vladímir Vernadski propone que se reciclan sustancias químicas entre lo vivo y lo no vivo.

1935 Arthur Tansley desarrolla el concepto de ecosistema.

DESPUÉS
1953 Eugene y Howard Odum, ecólogos estadounidenses, exploran cómo interactúan los distintos niveles de un ecosistema en *Fundamentos de ecología*.

Los procesos químicos que convierten el alimento en energía en los seres vivos se conocen colectivamente como metabolismo. Los seres vivos necesitan una fuente original de energía para sostener el proceso metabólico, y en la mayoría de los ecosistemas este aporte inicial procede del sol. Productores como plantas y algas usan la fotosíntesis para captar energía solar y fabricar alimento, y esta energía pasa a los consumidores que se alimentan de los productores, como animales y hongos. Hay excepciones a la regla, como los organismos que oxidan hierro, hidrógeno, monóxido de carbono, nitrito de amonio y magnesio.

El bote neumático usado por Raymond Lindeman y sus colegas para recoger organismos en Cedar Bog Lake, en Minnesota (EE UU). Los datos reunidos allí fundamentaron su tesis doctoral.

La materia, como el aire, el agua y los minerales del suelo, se recicla. En cambio, la energía fluye a través de los organismos de la cadena alimenticia, en niveles llamados tróficos. El proceso fue descrito por primera vez en un trabajo del ecólogo estadounidense Raymond Lindeman en 1942.

Lindeman realizó gran parte de sus primeros trabajos de campo como parte de su doctorado en Cedar Bog Lake, hoy la Reserva Científica del Ecosistema Cedar Creek de la Universidad de Minnesota. Estudió la vida del lago envejecido y sus alrededores a través de las fases clásicas de la sucesión, en las que pasó de lago a pantano y, luego, a bosque; y también describió cómo la comunidad lacustre no se podía considerar de forma aislada, sino que todo –los seres vivos de diversas cadenas tróficas y los componentes no vivos del medio– está vinculado por ciclos de nutrientes y flujos energéticos.

El trabajo de Lindeman fue rechazado en un principio por considerarse demasiado teórico, pero su mentor, G. Evelyn Hutchinson, de la Universidad de Yale, convencido de que merecía un público más amplio, influyó para que se publicara. «The trophic-dynamic aspect of ecology»

Véase también: El metabolismo 48–49 ▪ La fotosíntesis 50–55 ▪ Cadenas tróficas 284–285 ▪ Reciclaje y ciclos naturales 294–297 ▪ Ecosistemas 299

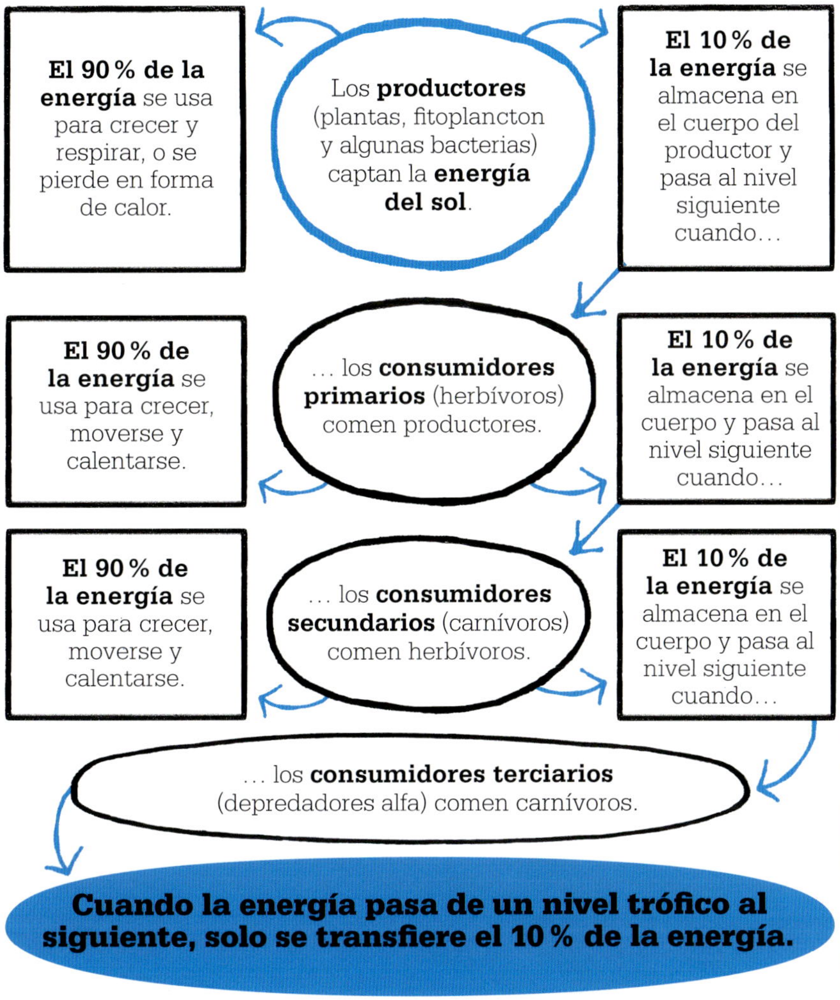

(«El aspecto trófico dinámico de la ecología») apareció en *The Ecologist* en 1942, solo unos meses antes de que Lindeman muriera prematuramente, de cirrosis, a los 27 años.

En su trabajo, Lindeman mostró un medio para evaluar la cantidad de energía acumulada en cada nivel trófico de un ecosistema, que hoy se conoce como productividad. Con el ecosistema de Cedar Creek como ejemplo, mostró también que los organismos reciben una cantidad menor de energía al transferirse esta de un nivel trófico al siguiente. En cada nivel trófico se pierde parte de la energía, o se convierte en calor al respirar los organismos. Cuando un ser vivo come a otro, solo un 10 % aproximado de la energía se transfiere de un nivel trófico al siguiente en una parte superior de la cadena. Esto condujo a la ley del 10 % usada como guía para comprender el flujo energético, así como a que los ecólogos de todo el mundo valoraran el trabajo de Lindeman como clave para la ciencia de la ecología, en rápida expansión. ■

Pirámides ecológicas

Desarrolladas primero por Lindeman y el zoólogo de origen inglés G. Evelyn Hutchinson, las pirámides ecológicas relacionan a los seres vivos de los distintos niveles tróficos. Los productores suelen ocupar la base ancha de la pirámide; los consumidores primarios, el nivel siguiente, y así sucesivamente.

Las pirámides se basan en el número, la energía o la biomasa (cantidad total de un organismo en un hábitat, expresada como peso o volumen). Algunas son invertidas, como la de la biomasa oceánica, en la que la biomasa del zooplancton es mayor que la del fitoplancton.

Las pirámides funcionan solo con cadenas tróficas simples, no con redes más complejas. No consideran las variaciones climáticas y estacionales, ni incluyen a los descomponedores, pero sí muestran cómo se alimentan los organismos de distintos ecosistemas y la eficiencia de la transferencia energética, y ayudan a controlar el estado de un ecosistema.

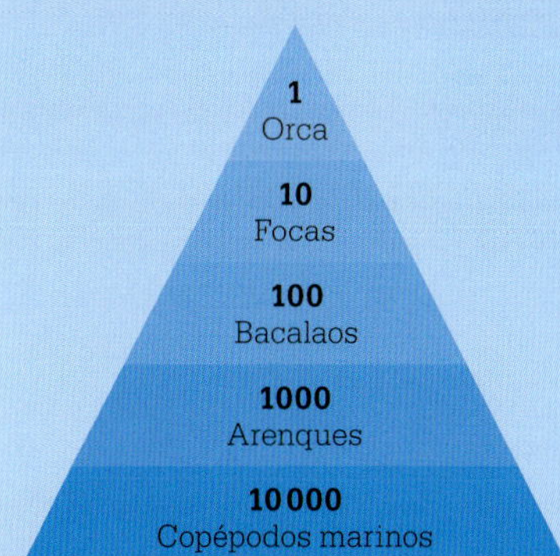

Las pirámides de números muestran cuántos organismos hay en cada nivel, de productores en la base a depredadores alfa en la cima.

EL NICHO DE UN SER VIVO ES SU PROFESION

NICHOS

EN CONTEXTO

FIGURA CLAVE
G. Evelyn Hutchinson
(1903–1991)

ANTES
1917 Joseph Grinnell define nicho como un hábitat que permite prosperar a una especie determinada. Este puede quedar vacante por una barrera geográfica.

1927 Charles Elton propone que el papel de un organismo en la cadena trófica –como depredador o presa– es tan importante para su nicho como el hábitat.

DESPUÉS
1968 El biólogo David Klein describe cómo los cambios en el nicho causaron el colapso de la población de renos en una isla.

1991 Los ecólogos Paul Harvey y Mark Pagel acuñan la expresión «conservación del nicho» para explicar cómo las especies mantienen necesidades de nicho similares a lo largo del tiempo.

El concepto de nicho, o del lugar de una especie en su ecosistema, es central en la ecología. A principios del siglo XX, el biólogo estadounidense Joseph Grinnell lo explicó como el hábitat en que una especie puede prosperar. El ecólogo británico Charles Elton amplió luego la idea para incluir el papel de un ser vivo en su medio, o sus «relaciones con el alimento y los enemigos». Los animales pueden ocupar nichos similares en regiones diferentes, como las hienas manchadas del

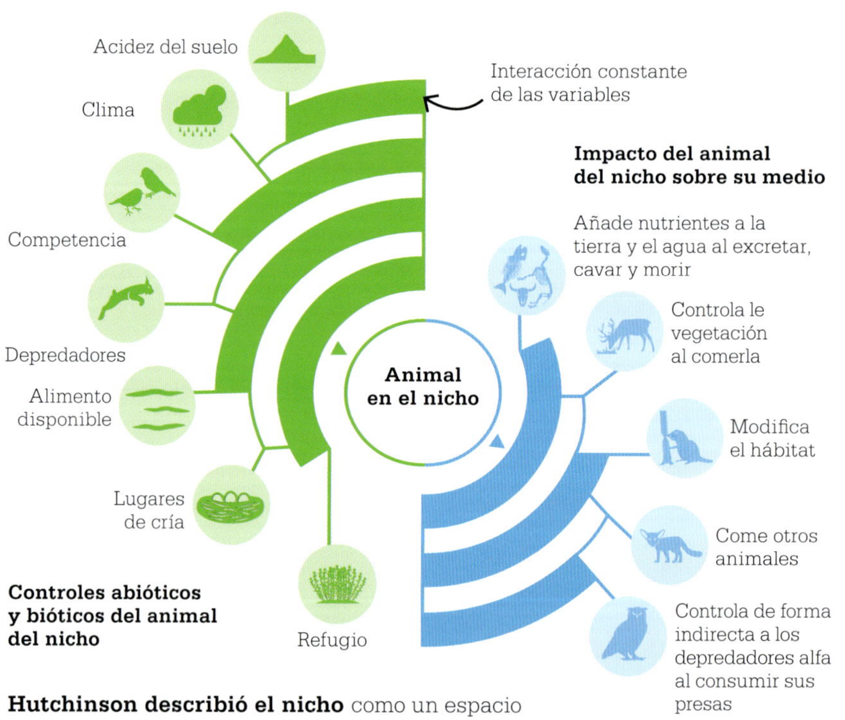

Hutchinson describió el nicho como un espacio multidimensional en el que una serie compleja de variables bióticas (vivas) y abióticas (no vivas) interactúa de forma constante con un organismo al que permite prosperar.

Véase también: Cadenas tróficas 284–825 ▪ Relaciones depredador-presa 292–293 ▪ El principio de exclusión competitiva 298 ▪ Ecosistemas 299

El guacamayo jacinto de la región del Pantanal, en Brasil, es una especie especializada que depende de solo tres especies de árboles para alimentarse y criar.

África tropical y los zorros árticos, con un lugar similar en la cadena trófica por ser ambos oportunistas que cazan y consumen carroña.

Espacio multidimensional

En 1957, el ecólogo estadounidense G. Evelyn Hutchinson introdujo una nueva concepción de la complejidad del nicho al estudiar los rasgos químicos, físicos y geológicos del medio, además de los biológicos. Su compatriota Lawrence Slobodkin resumió la noción de nicho de Hutchinson como un «hiperespacio multidimensional altamente abstracto». Un nicho es más que una localización o un papel: es un atributo de la especie, no su medio ambiente, y consiste en interacciones complejas con otros seres vivos y otras variables, tales como el clima, la acidez del agua, la geología, el suelo y los flujos de nutrientes.

Si las condiciones del hábitat se avienen con el nicho de una especie, la población de esta prospera; de lo contrario, por ejemplo, si cambia la acidez del agua que habita o si esta es colonizada por un nuevo depredador, se arriesga a la extinción. Hutchinson también mostró que un nicho único reduce la competencia con otras especies. En los nichos similares de seres vivos diferentes en el mismo lugar se da competencia por los recursos, y algunas especies se ven forzadas a adaptarse y ocupar un nicho diferente, o bien a extinguirse, como establece el principio de exclusión competitiva.

Los nichos pueden ser amplios, ocupados por generalistas como los mapaches, las ratas pardas y las palomas, o estrechos, ocupados por especialistas como el guacamayo jacinto *(Anodorhynchus hyacinthinus)*. Esta última especie se extinguiría si las tres especies de árboles fundamentales en su nicho se eliminaran del ecosistema.

El nicho como predictor

Todo animal o planta que ocupa un nicho ultraespecializado es extremadamente vulnerable al cambio ambiental. Actualmente, los nichos son aún más fundamentales para predecir la respuesta ecológica a cambios ambientales rápidos, sobre todo los causados por la destrucción de hábitats o el cambio climático. ■

> El nicho de un animal puede definirse en gran medida por su tamaño y su dieta.
> **Charles Elton**

G. Evelyn Hutchinson

Considerado el padre de la ecología moderna, Hutchinson nació en Cambridge (Inglaterra) en 1903, y se licenció en zoología en la Universidad de Cambridge. Tras ser profesor en Sudáfrica, a partir de 1928 pasó su carrera académica en la Universidad de Yale, y adquirió la nacionalidad estadounidense en 1941.

Con la limnología como pasión, Hutchinson estudió los ecosistemas acuáticos continentales de Asia, África y América del Norte, y analizó qué determina el número de especies en cada ecosistema. Con sus alumnos (entre ellos el ecólogo estadounidense Robert MacArthur), creó el primer modelo matemático para predecir la riqueza de especies.

Gran biólogo de campo, teórico y profesor, fue el pionero de la paleoecología, el estudio de las relaciones entre los animales y las plantas fósiles y sus medios, y uno de los primeros en predecir el calentamiento del clima. Murió en 1991.

Obras principales

1957 *Observaciones finales.*
1957–1993 *Tratado de limnología* (4 volúmenes).

LA GUERRA DEL HOMBRE CONTRA LA NATURALEZA ES INEVITABLEMENTE CONTRA SI MISMO

EL IMPACTO HUMANO SOBRE LOS ECOSISTEMAS

EN CONTEXTO

FIGURA CLAVE
Rachel Carson (1907–1964)

ANTES
1948 El químico suizo Paul Müller recibe el premio Nobel por su trabajo sobre el DDT como pesticida eficaz.

DESPUÉS
1969 El francés René Truhaut acuña el término «ecotoxicología» (el estudio de los efectos tóxicos de contaminantes naturales o sintéticos).

1970 Se crea en EEUU la Agencia de Protección Ambiental (EPA).

1988 En EEUU, Theo Colborn revela que los animales de la región de los Grandes Lagos transmiten sustancias químicas a la descendencia.

2019 El científico danés Frank Rigét estudia los contaminantes orgánicos persistentes (COP) en la vida animal y vegetal marina y de agua dulce del Ártico.

En 1962 se publicó en tres entregas, en *The New Yorker*, una obra que llamaría la atención sobre el impacto negativo del ser humano en el orden natural. *Primavera silenciosa* puso en tela de juicio perspectivas y valores científicos, y dio alas al nuevo movimiento ecologista. Su autora era una discreta y erudita bióloga marina estadounidense con el don de hacer accesible y relevante la ciencia a todo el mundo.

Los efectos de los pesticidas

Rachel Carson había escrito exclusivamente sobre los océanos y la vida marina en varias obras, entre ellas, la premiada *El mar que nos rodea* (1951); pero en su penúltimo libro, *Primavera silenciosa*, se ocupó de los pesticidas sintéticos y su abuso. La inspiración vino de una carta de enero de 1958 de su amiga Olga Huckins, cuyo santuario de aves en Powder Point, en Duxbury (Massachusetts) se encontraba junto a campos de cultivo rociados con una mezcla de fueloil y el compuesto químico dicloro difenil tricloroetano (DDT). Muchas de las aves habían muerto. Carson fue a visitar el santuario en Powder Point, y, durante su estancia, vio un avión fumigador sobrevolar el lugar. A la mañana siguiente, bordeando el estuario en barca con Huckins, vieron peces y otros animales acuáticos muertos o moribundos, aparentemente con el sistema nervioso afectado. Esto llevó a Carson a cuestionar el empleo indiscriminado de tales sustancias, en particular del DDT.

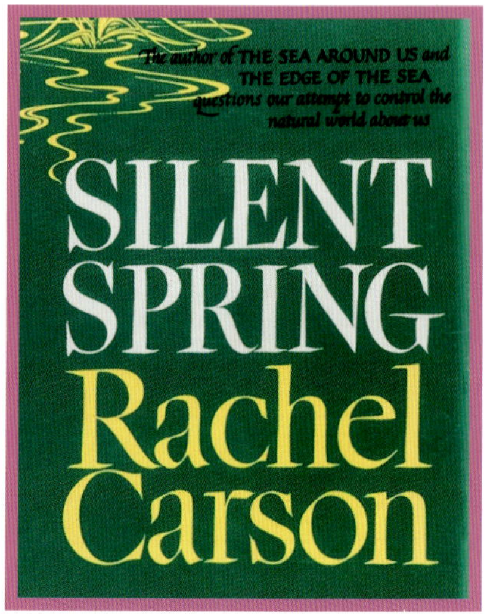

Para el título de *Primavera silenciosa*, Carson se inspiró en un poema del británico John Keats, en el que «Los juncos se han marchitado en el lago, y ningún ave canta».

Por entonces, el DDT era el pesticida más común para el control de

Rachel Carson

Nacida en 1907, Rachel Carson se crió en Springdale, en Pensilvania (EEUU). Se licenció en biología en el Pennsylvania College for Women en 1929, estudió después en el Laboratorio Biológico Marino de Woods Hole, y obtuvo la maestría en zoología por la Universidad Johns Hopkins. Carson escribió textos radiofónicos para la Agencia de Pesca de EEUU, así como artículos para el *Baltimore Sun;* luego fue editora jefe del Servicio de Pesca y Vida Silvestre de EEUU. El éxito de sus tres libros sobre biología marina le permitió escribir a tiempo completo.

En *Primavera silenciosa*, Carson denunció públicamente los efectos a largo plazo del uso de pesticidas. Pese a los ataques de la industria química, se mostró firme, y las leyes de EEUU cambiaron. Murió en 1964 tras una larga batalla contra el cáncer, pero su obra sigue inspirando a nuevas generaciones de científicos ambientales, activistas y legisladores de todo el mundo.

Obra principal

1962 *Primavera silenciosa.*

Véase también: La polinización 180–183 ▪ Cadenas tróficas 284–285 ▪ Relaciones depredador-presa 292–293 ▪ Reciclaje y ciclos naturales 294–297 ▪ Niveles tróficos 300–301 ▪ Biogeografía de islas 312–313 ▪ La hipótesis Gaia 314–315

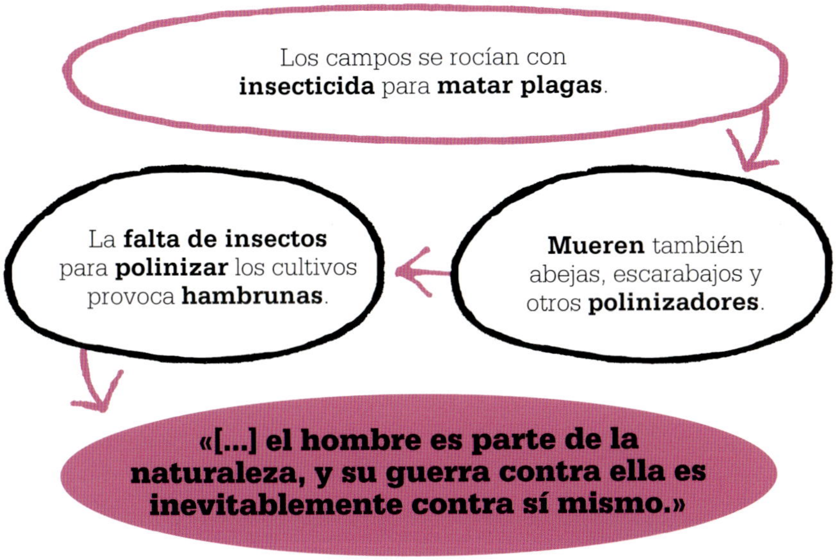

insectos en todo el mundo. Se empleó en un principio para matar a los insectos que transmitían la malaria, el tifus, la peste bubónica y otras enfermedades a las tropas y civiles aliados durante la Segunda Guerra Mundial. Acabada esta, se convirtió en el pesticida predilecto de agricultores y controladores de plagas, por lo barato de fabricar que era, y por permanecer activo mucho tiempo en el medio ambiente. Más adelante, el DDT fue clasificado junto con otros contaminantes peligrosos de vida larga como contaminante orgánico persistente (COP). Lo que reveló Carson fueron los graves efectos de dicha persistencia, no solo para los insectos contra los que se dirigía, sino también para otros animales salvajes.

> La más alarmante de todas las agresiones del hombre al medio es la contaminación del aire, la tierra, los ríos y el mar con sustancias peligrosas y letales.
> **Rachel Carson**

El DDT permanece en el medio durante años, y hasta décadas en algunos casos. Una vez ingerido no se descompone, sino que permanece en el organismo, sobre todo en los tejidos grasos. A medida que se ingiere más DDT, la cantidad presente en la grasa corporal aumenta, en lo que se conoce como bioacumulación. Al pasar la sustancia tóxica de un animal a otro en la cadena trófica, su concentración aumenta (biomagnificación). Carson no fue la primera en cuestionar el uso del DDT como pesticida seguro: en 1945, el naturalista estadounidense Edwin Way Teale advirtió contra su empleo indiscriminado, y fue luego uno de los mentores de Carson. Ese año, Clarence Cottam, director del Servicio de Pesca y Vida Silvestre de los Estados Unidos, declaró que era clave la precaución en su uso, dado que el efecto del DDT sobre los seres vivos no se comprendía aún del todo.

En 1958 empezaron a conocerse las consecuencias ambientales del DDT, cuando el científico británico Derek A. Ratcliffe, de la Estación Experimental de Monks Wood, en Cambridgeshire (Reino Unido), registró un número anormal de huevos rotos en nidos de halcón peregrino. Estudios posteriores en Reino Unido y EE UU revelaron que las poblaciones de halcones peregrinos habían caído en picado desde el final de la Segunda Guerra Mundial. Los estudios del toxicólogo canadiense David B. Peakall en la década de 1960 mostraron que el DDT se concentra tanto en lo alto de la cadena trófica que adelgaza la cáscara de los huevos de aves de presa como halcones peregrinos, gavilanes y águilas reales, que destruyen sus propios huevos al incubarlos. »

El pesticida DDT interfiere en el metabolismo del calcio en las aves de presa. Incapaces de producir huevos con cáscaras resistentes, estos se rompen durante la incubación.

La concentración del DDT aumenta en cada paso ascendente de la cadena trófica, y los organismos en la cima son los más afectados. En los productores, el veneno representa solo 0,04 ppm (partes por millón); pero los niveles son lo bastante elevados en los consumidores terciarios como para tener efectos tóxicos.

Esto fue un toque de atención, y Rachel Carson hizo sonar la alarma. *Primavera silenciosa* fue un punto de inflexión para la conciencia medioambiental, a pesar de la dura campaña en contra de la industria química estadounidense. Sin embargo, no fue hasta una década más tarde cuando los políticos y responsables de la administración se pusieron al día con la ciencia. En 1972, el DDT fue prohibido en EE UU, y muchos otros países siguieron el ejemplo.

Mercurio orgánico

En mayo de 1956, una enfermedad empezó a afectar al sistema nervioso central de personas y animales en Minamata (Japón). Los gatos tenían convulsiones, apodadas enfermedad o fiebre «del gato bailarín», y los cuervos caían en pleno vuelo. Hubo 2265 víctimas humanas, la mayoría de las cuales no viven ya. La causa fue un misterio hasta 1958, cuando el neurólogo británico Douglas McAlpine, de visita en el lugar, notó que los síntomas eran similares a los de la intoxicación por mercurio orgánico. Los estudios revelaron como culpable al metilmercurio (forma extremadamente tóxica del mercurio) de los vertidos de una planta química a la bahía de Minamata. El mercurio había entrado en la cadena trófica, y se concentraba en la carne del pescado y marisco que consumía la población local. En 1959, el gobierno japonés reconoció la causa de la enfermedad de Minamata, pero hasta 1972 la empresa responsable no fue amonestada y obligada a pagar más de 86 millones de dólares. Los pleitos y reclamaciones continuaron durante décadas.

Lluvia ácida

En el siglo XVII, el autor inglés John Evelyn escribió que el aire de Londres era tan corrosivo que los mármoles de Arundel, colección de esculturas griegas antiguas, debían trasladarse a Oxford. Pero fue el químico escocés Robert Angus Smith quien acuñó la expresión lluvia ácida, al establecer el vínculo entre la actividad humana y la acidez del agua de lluvia en las ciudades industriales de Gran Bretaña, hallazgo que publicó en 1872.

Los combustibles fósiles de las centrales eléctricas, las fábricas y los automóviles liberan dióxido de azufre y óxido de nitrógeno a la atmósfera. Estos gases reaccionan con el agua y otras sustancias y forman los ácidos sulfúrico y nítrico. El agua de la lluvia ácida acaba en ríos y lagos,

El Parque Nacional de Karkonoski (Polonia) quedó dañado en la década de 1980 por la lluvia ácida, debida en gran parte al aire contaminado por centrales térmicas de combustibles fósiles.

Las poblaciones de osos polares canadienses tienen niveles de mercurio de los más altos del mundo, según un informe de 2018 del Consejo Ártico.

cuyo nivel de acidez aumenta hasta volverse tóxico para muchos animales acuáticos. También afecta al pH del suelo, y los efectos acaban por recorrer la cadena trófica.

En 1881, el geólogo noruego Waldemar Brøgger afirmó que el ácido nítrico (ácido mineral altamente corrosivo) que contaminaba la nieve podía tener su origen en Reino Unido. No fue sino en 1968 cuando el científico agrícola sueco Svante Odén estableció el vínculo entre las emisiones de combustibles fósiles en un país (Reino Unido) y los lagos «muertos» y los bosques dañados de otro (Suecia). En este caso, la lluvia ácida no eliminaba solo un componente de la cadena trófica, como las aves de presa muertas por el DDT: aniquilaba la cadena entera, desde el plancton (algas) de los lagos hasta los depredadores acuáticos, como el salmón.

Amenazas árticas

Algunos científicos consideran el Ártico como un «sumidero químico», y han informado de que la región está cada vez más contaminada por sustancias químicas y de otro tipo procedentes de otras áreas. En 2006, el Instituto Polar Noruego comunicó la presencia de retardantes de llama industriales llamados polibromodifenil éteres (PBDE) en los tejidos grasos de los osos polares. Estas sustancias se usan para reducir la inflamabilidad de plásticos y tejidos, y en torno al 95 % de su uso en el mundo se producía entonces en América del Norte. Se reveló que los PBDE tenían efectos negativos sobre las glándulas hormonales y el funcionamiento cerebral de los osos polares. Dicho informe fue precedido por otros trabajos que indicaban que se habían detectado sustancias químicas letales, como el mercurio de la combustión del carbón y los bifenilos policlorados (PCB) –empleados abundantemente entre las décadas de 1950 y 1970 como refrigerantes y fluidos aislantes–, en osos polares, orcas, focas y aves marinas.

Los contaminantes son transportados por las corrientes oceánicas, por vientos con dirección norte o por ríos que desembocan en el Ártico, »

Biomagnificación

Una vez que un contaminante orgánico persistente (COP) entra en una cadena trófica, se va acumulando más en los tejidos de los animales a medida que asciende de un nivel a otro, en el proceso llamado biomagnificación.

La concentración de pesticidas como el DDT se mide en partes por millón (ppm). Por ejemplo, si en un lago hay una concentración de pesticida de 0,000003 ppm, pueden absorberlo o adsorberlo (acumularlo en la superficie) las algas acuáticas, y concentrarlo a 0,04 ppm. Las ninfas de efímera comen las algas, y en sus tejidos se alcanzan las 0,5 ppm. Los peces pequeños comen muchas efímeras, y la cifra asciende a 2 ppm en cada pez. Desde la base hasta la cima de esta cadena trófica de agua dulce, la cantidad de pesticida se incrementa unos 10 millones de veces. Cuando un COP llega hasta los depredadores alfa, la dosis puede ser tan tóxica que cause la infertilidad o incluso la muerte.

Ejemplos de COP son los pesticidas organoclorados, como el DDT y el clordano; las dioxinas (compuestos de alta toxicidad) producidas en la quema municipal de desechos; los policlorobifenilos de las industrias eléctrica y de la construcción; el metilmercurio de la industria química; y el tributilo de la pintura de los barcos. Todos son dañinos tanto para la vida salvaje como para la salud de los humanos, que al fin y al cabo están en lo alto de muchas cadenas tróficas.

Especies clave

Algunos animales tienen tal impacto sobre el ecosistema que la salud del mismo está determinada por su presencia o ausencia. Son las especies clave, denominadas *keystone* («piedra angular») en 1969 por el ecólogo estadounidense Robert Paine.

Paine realizó su trabajo de campo en pozas de marea rocosas en la costa del Pacífico. Mantuvo un área libre de una especie de estrellas de mar, las cuales se alimentan sobre todo de moluscos, arrancándolas de las piedras y lanzándolas al océano, y en otra zona las dejó como control. Paine descubrió que la diversidad de especies era mucho mayor en presencia de la estrella de mar, la cual denominó especie clave.

Paine identificó también como clave a la nutria marina, al observar que limitan la población de los erizos de mar, influyendo así en la de alga kelp. Sus estudios probaron que la eliminación de ciertas especies por el impacto humano puede tener consecuencias inesperadas y profundas para el medio.

Paine consideró especie clave la nutria marina al estudiar su desaparición de la costa del Pacífico, debida al comercio de pieles.

Los microplásticos se forman por la fragmentación de productos de plástico mayores, que se van descomponiendo gradualmente por procesos naturales de meteorización.

donde son absorbidos por el plancton y se concentran en la cadena trófica hasta tal punto que algunos osos polares –los depredadores alfa, que se alimentan sobre todo de focas– se exponen a niveles peligrosamente altos.

Los estudios han revelado que hay unos 150 compuestos peligrosos presentes en la cadena trófica ártica, y, según el científico ambiental canadiense Robert Letcher, uno de los principales autores de un estudio del Consejo Ártico publicado en 2018, «el número y los tipos de contaminantes siguen creciendo».

Microplásticos

El plástico, producido en masa por primera vez a inicios del siglo XX, ha resultado ser uno de los contaminantes más insidiosos. La serie de la BBC *Blue Planet II*, de 2017, destacó la alarma pública por la cantidad de plástico en los océanos, sobre todo las cantidades concentradas en «islas de basura» en el centro de las corrientes oceánicas circulares, llamadas giros oceánicos. Estas noticias cobraron una actualidad aún mayor en 2019, cuando se realizó una inmersión de profundidad récord en la fosa de las Marianas –la fosa oceánica más profunda del mundo–, donde la tripulación encontró una bolsa de plástico y envoltorios de dulces a casi 11 km por debajo de la superficie del océano Pacífico. Sin embargo, lo más preocupante son los microplásticos.

Los microplásticos –fragmentos de plástico de menos de 5 mm de diámetro– incluyen las microesferas añadidas a productos cosméticos y las fibras sintéticas de prendas polares y de otro tipo desaguadas por lavadoras domésticas. Los sistemas de filtrado del alcantarillado no las retienen, y acaban en el mar y se distribuyen por la columna de agua, llegando incluso al lecho oceánico. En 2020, un equipo australiano informó de una misión de submarinos robot a 3000 m de profundidad para tomar muestras del lecho marino junto a la costa de Australia Meridional. El equipo halló que podía haber hasta 14 millones de toneladas de microplásticos transportados por las corrientes en los lechos oceánicos de todo el mundo. Las corrientes actúan como cintas transportadoras, llevando los contaminantes de los estuarios y cañones submarinos junto a la costa hasta el mar profundo, donde se concentran en puntos calientes de microplásticos. Sin embargo, no todas las partículas permanecen en el fondo.

En 2013, el ecotoxicólogo británico Matthew Cole, de la Universidad de Exeter, descubrió que el zooplancton (organismos acuáticos microscópicos) estaba ingiriendo partículas minúsculas de plástico. Los microplásticos entran así en la cadena alimenticia, e impiden al zooplancton alimentarse adecuadamente. De momento, los científicos no saben aún cuál será el impacto de los microplásticos sobre la vida en lugares más altos de la cadena, sobre todo entre depredadores alfa, como las orcas, los tiburones y los humanos, pero ya están presentes en prácticamente todos los lugares de la Tierra.

El aire sobre las grandes ciudades está contaminado por microplásticos, y han aparecido también en áreas montañosas apartadas y en gran medida intactas, como algunas zonas de los Pirineos. En 2018, investigadores franceses y escoceses analizaron muestras de agua de lluvia, polvo y nieve tomadas durante cinco meses en la estación meteorológica de Bernadouze, a 1300 m de altura y a 120 km de la ciudad más cercana. Hallaron que una media diaria de 365 partículas minúsculas de plástico caían sobre un colector de 1 m^2, y estimaron que las partículas procedían de al menos 100 km de distancia, y probablemente de mucho más lejos. Sus hallazgos indicaban que, se encuentre alguien donde se encuentre, estará inhalando microplásticos, aunque sea en la cima de la montaña más alta del mundo, el Everest.

En 2020, investigadores de la Universidad de Plymouth, en Reino Unido, analizaron muestras de nieve y agua de arroyos de distintos lugares del Everest, y descubrieron microplásticos a una altitud de 8,4 km, en el «Balcón», un descanso justo por debajo de la cima. La mayoría eran fibras sintéticas de la ropa y del equipo empleados por los alpinistas.

Inquietudes actuales

Pese a las revelaciones de Rachel Carson a inicios de la década de 1960, la perturbadora cuestión de los contaminantes industriales y su impacto sobre los ecosistemas continúa sin freno. Ni siquiera ha concluido el problema del DDT, la exposición al cual se ha relacionado con el cáncer, la infertilidad, los abortos involuntarios y la diabetes en humanos. Pese a la prohibición global para todo fin salvo el control de la malaria en 2001, el DDT o sus productos de desecho siguen presentes en el medio ambiente. En 2016, el Departamento de Agricultura de EE UU halló niveles detectables en alimentos como el queso, el apio y el salmón. ■

> Los humanos son en verdad la especie clave dominante en exceso, y serán los perdedores si no se comprenden las reglas.
> **Robert Paine**
> **Ecólogo estadounidense**

Los gusanos cola de rata sobreviven a la contaminación. El sifón posterior les permite respirar aire mientras se alimentan bajo el agua.

Especies indicadoras

Así como los mineros utilizaban canarios para alertar de la presencia de gases tóxicos, los ecólogos observan especies indicadoras en su medio para comprobar el grado de contaminación de un hábitat. Así, algunos líquenes son sensibles a la contaminación del aire, y solo se dan donde este es limpio. Las larvas de invertebrados acuáticos, como las efímeras y los tricópteros, son sensibles a la contaminación del agua dulce, mientras que la larva de *Eristalis tenax*, llamada gusano cola de rata, prospera hasta en aguas tan contaminadas como lagunas de aguas residuales.

Las especies indicadoras bioacumuladoras son organismos que acumulan contaminantes en sus tejidos pero que resisten los efectos dañinos. Pueden indicar la presencia de niveles muy bajos de contaminantes. Es habitual controlar a bivalvos como las almejas y los mejillones, buenos indicadores de bioacumulación localizada por su amplia difusión geográfica y limitada movilidad. Varias especies de algas son indicadores útiles para metales pesados y pesticidas.

DIVIDIR EL AREA POR DIEZ DIVIDE LA FAUNA POR DOS

BIOGEOGRAFÍA DE ISLAS

EN CONTEXTO

FIGURAS CLAVE
Robert MacArthur (1930–1972), **Edward O. Wilson** (n. en 1929)

ANTES
1835 Darwin observa variaciones en tortugas gigantes y aves de diferentes islas de las Galápagos.

1880 Alfred Russel Wallace comprende que algunas islas son laboratorios naturales para estudiar la adaptación animal.

1948 Trabajando en el Caribe, el lepidopterólogo canadiense Eugene Munroe advierte que la diversidad de mariposas está relacionada con el tamaño de cada isla.

DESPUÉS
2006 Un estudio de aves en 346 islas oceánicas por los canadienses Attila Kalmar y David Currie indica que el clima, el aislamiento y el tamaño de la isla afectan a la diversidad de especies.

Un hábitat rodeado por otro –por lo general menos diverso– se conoce como «isla», sea una isla oceánica, una zona boscosa rodeada por monocultivo o un oasis en el desierto. La biogeografía de islas estudia las causas de la variación de la diversidad de especies en tales lugares. En 1967, *The theory of island biogeography*, de los estadounidenses Robert MacArthur y Edward O. Wilson, ofreció un modelo matemático de factores que afectan a la complejidad de los ecosistemas insulares oceánicos. Los autores proponían que había un equilibrio en toda isla entre la tasa de llegada (inmigración) de nuevas especies y la de extinción de las existentes.

La inmigración la determina en gran medida la distancia de la isla a tierra firme o a otras islas que puedan aportar nuevas formas de vida. Si la tierra firme está cerca, llegan nuevas especies más a menudo que si está lejos. Otros factores son la duración del aislamiento, el área, lo adecuado del hábitat, las corrientes oceánicas y el clima. El éxito de nuevas poblaciones viables es mayor si la isla cuenta con hábitats o microhábitats diversos.

Según MacArthur y Wilson, una isla habitable pero poco ocupada

Véase también: Cadenas tróficas 284–285 ▪ Biogeografía de plantas y animales 286–289 ▪ Relaciones depredador-presa 292–293 ▪ El principio de exclusión competitiva 298 ▪ Ecosistemas 299 ▪ Niveles tróficos 300–301 ▪ Nichos 302–303

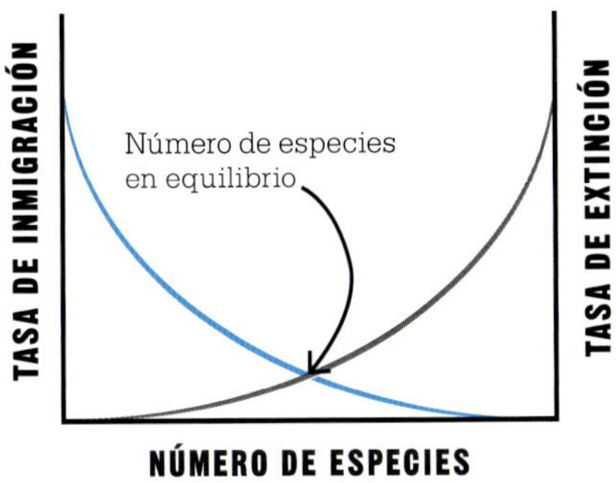

El equilibrio de especies, o número estable de las mismas en una isla, se da cuando se igualan la tasa de inmigración (afectada por la proximidad del hábitat de otra especie) y la tasa de extinción (afectada por el tamaño de la isla).

El zorzal manchado migra a menudo a parcelas de bosque u otras «islas», como Central Park, en Nueva York.

tiene una tasa de extinción baja, al ser menos las especies susceptibles de desaparecer. A medida que llegan especies, la competencia por los recursos aumenta hasta igualarse las tasas de inmigración y extinción.

Por último, MacArthur y Wilson explicaron el efecto especie-área: las islas mayores, con mayor diversidad de hábitats, tienen tasas de extinción más bajas y una mezcla mayor de especies que las islas menores. Esta diversidad conserva su riqueza aunque las propias especies implicadas varíen con el tiempo.

En 1969, Wilson y su alumno Daniel Simberloff registraron las especies de seis islas de manglar en los Cayos de Florida (EE UU). Fumigaron la vegetación para eliminar a todos los invertebrados, sobre todo insectos, arañas y crustáceos. A lo largo de un año anotaron las especies que volvían para controlar los tiempos de la recolonización: las islas más próximas a tierra firme eran recolonizadas antes, lo cual confirmaba el principal postulado de la teoría de MacArthur y Wilson.

Refinar el modelo

Los ecólogos ampliaron la teoría de islas a los hábitats aislados terrestres. En 1970–1978, el biólogo estadounidense James Brown estudió las islas de bosque montano en la Gran Cuenca de California y Utah, y mostró que las especies voladoras son colonos más probables que las no voladoras. En 1993, los ecólogos canadienses John Wylie y David Currie propusieron su teoría de las especies y la energía, en la que la energía disponible, como la solar, afecta también a la diversidad. La teoría modificada de MacArthur y Wilson sigue influyendo en la conservación de los hábitats insulares y de su diversidad. ■

La isla de Barro Colorado

La construcción de una presa en un río de Panamá en 1914 creó el lago Gatún, y en él la isla de Barro Colorado, un área de 15,6 km^2 (1560 hectáreas) de bosque tropical, reserva natural del Instituto Smithsoniano y una de las áreas más estudiadas de la Tierra. Se han obtenido datos valiosos sobre invertebrados, vertebrados y plantas de la isla, así como de su colonización y extinción, como la pérdida de 45 parejas de aves reproductoras en 1970. Un factor probable en algunas desapariciones de especies es el tamaño de la isla, demasiado pequeña para ofrecer sustento a depredadores alfa, como pumas y jaguares. Esta ausencia de depredadores hizo explotar el número de omnívoros medianos, como zarigüeyas y coatíes, que comieron más huevos y polluelos de aves. La «liberación» de mesodepredadores afectó a algunas aves menores, muchas de las cuales no sobrevuelan ni pequeñas extensiones de agua, no pudiendo así compensar la pérdida de población con inmigración desde tierra firme.

GAIA ES EL SUPERORGANISMO COMPUESTO POR TODA LA VIDA

LA HIPÓTESIS GAIA

EN CONTEXTO

FIGURA CLAVE
James Lovelock (n. en 1919)

ANTES
1789 El geólogo escocés James Hutton acuña el término «superorganismo».

Década de 1920 Vladímir Vernadski describe cómo se creó y se mantiene por procesos biológicos la atmósfera de la Tierra.

1926 Walter Cannon, fisiólogo estadounidense, introduce el término homeostasis.

DESPUÉS
2016 Se envía a Marte el Trace Gas Orbiter con la misión de buscar metano y otros gases en su atmósfera, posibles pruebas de actividad biológica.

2019 La Organización Meteorológica Mundial advierte de que la Tierra puede calentarse entre 3 y 5 °C a finales de siglo si no se reduce la emisión de gases de efecto invernadero.

La hipótesis Gaia es una propuesta que trata de mostrar que la biosfera terrestre se autorregula. En la biosfera –la región de la superficie del planeta o próxima a esta en la que existe toda la vida– se mantienen las condiciones que permiten la existencia de vida, como la temperatura y la composición química. Esta teoría fue ideada por el científico James Lovelock en la década de 1970. Este consideró que en la Tierra, a diferencia de lo que ocurre en un planeta muerto, la atmósfera contiene oxígeno y pequeñas cantidades de metano, dos gases producidos por procesos biológicos. No solo la composición de la atmósfera terrestre es obra de seres vivos, sino que estos la mantienen por medio de un «bucle de retroalimentación». Así, en el ciclo del carbono, según aumenta la biomasa de las plantas cae la cantidad de dióxido de carbono en el aire y asciende la de oxígeno. La mayor abundancia de plantas genera un aumento de la biomasa animal, que consume más oxígeno y emite más dióxido de carbono; así, a la larga, la proporción de ambos gases permanece a grandes rasgos estable.

Lovelock consideró este proceso muy similar a los bucles de retroalimentación de la homeostasis, el mecanismo por el cual un organismo individual mantiene una temperatura interna, hidratación y composición química óptimas. En colaboración con la bióloga estadounidense Lynn Margulis, describió varios otros mecanismos de retroalimentación en los que la vida interactúa con rocas, minerales y agua de mar, así como con el aire, para mantener la homeostasis de la biosfera. Esto llevó a ambos a considerar el planeta como un superorganismo, una colección

Los océanos, las tierras emergidas y la atmósfera terrestres trabajan juntos como un organismo vivo, según la hipótesis Gaia. Esta imagen de la Tierra fue tomada por la sonda Galileo.

Véase también: Los inicios de la química orgánica 61 ▪ Reciclaje y ciclos naturales 294–297 ▪ El impacto humano sobre los ecosistemas 304–311

Equilibrio de Daisyworld

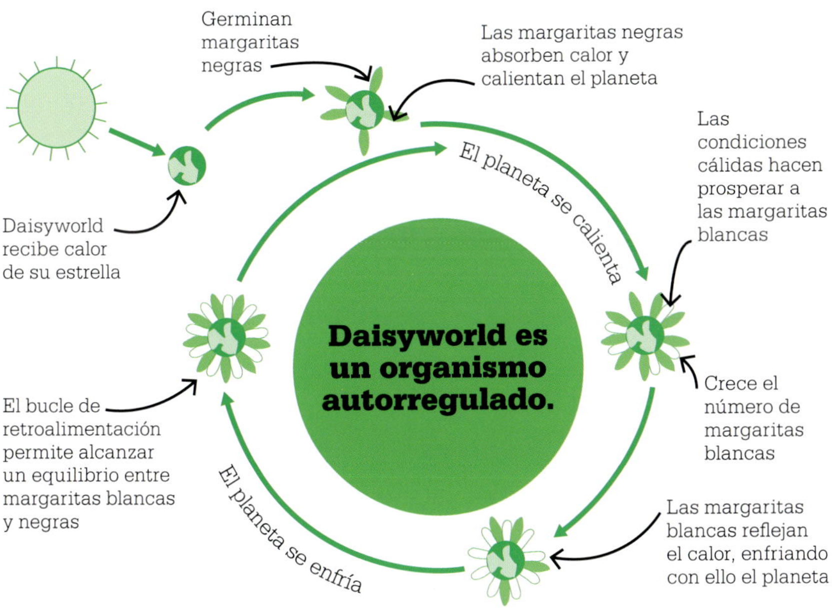

de formas de vida en interacción que, en su totalidad, se comportan en ciertos aspectos como un organismo individual. Su trabajo fue publicado en 1974, y en él llamaron a su hipótesis «Gaia», nombre de la antigua diosa griega de la Tierra.

Daisyworld y más allá

Lovelock simplificó la hipótesis con «Daisyworld», un planeta virtual con un bucle de retroalimentación básico. El planeta está poblado por dos especies de margarita *(daisy)*. Las margaritas negras crecen en condiciones frías, y sus pétalos absorben el calor del sol. Las margaritas blancas reflejan el calor y prosperan donde hace calor. Las margaritas negras captan el calor, calentando el planeta, al contrario que las blancas. Las negras ocupan los polos de Daisyworld, mientras que las blancas forman un cinturón en torno a las regiones ecuatoriales. Si el número de margaritas blancas aumenta, el planeta se enfría, creando las condiciones en las que las negras expanden su ámbito; a su vez, esto calienta el planeta, haciendo proliferar las blancas. El ciclo de calentamiento y enfriamiento se repite hasta alcanzarse un equilibrio en el que las temperaturas fluctúan dentro de un margen estrecho.

La hipótesis Gaia fue muy bien recibida por muchos, pero los científicos criticaron su falta de rigor y de pruebas. Aunque no se incorporó a la corriente principal de la ciencia, el enfoque de considerar el planeta en su totalidad sí es hoy parte integral de los estudios sobre el cambio climático; y algunos mantienen que el impacto del uso humano de combustibles fósiles y de la emisión masiva de dióxido de carbono a la atmósfera constituyen solo un ejemplo reciente de cómo la vida afecta al planeta. ▪

James Lovelock

Nacido en 1919 en Letchworth (Inglaterra), Lovelock comenzó a trabajar en el National Institute for Medical Research en Londres en 1941, después de licenciarse en química. Dos décadas más tarde trabajó con un equipo de investigación de la NASA diseñando instrumentos para sondas espaciales, entre ellos uno para detectar vida en Marte. Entre las décadas de 1960 y 1970, Lovelock desarrolló la hipótesis Gaia, publicada en 1974. Gaia hizo famoso a Lovelock, quien continuó refinando sus ideas al respecto durante los siguientes 20 años. En el siglo XXI se dedicó a la ciencia del clima, siendo un defensor reticente de la energía nuclear como medio para reducir emisiones tóxicas de CO_2, una postura que lo enfrentó a muchos de los que se habían sentido atraídos por la hipótesis Gaia.

Obras principales

1974 *Homeostasis atmosférica por y para la biosfera: la hipótesis de Gaia*, con L. Margulis.
1984 *El reverdecimiento de Marte.*
2019 *Novaceno: la próxima era de la hiperinteligencia.*

BIOGRAF

AS

BIOGRAFIAS

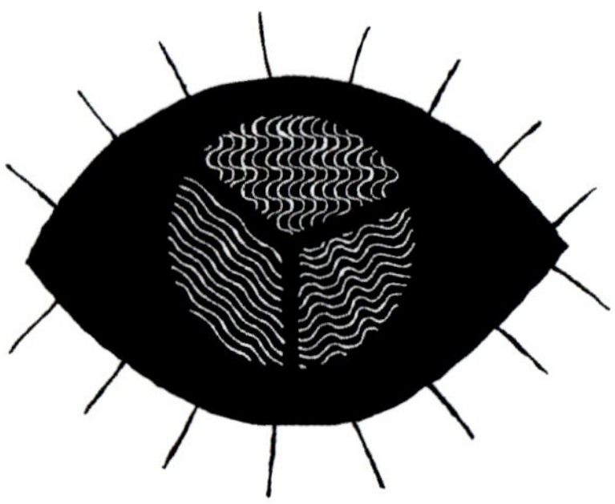

Al desarrollo de la biología han contribuido muchas más personas de las que sería posible mencionar y reseñar en este libro. A continuación se incluyen algunas otras figuras con un papel clave en la biología, entre ellos, pioneros como Avicena, Leonardo da Vinci, Robert Hooke y Mary Anning, quienes –pese a contar solo con una tecnología elemental– ampliaron sus disciplinas a través del método científico. Con los avances de la microscopía en el siglo XIX, biólogos como Jan Purkinje, Serguéi Vinogradski y Dorothy Crowfoot Hodgkin desarrollaron la microbiología; y, a partir de finales del siglo XX, la genética se situó en la vanguardia de los descubrimientos biológicos, a cargo, entre otros, de Janaki Ammal, Flossie Wong-Staal y Tak Wah Mak.

ARISTÓTELES
c. 384–322 A.C.

El filósofo griego Aristóteles, observador atento de la dieta, los hábitats y los ciclos vitales de los animales, fundó la anatomía comparativa. Aprendió anatomía con disecciones, describió más de quinientas especies y elaboró la primera clasificación de animales. Algunas de sus diez grandes categorías son erróneas, pero era un sistema notable para su tiempo, y se mantuvo vigente hasta el siglo XVIII.

Véase también: Fisiología experimental 18–19 ▪ Anatomía 20–25 ▪ Nombrar y clasificar la vida 250–253

AVICENA
c. 980–1037

Avicena (en persa, Ibn Sina) fue un polímata persa. Creó un sistema de medicina holístico que combinaba la dieta, los fármacos y factores psicológicos y físicos en el tratamiento de los pacientes. Su obra más influyente fue *El canon de medicina*, enciclopedia en cinco volúmenes que se ocupaba de la anatomía humana, el diagnóstico de enfermedades y trastornos y la medicación, y obra médica de referencia en el mundo islámico y en Europa hasta el siglo XVII.

Véase también: Anatomía 20–25 ▪ Los fármacos y la enfermedad 143

LEONARDO DA VINCI
1452–1519

El gran polímata renacentista italiano Leonardo da Vinci fue pintor, escritor, matemático, ingeniero, inventor y anatomista –a partir de 1507 disecó unos treinta cadáveres humanos. Ilustrador insuperable y hábil en la disección, estudió también el funcionamiento de las partes del cuerpo. A partir de un corazón de buey creó un modelo de vidrio del principal vaso sanguíneo del corazón, la aorta, mostró cómo fluye la sangre a través de la válvula aórtica usando una solución de agua y semillas de hierba, y definió los ventrículos (cavidades) del cerebro usando cera fundida. En 1513 abandonó su proyecto anatómico, pese a haber realizado cientos de dibujos anotados, detallados e increíblemente precisos del cuerpo humano.

Véase también: Anatomía 20–25 ▪ La circulación de la sangre 76–79

FRANCESCO REDI
1626–1697

El médico, parasitólogo y poeta italiano Francesco Redi fue el primer biólogo en distinguir entre ectoparásitos y endoparásitos (los que viven sobre y dentro de sus anfitriones, respectivamente), y describió unas 180 especies de parásitos. En el siglo XVII se creía que los gusanos surgían de la carne por generación espontánea, lo cual Redi desacreditó en 1668 con experimentos que indicaban que procedían de huevos puestos por moscas.

Véase también: Nombrar y clasificar la vida 250–253 ▪ Cadenas tróficas 284–285

ROBERT HOOKE
1635–1703

El polímata Robert Hooke, uno de los mayores científicos del siglo XVII, detalló muchos hallazgos biológicos cruciales en su *Micrographia*, de 1665, obra con dibujos de imágenes tomadas con microscopio y que definió una época. Hooke fue uno de los primeros en ver organismos microscópicos, y describió y nombró las células vegetales mucho antes de que se comprendiera su función. Dedujo que las células de la madera fosilizada fueron en su día parte de organismos vivos, y que se habían conservado al impregnarse con minerales. También especuló que algunos organismos se habían extinguido, idea de lo más radical en el siglo XVII.

Véase también: Anatomía 20–25 ▪ La naturaleza celular de la vida 28–31 ▪ Especies extintas 254–255

JAN SWAMMERDAM
1637–1680

En 1658, el microscopista neerlandés Jan Swammerdam fue el primero en describir los glóbulos rojos. Usando técnicas innovadoras para explorar la anatomía animal, halló estructuras (hoy llamadas discos imaginales) en las orugas que se convertían en miembros y alas de mariposas y de polillas. Esto demostró la metamorfosis en los insectos, y que huevo, larva, pupa y adulto son fases del desarrollo. También usó ranas para mostrar que la estimulación de los nervios causa la contracción muscular. Muchos de sus hallazgos aparecieron en 1737–1738 en los dos volúmenes de *Biblia naturae*.

Véase también: Anatomía 20–25 ▪ La circulación de la sangre 76–79

MARIA MERIAN
1647–1717

El trabajo sobre insectos, metamorfosis incluida, de la naturalista alemana Maria Merian, trajo un gran avance a la entomología. Entre 1679 y 1683 publicó los dos volúmenes de *Der Raupen wunderbare Verwandelung und sonderbare Blumennahrung* («La oruga, maravillosa transformación y extraña alimentación floral»), con ilustraciones precisas de cada especie de mariposa y polilla junto a las plantas de las que se alimentan y un texto descriptivo. En 1705, tras una expedición de dos años a América del Sur, publicó *Metamorphosis insectorum Surinamensium*.

Véase también: Anatomía 20–25 ▪ Nombrar y clasificar la vida 250–253

GILBERT WHITE
1720–1793

Uno de los primeros ecólogos, el coadjutor anglicano británico White observó plantas, el comportamiento animal e interacciones del mundo natural durante más de cuarenta años. Pionero del estudio de los fenómenos naturales estacionales (fenología), registró las fechas de floración de plantas y de llegada de aves migratorias. White comprendía el papel incluso de criaturas humildes, y explicó las cadenas tróficas. Describió algunas especies por primera vez, como el mosquitero musical *(Phylloscopus trochilus)*, el mosquitero silbador *(P. sibilatrix)* y el mosquitero común *(P. collybita)*, que distinguió por sus cantos característicos.

Véase también: Nombrar y clasificar la vida 250–253 ▪ Cadenas tróficas 284–285

JOSEPH BANKS
1743–1820

Una expedición a Terranova y Labrador en 1766 permitió al botánico Joseph Banks coleccionar y describir muchas plantas y animales desconocidos para la ciencia occidental, entre ellos el hoy extinto alca gigante, que tomó por un pingüino. En la expedición a Sudamérica, al Pacífico Sur y a tierras de las antípodas del capitán James Cook, en 1768–1771, Banks reunió 30000 especímenes de plantas, incluidas más de mil no descritas antes. Durante 41 años fue presidente de la Royal Society, el máximo organismo científico británico.

Véase también: Biogeografía de plantas y animales 286–289

ROBERT BROWN
1773–1858

El botánico pionero escocés Robert Brown reunió casi cuatro mil especies de plantas en una expedición a Australia en 1801. Su trabajo incluyó: la primera descripción detallada de un núcleo celular; aportaciones a la comprensión de la polinización y la fecundación; y la distinción entre gimnospermas (coníferas y plantas relacionadas) y angiospermas (plantas con flores). Descubrió lo que hoy se conoce como movimiento browniano (el movimiento aleatorio de partículas microscópicas suspendidas en un gas o líquido). Examinando granos de polen en agua, vio que partículas minúsculas (orgánulos) expulsadas del polen se agitaban de modo aleatorio, y mostró que partículas no vivas como el polvo de roca se mueven del mismo modo.

Véase también: La polinización 180–183 ▪ La fecundación 186–187

JAN PURKINJE
1787–1869

El médico checo Jan Purkinje fue el primero en usar un microtomo y obtener cortes muy finos de tejido para observar al microscopio. Des-

cribió cómo el ojo humano deja de percibir antes el rojo que el azul al disminuir la intensidad de la luz (el efecto Purkinje). Descubrió células nerviosas grandes (células de Purkinje) en el cerebelo, así como los tejidos fibrosos (fibras de Purkinje) que llevan impulsos nerviosos a todas las partes del corazón. En 1839 fundó el primer departamento e instituto del mundo dedicado a la fisiología.
Véase también: El músculo cardiaco 81 ▪ La percepción del color 110–113 ▪ Las neuronas 124–125

MARY ANNING
1799–1847

La paleontóloga autodidacta inglesa Mary Anning recogía fósiles de los estratos rocosos del Jurásico en los acantilados para venderlos. En 1810 excavó el primer ictiosaurio correctamente descrito; más tarde encontró dos plesiosaurios casi completos y desenterró el primer pterosaurio hallado fuera de Alemania. Sus hallazgos respaldaron la teoría de la extinción y contribuyeron a cambiar las ideas sobre la historia de la Tierra. En 2010, la Royal Society la incluyó entre las diez mujeres británicas más influyentes en la historia de la ciencia.
Véase también: Nombrar y clasificar la vida 250–253 ▪ La vida evoluciona 256–257

JOSEPH HOOKER
1817–1911

Coleccionista prolífico y el botánico británico más eminente de finales del siglo XIX, Hooker participó en expediciones al Antártico, India, el Himalaya, Nueva Zelanda, Marruecos y California. La obra en tres volúmenes *Genera plantarum* (1862–1883), obra de Hooker y su colega George Bentham, fue el catálogo más completo de plantas de la Tierra de su tiempo, con 7569 géneros y más de 97000 especies de plantas con semilla.
Véase también: Nombrar y clasificar la vida 250–253 ▪ Biogeografía de plantas y animales 286–289

ILIÁ MÉCHNIKOV
1845–1916

En 1882, el inmunólogo ruso Iliá Méchnikov creó un laboratorio en Messina (Sicilia). Estudiando las estrellas de mar descubrió la fagocitosis, el método del sistema inmunitario a base de células móviles, como los leucocitos, para encapsular y destruir patógenos. Fue premiado con el Nobel de fisiología o medicina en 1908.
Véase también: La teoría microbiana 144–151 ▪ Los virus 160–163 ▪ La respuesta inmunitaria 168–171

KARL VON FRISCH
1886–1982

El zoólogo austriaco Karl von Frisch compartió el premio Nobel de fisiología o medicina de 1973 con Konrad Lorenz y Nikolaas Tinbergen (dcha.) por explicar las «danzas» de las abejas al regresar a la colmena, con las que informan a las demás de la distancia y dirección de fuentes de alimento. A lo largo de cincuenta años estudiando las abejas, Frisch demostró también que se las podía entrenar para distinguir distintos sabores y olores, y que emplean la posición del sol como brújula.
Véase también: La percepción del color 110–113 ▪ Comportamiento innato y aprendido 118–123 ▪ Almacenamiento de la memoria 134–135

JANAKI AMMAL
1897–1984

La botánica y conservacionista india Janaki Ammal trabajó con el citólogo británico Cyril Darlington estudiando los cromosomas de plantas muy diversas. Su trabajo arrojó luz sobre la evolución de las plantas, y en 1945 publicaron *The chromosome atlas of cultivated plants*. El primer ministro indio Jawaharlal Nehru invitó a Ammal a reorganizar el Estudio Botánico de India en 1951. Desarrolló varios cultivos híbridos, entre ellos una caña de azúcar adaptada al clima indio, para no tener que importar azúcar.
Véase también: Cromosomas 216–219

NIKOLAAS TINBERGEN
1907–1988

Interesado sobre todo en la etología, el biólogo británico de origen neerlandés Tinbergen realizó varios estudios pioneros del comportamiento de aves, avispas y peces espinosos. En 1973 compartió el premio Nobel de fisiología o medicina con el etólogo austriaco Konrad Lorenz y con Karl von Frisch (izda.) por su trabajo sobre el comportamiento genéticamente programado en los animales.
Véase también: Comportamiento innato y aprendido 118–123 ▪ Almacenamiento de la memoria 134–135

DOROTHY CROWFOOT HODGKIN
1910–1994

En la Universidad de Cambridge (Reino Unido), la química británica Hodgkin introdujo el uso de rayos X

para analizar la estructura de moléculas de proteínas biológicas, como la pepsina. Enseñó e investigó desde 1934 en la Universidad de Oxford, y fue la primera en describir la estructura atómica de la penicilina, en 1945, y de la vitamina B_{12}, en 1955. Fue premiada con el Nobel de química por sus descubrimientos en 1964. Determinar la estructura de la insulina fue un desafío mayor, pero lo logró en 1969, 34 años después de ver su imagen por rayos X por primera vez.
Véase también: Los antibióticos 158–159 ▪ La doble hélice 228–231

NORMAN BORLAUG
1914–2009

En el Programa Agrícola Mexicano de la Fundación Rockefeller de 1944–1960, al agrónomo estadounidense Borlaug le encargaron mejorar las cosechas de trigo. Indujo mutaciones genéticas en cultivos, como una variante enana de trigo de gran rendimiento, resistente a las enfermedades y que no se rompía por el peso de las espigas. La producción de trigo en México se triplicó. Éxitos similares de Borlaug con arroz y trigo en el sur de Asia salvaron a millones del hambre. Fue llamado «padre de la revolución verde». En 1970 recibió el premio Nobel de la paz por su labor en el suministro global de alimentos.
Véase también: La polinización 180–183 ▪ ¿Qué son los genes? 222–225 ▪ La mutación 264–265

GERTRUDE ELION
1918–1999

Trabajando con el médico e investigador George Hitchings, la farmacóloga Elion introdujo un enfoque más moderno y racional del desarrollo de medicamentos. En 1950 hizo su primer gran descubrimiento, un fármaco para la leucemia. Más tarde desarrolló terapias antivirales para el herpes zóster y la varicela, despejando el camino al AZT para tratar el sida. Las patentes de 45 fármacos que salvan o transforman la vida llevan el nombre de Elion, y en 1988 compartió con Hitchings el Nobel de fisiología o medicina por su trabajo.
Véase también: La metástasis del cáncer 154–155 ▪ Los virus 160–163 ▪ Vacunas para prevenir enfermedades 164–167

JOE HIN TJIO
1919–2001

El agrónomo indonesio Joe Hin Tjio estudió los cromosomas de las plantas en Zaragoza (España) y en el Instituto de Genética de la Universidad de Lund (Suecia), donde inventó un nuevo método para contar cromosomas en 1955. Cuando se creía que los humanos tenían 48 cromosomas, Tjio demostró que eran 46. Este avance permitió comprender el vínculo entre cromosomas anormales y enfermedad, y llevó al descubrimiento de que un cromosoma adicional causa el síndrome de Down.
Véase también: Las leyes de la herencia 208–215 ▪ Cromosomas 216–219

DAVID ATTENBOROUGH
n. en 1926

El naturalista británico David Attenborough, renombrado presentador de televisión sobre el mundo natural, mostró la flora y fauna del mundo a millones de personas en documentales como *La vida en la Tierra*, en 1979, y *La vida privada de las plantas*, en 1995. En programas como *Climate Change – The Facts* (2019) alertó de la destrucción ambiental, la extinción de especies y el cambio climático. Desde 2003 es patrocinador del World Land Trust para conservar la biodiversidad y los ecosistemas.
Véase también: Relaciones depredador-presa 292–293 ▪ El impacto humano sobre los ecosistemas 304–311

SYDNEY BRENNER
1927–2019

Las moléculas del ADN llamadas nucleótidos tienen de uno a cuatro tipos de base nitrogenada. En la década de 1950, el biólogo molecular sudafricano Sydney Brenner demostró en teoría que las instrucciones del ADN a la célula para construir proteínas están en una sucesión de codones (grupos de tres bases), cada uno con una combinación diferente de tres bases. Brenner, Francis Crick y otros lo confirmaron con experimentos en 1961.

Brenner compartió el Nobel de fisiología o medicina en 2002 con los genetistas Robert Horvitz, de EEUU, y John Sulston, de Reino Unido. Usando nematodos, explicaron cómo los genes programan la muerte celular para mantener el número óptimo de células en el organismo. Brenner mostró también cómo los genes regulan el desarrollo de los órganos.
Véase también: ¿Qué son los genes? 222–225 ▪ La doble hélice 228–231

MARTHA CHASE
1927–2003

La bióloga estadounidense Chase trabajó con el genetista Alfred Hershey en el laboratorio Cold Spring Harbor, en Nueva York. En 1952, los experimentos Hershey-Chase con-

firmaron que el ADN –no la proteína, como se creía– es el material genético de la vida. Hershey recibió el premio Nobel de fisiología o medicina por el hallazgo en 1969, pero no Chase, pese a figurar como coautora del trabajo que lo describía.
Véase también: ¿Qué son los genes? 222–225 ▪ El código genético 232–233

CARL WOESE
1928–2012

El microbiólogo estadounidense Carl Woese replanteó el árbol taxonómico de la vida con su trabajo pionero sobre microorganismos. Hasta la década de 1970 se creyó que toda la vida pertenecía a dos linajes: eucariotas (que incluye plantas, animales y hongos) y procariotas (bacterias y otros microorganismos). Woese y su colega George Fox analizaron el ARN ribosómico de los microorganismos y descubrieron que los procariotas consisten en dos grupos separados: bacterias verdaderas (eubacterias) y arqueobacterias (arqueas). En 1977 defendieron que las arqueas son tan distintas de las bacterias como de las plantas y animales. En 1990, Woese propuso dividir la vida en tres dominios: Archaea, Bacteria y Eukarya.
Véase también: Nombrar y clasificar la vida 250–253 ▪ La especiación 272–273 ▪ La cladística 274–275

TU YOUYOU
n. en 1930

La farmacóloga china Tu Youyou estudió aplicaciones modernas de medicamentos tradicionales chinos en la Academia de Medicina Tradicional China. En 1971 empleó un extracto no tóxico del ajenjo dulce *(Artemisia)* para eliminar los parásitos (*Plasmodium* spp.) causantes de la malaria en animales. Tu Youyou llamó a la sustancia *Qinghaosu*, o artemisinina. En ensayos clínicos del extracto en 1972, 21 pacientes humanos se curaron de la malaria. Los fármacos basados en la artemisinina permitieron sobrevivir y mejorar a incontables afectados por la malaria. En 2015 fue premiada con el Nobel de fisiología o medicina.
Véase también: Las sustancias bioquímicas se pueden fabricar 27 ▪ Los fármacos y la enfermedad 143

SUSUMU TONEGAWA
n. en 1939

En 1971, el microbiólogo e inmunólogo japonés Susumu Tonegawa halló que genes del linfocito B, leucocito que produce anticuerpos, se desplazan, recombinan y borran. En los vertebrados, esto permite a un número limitado de genes formar millones de tipos de anticuerpos para que el sistema inmunitario combata a los patógenos. Fue premiado por su trabajo con el Nobel de fisiología o medicina en 1987.
Véase también: La respuesta inmunitaria 168–171 ▪ ¿Qué son los genes? 222–225

STEPHEN JAY GOULD
1941–2002

La teoría del equilibrio puntuado, desarrollada por el paleontólogo y biólogo evolutivo Stephen Jay Gould junto con el paleontólogo Niles Eldredge, proponía que la mayor parte de la evolución de las especies (especiación) se produce en brotes repentinos entre periodos largos de cambio evolutivo extremadamente lento. Gould y Eldredge citaban como prueba de especiación explosiva los fósiles de Burgess Shale, lechos fósiles de fauna del Cámbrico en Canadá. La opinión de los biólogos evolutivos quedó dividida al respecto.
Véase también: Nombrar y clasificar la vida 250–253 ▪ Especies extintas 254–255

CHRISTIANE NÜSSLEIN-VOLHARD
n. en 1942

La genetista del desarrollo alemana Christiane Nüsslein-Volhard ayudó a resolver uno de los grandes misterios de la biología: cómo forman un embrión los genes en un óvulo fecundado. Usando moscas de la fruta (*Drosophila* spp.), de desarrollo embrionario muy rápido, y junto con el estadounidense Eric Wieschaus, inventó la mutagénesis por saturación para producir mutaciones en genes adultos y observar el impacto sobre la descendencia. En 1980 identificaron los genes con instrucciones a las células para formar embriones, trabajo que les valió el Nobel de fisiología o medicina en 1995.
Véase también: El desarrollo embrionario 196–197

LARRY BRILLIANT
n. en 1944

El epidemiólogo estadounidense Larry Brilliant contribuyó a grandes proyectos sanitarios en el mundo en desarrollo, como el Programa de Erradicación de la Viruela de la OMS en India entre 1972 y 1976. En 1978 cofundó la Fundación Seva para tratar trastornos de la visión en naciones en desarrollo, cuyos médicos devolvieron la vista a cinco millones de personas.
Véase también: Vacunas para prevenir enfermedades 164–167

TAK WAH MAK
n. en 1946

El «santo grial de la inmunología» fue descubierto por el inmunólogo chino-canadiense Tak Wah Mak en 1983, cuando identificó el ADN que codifica para los receptores de linfocitos T humanos, complejos de proteínas en la superficie de los linfocitos T (un tipo de leucocito y parte del sistema inmunitario adquirido). Cada receptor reconoce y se une a una sustancia ajena específica (antígeno). El descubrimiento de Mak permitió modificar genéticamente linfocitos T para uso inmunoterapéutico.
Véase también: La metástasis del cáncer 154–155 ▪ La respuesta inmunitaria 168–171 ▪ Ingeniería genética 234–239

FLOSSIE WONG-STAAL
1946–2020

La bióloga molecular china-estadounidense Wong-Staal dirigió en 1985 el equipo que clonó el virus de la inmunodeficiencia humana (VIH), retrovirus causante del síndrome de inmunodeficiencia adquirida (sida). Determinar la función de los genes del VIH ayudó a comprender cómo elude el sistema inmunitario y permitió desarrollar pruebas de sangre para detectarlo, un paso importante en la lucha contra el sida.
Véase también: Los virus 160–163 ▪ La respuesta inmunitaria 168–171 ▪ El código genético 232–233

ELIZABETH BLACKBURN
n. en 1948

La bióloga molecular australiana-estadounidense Elizabeth Blackburn estudió los telómeros, «tapones» que protegen los extremos de los cromosomas al dividirse una célula. En 1982, con el genetista británico-estadounidense Jack Szostak, demostró que el ADN característico del telómero impide que se descomponga. En 1984, con la bióloga molecular estadounidense Carol Greider, Blackburn descubrió la enzima telomerasa, esencial para reconstruir los telómeros, lo cual protege los cromosomas y retarda el envejecimiento celular. Blackburn, Greider y Szostak recibieron el premio Nobel de fisiología o medicina en 2009.
Véase también: Las enzimas como catalizadores biológicos 64–65 ▪ Cromosomas 216–219 ▪ La secuenciación del ADN 240–241

LAP-CHEE TSUI
n. en 1950

En 1989, con el genetista estadounidense Francis Collins y el bioquímico canadiense Jack Riordan, el genetista chino-canadiense Tsui aisló el gen del cromosoma 7, responsable en parte de la fibrosis quística. El gen produce una proteína llamada regulador de la conductancia transmembrana de la fibrosis quística (CFTR). Conocida la localización del gen, pudieron desarrollarse estrategias pre- y antenatales para detectar la mutación causante de la enfermedad.
Véase también: Cromosomas 216–219 ▪ ¿Qué son los genes? 222–225 ▪ La mutación 264–265

SUSAN GREENFIELD
n. en 1950

La neurocientífica británica Susan Greenfield estudió funciones y trastornos cerebrales, entre ellos las enfermedades de Alzheimer y Parkinson. En 2013 cofundó una empresa biotecnológica que descubrió una neurotoxina que podría causar el alzhéimer. También advirtió de que el abusar del visionado en pantallas podía modificar la estructura cerebral en personas jóvenes.
Véase también: Comportamiento innato y aprendido 118–123 ▪ La organización del córtex cerebral 126–129

FRANCES ARNOLD
n. en 1956

En 1993, la bioquímica estadounidense Frances Arnold desarrolló la técnica de evolución dirigida, que acelera la selección natural de enzimas introduciendo numerosas mutaciones, con el resultado de enzimas nuevas útiles para acelerar o desencadenar reacciones químicas. Las aplicaciones de la técnica van desde fármacos a combustibles renovables. En 2018, Arnold fue la quinta mujer en recibir el Nobel de química.
Véase también: Las enzimas como catalizadores biológicos 64–65 ▪ Cómo funcionan las enzimas 66–67

SARA SEAGER
n. en 1971

La astrofísica canadiense Sara Seager desarrolló modelos teóricos de las condiciones atmosféricas de exoplanetas (planetas en órbita alrededor de estrellas distintas del Sol). En 2103, Seager creó un modelo matemático para estimar el número de planetas habitables. Hoy llamada ecuación de Seager, el modelo incorpora datos de la presencia o ausencia de gases biofirma (gases producidos por seres vivos) en las atmósferas planetarias.
Véase también: La respiración 68–69 ▪ La vida evoluciona 256–257

GLOSARIO

abiótico No vivo; suele referirse a los componentes inertes de un ecosistema (como el clima).

ácido abscísico Hormona que regula procesos como la dormancia de las semillas en el ciclo vital de las plantas.

ADN Ácido desoxirribonucleico, molécula en forma de doble hélice portadora de la información genética.

agar Sustancia gelatinosa extraída de las algas rojas.

aminoácidos Los elementos constituyentes de las moléculas de proteína.

antera Parte del estambre de una flor que produce polen.

anticuerpo Sustancia química producida por el sistema inmunitario del organismo y que se une a una molécula objetivo específica (antígeno) de células ajenas para destruirlas.

antígeno Molécula de la superficie celular a la que se une un anticuerpo.

antiviral En medicina, fármaco para tratar infecciones virales.

ARN Ácido ribonucleico, molécula similar a la del ADN; moléculas de ARN copian la información genética del ADN para que pueda emplearse para fabricar moléculas de proteína.

átomo La parte menor de un elemento que posee las propiedades químicas de este.

autoincompatibilidad Cualidad de las flores incapaces de autopolinizarse para reproducirse.

auxina Hormona del crecimiento vegetal que controla cómo crecen brotes y raíces en respuesta a la luz o la gravedad.

bacteria Un tipo de microorganismo unicelular.

béntico Relativo al lecho de una masa de agua.

biogeografía Estudio de la distribución geográfica de plantas y animales, y los cambios en dicha distribución con el tiempo.

biosíntesis Producción de moléculas complejas en las células de los seres vivos.

biótico Relativo a la vida o a los seres vivos.

cadena trófica Serie de seres vivos en la que cada uno es presa del siguiente.

cáliz Parte exterior de una flor compuesta por un anillo de sépalos; el cáliz forma una cubierta que encierra los pétalos del capullo.

carbono El principal elemento químico de las moléculas orgánicas, componentes básicos de los seres vivos.

carnívoro Animal que se alimenta de carne. Empleado también para referirse a los miembros del orden Carnivora.

carpelo Parte reproductiva femenina de la flor, consistente en ovario, estilo y estigma. También llamado pistilo.

célula La menor unidad de un ser vivo capaz de existir por sí misma.

chimenea hidrotermal Grieta en el fondo oceánico de la corteza terrestre por la que se expulsa agua supercalentada y rica en diversos minerales.

citoquinina Hormona de las plantas implicada en el crecimiento celular de raíces y brotes.

clorofila Pigmento verde de los cloroplastos que les permite absorber energía lumínica y realizar la fotosíntesis.

cloroplastos Orgánulos de las células vegetales que contienen la clorofila y donde se forman los azúcares durante la fotosíntesis.

cohesión Proceso por el que se aglutinan entre sí moléculas semejantes.

colesterol Sustancia grasa presente en las células animales. Es vital para el funcionamiento del organismo, pero, si se acumula demasiado en la sangre, causa problemas, como trastornos cardiacos.

comunidad Todas las especies presentes en un hábitat particular.

conservación del nicho Grado en que una especie mantiene su nicho con el tiempo.

corola El conjunto de los pétalos de una flor.

cultivo Células criadas en un ambiente controlado para fines de estudio o análisis, como bacterias en un laboratorio.

cutícula Capa o parte exterior de un organismo que entra en contacto con el entorno; en las plantas, cubierta cerosa hidrófoba de la superficie celular exterior de la epidermis.

depredador Animal que caza a otros animales para alimentarse.

depredador alfa Depredador en la cima de una cadena trófica y que no es presa de ninguna otra especie.

dicogamia Maduración en momentos distintos de las células reproductoras masculinas y femeninas de una flor para garantizar la polinización cruzada.

difusión Movimiento de partículas de un área de alta concentración a otra de baja concentración.

dioica Planta con flores unisexuales, en la que las flores masculinas y femeninas se dan en plantas diferentes.

diversidad Medida de la variedad de especies en una comunidad biológica o ecosistema.

dormancia Estado en el que los procesos físicos de un organismo se ralentizan o suspenden durante un tiempo, generalmente para conservar energía hasta que las condiciones sean favorables.

ecosistema Comunidad de animales y plantas y el entorno físico que comparten.

electrón Partícula subatómica de carga eléctrica negativa.

endospermo Tejido que rodea el embrión y almacena alimento en las semillas de las plantas con flores.

energía química Energía almacenada en las sustancias y liberada por una reacción química. La energía almacenada en el alimento, por ejemplo, es liberada por el metabolismo.

enzima Molécula, generalmente una proteína, que acelera una reacción química en un ser vivo.

especie Grupo de organismos de características semejantes capaces de reproducirse entre sí y producir descendencia fértil.

estambre Parte reproductiva masculina de la flor que incluye la antera productora de polen, generalmente sobre un filamento de soporte.

estigma Parte femenina de la flor que recibe el polen antes de la fecundación.

estilo Prolongación del ovario que conecta este al estigma en las flores.

estoma Poro microscópico ubicado en la superficie de las partes aéreas de las plantas (hojas y tallos) y que permite que tenga lugar la transpiración.

etileno Hidrocarburo gaseoso incoloro empleado para fabricar polietileno.

exobiología Rama de la biología que se ocupa de la posibilidad, origen y naturaleza de la vida en el espacio y otros planetas.

fase oscura Procesos químicos independientes de la luz en la fotosíntesis consistentes en fijar el dióxido de carbono en moléculas orgánicas.

fermentación Tipo de respiración química anaerobia (no usa oxígeno) que puede producir ácidos, alcohol o dióxido de carbono como productos de desecho.

fijación del carbono Proceso por el que seres vivos convierten el dióxido de carbono en compuestos orgánicos.

filamento Parte del estambre que sostiene la antera en la flor.

fitocromo Sustancia fotosensible presente en plantas, hongos y bacterias.

fitogeografía Rama de la botánica que estudia la distribución geográfica de las plantas.

fitohormona Compuesto que beneficia e influye en el crecimiento vegetal.

fosfolípido Tipo de lípido (grasa) que forma membranas celulares.

fotorreceptores Neuronas especializadas sensibles a la luz y que forman la capa nuclear de la retina en los ojos de los animales.

fotosíntesis Proceso por el que las plantas usan la luz solar para fabricar moléculas de alimento a partir de agua y dióxido de carbono, con el oxígeno como producto de desecho.

fototropismo Crecimiento de una parte de una planta para buscar o evitar la luz; el fototropismo positivo consiste en crecer hacia la luz.

gametos Células sexuales reproductoras de los seres vivos: espermatozoides o polen masculinos y óvulos femeninos.

genoma Conjunto completo de los genes de un ser vivo.

geotropismo Respuesta de las plantas a la gravedad; por ejemplo, un brote que crece hacia arriba (en contra de la gravedad) muestra geotropismo negativo.

giberelinas Hormonas vegetales implicadas en muchos aspectos del crecimiento y del desarrollo, como desencadenar el fin de la dormancia en las semillas y capullos.

guías de néctar Marcas de una flor que guían a los polinizadores hasta el néctar.

hidrófilo Material afín al agua.

hidrófobo Material que repele el agua.

humor Líquido del cuerpo que se creía determinaba la salud y el temperamento de la persona; los cuatro humores eran la sangre, la flema, la bilis amarilla y la bilis negra.

inmigración Movimiento de una especie o individuo a un nuevo ecosistema o región geográfica.

inorgánica Sustancia química distinta de una molécula compleja que contenga carbono.

invertebrado Animal carente de columna vertebral.

ión Átomo o grupo de átomos que ha perdido o ganado uno o más de sus electrones, adquiriendo así carga eléctrica.

lepidopterólogo Persona que estudia o colecciona mariposas y polillas.

liberación de mesodepredadores Teoría ecológica que describe la explosión de poblaciones de mesodepredadores cuando faltan o escasean los depredadores alfa en un ecosistema.

limnología Estudio de los ecosistemas acuáticos de tierra firme, o continentales.

lípido Sustancia grasa, insoluble en agua, con funciones diversas en el organismo, entre ellas la formación de tejido adiposo, membranas celulares (fosfolípidos) y hormonas esteroides.

líquido intersticial Fluido del organismo que ocupa los espacios entre células.

mesodepredador Depredador de nivel medio que es tanto depredador como presa.

metabolismo Suma de todos los procesos químicos que tienen lugar en el organismo.

microbio Organismo microscópico, o microorganismo.

molécula Grupo de dos o más átomos unidos por enlaces químicos fuertes.

monocultivo Método agrícola consistente en producir un solo cultivo, a menudo en un área extensa.

monoica Planta con flores masculinas y femeninas independientes en cada planta individual.

montano Tipo de bosque característico de áreas montañosas.

nectario Glándula en las plantas que segrega el néctar.

nicho Espacio y papel específico que ocupa y desempeña una especie en un ecosistema; las distintas especies de un ecosistema nunca ocupan el mismo nicho.

núcleo Centro de control de una célula eucariota, donde los genes se almacenan en moléculas de ADN; el término puede referirse también a la parte central de un átomo.

nucleótido Subunidad constituyente de un ácido nucleico (ADN o ARN), consistente en un glúcido, una base nitrogenada y un grupo fosfato.

omnívoro Animal que se alimenta tanto de plantas como de animales.

orgánico Procedente de seres vivos, o un compuesto basado en átomos de carbono e hidrógeno.

organismo Ser vivo; conjunto de órganos que conforman un ser vivo.

orgánulo Estructura ubicada dentro de la célula y que realiza una tarea específica, como fabricar moléculas de proteína o liberar energía de un glúcido.

ósmosis Movimiento del agua a través de una membrana parcialmente permeable, desde una concentración de soluto alta a otra baja.

paleoecología Estudio de ecosistemas del pasado a partir del registro geológico y fósil.

pandemia Brote de una enfermedad que afecta a un número muy elevado de personas en todo el mundo.

pasteurización Proceso de calentamiento breve de alimentos, como la leche o el vino, para eliminar patógenos, como bacterias, sin alterar su sabor.

patógeno Microorganismo causante de una enfermedad.

pelágico Relativo a las aguas del mar abierto o a seres vivos que habitan en ellas, sin contacto inmediato con la costa o el fondo.

plasma Parte fluida de la sangre una vez retiradas todas las células; contiene proteínas, sales y varios otros nutrientes, así como productos de desecho.

pluvisilva Bosque caracterizado por árboles perennes y precipitaciones anuales elevadas, propio sobre todo de los trópicos.

polen Pequeños granos formados en la antera de plantas con semilla, que contienen las células reproductoras masculinas de la flor.

polinización cruzada Transferencia de polen de las anteras de la flor de una planta al estigma de la flor de otra planta.

presa Animal cazado por otros animales.

proteína Sustancia compleja compuesta por cadenas de aminoácidos presente en todos los seres vivos, necesaria para crecer, reparar tejidos y muchos otros procesos vitales.

proteína canal Proteína que forma un canal en la membrana celular que permite que moléculas e iones la atraviesen.

proteína transportadora Molécula de proteína de la membrana celular que realiza el transporte activo.

protozoos Organismos unicelulares generalmente microscópicos, con núcleo claramente definido y envueltos por una membrana.

química del aire Estudio de la composición de la atmósfera (de la Tierra u otros planetas); también llamada química neumática o atmosférica.

reducción Reacción química en la que una sustancia pierde oxígeno; en la reducción, los átomos ganan electrones.

respiración Proceso químico celular consistente en liberar la energía de moléculas del alimento.

ribozima Molécula de ARN que actúa como una enzima.

riqueza de especies Número de distintas especies representadas en una localización o comunidad ecológica particular.

ritmo circadiano El ciclo biológico de 24 horas que gobierna los procesos ligados al ciclo de luz y oscuridad. Informalmente, el reloj corporal.

rotocélula Molécula compleja con capacidad para copiarse a sí misma, envuelta por una membrana.

semipermeable Que permite pasar determinadas sustancias pero bloquea otras; las membranas celulares son semipermeables.

sépalo Parte del cáliz.

seudocopulación Polinización que se produce cuando una flor imita el aspecto de un insecto hembra y un macho trata de copular con ella.

tectónica de placas Estudio de la deriva continental y la expansión del lecho oceánico.

transporte activo Transporte de moléculas o iones a través de la membrana celular que emplea energía de la respiración.

vacuna Patógeno muerto o modificado, o bien una parte inactivada del mismo, que se introduce deliberadamente en el cuerpo para desencadenar la respuesta inmunitaria al patógeno.

vertebrado Animal dotado de columna vertebral.

virus Partícula parasitaria no celular que contiene ADN o ARN y que infecta las células de seres vivos; los virus se reproducen haciendo que las células del anfitrión fabriquen copias del virus, y algunos causan enfermedades, pero no la mayoría.

xilema Tejido vegetal conformado por vasos microscópicos que transportan agua y minerales de las raíces a las hojas y pueden volverse leñosas para aportar resistencia.

zoogeografía Rama de la zoología que estudia la distribución geográfica de los animales.

zoología Rama de la biología que estudia el reino animal.

INDICE

Los números de página en **negrita** remiten a las entradas principales.

A

B

C

D

H

I

J

K

L

M

N

O

PQ

R

S

TU

V

W

XYZ

AUTORIA DE LAS CITAS

Las citas corresponden a autores secundarios de los temas principales tratados en cada artículo.

LA VIDA

ALIMENTO Y ENERGÍA

TRANSPORTE Y REGULACIÓN

EL CEREBRO Y EL COMPORTAMIENTO

SALUD Y ENFERMEDAD

CRECIMIENTO Y REPRODUCCIÓN

LA HERENCIA

DIVERSIDAD DE LA VIDA Y EVOLUCIÓN

ECOLOGÍA

AGRADECIMIENTOS

Dorling Kindersley desea dar las gracias a: Alexandra Black, Kathryn Henessy, Victoria Heyworth-Dunne, Janet Mohun, Gill Pitts, Hugo Wilkinson y Miezan Van Zyl por su ayuda en la edición; Ann Baggaley por la revisión; Helen Peters por la elaboración del índice; Mridushmita Bose, Mik Gates, Anita Kakar, Debjyoti Mukherjee, Anjali Sachar y Vaibhav Rastogi por su apoyo en el diseño; Sachin Gupta, Ashok Kumar, Vikram Singh por su colaboración en la maquetación; Sumita Khatwani por su ayuda en la iconografía; Suhita Dharamjit; Priyanka Sharma y Saloni Singh por la cubierta.

CRÉDITOS FOTOGRÁFICOS

Los editores agradecen a las siguientes personas e instituciones el permiso para reproducir sus imágenes:

(Clave: a-arriba; b-abajo; c-centro; e-extremo; i-izquierda; d-derecha; s-superior)

19 Alamy Stock Photo: Classic Image (bi). **22 Alamy Stock Photo:** The Print Collector / Oxford Science Archive / Heritage Images (bi). **23 Alamy Stock Photo:** AF Fotografie (cda). **25 Alamy Stock Photo:** Album / British Library (bi). **Wellcome Collection:** *De humani corporis fabrica libri septem* / Andrea Vesalio (sd).
27 Alamy Stock Photo: Pictorial Press Ltd (cd).
29 Alamy Stock Photo: The Print Collector / Ann Ronan Picture Library / Heritage-Images (cda). **Science Photo Library:** OMIKRON (bi). **30 Wellcome Collection:** Museo de la Ciencia (Londres) (bi). **31 Alamy Stock Photo:** ARCHIVIO GBB (sd). **32 Alamy Stock Photo:** Everett Collection Historical (bc). **35 UCSD:** Stanley Miller Papers, Special Collections & Archives, UC San Diego (sd).**36 NASA:** JPL-Caltech / Univ. of Toledo / NOAO (bi). **37 Dreamstime.com:** Nyker1 (sd). **41 Boston university photography:** (si). **Universidad de Bergen (Noruega):** (cdb). **43 Alamy Stock Photo:** Nigel Cattlin (cib). **48 Alamy Stock Photo:** The Granger Collection (bd). **49 Alamy Stock Photo:** Granger Historical Picture Archive (sd). **52 Alamy Stock Photo:** Granger Historical Picture Archive (bi). **53 Alamy Stock Photo:** The Granger Collection (bi). **55 Alamy Stock Photo:** Tim Gainey (sc). **Getty Images / iStock:** Elif Bayraktar (cdb). **57 Bridgeman Images:** Christie's Images / Paisaje de Mo'orea. John Cleveley el Joven (1747-1786). Aguatinta coloreada. Impreso en 1787. 43,2 x 60,9 cm. Isla de Mo'orea en la Polinesia Francesa; islas de Barlovento; archipiélago de la Sociedad, a 17 km NO de Tahití, en el océano Pacífico (cia). **59 Alamy Stock Photo:** The Print Collector / Oxford Science Archive / Heritage Images (bi). **60 Getty Images / iStock:** Aamulya (bc). 63 **Alamy Stock Photo:** World History Achive (bc); Hi-Story (sd). **65 Alamy Stock Photo:** The History Collection (sd). **Getty Images:** Science Photo Library / Molekuul (bi). **67 Alamy Stock Photo:** Science Photo Library / Juan Gaertner (cib).
69 Alamy Stock Photo: ARCHIVIO GBB (bi). **70 Alamy Stock Photo:** Science History Images (bd). **77 Alamy Stock Photo:** Chronicle (sd). **78 Alamy Stock Photo:** AF Fotografie (bi). **81 Alamy Stock Photo:** Granger Historical Picture Archive (cd). **83 Alamy Stock Photo:** Steve Bloom Images / Nick Garbutt (cdb). **85 Alamy Stock Photo:** The History Collection (cda). **87 Alamy Stock Photo:** Science History Images (cb). **Wellcome Collection:** Cliché Valéry (sd). **88 Getty Images:** LightRocket / Jorge Fernández (sd). **91 Alamy Stock Photo:** Granger Historical Picture Archive (sd). **Getty Images:** Corbis Documentary / Micro Discovery (bc).
95 Wellcome Collection: Sir Edward Albert Sharpey-Schafer. Fotografía de J. Russell & Sons (sd). **96 Getty Images:** SPL / ADAM GAULT (cib). **97 Getty Images:** Mint Images (bi). **98 Wellcome Collection:** Royal Society (Great Britain) (bd). **99 Rijksmuseum Boerhaave:** (cib). **100 Alamy Stock Photo:** Alex Hinds (bc). **103 Shutterstock.com:** D. Kucharski K. Kucharska (cia). **108 Science Photo Library:** SCIENCE SOURCE (cb). **111 Science Photo Library:** COLIN CUTHBERT (cia). **113 Legado Cajal, Instituto Cajal (CSIC), Madrid:** (sd). **115 Alamy Stock Photo:** Dan Grytsku (cda). **Wellcome Collection:** Retrato de Pierre-Paul Broca / Wellcome Collection (bi). **117 Alamy Stock Photo:** The Picture Art Collection (sd). **120 Alamy Stock Photo:** Heritage Image Partnership Ltd / Historic England Archive (cdb). **Getty Images:** AFP / SAM PANTHAKY (sd). **122 Getty Images:** The LIFE Picture Collection / Nina Leen (bi). **123 Alamy Stock Photo:** Panther Media GmbH / Trischberger Rupert (sd). **124 Wellcome Collection:** Ramón y Cajal, Santiago (1852-1934) (bd). **125 Alamy Stock Photo:** Pictorial Press Ltd (sd). **128 Alamy Stock Photo:** Volgi archive (bi).
129 Alamy Stock Photo: GL ARCHIVE (bi); Signal Photos (sd). **130 Science Photo Library:** PROF S. CINTI (cb). **131 Wellcome Collection:** (sd). **133 King's College London Archives:** KDBP/95 (bi). **135 BluePlanetArchive.com:** Howard Hall (bd).
136 Alamy Stock Photo: Steve Bloom Images (bd).
137 Alamy Stock Photo: Auscape International Pty Ltd / Jean-Paul Ferrero (cib); Nature Picture Library / Ben Cranke (cda). **143 Alamy Stock Photo:** Heritage Image Partnership Ltd / © Fine Art Images (cd).
146 Getty Images / iStock: duncan1890 (sd).
147 Alamy Stock Photo: inga spence (cda).
148 Alamy Stock Photo: Everett Collection Historical (cib). **149 Alamy Stock Photo:** Stocktrek Images, Inc. (sd). **151 Getty Images / iStock:** wildpixel (si).
153 Alamy Stock Photo: Vince Bevan (cd). **Wellcome Collection:** Turner, A. Logan (1865-1939) (bi).
155 Alamy Stock Photo: Stocktrek Images, Inc. / National Institutes of Health (cb). **The Royal Society:** (sd).
158 Getty Images / iStock: nkeskin (bc). **159 Getty Images:** The LIFE Picture Collection / Alfred Eisenstaedt (sd). **161 Science Photo Library:** Norm Thomas (cia).
162 Alamy Stock Photo: Pictorial Press Ltd (bi). **163 Alamy Stock Photo:** Science History Images (si). **165 Alamy Stock Photo:** ClassicStock / H. Armstrong Roberts (cib). **166 Alamy Stock Photo:** Photo12 / Ann Ronan Picture Library (bd). **167 Alamy Stock Photo:** dpa picture alliance (cib). **169 Science Photo Library:** Steve Gschmeissner (bd). **171 Getty Images:** Popperfoto (cdb).
176 Alamy Stock Photo: Science History Images / Photo Researchers (bd). **177 Wellcome Collection:** Museo de la Ciencia (Londres) (cdb). **179 Alamy Stock Photo:** Nigel Housden (cib). naturepl.com: Konrad Wothe (sc). **181 Alamy Stock Photo:** The Picture Art Collection (sd). **183 123RF.com:** Rudmer Zwerver (si). **184 Wellcome Collection:** Hartsoeker, Nicolas (1656-1725) (bc). **185 Alamy Stock Photo:** Quagga Media (sd). **186 Dreamstime.com:** Seadam (bc). **187 Alamy Stock Photo:** Pictorial Press Ltd (sd). **189 Alamy Stock Photo:** The History Collection (cda). **192 Alamy Stock Photo:** FLHC57 (si). **194 Getty Images / iStock:** fusaromike (bc).
197 Getty Images: Colin McPherson (bi). **199 Alamy Stock Photo:** Trinity Mirror / Mirrorpix (sd). **200 Alamy Stock Photo:** KEYSTONE Pictures USA (cib). **201 Alamy Stock Photo:** Qwerty (bi). **202 Alamy Stock Photo:** jeremy sutton-hibbert (bc). **203 Alamy Stock Photo:** Geraint Lewis (bi). **210 Alamy Stock Photo:** FLHC 52 (bi); Science History Images / Photo Researchers (sd). **211 Getty Images / iStock:** jatrax (cda). **213 Alamy Stock Photo:** Matthew Taylor (cdb). **215 Alamy Stock Photo:** calado (si). **Getty Images:** Kevin Frayer (bd). **217 University of Kansas Medical Center:** (sd). **Science Photo Library:** POWER AND SYRED (si). **218 Dreamstime.com:** Jahoo (bi). **219 Alamy Stock Photo:** Heritage Images / Historica Graphica Collection (cib). **220 Shutterstock.com:** kanyanat wongsa (cdb). **223 Getty Images:** Archive Photos / Pictorial Parade (sd). **224 Alamy Stock Photo:** Friedrich Stark (bi). **226 Getty Images:** EyeEm / Lee Dawkins (cdb). **227 Alamy Stock Photo:** World History Archive (bi). **229 Alamy Stock Photo:** CSU Archives / Everett Collection (cdb). **230 Alamy Stock Photo:** Science History Images (sd). **233 Alamy Stock Photo:** Science Photo Library / Laguna Design (cib). **237 Getty Images:** Corbis Historical / Ted Streshinsky Photographic Archive (sd). **239 Alamy Stock Photo:** Science History Images (bc). **Dreamstime.com:** Petro Perutskyy (si, sc).
240 Alamy Stock Photo: Keystone Press (cdb).
242 Alamy Stock Photo: Science Photo Library / Steve Gschmeissner (bc). **245 Alamy Stock Photo:** BSIP SA / RAGUET H. (cib). **251 Alamy Stock Photo:** Classic Image (sd). **252 Alamy Stock Photo:** The Natural History Museum (sd). **253 Alamy Stock Photo:** Buschkind (si).
256 Dreamstime.com: Helen Hotson (bd). **257 Getty Images:** Universal Images Group / Hoberman Collection (cda). **261 Alamy Stock Photo:** Heritage Image Partnership Ltd (sd). **Dreamstime.com:** Jesse Kraft (bi).
262 Alamy Stock Photo: blickwinkel (sd). **263 Alamy Stock Photo:** Jason Jones (sd). **Science Photo Library:** DR P. MARAZZI (cib).
265 Alamy Stock Photo: Tom Salyer (cdb). **269 Dreamstime.com:** Udra11 (bi). **270 naturepl.com:** Danny Green (sd). **271 Dreamstime.com:** Donyanedomam (cd). **272 Dreamstime.com:** Jim Cumming (bc, br). **274 Dreamstime.com:** Alle (cib). **naturepl.com:** Piotr Naskrecki (bc). **277 123RF.com:** Gleb Ivanov (bd). **278 Alamy Stock Photo:** Science Photo Library / Mark Garlick (bd). **279 Getty Images:** Bettmann (cia). **285 Science Photo Library:** NOAA (cib). **288 Alamy Stock Photo:** GL Archive (bi).
289 NOAA: (cdb). **291 Alamy Stock Photo:** Martin Shields (cd); Stocktrek Images, Inc. / Richard Roscoe (bi). **293 naturepl.com:** Anup Shah (sd). **Rolf O. Peterson:** (cib). **295 Alamy Stock Photo:** SPUTNIK (sd).
297 Alamy Stock Photo: Segundo Pérez (sd). **Getty Images / iStock:** NNehring (cib). **298 Dreamstime.com:** Thomas Langlands (cdb). **300 Yale University Peabody Museum Of Natural History:** (cb). **303 Alamy Stock Photo:** Peter Llewellyn RF (cia). **Getty Images:** Bettmann (sd). **306 Alamy Stock Photo:** Granger Historical Picture Archive (bi); Universal Art Archive (sd). **307 Getty Images:** BrianEKushner (bd). **308 Science Photo Library:** Simon Fraser (bd).
309 Getty Images / iStock: Lynn_Bystrom (si).
310 Alamy Stock Photo: Cavan Image / Christophe Launay (sd). **Getty Images / iStock:** GomezDavid (cib).
311 Alamy Stock Photo: blickwinkel (cib). **313 Alamy Stock Photo:** AGAMI Photo Agency / Brian E. Small (cda).
314 NASA: NASA / JPL / USGS (bc). **315 Alamy Stock Photo:** NEIL SPENCE (sd)